# 최신 전기자기학

# ELECTROMAGNETICS

김훈학 · 김원종 · 오재한 · 이행기 | 공저

북스힐

# 머리말

전기 자기학은 전기 공학, 전자 공학을 배우는 사람이 최초에 배우는 필수 과목이다. 따라서, 전기 자기학은 전공 과목을 배우기 위한 기초로서 반드시 이해하고 넘어가야 할 중요한 과목이다.

이 책은 대학의 저학년 학생을 대상으로 저자가 다년간 강의한 경험을 기초로 하여 전기 자기학의 기초 이론과 현상, 법칙의 개념을 이해하기 쉽도록 간결하게 설명하고, 곧바로 예제를 통해서 학습자가 확인할 수 있도록 했으며 또한 난해한 곳은 각장의 끝 부분에 배열했다. 그리고 중요한 공식은 식의 번호를 고딕체로 표시했으며, 연습 문제는 본문 예제의 순서대로 배열하고 다수의 문제를 수록하여 응용력을 배양할 수 있게 배려했다.

이 책은 특색은

① 알기쉬운 설명
② 간결한 표현
③ 연습 문제가 풍부한 것
④ 벡터 해석의 상세한 설명
⑤ 각주가 많다는 것

등이다.

앞으로 이 책이 전기 · 전자 · 제어 및 통신을 전공하는 기술자 및 학생들에게 교과서, 참고서로서 도움이 되기를 바라며 또한 출판을 위해 온갖 정성을 기울여 주신 여러분에게 감사를 드립니다.

저자 씀

CONTENTS

# 차례

CHAPTER 1

# 전기 단위

## 1·1 전기 자기학의 역사

### ▶ 자기의 발견

천연의 자철광이 자철광의 소편을 끌어당기는 현상을 그리스의 철학 원조인 탈레스(Thales, B.C 640?～546)가 관찰하였지만 자기의 발견은 좀더 오래된 호메로스의 시인 오디세이(Odyssey) 속에 자석이라는 단어가 나오고 있어 이것은 B.C. 800년 이전이라고 추정되고 있다. 또한 중국에서 자석의 발견은 더욱 오래되어 B.C. 2600년경에 자석이 사용되었다고 전해지고 있다.

### ▶ 전기의 발견

보석으로서 사용되고 있었던 호박(amber)을 모피로 문지르면 가벼운 물체를 끌어당기는 현상은 탈레스에 의해 발견되었다. 그 후, 보석의 황옥(topaz)도 같은 성질을 갖는다는 것을 알았다.

**13세기**에 네덜란드의 페러그리너스(Peregrinus)는 자석에 대해서 연구를 행하여 자석에 두 개의 극이 있어 동일 종류의 극은 반발하고 다른 종류의 극은 흡인하는 것 또한 자석을 분할하면 각각 남북의 극을 가진 자석으로 된다는 것을 설명했다.

**16세기**에는 영국의 길버트(William Gilbert)가 자기와 전기의 실험을 행하여 지구가 하나의 자석인 것을 확인했다. 또한 호박 이외에 유리, 유황, 수지 등 여러 가지의 물질을 마찰하면 전기를 일으킨다는 것을 연구하고 이와 같은 물질을 electrica라 불렀다. electricty라는 단어는 이것에서 유래한다(길버트는 금속은 마찰 전기가 일어나지 않는 물질이라 했지만 일어나는 것이 후에 판명되었다).

**17세기**에는 독일의 게리케(Guericke)가 유황구가 회전하는 마찰기전기를 처음 만들었다(1663년).

**18세기**가 되면 전기와 자기에 대해서 많은 사람들이 실험을 행하였다. 1729년에 영국의 그레이(Stphen Gray)는 전기의 전도 방법을 연구하여 도체와 부도체의 두 종류가 있다는 것을 명백히 했다. 1732년 프랑스의 듀 페(Du Fay)는 대전 상태에 두 종류가 있으며 동종의 극은 반발하고 이종의 극은 흡인하는 것을 발견했다.

1745년 독일의 크레이스트(Ewald Georg von Kleist)는 약병에 소량의 수은과 놋쇠의 철사를 넣어 이것에 전기를 주면 다량의 전기가 모이고 이것에 손가락을 접촉하면 강한 통증을 받았다. 이 발견은 이와는 따로 네덜란드의 라이덴 대학 교수이었던 뮤스센브로크(Musschenbroek)에 의해서도 이루어졌다. 1746년에는 물을 넣는 유리병에 기전기에서 철사를 연결하여 전기를 넣고 이것에 손을 접촉시켰을 때, 이상한 충격을 받았다. 이것으로부터 유리병의 내외에 주석박을 붙인 라이덴병(Leyden jar)이 만들어졌다.

1752년에 미국의 프랭클린(Benjamin Franklin)은 마찰 전기의 연구도 했었지만 어느 우뢰 소리와 함께 비내리는 날에 천으로 만든 연을 날려 라이덴병을 유도하여 뇌도 마찰 전기와 같다는 것을 확인했다. 그 후 피뢰의 방법을 연구하여 피뢰침을 발명했다.

1753년에 영국의 캔턴(john Canton)은 정전기 유도 현상을 발견했다.

1766년에 영국의 프리스틀리(Joseph Priestley)는 대전체의 전기력은 거리의 제곱에 반비례한다는 것을 고찰했지만 영국의 캔벤디시(Henry Cavendish)도 여러 가지의 실험을 하고 1785년에 프랑스의 쿨롱(Coulomb)은 태엽 저울을 사용하여 대전체 사이의 역제곱 법칙을 확인했다. 또한 쿨롱은 자극 사이에도 역제

곱 법칙이 성립하는 것을 확인했다.

1780년 이탈리아의 갈바니(Galvani)는 개구리의 실험 중에 개구리의 다리에 전기가 발생하는 것을 확인했지만 이탈리아의 볼타(Volta)는 이 실험을 만복하여 금화와 은화를 혀에 접촉하면 자극을 받는다는 것을 발견하고 마침내 1799년에 **볼타의 전지**(Volta's cell)를 발명했다. 이것은 구리와 아연을 희유산에 적신 것으로 이것을 다수 연결하면 이상한 전격을 받는다는 것을 실험했다.

**19세기**가 되면 많은 사람들이 볼타가 발명한 전지를 사용해서 각종 실험을 행하여 전기 자기학은 급속한 진보의 시대에 들어 왔다. 이 시대의 역사를 설명한다는 것은 매우 많은 페이지수를 소비하게 된다. 그것은 전기 자기학의 기초적인 실험과 이론이 19세기 전반에 완성되었기 때문이다. 그래서 그들의 사항은 3장으로부터 본문에서 설명하기로 했다.

## 1·2 전류의 단위

전지가 발명되어 연속해서 전류를 흘릴 수가 있게 되었으므로 19세기를 들어오면 전류의 각종 작용이 점차로 발견되었다. 전류의 발열 작용, 화학 작용, 자기 작용이 발견되어 옴의 법칙을 비롯하여 많은 법칙이 만들어졌다.

각 나라에서 많은 실험이 행해지고 측정 기술이 진보하여 전기 단위를 정하는 방법에 관해서 협의되게 되었다. 그 중에서 전기의 단위에 대해서 설명한다.

### ▶ 국제 전기 단위(1908년~1947년)

1801년에 독일의 리터(J. W. Ritter)는 물을 전기 분해하여 수소와 산소로 분리하고 황산동 용액을 전기 분해해서 동의 석출을 얻었다. 전기 분해에 대해서는 많은 사람들이 연구했지만 영국의 패러데이(Michael Faraday)가 상세히 연구하여 1833년 **패러데이의 법칙**(Faraday's law)을 발표했다. 전기 분해되는 물질의 양 $W$는 전류 $I$와 시간 $t$의 곱에 비례한다.

$$W = kIt\,[\mathrm{kg}] \tag{1·1}$$

단, $k$는 물질의 종류에 따라 정해지는 상수이며 전기 화학 당량(electrochemical equivalent)[1]이다(MKS 단위계에서는 $W$[kg], $I$[암페어], $t$[초], $k$[kg/쿨롬]의 단위이다).

1908년에 런던에서 개최된 전기 단위의 국제 회의에서는 전류의 단위는 '초산은의 수용액을 통과하여 매초 0.00111800[g]의 은을 분리하는 전류를 1[암페어]로 한다'고 정해졌다.

### ▶ 절대 전기 단위(1948년 1월 1일부터 현재까지)

전류가 흐르고 있는 부근에 자침을 놓으면 힘이 작용하여 자침의 방향이 변하는 현상은 덴마크의 외르스테드(Örsted)가 발견하여 1820년 7월에 발표했지만 전류와 자기의 관계에 대해서는 동년 9월에 프랑스의 앙페르(Ampère) 및 아라고(Arago)에 의해 발표되었다. 또한 앙페르는 2본의 전류가 흐르고 있는 도선의 사이에 힘이 작용하는 것을 발견했다.

1946년 국제 도량형 위원회에서 앞의 국제 전기 단위를 폐지하고 1948년 1월 1일부터 절대 전기 단위를 사용할 것이 결의되었다. 그것에 의하면 다음과 정해졌다.

> 진공 속에 1[m]의 간격으로 평행하게 놓여진 2본의 가는 선 모양 도체를 각각 통과하고 그 도체 길이 1[m]마다 $2\times10^{-7}$[뉴턴]의 힘을 서로 미치는 전류를 1[암페어](1[A])로 한다.

현재 국제적으로 이 1[암페어]가 전류의 단위로서 사용되고 있다. 앞에 설명한 초산은의 전기 분해에 의해 정해진 단위 전류의 크기는 0.99985[암페어]이었다.

이상, 두 종류의 단위에 대해서 설명했지만 현재 사용되고 있는 것은 절대 단위이다. 이하의 각항에서는 절대 단위에 대해서 설명한다.

---

1) $k=1.03641\times10^{-8}\times$(원자량)$\div$(원자가)[kg/C]

## 1·3 전력의 단위

질량 $m$[kg]인 물체를 높이 $h$[m] 들어올릴 때의 $mgh$[J][2)]이다. 예를 들면 60[kg]인 물체를 150[m] 들어올릴 때의 일 $w$는

$$w = 60\times 9.8\times 150 = 88,200\,[\text{J}] \tag{1·2}$$

이다. 지금, 이 일을 하는 데에 40[초]가 걸렸다고 하면 **1초간에 하는 일**, 즉 **일률**(power) $P$는

$$P = 88,200\,[\text{J}]\div 40\,[\text{s}] = 2,205\,[\text{J/s}] = 2,205\,[\text{W}] \tag{1·3}$$

여기서, $W$(watt)는 일률의 단위[3)]이며

$$1\,[\text{W}] = 1\,[\text{J/s}] \tag{1·4}$$

이다.

일이 전기 에너지인 경우의 일률을 **전력**(electric power)이라 한다. 전력의 단위는 W가 사용된다. 예를 들면 600[W]의 전열기를 사용할 때, 매초 600[J]의 전기 에너지가 소비되어 동량의 열에너지가 발생한다. 즉, 전기 에너지가 열에너지로 바뀐다.

**예제 1·1** 높이 50[m]인 댐이 있고 매초의 유량이 6,000[$m^3$]이다. 낙하하는 물의 일률을 구하여라.

**풀이** 1[$m^3$]인 물의 질량을 $10^3$[kg]이라 하면

$$P = 10^3\times 6,000\times 9.8\times 50 = 2.94\times 10^9\,[\text{W}]$$

**예제 1·2** 앞의 댐을 이용하여 발전기를 회전시켰을 때, 발전기의 출력을 구하여라. 단, 효율을 75[%]로 하여 계산하여라.

**풀이**

$$2.94\times 10^9\,[\text{W}]\times 0.75 = 2.205\times 10^9\,[\text{W}] = 2.205\times 10^6\,[\text{kW}]$$

---

2) J(joule)은 일의 단위. 1[J]=1[N]×1[m]

3) 일률의 단위 와트(p.146 참조)는 James Watt의 이름을 채용한다.

## 1·4 전압의 단위

1[A]의 전류가 흐르는 도체의 두 점, A, B 사이에서 소비되는 전력 1[W]일 때, 이 두 점 A, B간의 전압을 1볼트(1[V])라 한다.

따라서, $I$[A]의 전류가 흐르고 소비 전력이 $P$[W]일 때의 전압 $V$[V]는

$$\frac{P}{I} = V \qquad \therefore\ P = VI \qquad (\text{전력}) = (\text{전압}) \times (\text{전류}) \qquad (1\cdot5)$$

**예제 1·3** 1.5[V]인 전지에 50[mA]의 전류가 흐르고 있을 때, 소비 전력을 구하여라.

**풀이** $1.5 \times 0.05 = 0.075$ [W]

## 1·5 전기량의 단위

1[A]의 불변 전류가 1초간에 운반하는 전기량을 1쿨롬(1[C])이라 한다.

전기량을 전하(electric charge)라 하지만 또한 전하라는 단어는 '전기를 지니고 있는 것'의 의미로도 사용되고 있다. 예를 들면 전자(electron)[4)]의 질량은 $9.109 \times 10^{-31}$[kg]이며, 전하는 $-1.6021 \times 10^{-19}$[C]일 때에는 전하는 전기량의 의미로 사용되고 또한 전하와 전하 사이에는 힘이 작용한다고 할 때에는 '전기를 지니고 있는 것'을 의미한다.

그리고 전기량의 최소값, 즉 전기 소량(elementary electric charge)은 $1.6021 \times 10^{-19}$[C]이며, 양자의 전하는 이 값이고 양전자도 같은 값이라고 한다. $\mu$ 중간자, $\pi$ 중간자, K 중간자 등의 소립자 전하는 $+1.6021 \times 10^{-19}$[C], 0, $-1.6021$

4) 1897년 영국의 톰슨(J.J. Thomson)이 전자의 존재를 확립했다.

$\times 10^{-19}$[C]의 어느 값이다. 이러한 소립자의 질량은 다른 값이지만 전기량의 절대값은 같은 값이다.

**예제 1·4** 0.5[V]인 전류를 0.02초 동안 흘릴 때, 이동하는 전하를 구하여라.

**풀이** 0.5[A]인 전류는 매초 0.5[C]의 전하가 이동하므로

$$1.5 \times 0.02 = 0.01\,[\mathrm{C}]$$

## 1·6 전하의 보존 법칙

18세기에 들어와 많은 사람이 마찰 전기의 실험을 행하였다. 각종 물질의 두 개를 마찰할 때에 물질이 지니는 전하에는 흡인하는 것과 반발하는 것이 있으며 대전 상태(electricfication state)에 두 종류가 있다는 것을 발견한 것은 듀 페이지만 그 때는 유리와 비단천을 마찰할 때, 유리의 대전을 정(positive), 비단천의 대전을 부(negative)라 정했다.

오늘날 각종 전기 현상을 설명하는 데에 **전자**가 사용되지만 electron의 명명자는 스토니(G. J. Stoney)이다(1874년). 전자는 앞에 설명한 바와 같이 부(−)의 전하를 갖는다. 두 종류의 물질 A, B를 마찰할 때, A에서 B로 전자의 이동이 있으면 A는 정(+)으로 대전하고 B는 부(−)로 대전한다. 그 때, A의 전하 $Q_A$와 B의 전하 $Q_B$는 등량(equivalence)이고 부호가 반대이다. 즉,

$$Q_A + Q_B = 0 \tag{1·6}$$

### ▶ 정전 유도

대전하고 있지 않는 도체 C에 대전체 D를 접근시키면 C의 D에 가까운 부분에는 이부호(different sign)의 전하가 나타나고 먼 부분에는 동부호(same sign)의 전하가 나타난다(그림 1·1).

**그림 1·1**

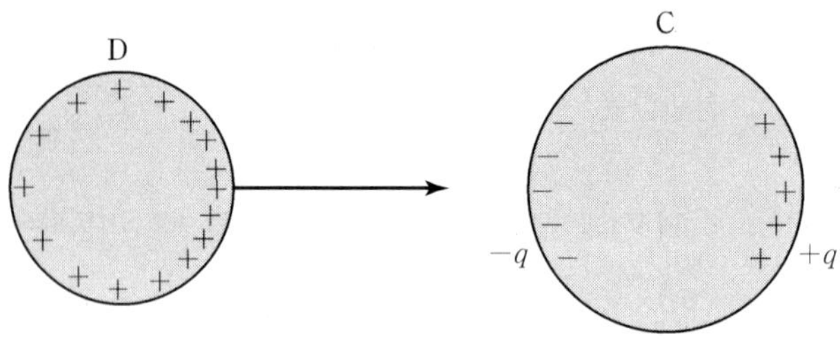


이 현상을 정전 유도(electrostatic induction)라 한다. 이 때 C의 양단에 나타나는 전하는 $+q$, $-q$이며 이부호로 등량이다.

**그림 1·2**

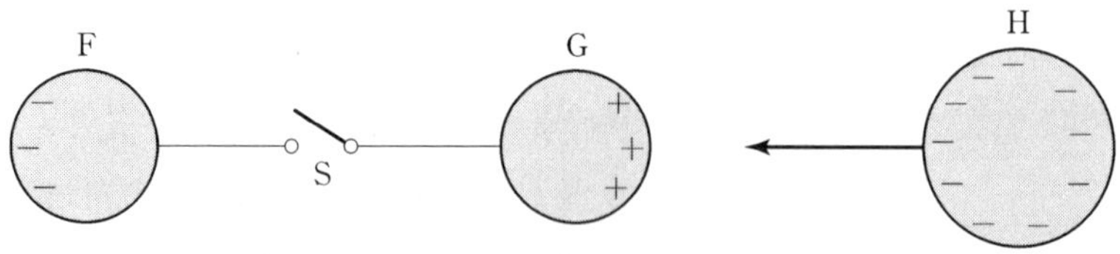


정전 유도를 이용하여 전하를 모을 수가 있다. 그림 1·2와 같이 도체 F와 G를 스위치 S를 넣어 접속한다. 스위치 S를 on으로 하여 도체 G에 부전하 H를 접근시키면 F에 (−), G에 (+)의 전하가 모인다. 여기서 스위치 S를 off로 한 후에 H를 멀리하면 F에 전하 $Q_F$, G에 전하 $Q_G$가 모여진다. 이 때,

$$Q_F + Q_G = 0 \tag{1·7}$$

$Q_F$와 $Q_G$는 이부호이고 절대값은 같다.

식 (1·6)과 식 (1·7)은 전하의 보존 법칙을 나타내는 식이다. 일반적으로 $n$개 물체의 전하를 $Q_1, Q_2, Q_3 \cdots, Q_n$이라 하면 $n$개를 물체 사이에서 전하의 이동이 있어도

$$Q_1 + Q_2 + Q_3 + \cdots + Q_n = (\text{일정}) \tag{1·8}$$

이것을 **전하의 보존 법칙**(law of conservation of charge)이라 한다.

## 1·7 국제 단위계(약칭 SI)

CGS 단위계는 cm, g, s를 기본 단위로 하고 MKSA 단위계는 m, kg, s, A를 기본 단위로 하는 단위계이다. 각국이 승인한 국제 단위계(약칭 SI)는 m, kg, s, A, k(켈빈), cd(칸델라), mol(몰)의 7개를 기본 단위로 하고 rad(라디안), sr(스테라디안)을 보조 단위로 한다. 기본 단위, 보조 단위의 승수로 표시되는 단위를 조립 단위라 한다.

## 연습문제

**1·1** 식염의 전기 분해에서 100 [Ah]의 전기량을 발생하는 NaOH(가성소다)는 약 몇 [g]인가? (단, Na의 원자량 : 23, O의 원자량 : 16, H의 원자량 : 1, 또한, Na의 전기 화학 당량 : 0.858 [g/Ah], 전류 효율은 95 [%]이다.)

㉮ 132　　㉯ 142　　㉰ 152　　㉱ 158

**1·2** 구리의 원자량은 63.54, 원자가 2일 때, 전기 화학 당량은?

㉮ 0.03292 [mg/C]　　㉯ 0.3292 [mg/C]

㉰ 0.3292 [g/C]　　㉱ 0.03292 [g/C]

**1·3** 염화아연( $ZnCl_2$)의 수용액을 전기 분해하였더니 전해 전류 15 [A]에서 9 [g]의 아연을 석출하는데 33분이 걸렸다. 아연의 원자량을 654라 하면 전류 효율은 몇 [%]인가? (단, 전류는 일정하다.)

㉮ 약 69.4　　㉯ 약 75.6　　㉰ 약 89.2　　㉱ 약 95.3

**1·4** 기전력 1.5 [V]이고, 내부 저항 0.02 [Ω]인 전지에 2 [Ω]의 저항을 연결했을 때, 저항에서의 소모 전력은 약 몇 [W]인가?

㉮ 1.1　　㉯ 5　　㉰ 11　　㉱ 55

**1·5** 그림 1·3과 같은 a, b간이 60 [V]일 때 저항에서 소비되는 전력이 960 [W]라

한다. $R$의 값 [Ω]은?

㉮ 6 ㉯ 4 ㉰ 2 ㉱ 10

**그림 1·3**

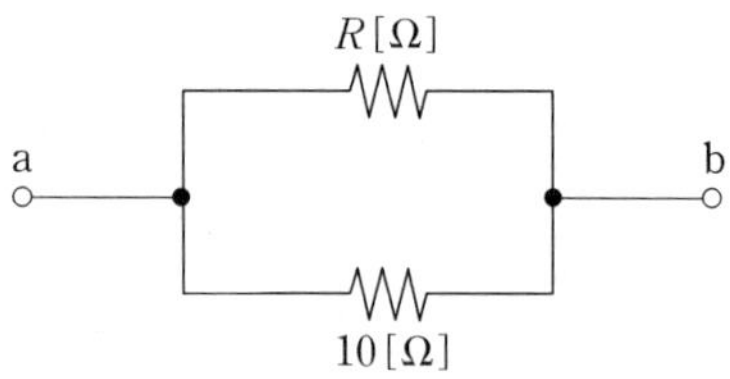


**1·6** 1 [kW]의 전열기가 1시간 동안 행한 일[J]은?

㉮ $3.6\times10^{5}$ ㉯ $3.6\times10^{6}$ ㉰ $3.6\times10^{7}$ ㉱ $3.6\times10^{8}$

**1·7** $10^{6}$ [cal]의 열량은 어느 정도의 전력량[kWh]에 상당하는가?

㉮ 0.06 ㉯ 1.16 ㉰ 0.27 ㉱ 4.17

**1·8** 2개의 물체를 마찰하면 마찰 전기가 발생한다. 이는 마찰에 의한 열에 의하여 표면에 가까운 무엇이 이동하기 때문인가?

㉮ 전하 ㉯ 양자 ㉰ 구속 전자 ㉱ 자유 전자

CHAPTER 2

# 벡터 해석

## 2·1 벡터 해석

우리들이 살고 있는 주위의 물건을 보면 그림이나 사진, 그리고 인쇄물은 평면이지만 많은 물건은 입체이다. 평면이라면 2차원으로 표시되지만 입체라든지 공간의 문제를 취급하기 위해서는 $x, y, z$인 3개의 좌표를 사용하는 것이 필요하다. 물리학이나 전자기학에서는 입체의 문제를 취급하는 일이 많다. 수식으로 취급할 경우에도 3개의 방정식을 취급할 필요가 있다. 3개의 식을 항상 사용하는 대신에 1개의 식으로 문제를 처리할 수 있으면 수식의 유도가 간편해진다. 이와 같은 의도에서 벡터를 사용하는 것이 고안되었다. 물리학, 전자기학, 기타 많은 학문에 있어서 벡터의 사용에 의해 수식의 취급이 간편하게 되었다.

따라서, 전자기학을 배우는 사람은 벡터 해석을 이해하는 것이 바람직하다.

## 2·2 벡터와 스칼라

크기와 방향을 가진 것을 **벡터**(vector)라 하며 힘은 벡터이다. 크기만의 것을

**그림 2·1**

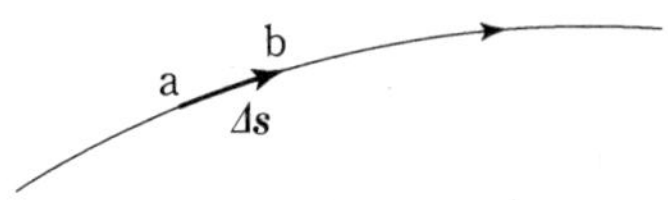


**스칼라**(scalar)라 하며 시간, 질량은 스칼라이다.

벡터를 표시하려면 고딕체 문자 $\boldsymbol{F}, \boldsymbol{E}, \boldsymbol{H}\cdots$를 사용한다.[1] 벡터의 길이를 **크기** 또는 **절대값**(magnitude)이라 하고 $|\boldsymbol{F}|$ 또는 $F$로 표시한다.

지금, 미소한 물체가 운동하고 있을 때, 어떤 시각에 대한 위치를 a라 한다. 그것에서 $\Delta t$초 후의 위치를 b라 하면 $\Delta t$초간에 이동한 길이는 방향까지 정해지므로 벡터로 표시하여 $\Delta \boldsymbol{s}$라 한다. 이때의 속도는 $\Delta \boldsymbol{s}$를 $\Delta t$로 나누고 극한을 취하면

$$\boldsymbol{v} = \lim_{\Delta \to 0} \frac{\Delta \boldsymbol{s}}{\Delta t} = \frac{d\boldsymbol{s}}{dt} \tag{2·1}$$

속도는 벡터이다. 동일하게 하여 가속도 $\boldsymbol{a}$도 벡터이다. 뉴턴의 운동 법칙(Newton's law of motion)은 다음 식으로 표시된다.

$$\boldsymbol{F} = m\boldsymbol{a} \quad (\text{단, } m\text{은 질량}) \tag{2·2}$$

벡터를 사용하면 가속도의 방향까지 확실히 알 수 있다. 단지, 크기를 계산할 때에는 가는 글자(스칼라)의 식으로 계산하면 된다.

## 2·3 벡터의 덧셈과 뺄셈

그림 2·2(a)와 같이 2개의 벡터 $\boldsymbol{A}$, $\boldsymbol{B}$를 두 변으로 하는 평행사변형을 그릴 때, 대각선 $\overrightarrow{\mathrm{OP}}$를 $\boldsymbol{A}$와 $\boldsymbol{B}$의 합이라 하고 $\boldsymbol{A}+\boldsymbol{B}$로 표시한다. 또한, 그림 2·2(b)와 같이 $\boldsymbol{B}$를 평행 이동하여 작도할 수도 있다.

벡터의 차 $\boldsymbol{A}-\boldsymbol{B}$를 구하려면 벡터 $\boldsymbol{B}$의 방향을 반대로 하면 $-\boldsymbol{B}$가 얻어지며 $\boldsymbol{A}$와 $-\boldsymbol{B}$의 합을 구하면 $\boldsymbol{A}-\boldsymbol{B}$가 얻어진다.

---

1) $\dot{F}, \vec{F}$ 등을 사용하는 경우도 있으나 고딕체 문자를 사용하는 경우가 많다.

그림 2·2

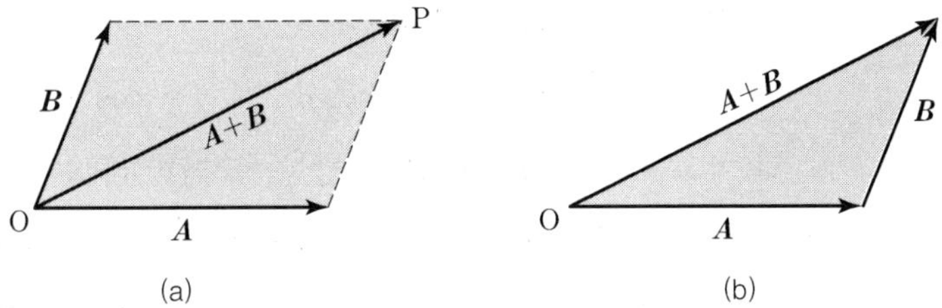

(a) (b)

▶ **수와 벡터의 곱**

수 $a$가 (+)일 때, $a\boldsymbol{A}$는 $\boldsymbol{A}$ 길이의 $a$배인 길이를 갖고 $\boldsymbol{A}$와 같은 방향의 벡터이다. 수 $a$가 (−)일 때는 $\boldsymbol{A}$와 반대 방향으로 된다.

## 2·4 벡터의 성분

그림 2·3과 같이 좌표축을 고정한다. 벡터 $\boldsymbol{A}$의 $x$축, $y$축, $z$축이 이루는 각을 $\alpha, \beta, \gamma$라 한다. $A$의 각축에 대한 정사영

$$A_x = A\cos\alpha, \qquad A_y = A\cos\beta, \qquad A_z = A\cos\gamma \tag{2·3}$$

을 벡터 $\boldsymbol{A}$의 $x$성분, $y$성분, $z$성분이라 한다. 그림 2·3에 있는 $\overline{\mathrm{Oa}}$의 길이는 $A_x$이고 $A_y = \overline{\mathrm{Ob}}$, $A_z = \overline{\mathrm{Oc}}$이다(벡터 $\boldsymbol{A}$의 종점을 P라 하면 ∠PaO는 직각,

그림 2·3

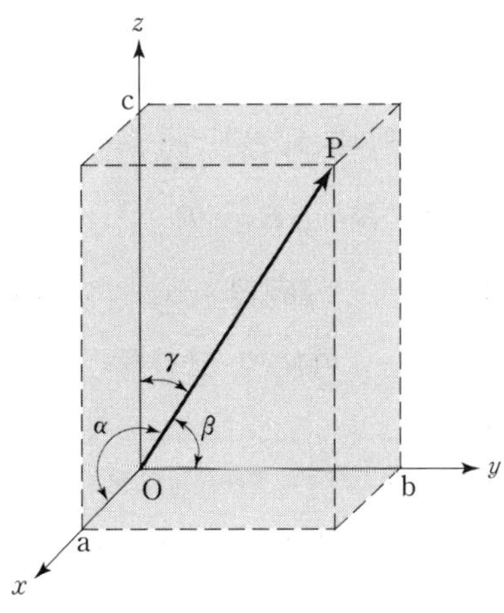

∠PbO와 ∠PcO도 직각이다).

$$l = \cos\alpha, \qquad m = \cos\beta, \qquad n = \cos\gamma \tag{2·4}$$

라 놓고 $(l, m, n)$을 $\boldsymbol{A}$의 방향 코사인이라 한다.

절대값이 1인 벡터를 **단위 벡터**(unit vector)라 한다. $x$축, $y$축, $z$축의 정(+) 방향 단위를 벡터를 $\boldsymbol{i}$, $\boldsymbol{j}$, $\boldsymbol{k}$로 표시하고 이들을 **기본 벡터**(fundametal vector)라 한다.

기본 벡터를 사용하면

$$\boldsymbol{A} = A_x \boldsymbol{i} + A_y \boldsymbol{j} + A_z \boldsymbol{k} \tag{2·5}$$

벡터 $\boldsymbol{A}$의 절대값은

$$A = \sqrt{A_x^2 + A_y^2 + A_z^2} \tag{2·6}$$

**예제 2·1** 1점에 3개의 힘 $\boldsymbol{F}_1, \boldsymbol{F}_2, \boldsymbol{F}_3$가 작용하고 있다. 여기서 $\boldsymbol{F}_1 = 3\boldsymbol{i} - 4\boldsymbol{j} + \boldsymbol{k}$, $\boldsymbol{F}_2 = -2\boldsymbol{i} + 3\boldsymbol{j} - 7\boldsymbol{k}$, $\boldsymbol{F}_3 = 3\boldsymbol{i} + 2\boldsymbol{j} + 4\boldsymbol{k}$일 때, 합력 $\boldsymbol{F}$와 그 크기를 구하여라.

**풀이**

$$\boldsymbol{F} = \boldsymbol{F}_1 + \boldsymbol{F}_2 + \boldsymbol{F}_3 = (3\boldsymbol{i} - 4\boldsymbol{j} + \boldsymbol{k}) + (-2\boldsymbol{i} + 3\boldsymbol{j} - 7\boldsymbol{k}) + (3\boldsymbol{i} + 2\boldsymbol{j} + 4\boldsymbol{k})$$

$$= 4\boldsymbol{i} + \boldsymbol{j} - 2\boldsymbol{k}$$

$$F = \sqrt{4^2 + 1^2 + (-2)^2} = \sqrt{21} = 4.582\cdots$$

## 2·5 스칼라곱

두 개의 벡터 $\boldsymbol{A}, \boldsymbol{B}$가 이루는 각을 $\theta$라 하면

$$\boldsymbol{A} \cdot \boldsymbol{B} = AB\cos\theta \tag{2·7}$$

을 $\boldsymbol{A}$와 $\boldsymbol{B}$의 **스칼라곱**(scalar product) 또는 **내적**(inner product)이라 하고 $\boldsymbol{A} \cdot \boldsymbol{B}$ 또는 $(\boldsymbol{AB})$로 표시한다.[2)]

---

2) $\boldsymbol{A}$와 $\boldsymbol{B}$가 떨어져 있어 교차하지 않을 경우에는 한쪽을 평행 이동하여 시작점을 일치시키고 그 때의 각 $\theta$가 $\boldsymbol{A}$와 $\boldsymbol{B}$가 이루는 각이다. 교차하지 않는 두 직선의 각도 동일하게 정의된다.

### ▶ 스칼라곱의 성질

(1) $\boldsymbol{A}$와 $\boldsymbol{B}$가 동일 방향일 때(즉, $\theta=0$ 일 때)

$$\boldsymbol{A}\cdot\boldsymbol{B}=AB \tag{2·8}$$

$\boldsymbol{A}$와 $\boldsymbol{B}$가 반대 방향일 때( $\because\ \theta=180°$)

$$\boldsymbol{A}\cdot\boldsymbol{B}=-\boldsymbol{AB} \tag{2·9}$$

$\boldsymbol{A}$와 $\boldsymbol{B}$가 수직일 때

$$\boldsymbol{A}\cdot\boldsymbol{B}=0 \tag{2·10}$$

(2) $\boldsymbol{A}\cdot\boldsymbol{B}=\boldsymbol{B}\cdot\boldsymbol{A}$ (2·11)

$$a\boldsymbol{A}\cdot\boldsymbol{B}=-\boldsymbol{A}\cdot a\boldsymbol{B}=a(\boldsymbol{AB}) \quad (\text{단, } a\text{는 스칼라}) \tag{2·12}$$

$$\boldsymbol{A}\cdot(\boldsymbol{B}+\boldsymbol{C})=\boldsymbol{A}\cdot\boldsymbol{B}+\boldsymbol{A}\cdot\boldsymbol{C} \tag{2·13}$$

(3) $\boldsymbol{A}\cdot\boldsymbol{B}=A_xB_x+A_yB_y+A_zB_z$ (2·14)

이 식의 증명은 $\boldsymbol{A}, \boldsymbol{B}$를 식 (2·5)로 표시하여 식 (2·13)의 성질을 사용해서 계산하고 $\boldsymbol{i}^2=\boldsymbol{i}\cdot\boldsymbol{i}=ii=1\times1=1$, $\boldsymbol{j}^2=1$, $\boldsymbol{k}^2=1$ 및 $\boldsymbol{i}\cdot\boldsymbol{k}=0$, $\boldsymbol{i}\cdot\boldsymbol{j}=0$, $\boldsymbol{j}\cdot\boldsymbol{k}=0$을 사용하면 증명된다.

(4) 단위 벡터 $\boldsymbol{n}$와 $\boldsymbol{A}$의 스칼라곱을 생각하면

$$\boldsymbol{a}\cdot\boldsymbol{n}=A\cos\theta \qquad \therefore \boldsymbol{A}\cdot\boldsymbol{n}=A_n \tag{2·15}$$

단, $A_n$은 $\boldsymbol{A}$의 $\boldsymbol{n}$방향 성분이다.

다음에 $\boldsymbol{n}$의 방향 코사인을 $l, m, n$이라 하면

$$\boldsymbol{n}=l\boldsymbol{i}+m\boldsymbol{j}+n\boldsymbol{k} \tag{2·16}$$

그림 2·4

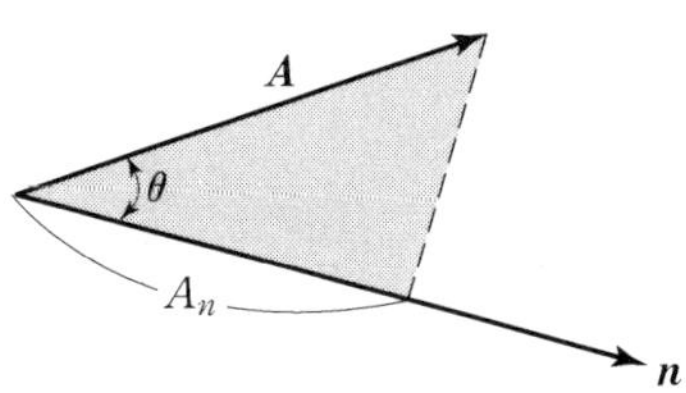

그래서 식 (2·14)에 의해

$$A_n = \boldsymbol{A} \cdot \boldsymbol{n} = A_x l + A_y m + A_z n \tag{2·17}$$

(5) 벡터 $\boldsymbol{A}$의 벡터 $\boldsymbol{s}$방향 성분 $A_s$는 다음의 식으로 주어진다.

$$A_s = A_x l + A_y m + A_z n \tag{2·17a}$$

단, $l$, $m$, $n$은 벡터 $\boldsymbol{s}$의 방향 코사인으로 한다.

이 식의 증명은 $\boldsymbol{s}$방향에 단위 벡터 $\boldsymbol{n}$을 취하면 $\boldsymbol{n}$의 방향 코사인도 $l$, $m$, $n$이므로 또한 $A_s = A_n$이므로 식 (2·17)을 사용하여

$$A_s = A_n = A_x l + A_y m + A_z n$$

## 2·6 벡터곱

두 개의 벡터 $\boldsymbol{A}$, $\boldsymbol{B}$가 이루는 각을 $\theta$라 한다. $\boldsymbol{A}$를 180° 이내로 회전시켜 $\boldsymbol{B}$의 방향에 겹칠 때, 오른나사의 진행 방향을 갖고 $AB\sin\theta$의 크기 벡터를 **벡터곱**(vector product)이라 하고 $\boldsymbol{A} \times \boldsymbol{B}$ 또는 $[\boldsymbol{AB}]$로 표시한다. 벡터곱을 **외적**(outer product)이라고도 한다.

벡터 $\boldsymbol{A} \times \boldsymbol{B}$는 $\boldsymbol{A}$, $\boldsymbol{B}$ 어느 것에 대해서도 수직이며, 그 크기는

$$|\boldsymbol{A} \times \boldsymbol{B}| = AB\sin\theta \tag{2·18}$$

$AB\sin\theta$는 $\boldsymbol{A}$와 $\boldsymbol{B}$를 두 변으로 하는 평행사변형의 면적과 같다.

그림 2·5

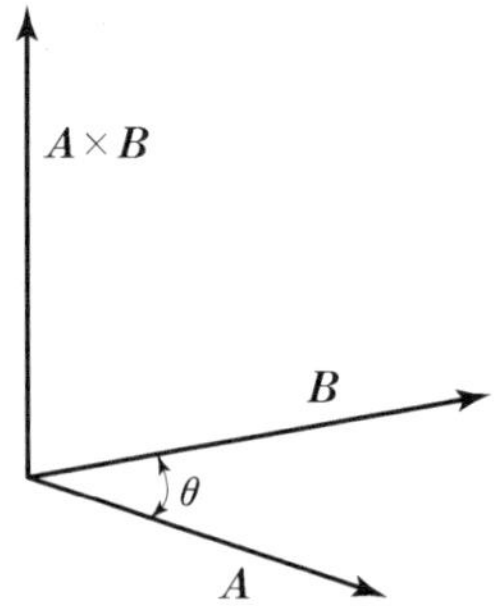

### ▶ 벡터곱의 성질

(1) $\boldsymbol{A}$와 $\boldsymbol{B}$가 동일 방향일 때

$$\boldsymbol{A}\times\boldsymbol{B}=0 \tag{2·19}$$

$\boldsymbol{A}$와 $\boldsymbol{B}$가 반대 방향일 때

$$\boldsymbol{A}\times\boldsymbol{B}=0 \tag{2·20}$$

$\boldsymbol{A}$와 $\boldsymbol{B}$가 수직일 때

$$|\boldsymbol{A}\times\boldsymbol{B}|=\boldsymbol{AB} \tag{2·21}$$

(2) $\boldsymbol{A}\times\boldsymbol{B}=-\boldsymbol{B}\times\boldsymbol{A}$ (2·22)

$$a\boldsymbol{A}\times\boldsymbol{B}=\boldsymbol{A}\times a\boldsymbol{B}=a(\boldsymbol{A}\times\boldsymbol{B}) \tag{2·23}$$

$$(\boldsymbol{A}\times\boldsymbol{B})\times\boldsymbol{C}=\boldsymbol{A}\times\boldsymbol{C}+\boldsymbol{B}\times\boldsymbol{C} \tag{2·24}$$

(3) $\boldsymbol{A}\times\boldsymbol{B}=(A_yB_z-A_zB_y)\boldsymbol{i}+(A_zB_z-A_xB_z)\boldsymbol{j}+(A_xB_y-A_yB_x)\boldsymbol{k}$ (2·25)

또한

$$\boldsymbol{A}\times\boldsymbol{B}=\begin{vmatrix}\boldsymbol{i} & \boldsymbol{j} & \boldsymbol{k}\\ A_x & A_y & A_z\\ B_x & B_y & B_z\end{vmatrix} \tag{2·26}$$

식 (2·25)의 증명은 $\boldsymbol{A}$, $\boldsymbol{B}$를 식 (2·5)의 형으로 표시하고 식 (2·24)의 계산을 하고 다음의 식을 사용하면 증명된다.

$$\boldsymbol{i}\times\boldsymbol{i}=0,\quad \boldsymbol{j}\times\boldsymbol{j}=0,\quad \boldsymbol{k}\times\boldsymbol{k}=0 \tag{2·27}$$

$$\boldsymbol{i}\times\boldsymbol{j}=-\boldsymbol{j}\times\boldsymbol{i}=\boldsymbol{k},\quad \boldsymbol{j}\times\boldsymbol{k}=-\boldsymbol{k}\times\boldsymbol{j}=\boldsymbol{i},\quad \boldsymbol{k}\times\boldsymbol{i}=-\boldsymbol{i}\times\boldsymbol{k}=\boldsymbol{j} \tag{2·28}$$

그리고 좌표축의 취급 방법으로서 그림 2·6에 나타내는 바와 같이 오른손계와 왼손계의 두 가지가 있지만 오른손계의 쪽이 많이 사용되며 이 책에서는 오른손계를 사용한다. 왼손계의 경우에는 식 (2·18)의 부호가 반대로 된다. 즉, $\boldsymbol{i}'\times\boldsymbol{i}'=-\boldsymbol{k}'$, $\boldsymbol{j}'\times\boldsymbol{k}'=-\boldsymbol{i}'$, $\boldsymbol{k}'\times\boldsymbol{i}'=-\boldsymbol{j}'$, 왼손계에서도 벡터곱의 정의는 변함이 없다.

**그림 2·6**

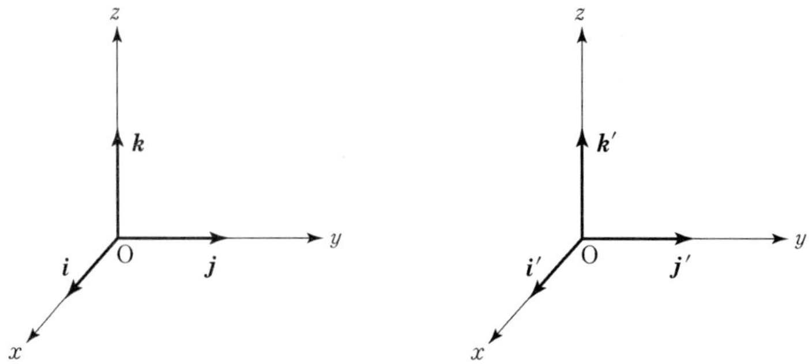


(a) 오른손계　　(b) 왼손계

## 2·7 벡터의 3중곱

세 개 벡터 $\boldsymbol{A}, \boldsymbol{B}, \boldsymbol{C}$의 곱에는 다음의 세 종류가 있다.

( i ) $(\boldsymbol{A} \times \boldsymbol{B}) \cdot \boldsymbol{C}$

( ii ) $(\boldsymbol{A} \cdot \boldsymbol{B}) \cdot \boldsymbol{C}$

(iii) $\boldsymbol{A} \times \boldsymbol{B} \times \boldsymbol{C}$

즉, ( i )은 두 개 벡터의 벡터곱과 나머지 벡터의 스칼라곱이므로 스칼라이다. ( ii )와 (iii)는 벡터이다. 이 세 종류 중에서 전자기학에서는 ( i )이 사용되므로 ( i )에 대해서 설명한다.

식 (2·14)를 사용하여

$$(\boldsymbol{A} \times \boldsymbol{B}) \cdot \boldsymbol{C} = (\boldsymbol{A} \times \boldsymbol{B})_x C_x + (\boldsymbol{A} \times \boldsymbol{B})_y C_y + (\boldsymbol{A} \times \boldsymbol{B})_z C_z \qquad (2\cdot29)$$

식 (2·25)를 사용하여

$$(\boldsymbol{A} \times \boldsymbol{B}) \cdot \boldsymbol{C} = (A_y B_z - A_z B_y) C_x + (A_z B_x - A_x B_z) C_y + (A_x B_y - A_y B_x) C_x \qquad (2\cdot30)$$

$$(\boldsymbol{A} \times \boldsymbol{B}) \cdot \boldsymbol{C} = \begin{vmatrix} A_x & A_y & A_z \\ B_x & B_y & B_z \\ C_x & C_y & C_z \end{vmatrix} \qquad (2\cdot31)$$

이 결과를 보면 다음의 식이 성립하는 것을 알 수 있다.

$$(\boldsymbol{A}\times\boldsymbol{B})\cdot\boldsymbol{C}=\boldsymbol{A}\cdot(\boldsymbol{B}\times\boldsymbol{C})=(\boldsymbol{C}\times\boldsymbol{A})\cdot\boldsymbol{B}=\boldsymbol{B}\cdot(\boldsymbol{C}\times\boldsymbol{A})$$
$$=(\boldsymbol{B}\times\boldsymbol{C})\cdot\boldsymbol{A}=-(\boldsymbol{B}\times\boldsymbol{A})\cdot\boldsymbol{C}=-\boldsymbol{A}\cdot(\boldsymbol{C}\times\boldsymbol{B})$$
$$=-(\boldsymbol{A}\times\boldsymbol{C})\cdot\boldsymbol{B}=\cdots \tag{2·32}$$

즉, $\boldsymbol{A}, \boldsymbol{B}, \boldsymbol{C}$의 순서로 되어 있으면 벡터곱을 취하는 두 개는 어느 것이라도 좋다. 순서가 바뀌면 부호가 반대로 된다. 그래서 $(\boldsymbol{A}\times\boldsymbol{B})\cdot\boldsymbol{C}, \boldsymbol{A}\cdot(\boldsymbol{B}\times\boldsymbol{C})$를 $(\boldsymbol{ABC})$라는 기호를 사용한다. 식 (2·32)는

$$(\boldsymbol{ABC})=(\boldsymbol{BCA})=(\boldsymbol{CAB})=-(\boldsymbol{BAC})=-(\boldsymbol{ACB})=-(\boldsymbol{CBA}) \tag{2·33}$$

**예제 2·2** $\boldsymbol{A}=\boldsymbol{i}-2\boldsymbol{j}+3\boldsymbol{k}, \boldsymbol{B}=4\boldsymbol{i}+5\boldsymbol{j}-6\boldsymbol{k}$일 때, $\boldsymbol{A}\times\boldsymbol{B}$를 구하여라.

**풀이** 식 (2·26)을 사용하여

$$\boldsymbol{A}\times\boldsymbol{B}=\begin{vmatrix}\boldsymbol{i} & \boldsymbol{j} & \boldsymbol{k}\\ A_x & A_y & A_z\\ B_x & B_y & B_z\end{vmatrix}=\begin{vmatrix}\boldsymbol{i} & \boldsymbol{j} & \boldsymbol{k}\\ 1 & -2 & 3\\ 4 & 5 & -6\end{vmatrix}$$
$$=\boldsymbol{i}\begin{vmatrix}-2 & 3\\ 5 & -6\end{vmatrix}-\boldsymbol{j}\begin{vmatrix}1 & 3\\ 4 & -6\end{vmatrix}+\boldsymbol{k}\begin{vmatrix}1 & -2\\ 4 & 5\end{vmatrix}$$
$$=-3\,\boldsymbol{i}+18\,\boldsymbol{j}+13\,\boldsymbol{k}$$

**예제 2·3** $(\boldsymbol{A}\times\boldsymbol{B})\cdot\boldsymbol{C}$는 $\boldsymbol{A}, \boldsymbol{B}, \boldsymbol{C}$를 세 변으로 하는 평행육면체의 체적과 같다는 것을 증명하여라.

**풀이** 그림 2·7과 같이 평행육면체를 abcdefgh로 하고 $\boldsymbol{A}\times\boldsymbol{B}=\boldsymbol{D}$라 놓으면

$$D=AB\sin\theta=\text{평행사변형 abcd의 면적} \tag{2·34}$$

이며 $\boldsymbol{D}$의 방향은 그림 2·7에 나타내는 방향이다. $\boldsymbol{D}$와 $\boldsymbol{C}$의 각을 $\alpha$라 하면

$$(\boldsymbol{A}\times\boldsymbol{B})\cdot\boldsymbol{C}=\boldsymbol{D}\cdot\boldsymbol{C}=DC\cos\alpha \tag{2·35}$$

다음에 꼭지점 e에서 밑면에 내린 수선을 ep라 하고 $\overline{\text{ep}}=l$이라 하면

$$l=C\cos\alpha \quad (\because \angle\text{aep}=\alpha) \tag{2·36}$$

평행육면체의 체적을 $V$라 하면 밑면적으로 식 (2·34)에 의해 $D$이므로

$$V=D\times l=DC\cos\alpha \tag{2·37}$$

**그림 2·7**

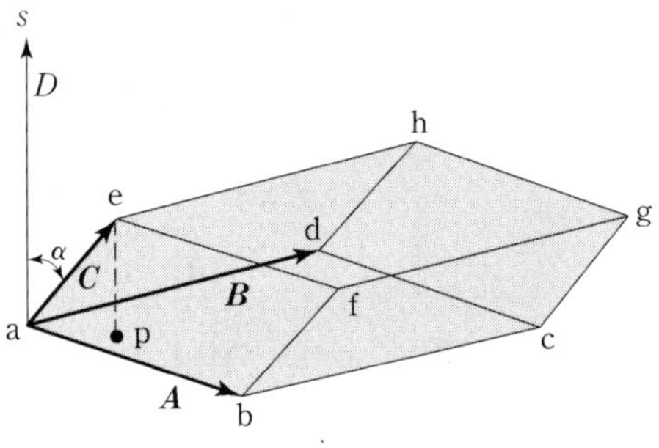


식 (2·35)와 식 (2·37)에서

$$\therefore (\boldsymbol{A} \times \boldsymbol{B}) \cdot \boldsymbol{C} = V \qquad (2\cdot 38)$$

## 2·8 스칼라의 경도(gradient of scalar)

장소에 따라 값이 달라지는 스칼라 $\varphi$가 있다. 즉,

$$\varphi = f(x, y, z) \qquad (2\cdot 38)^{3)}$$

점 P에 대한 이 함수의 값을 $\varphi$라 하고 미소한 거리의 점 P′에 대한 이 함수의 값을 $\varphi + \Delta\varphi$라 한다. $\overrightarrow{PP'}$를 벡터 $\Delta \boldsymbol{s}$로 표시하고 $\Delta \boldsymbol{s}$의 성분을 $\Delta x$, $\Delta y$, $\Delta z$라 한다.

그림 2·8과 같이 점 P에서 $x$방향으로 $\Delta x$만큼 떨어진 점을 a라 하고 a에서 $y$방향으로 $\Delta y$만큼 떨어진 점을 b라 하면 $\overline{bP'} = \Delta z$가 되므로

$$\Delta\varphi = \frac{\partial\varphi}{\partial x}\Delta x + \frac{\partial\varphi}{\partial y}\Delta y + \frac{\partial\varphi}{\partial z}\Delta z \qquad (2\cdot 39)$$

위식에서 우변의 제1항은 점 a에 대한 함수의 증가, 제2항은 a→b의 증가, 제3항은 b→P′의 증가인 것을 나타낸다. 다음에 식 (2·39)를 $\Delta \boldsymbol{s}$로 나누면

$$\frac{\Delta\varphi}{\Delta \boldsymbol{s}} = \frac{\partial\varphi}{\partial x}\frac{\Delta x}{\Delta \boldsymbol{s}} + \frac{\partial\varphi}{\partial y}\frac{\Delta y}{\Delta \boldsymbol{s}} + \frac{\partial\varphi}{\partial z}\frac{\Delta z}{\Delta \boldsymbol{s}} \qquad (2\cdot 40)$$

3) 앞으로 위치 함수인 스칼라량을 $\varphi$로 표시한다.

그림 2·8

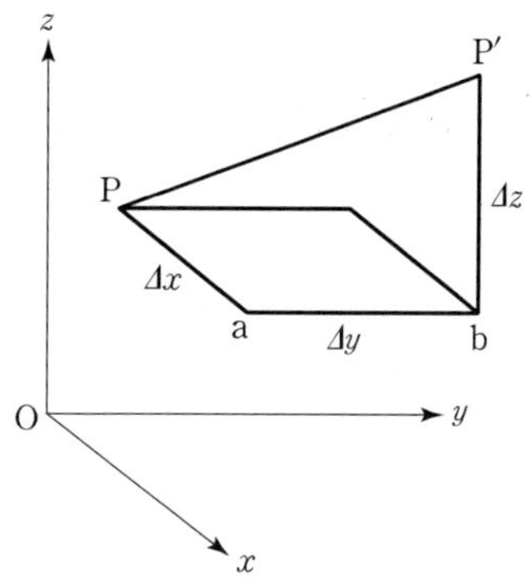


$\Delta \boldsymbol{s}$의 방향 코사인을 $l$, $m$, $n$이라 하면

$$\frac{\Delta\varphi}{\Delta \boldsymbol{s}} = \frac{\partial\varphi}{\partial x} l + \frac{\partial\varphi}{\partial y} m + \frac{\partial\varphi}{\partial z} n \tag{2·41}$$

$A_x = \dfrac{\partial\varphi}{\partial x}$, $A_y = \dfrac{\partial\varphi}{\partial y}$, $A_z = \dfrac{\partial\varphi}{\partial z}$ 인 벡터 $\boldsymbol{A}$를 생각한다. 식 (2·41)의 좌변은 함수 $\varphi$의 경도이며, 우변은 식 (2·17a)에 의해 벡터 $\boldsymbol{A}$의 $\Delta \boldsymbol{s}$방향 성분이다.

여기서, $\dfrac{\partial\varphi}{\partial x}$, $\dfrac{\partial\varphi}{\partial y}$, $\dfrac{\partial\varphi}{\partial z}$ 를 각 성분으로 하는 벡터를 grad $\varphi$ 또는 $\nabla\varphi$라는 기호로 표시하고 $\varphi$의 경도라 정의한다.[4] 즉,

$$\text{grad}\ \varphi = \nabla\varphi = \left(\frac{\partial\varphi}{\partial x}, \frac{\partial\varphi}{\partial y}, \frac{\partial\varphi}{\partial z}\right) \tag{2·42}$$

이 기호를 사용하면 식 (2·41)은

$$\frac{\Delta\varphi}{\Delta \boldsymbol{s}} = (\text{grad}\ \varphi)_{\Delta s} = \text{grad}\ \varphi\text{의 } \Delta \boldsymbol{s}\text{방향 성분} \tag{2·43}$$

식 (2·5)에 의해

$$\text{grad}\ \varphi = \nabla\varphi = \frac{\partial\varphi}{\partial x}\boldsymbol{i} + \frac{\partial\varphi}{\partial y}\boldsymbol{j} + \frac{\partial\varphi}{\partial z}\boldsymbol{k} \tag{2·44}$$

그리고 식 (2·43)에서

$$\Delta\varphi = \Delta \boldsymbol{s} \cdot \text{grad}\ \varphi = \Delta \boldsymbol{s} \cdot \nabla\varphi \tag{2·45}$$ [5]

4) $\varphi$는 Hamilton의 연산자라 하고, 나블라(nabla)라 읽는다.

## 2·9 벡터의 발산(divergence of vector)

위치 함수인 벡터 $\boldsymbol{A}$가 있을 때, 다음의 식으로 표시되는 div $\boldsymbol{A}$를 벡터 $\boldsymbol{A}$의 발산이라 정의한다.

$$\text{div}\ \boldsymbol{A} = \frac{\partial A_x}{\partial x} + \frac{\partial A_y}{\partial y} + \frac{\partial A_z}{\partial z} \tag{2·46}$$

해밀톤의 연산자

$$\nabla = \boldsymbol{i}\frac{\partial}{\partial x} + \boldsymbol{j}\frac{\partial}{\partial y} + \boldsymbol{k}\frac{\partial}{\partial z} \tag{2·47}$$

와 식 (2·5)의 $\boldsymbol{A} = \boldsymbol{i}A_x + \boldsymbol{j}A_y + \boldsymbol{k}A_z$ 및 식 (2·14)를 사용하면

$$\nabla \cdot \boldsymbol{A} = \frac{\partial A_x}{\partial x} + \frac{\partial A_y}{\partial y} + \frac{\partial A_z}{\partial z} = \text{div}\ \boldsymbol{A} \tag{2·48}$$

다음에 벡터 $\boldsymbol{A}$가 $x, y, z$의 함수, 즉 위치에 따라 다를 때, $\boldsymbol{A}$의 장을 **벡터장**(vector field)이라 하고 그 모양을 표시하는 데에 **역선**(line of force)을 생각한다. 역선이란 그 선상의 임의점에서 접선을 그을 때, $\boldsymbol{A}$의 방향과 일치하고 또한 단위 면적당 선의 수가 $\boldsymbol{A}$의 값과 같게 되도록 가상하는 선이다.

그림 2·9와 같이 미소 면적 $dS$를 빠져나가는 역선의 수 $\Delta N$을 구하려면 $\boldsymbol{A}$의

**그림 2·9**

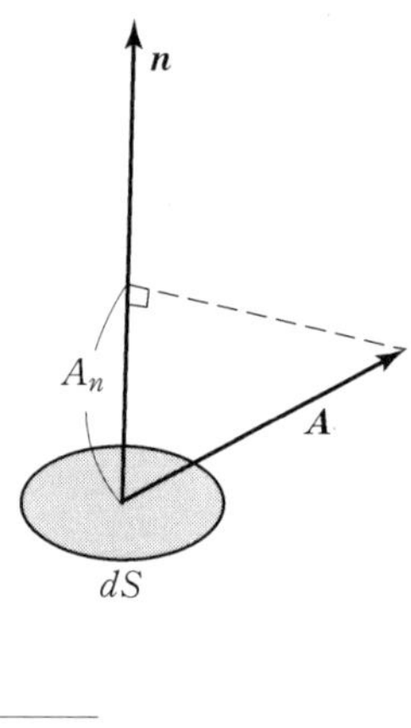


5) 이 식은 $\Delta \boldsymbol{s} \cdot \text{grad}\ \varphi = \Delta \boldsymbol{s} \times |\text{grad}\ \varphi| \cos\theta = \Delta \boldsymbol{s} \times (\text{grad}\ \varphi)_s$를 사용하면 산출된다.

$dS$에 수직인 성분 $A_n$, 또는 $\boldsymbol{A}\cdot\boldsymbol{n}$($\boldsymbol{n}$은 $dS$에 수직인 단위 벡터)과 면적 $dS$를 곱하면 된다.

$$\Delta N = A_n DS \quad 또는 \quad \Delta N = \boldsymbol{A}\cdot\boldsymbol{n}dS \tag{2·49}$$

일반적으로 면적 $S$를 빠져나가는 역선의 수 $N$을 구하려면

$$N = \int_s A_n dS \quad 또는 \quad N = \int_s \boldsymbol{A}\cdot\boldsymbol{n}dS \tag{2·50}$$

**그림 2·10**

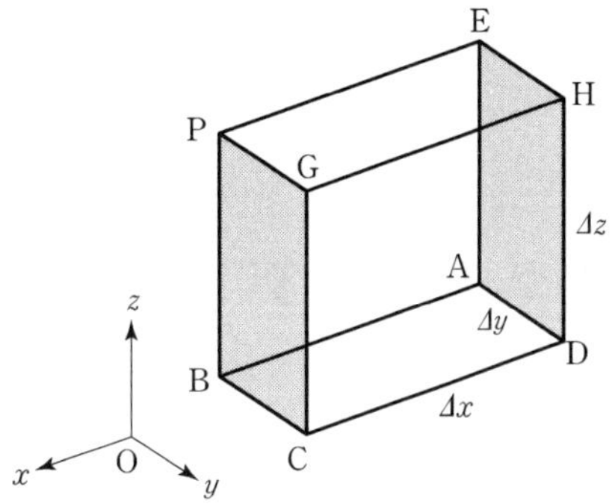


그림 2·10과 같이 미소 체적 $\Delta V$의 직육면체에 출입하는 역선을 구해 보자. 점 A에 대한 벡터의 값을 $\boldsymbol{A}$, 그 성분을 $A_x$, $A_y$, $A_z$라 하면

면 ADHE에서 들어오는 역선 : $A_x \Delta y \Delta z$

면 BCGF에서 나오는 역선 : $\left(A_x + \dfrac{\partial A_x}{\partial x}\Delta x\right)\Delta y \Delta z$

차 $\dfrac{\partial A_x}{\partial x}\Delta x \Delta y \Delta z$가 나오는 역선이다. 동일하게 하여 $y$, $z$방향의 역선을 세면 $\dfrac{\partial A_y}{\partial y}\Delta x \Delta y \Delta z$, $\dfrac{\partial A_z}{\partial z}\Delta x \Delta y \Delta z$가 되므로 직육면체에서 나오는 역선의 총합은 이들을 더하여

$$\int_s \boldsymbol{A}\cdot\boldsymbol{n}dS = \left(\frac{\partial A_x}{\partial x} + \frac{\partial A_y}{\partial y} + \frac{\partial A_z}{\partial z}\right)\Delta x \Delta y \Delta z = \text{div}\ \boldsymbol{A}\,\Delta V \tag{2·51}$$

단, $S$는 직육면체의 표면적이다. 식 (2·51)에서

$$\text{div}\ \boldsymbol{A} = \frac{1}{\Delta V}\int_s \boldsymbol{A}\cdot\boldsymbol{n}dS \tag{2·52}$$

**즉, div $\boldsymbol{A}$는 역선의 단위 체적당 발생수이다.**

직육면체에 들어오는 역선수와 나오는 역선수가 같을 때, 즉 역선이 연속일 때에는 새로 발생하는 역선수는 0이다. 따라서,

$$\text{div}\ \boldsymbol{A}=0 \tag{2·53}$$

이 식을 **연속의 식**(formula of continuity)이라 한다.

그리고 식 (2·52)에 있는 $\Delta V \to 0$의 극한을 취해 div $\boldsymbol{A}$가 정의된다. 즉,

$$\text{div}\ \boldsymbol{A}=\lim_{\Delta V\to 0}\frac{1}{\Delta V}\int \boldsymbol{A}\cdot \boldsymbol{n}dS \tag{2·54}$$

## 2·10 가우스의 발산 정리

그림 2·11과 같이 두 개의 미소 체적 $\Delta V_1$, $\Delta V_2$가 면 $S'$에서 접하고 있을 때, 식 (2·51)을 사용하여

$$\int_{S_1}\boldsymbol{A}\cdot \boldsymbol{n}dS=\text{div}\ \boldsymbol{A}\Delta V_1 \tag{2·55}$$

$$\int_{S_2}\boldsymbol{A}\cdot \boldsymbol{n}dS=\text{div}\ \boldsymbol{A}\Delta V_2 \tag{2·56}$$

단, $S_1$은 $\Delta V_1$은 표면적, $S_2$는 $\Delta V_2$의 표면적이다.

식 (2·55)와 식 (2·56)을 더하면 그림 2·11의 망면 $S'$에서는 법선 $\boldsymbol{n}$의 방향이 반대이기 때문에 좌변의 적분은 이 부분이 상쇄되어 제거되고 적분은 $\Delta V_1$과 $\Delta V_2$를 하나로 한 체적의 표면에 대해서 하면 된다. $\Delta V$를 차례로 더하면 접하는 면의 적분은 상쇄되어 결국 표면에 대해서 적분하면 된다.

**그림 2·11**

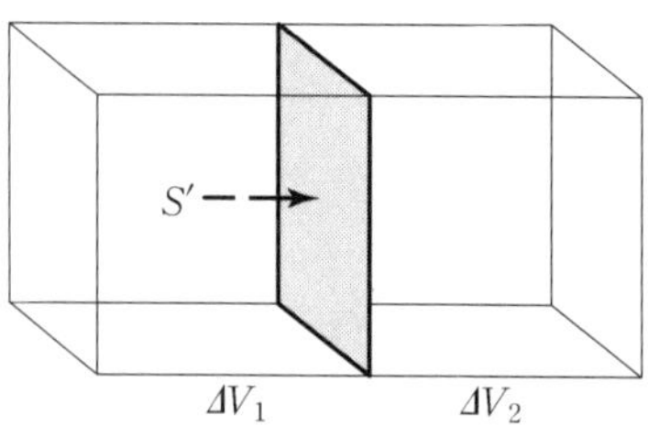

그래서 임의 체적 $V$의 표면적을 $S$라 하고 그것을 미소 체적으로 구분하여 식 (2·55), 식 (2·56), …를 변과 변을 더하면 좌변은 $\int_s \boldsymbol{A} \cdot \boldsymbol{n} dS$가 되고 우변은 $\sum \text{div}\, \boldsymbol{A} \Delta V$가 되므로 다음의 식이 얻어진다.

$$\int_s \boldsymbol{A} \cdot \boldsymbol{n} dS = \int_v \text{div}\, \boldsymbol{A} dv \tag{2·57}$$

이 식을 **가우스의 발산 정리**(Gauss's divergence theorem)라 한다(면적 적분과 체적 적분의 변환에서 중요한 식이다).

## 2·11 라플라스의 연산자

연산자 $\nabla$를 2회 반복하여 얻어지는 연산자

$$\nabla^2 = \nabla \cdot \nabla = \left( \boldsymbol{i} \frac{\partial}{\partial x} + \boldsymbol{j} \frac{\partial}{\partial y} + \boldsymbol{k} \frac{\partial}{\partial z} \right) \cdot \left( \boldsymbol{i} \frac{\partial}{\partial x} + \boldsymbol{j} \frac{\partial}{\partial y} + \boldsymbol{k} \frac{\partial}{\partial z} \right)$$

$$= \frac{\partial^2}{\partial x^2} + \frac{\partial^2}{\partial y^2} + \frac{\partial^2}{\partial z^2} \tag{2·58}$$

을 **라플라스의 연산자**라고 하고 **라플라시안**(laplacian)이라 부른다.

식 (2·44)와 식 (2·48)에 의해

$$\nabla^2 \varphi = \text{div grad}\, \varphi = \frac{\partial^2 \varphi}{\partial x^2} + \frac{\partial^2 \varphi}{\partial y^2} + \frac{\partial^2 \varphi}{\partial z^2} \tag{2·59}$$

## 2·12 벡터의 회전(rotation of a vector)

위치 벡터 $\boldsymbol{A}$에 대해서 다음의 벡터

$$\text{rot}\, \boldsymbol{A} = \boldsymbol{i} \left( \frac{\partial A_z}{\partial y} - \frac{\partial A_y}{\partial z} \right) + \boldsymbol{j} \left( \frac{\partial A_x}{\partial z} - \frac{\partial A_z}{\partial z} \right) + \boldsymbol{k} \left( \frac{\partial A_y}{\partial x} - \frac{\partial A_x}{\partial y} \right) \tag{2·60}$$

을 벡터 $\boldsymbol{A}$의 회전이라 한다( rot $\boldsymbol{A}$를 curl $\boldsymbol{A}$로 표시하는 경우도 있다).

연산자 $\nabla$ 를 사용하면

$$\text{rot}\,\boldsymbol{A} = \nabla \times \boldsymbol{A} \tag{2·60a}$$

이 식의 증명은 식 (2·26)과 식 (2·47)을 사용하면

$$\nabla \times \boldsymbol{A} = \begin{vmatrix} \boldsymbol{i} & \boldsymbol{j} & \boldsymbol{k} \\ \dfrac{\partial}{\partial x} & \dfrac{\partial}{\partial y} & \dfrac{\partial}{\partial z} \\ A_x & A_y & A_z \end{vmatrix} = \text{식 (2·60)의 우변}$$

rot $\boldsymbol{A}$ 의 각 성분은

$$\left.\begin{aligned} (\text{rot}\,\boldsymbol{A})_x &= \frac{\partial A_z}{\partial y} - \frac{\partial A_y}{\partial z} \\ (\text{rot}\,\boldsymbol{A})_y &= \frac{\partial A_x}{\partial z} - \frac{\partial A_z}{\partial x} \\ (\text{rot}\,\boldsymbol{A})_z &= \frac{\partial A_y}{\partial x} - \frac{\partial A_x}{\partial y} \end{aligned}\right\} \tag{2·61}$$

## 2·13 스토크스의 정리

벡터 $\boldsymbol{A}$가 위치 함수이며 미소한 면 $\Delta S$의 주변을 $\Delta C$로 하고

$$\oint_{\Delta C} \boldsymbol{A} \cdot d\boldsymbol{s} \tag{2·62}$$

를 구한다.

그림 2·12와 같이 미소한 삼각형 PQR을 취하고 PQRP를 따른 적분을 구하려면 OPQO, OQRO, ORPO를 따른 적분의 합을 구하면 된다(OP, OQ, OR상의 적분은 상쇄된다).

OP를 따르는 적분은 $\boldsymbol{A}$의 $x$성분만을 생각하여 점 O의 값 $A_x$와 점 P의 값 $A_x + \dfrac{\partial A_x}{\partial x}\Delta x$에 대한 평균값을 취해서

$$\text{OP를 따르는 적분} : \left(A_x + \frac{1}{2}\frac{\partial A_x}{\partial x}\Delta x\right)\Delta x \tag{2·63}$$

**그림 2·12**

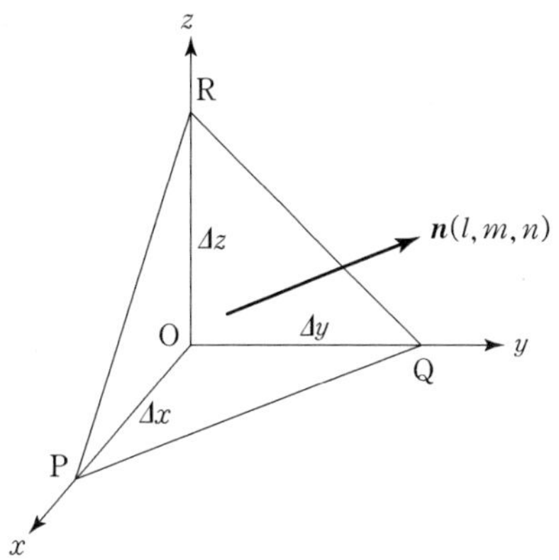


동일하게 하여

$$\text{QO를 따르는 적분}: \ -\left(A_y+\frac{1}{2}\frac{\partial A_y}{\partial y}\Delta y\right)\Delta y \tag{2·64}$$

PQ를 따르는 적분은 $x, y$의 두 성분으로 나누어 구하면

$$\text{PQ를 따르는 } x\text{방향의 적분}: \ -\frac{1}{2}\left(A_x+\frac{\partial A_x}{\partial x}\Delta x+A_x+\frac{\partial A_x}{\partial y}\Delta y\right)\Delta x \tag{2·65}$$

$$\text{PQ를 따르는 } y\text{방향의 적분}: \ \frac{1}{2}\left(A_y+\frac{\partial A_y}{\partial x}\Delta x+A_y+\frac{\partial A_y}{\partial y}\Delta y\right)\Delta y \tag{2·66}$$

식 (2·63)～식 (2·66)의 네 식을 더하면

$$\int_{\mathrm{OPQO}}\boldsymbol{A}\cdot d\boldsymbol{s}=\frac{1}{2}\left(\frac{\partial A_y}{\partial x}-\frac{\partial A_x}{\partial y}\right)\Delta x\Delta y=\left(\frac{\partial A_y}{\partial x}-\frac{\partial A_x}{\partial y}\right)\Delta S_1 \tag{2·67}$$

단, $\Delta S_1$은 삼각형 OPQ의 면적이다( $\Delta S_1=\frac{1}{2}\Delta x\Delta y$).

삼각형 PQR에 수직인 단위 벡터 $\boldsymbol{n}$의 방향 코사인을 $(l,\ m,\ n)$이라 하고 삼각형 PQR의 면적을 $\Delta S$라 하면

$$\Delta S_1=n\Delta S \tag{2·68}$$

식 (2·68)을 식 (2·67)에 대입하면

$$\int_{\mathrm{OPQO}}\boldsymbol{A}\cdot d\boldsymbol{s}=n\left(\frac{\partial A_y}{\partial x}-\frac{\partial A_x}{\partial y}\right)\Delta S \tag{2·69}$$

동일하게 하여

$$\int_{\mathrm{OQRO}} \boldsymbol{A} \cdot d\boldsymbol{s} = l\left(\frac{\partial A_z}{\partial y} - \frac{\partial A_y}{\partial z}\right)\Delta S \tag{2·70}$$

$$\int_{\mathrm{ORPO}} \boldsymbol{A} \cdot d\boldsymbol{s} = m\left(\frac{\partial A_x}{\partial z} - \frac{\partial A_z}{\partial x}\right)\Delta S \tag{2·71}$$

식 (2·69)~식 (2·71)의 세 식을 더하고 PQRP, 즉 $\Delta C$를 따르는 적분을 구하면

$$\oint_{\Delta C} \boldsymbol{A} \cdot d\boldsymbol{s} = \left\{ l\left(\frac{\partial A_z}{\partial y} - \frac{\partial A_y}{\partial z}\right) + m\left(\frac{\partial A_x}{\partial z} - \frac{\partial A_z}{\partial x}\right) + n\left(\frac{\partial A_y}{\partial x} - \frac{\partial A_x}{\partial y}\right)\right\}\Delta S \tag{2·72}$$

식 (2·17)과 식 (2·60)을 사용하면 식 (2·72)는

$$\oint_{\Delta C} \boldsymbol{A} \cdot d\boldsymbol{s} = (\mathrm{rot}\ \boldsymbol{A} \cdot \boldsymbol{n})\Delta S \tag{2·73}$$

$C$를 주변으로 하는 면 $S$를 미소한 면으로 분할하고 각각에 식 (2·73)을 사용하면

$$\Sigma \oint_{\Delta C} \boldsymbol{A} \cdot d\boldsymbol{s} = \Sigma(\mathrm{rot}\ \boldsymbol{A} \cdot \boldsymbol{n})\Delta S \tag{2·74}$$

이 식의 좌변은 결국 $C$를 따른 적분이며, 우변은 면적 적분이다.

그러므로,

$$\oint_C \boldsymbol{A} \cdot d\boldsymbol{s} = \int_s \mathrm{rot}\ \boldsymbol{A} \cdot \boldsymbol{n} dS \tag{2·75}$$

$S$는 $C$를 주변으로 하는 면, $\boldsymbol{n}$은 법선 벡터이고 적분로 $C$와 오른나사의 관계에 있다.

이것을 **스토크스의 정리**(Stokes' theorem)라 한다. 이 식은 선적분과 면적 적분의 변환에 사용된다. 식 (2·75)는 다음과 같이도 표시된다.

$$\oint_C \boldsymbol{A} \cdot d\boldsymbol{s} = \int_s (\mathrm{rot}\ \boldsymbol{A})_n dS \tag{2·76}$$

## 2·14 벡터 퍼텐셜

벡터장 $\boldsymbol{A}$에 대해서 다른 벡터계 $\boldsymbol{p}$가 있고

$$\boldsymbol{A} = \text{rot } \boldsymbol{p} \tag{2·77}$$

의 관계가 있을 때, $\boldsymbol{p}$를 $\boldsymbol{A}$의 **벡터 퍼텐셜**(vector potential)이라 한다.

## 2·15 벡터 해석의 공식

앞에서 설명한 이외의 중요한 공식을 열거하고 잘 사용되는 것은 설명을 부가한다.

$$\text{rot grad } \varphi = 0 \tag{2·78}$$

이 식은 식 (2·42)와 식 (2·61)을 사용하여 좌변의 각 성분을 구하면 0으로 되므로 성립하는 것을 알 수 있다. 즉, 좌변의 $x$성분은

$$(\text{rot grad } \varphi)_x = \frac{\partial}{\partial y}(\text{grad } \varphi)_z - \frac{\partial}{\partial z}(\text{grad } \varphi)_y = \frac{\partial^2 \varphi}{\partial y \partial z} - \frac{\partial^2 \varphi}{\partial z \partial y} = 0$$

$$\text{div rot } \boldsymbol{A} = 0 \tag{2·79}$$

식 (2·46)과 식 (2·61)을 사용하여

$$\text{div rot } \boldsymbol{A} = \frac{\partial}{\partial x}(\text{rot } \boldsymbol{A})_x + \frac{\partial}{\partial y}(\text{rot } \boldsymbol{A})_y + \frac{\partial}{\partial z}(\text{rot} \boldsymbol{A})_z$$

$$= \frac{\partial^2 A_z}{\partial x \partial y} - \frac{\partial^2 A_y}{\partial x \partial z} + \frac{\partial^2 A_x}{\partial y \partial z} - \frac{\partial^2 A_z}{\partial y \partial x} + \frac{\partial^2 A_y}{\partial z \partial x} - \frac{\partial^2 A_x}{\partial z \partial y} = 0$$

$$\text{rot rot } \boldsymbol{A} = \text{grad div } \boldsymbol{A} - \nabla^2 \boldsymbol{A} \tag{2·80}$$

식 (2·61)에 의해 좌변의 $x$성분은

$$(\text{rot rot} \boldsymbol{A})_x = \frac{\partial}{\partial y}(\text{rot} \boldsymbol{A})_z - \frac{\partial}{\partial z}(\text{rot} \boldsymbol{A})_y$$

$$= \frac{\partial^2 A_y}{\partial y \partial x} - \frac{\partial^2 A_x}{\partial y^2} - \frac{\partial^2 A_x}{\partial z^2} + \frac{\partial^2 A_z}{\partial z \partial x}$$

식 (2·42), 식 (2·46) 및 식 (2·58)을 사용하여 우변의 $x$성분은

$$(\text{grad div } \boldsymbol{A})_x - (\nabla^2 \boldsymbol{A})_x = \frac{\partial}{\partial x}(\text{div } \boldsymbol{A}) - \nabla^2 \boldsymbol{A}_x$$

$$= \frac{\partial^2 A_x}{\partial x^2} - \frac{\partial^2 A_y}{\partial x \partial y} - \frac{\partial^2 A_z}{\partial x \partial z} - \frac{\partial^2 A_x}{\partial x^2} - \frac{\partial^2 A_x}{\partial y^2} - \frac{\partial^2 A_x}{\partial z^2}$$

제1항과 제4항은 상쇄되므로 좌변의 $x$성분과 우변의 $x$성분은 서로 같다. $y, z$ 성분에 대해서도 동일하게 하여 좌변과 우변이 서로 같다는 것을 알 수 있다.

$$\text{grad}(\alpha\beta) = \alpha \, \text{grad } \beta + \beta \, \text{grad } \alpha \tag{2·81}$$

$$\text{div}(\varphi \boldsymbol{A}) = \varphi \, \text{div } \boldsymbol{A} + \boldsymbol{A} \, \text{grad } \varphi \tag{2·82}$$

$$\text{rot}(\varphi \boldsymbol{A}) = \varphi \, \text{rot } \boldsymbol{A} + \text{grad } \varphi \times \boldsymbol{A} \tag{2·83}$$

$$\text{div}(\boldsymbol{A} \times \boldsymbol{B}) = \boldsymbol{B} \cdot \text{rot } \boldsymbol{A} - \boldsymbol{A} \cdot \text{rot } \boldsymbol{B} \tag{2·84}$$

$$\text{rot}(\boldsymbol{A} \times \boldsymbol{B}) = \boldsymbol{A} \, \text{div } \boldsymbol{B} - \boldsymbol{B} \, \text{div } \boldsymbol{A} + (\boldsymbol{B} \cdot \nabla)\boldsymbol{A} - (\boldsymbol{A} \cdot \nabla)\boldsymbol{B} \tag{2·85}$$

$$\text{grad}(\boldsymbol{A} \cdot \boldsymbol{B}) = \boldsymbol{A} \times \text{rot } \boldsymbol{B} + \boldsymbol{B} \times \text{rot } \boldsymbol{A} + (A \cdot \nabla)\boldsymbol{B} + (\boldsymbol{B} \cdot \nabla)\boldsymbol{A} \tag{2·86}$$

$$\boldsymbol{A} \cdot \nabla = A_x \frac{\partial}{\partial x} + A_y \frac{\partial}{\partial y} + A_z \frac{\partial}{\partial z} \tag{2·87}$$

$$(\boldsymbol{A} \cdot \nabla)\boldsymbol{B} = A_x \frac{\partial \boldsymbol{B}}{\partial x} + A_y \frac{\partial \boldsymbol{B}}{\partial y} + A_z \frac{\partial \boldsymbol{B}}{\partial z} \tag{2·88}$$

$$\int_v (\alpha \nabla^2 \beta + \nabla \alpha \cdot \nabla \beta) dv = \int_S \alpha \frac{\partial \beta}{\partial n} dS \text{ (그린의 제1정리)} \tag{2·89}$$

$$\int_v (\beta \nabla^2 \alpha + \alpha \nabla^2 \beta) dv = \int_S \left(\beta \frac{\partial \alpha}{\partial n} - \alpha \frac{\partial \beta}{\partial n}\right) dS \text{(그린의 제2정리)} \tag{2·90}$$

## 2·16 원기둥 좌표

그림 2·13과 같이 점 P에서 $xy$면에 수선 PH를 긋고 점 H에서 $x$축에 수선 HG를 긋는다.

$$\overline{\text{OH}} = r, \qquad \angle \text{GOH} = \theta, \qquad \overline{\text{HP}} = z \tag{2·91}$$

이라 하면 $r, \theta, z$로 점 P의 위치를 표시할 수가 있고 $r, \theta, z$를 **원기둥 좌표** (circular cylindrical coordinate)라 한다.

**그림 2·13**

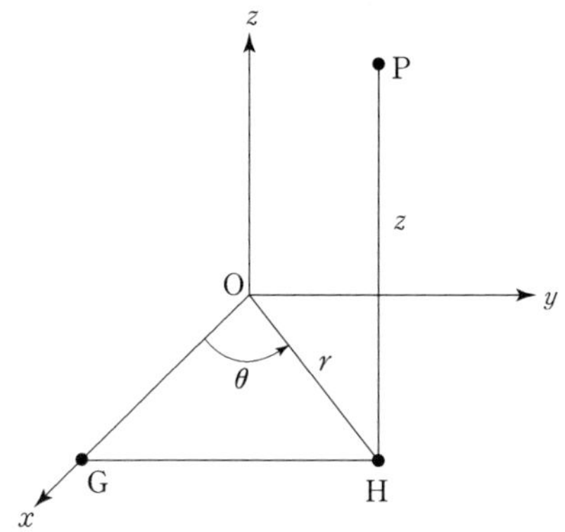


점 P의 직각 좌표 $x, y, z$와 원기둥 좌표 $r, \theta, z$의 관계는 다음의 식으로 표시된다.

$$x = r\cos\theta, \qquad y = r\sin\theta, \qquad z = z \tag{2·92}$$

grad, div, rot은 다음과 같이 된다( $\varphi$와 $\boldsymbol{A}$는 위치 함수라 한다).

$$(\text{grad }\varphi)_r = \frac{\partial\varphi}{\partial r}, \quad (\text{grad }\varphi)_\theta = \frac{1}{r}\frac{\partial\varphi}{\partial\theta}, \quad (\text{grad }\varphi)_z = \frac{\partial\varphi}{\partial z} \tag{2·93}$$

$$\text{div }\boldsymbol{A} = \frac{1}{r}\frac{\partial}{\partial r}(rA_r) + \frac{1}{r}\frac{\partial A_\theta}{\partial\theta} + \frac{\partial A_z}{\partial z} \tag{2·94}$$

$$(\text{rot }\boldsymbol{A})_r = \frac{1}{r}\frac{\partial A_z}{\partial\theta} - \frac{\partial A_\theta}{\partial z}, \qquad (\text{rot }\boldsymbol{A})_\theta = \frac{\partial A_r}{\partial z} - \frac{\partial A_z}{\partial r},$$

$$(\text{rot }\boldsymbol{A})_z = \frac{1}{r}\left\{\frac{\partial}{\partial r}(rA_\theta) - \frac{\partial A_r}{\partial\theta}\right\} \tag{2·95}$$

$$\nabla^2\varphi = \text{div grad }\varphi = \frac{1}{r}\frac{\partial}{\partial r}\left(r\frac{\partial\varphi}{\partial r}\right) + \frac{1}{r^2}\frac{\partial^2\varphi}{\partial\theta^2} + \frac{\partial^2\varphi}{\partial z^2} \tag{2·96}$$

## 2·17 극좌표

그림 2·14와 같이 점 P를 좌표 $r, \theta, \phi$로 표시한 것을 **극좌표**(polar coordinate)라 한다. 다음의 식이 성립한다.

$$x = r\sin\theta\cos\phi, \qquad y = r\sin\theta\sin\phi, \qquad z = r\cos\theta \tag{2·97}$$

**그림 2·14**

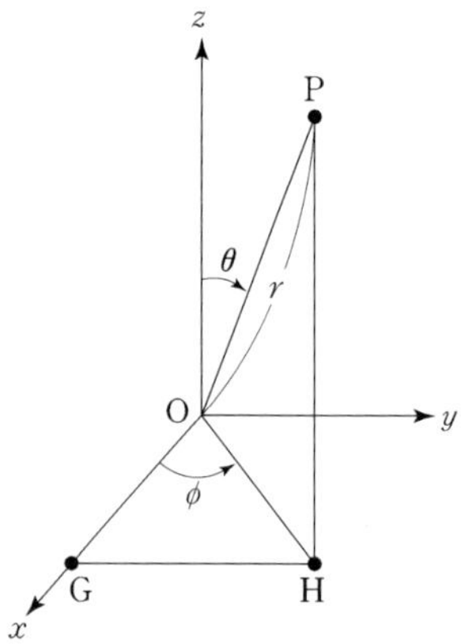


$$\left.\begin{aligned}
(\mathrm{grad}\ U)_r &= \frac{\partial U}{\partial r} \\
(\mathrm{grad}\ U)_\theta &= \frac{1}{r}\frac{\partial U}{\partial \theta} \\
(\mathrm{grad}\ U)_\phi &= \frac{1}{r\sin\theta}\frac{\partial U}{\partial \theta}
\end{aligned}\right\} \tag{2·98}$$

$$\mathrm{div}\ \boldsymbol{A} = \frac{1}{r^2}\frac{\partial}{\partial r}(r^2 A_r) + \frac{1}{r\sin\theta}\frac{\partial}{\partial\theta}(\sin\theta A_\theta) + \frac{1}{r\sin\theta}\frac{\partial A_\phi}{\partial\phi} \tag{2·99}$$

$$\left.\begin{aligned}
(\mathrm{rot}\ \boldsymbol{A})_r &= \frac{1}{r\sin\theta}\left\{\frac{\partial}{\partial\theta}(\sin\theta A_\theta) - \frac{\partial A_\theta}{\partial\phi}\right\} \\
(\mathrm{rot}\ \boldsymbol{A})_\theta &= \frac{1}{r\sin\theta}\frac{\partial A_r}{\partial\phi} - \frac{1}{r}\frac{\partial}{\partial r}(rA_\phi) \\
(\mathrm{rot}\ \boldsymbol{A})_\phi &= \frac{1}{r}\left\{\frac{\partial}{\partial r}(rA_\theta) - \frac{\partial A_r}{\partial\theta}\right\}
\end{aligned}\right\} \tag{2·100}$$

$$\nabla^2 U = \frac{1}{r^2}\frac{\partial}{\partial r}\left(r^2\frac{\partial U}{\partial r}\right) + \frac{1}{r^2\sin\theta}\frac{\partial}{\partial\theta}\left(\sin\theta\frac{\partial U}{\partial\theta}\right) + \frac{1}{r^2\sin^2\theta}\frac{\partial^2 U}{\partial\phi^2} \tag{2·101}$$

단, $U$와 $\boldsymbol{A}$는 위치 함수이다.

## 연습 문제

**2·1** P($x\ y\ z$)점에 3개의 힘 $\boldsymbol{F}_1=-2\,\boldsymbol{i}+5\,\boldsymbol{j}-3\,\boldsymbol{k}$, $\boldsymbol{F}_2=7\,\boldsymbol{i}+3\,\boldsymbol{j}-\boldsymbol{k}$, $\boldsymbol{F}_3$이 작용하여 0이 되었다. $|\boldsymbol{F}_3|$을 구하면?

㉮ 5 ㉯ 7 ㉰ 8 ㉱ 10

**2·2** 평행사변형의 대각선이 벡터 $\boldsymbol{A}=4\,\boldsymbol{a}_x+2\,\boldsymbol{a}_y-3\,\boldsymbol{a}_z$ 및 $\boldsymbol{B}=-2\,\boldsymbol{a}_x+2\,\boldsymbol{a}_y+3\,\boldsymbol{a}_z$로 표시될 때, 두 변을 표시하는 벡터는 얼마인가? (단, $\boldsymbol{a}_x$, $\boldsymbol{a}_y$, $\boldsymbol{a}_z$는 $x, y, z$축 방향의 단위 벡터이다.)

㉮ $\boldsymbol{a}_x+2\,\boldsymbol{a}_y$, $3\,\boldsymbol{a}_x-3\,\boldsymbol{a}_z$ ㉯ $\boldsymbol{a}_x+2\,\boldsymbol{a}_y$, $3\,\boldsymbol{a}_x+\boldsymbol{a}_y-3\,\boldsymbol{a}_z$

㉰ $\boldsymbol{a}_x-2\,\boldsymbol{a}_y$, $\boldsymbol{a}_x-\boldsymbol{a}_y-3\,\boldsymbol{a}_z$ ㉱ $\boldsymbol{a}_x-2\,\boldsymbol{a}_y$, $3\,\boldsymbol{a}_x-\boldsymbol{a}_y-3\,\boldsymbol{a}_z$

**2·3** 벡터 $\boldsymbol{A}$, $\boldsymbol{B}$ 값이 $\boldsymbol{A}=\boldsymbol{i}+2\boldsymbol{j}+3\boldsymbol{k}$, $\boldsymbol{B}=-\boldsymbol{i}+2\boldsymbol{j}+k$일 때, $\boldsymbol{A}\cdot\boldsymbol{B}$는 얼마인가?

㉮ 2 ㉯ 4 ㉰ 6 ㉱ 8

**2·4** $\boldsymbol{A}=-\boldsymbol{i}7-\boldsymbol{j}$, $\boldsymbol{B}=-\boldsymbol{i}3-\boldsymbol{j}4$의 두 벡터가 이루는 각은 몇 도인가?

㉮ 30 ㉯ 45 ㉰ 60 ㉱ 90

**2·5** $\boldsymbol{A}=10\boldsymbol{i}-10\boldsymbol{j}+5\boldsymbol{k}$, $\boldsymbol{B}=4\boldsymbol{i}-2\boldsymbol{j}+5\boldsymbol{k}$가 어떤 평행사변형의 두 변을 표시하는 벡터일 때 이 평행사변형의 면적은? (단, $\boldsymbol{i}$ : $x$축 방향의 기본 벡터, $\boldsymbol{j}$ : $y$축 방향의 기본 벡터, $\boldsymbol{k}$ : $z$축 방향의 기본 벡터이며, 좌표는 직각 좌표(rectangular coordinate system)이다.)

㉮ $5\sqrt{3}$ ㉯ $7\sqrt{19}$ ㉰ $10\sqrt{29}$ ㉱ $14\sqrt{7}$

**2·6** $V$를 임의의 스칼라라 할 때, grad $V$의 직각 좌표에 있어서의 표현은?

㉮ $\dfrac{\partial V}{\partial x}+\dfrac{\partial V}{\partial y}+\dfrac{\partial V}{\partial z}$ ㉯ $\boldsymbol{i}\dfrac{\partial V}{\partial x}+\boldsymbol{j}\dfrac{\partial V}{\partial y}+\boldsymbol{k}\dfrac{\partial V}{\partial z}$

㉰ $\dfrac{\partial^2 V}{\partial x^2}+\dfrac{\partial^2 V}{\partial y^2}+\dfrac{\partial^2 V}{\partial z^2}$ ㉱ $\boldsymbol{i}\dfrac{\partial^2 V}{\partial x^2}+\boldsymbol{j}\dfrac{\partial^2 V}{\partial y^2}+\boldsymbol{k}\dfrac{\partial^2 V}{\partial z^2}$

**2·7** $f=xyz$, $\boldsymbol{A}=x\,\boldsymbol{i}+y\boldsymbol{j}+z\boldsymbol{k}$일 때 점 (1, 1, 1)에서의 div ($f\boldsymbol{A}$)는?

㉮ 3 ㉯ 4 ㉰ 5 ㉱ 6

**2·8** 전계 $\boldsymbol{E}=\boldsymbol{i}3x^2+\boldsymbol{j}2xy^2+\boldsymbol{k}x^2yz$의 div $\boldsymbol{E}$는 얼마인가?

㉮ $-\boldsymbol{i}6x+\boldsymbol{j}xy+\boldsymbol{k}x^2y$ ㉯ $\boldsymbol{i}6x+\boldsymbol{j}6xy+\boldsymbol{k}x^2y$

㉰ $-(6x+6xy+x^2y)$ ㉱ $6x+4xy+x^2y$

**2·9** $f=x^2+y^2+z^2$일 때 $\nabla\times\nabla f$의 값을 구하면?

㉮ 0 ㉯ 1 ㉰ 2 ㉱ 0.1

**2·10** 직각 좌표상의 점 $\left(0, \frac{1}{5}, 0\right)$에서 $\boldsymbol{D}=\frac{1}{r}\boldsymbol{a}$의 발산을 구하면 얼마가 되겠는가? (단, 이때 $r$은 구좌표계의 표시임.)

㉮ 25 ㉯ 5 ㉰ $\frac{1}{5}$ ㉱ $\frac{1}{25}$

CHAPTER

# 3

# 전계와 전위

## 3·1 점전하

체적을 대단히 작게 하여 전기량을 지니고 있는 것을 생각하고 이것을 **점전하**(point charge)라 한다. 점전하는 크기를 생각할 필요는 없으나 위치는 지정된다.

## 3·2 쿨롱의 법칙

두 개의 점전하 $Q_1$ [C], $Q_2$ [C]이 $r$ [m]의 거리에 있을 때에 작용하는 힘 $F$는

$$F = k\frac{Q_1 Q_2}{r^2} \text{ [N]} \tag{3·1}$$

이며 힘의 방향은 두 전하를 연결하는 직선상에서 $F$가 (+)일 때에는 반발력, $F$가 (−)일 때에는 흡인력이다.

비례 상수 $k$의 값은 진공 속에서는 $8.9876 \times 10^9$, 약 $9 \times 10^9$이고 공기 속에서도 약 $9 \times 10^9$이지만 물질에 따라 달라진다. 예를 들면 기름의 속에서는 $k$의 값은 $9 \times 10^9$보다도 작은 값이 된다. 그래서, MKS 단위계에서는 $k$로서 $1/4\pi\epsilon_0$이 사용

되어

$$F = \frac{1}{4\pi\epsilon_0}\frac{Q_1 Q_2}{r^2}\ [\mathrm{N}] \qquad (3\cdot2)$$

여기서, $\pi$는 원주율이고, $\varepsilon_0$은 **유전율**(permittivity)이라 하며 물질에 따라 달라진다. 진공속 유전율(permittivity of free space)의 값은 $\varepsilon_0$로 표시하고 그 값은

$$\varepsilon_0 = 8.854\times10^{-12} \qquad (3\cdot3)$$

쿨롱의 법칙(Coulomb's law)으로서는 식 (3·2)를 사용하지만 진공 속에서는

$$F = \frac{1}{4\pi\varepsilon_0}\frac{Q_1 Q_2}{r^2}\ [\mathrm{N}] \qquad (3\cdot4)$$

가 되며, 진공 또는 공기 속에서 개략 계산을 하려면 다음의 식을 사용한다.

$$F \fallingdotseq \frac{Q_1 Q_2}{r^2}\times9\times10^9\ [\mathrm{N}] \qquad (3\cdot5)$$

## 3·3 전 계

전하 $Q$의 부근에 다른 전하 $q$를 가져가면 $q$에는 힘이 작용한다. 이것은 전하 $Q$의 부근은 전기적으로 특별한 상태로 되어 있으므로 **전계**(electric field)라 한다. 어떤 전계에 있어서 시간이 경과해도 변화하지 않을 때에 **정전계**(electrostatic field)라 한다.

전계의 세기를 표시하는 데에는 벡터 $E$가 사용되지만 미소한 점전하 $q$를 가져갈 때에 작용하는 힘을 $F$라 하면

$$\frac{F}{q} = E \qquad (3\cdot6)$$

이 식에서 전계의 세기 $E$가 정의된다.[1)]

---

1) 전계의 세기 $E$를 단지 전계라는 경우도 있다. 식 (3·6)에 의해 $E$는 단위 전하에 작용되는 힘이다.

전계는 벡터로 표시되지만 절대값 $E$를 구하려면 다음의 식에 의한다.

$$E = \frac{F}{q} \tag{3·7}$$

## 3·4 한 개의 점전하에 의한 전계

그림 3·1과 같이 점전하 $Q$가 있을 때, 임의점 P의 전계를 구한다.

점 P에 미소한 전하 $q$를 놓으면, $q$에 작용하는 힘 $F$는 식 (3·2)에 $Q_1 = Q$, $Q_2 = q$를 대입하면

$$F = \frac{1}{4\pi\epsilon_0} \frac{Qq}{r^2}\ [\mathrm{N}] \tag{3·8}$$

단, $r$은 점전하 $Q$와 $q$의 거리이다.

식 (3·8)을 식 (3·7)에 대입하면

$$E = \frac{Q}{4\pi\epsilon_0 r^2}\ [\mathrm{V/m}] \tag{3·9}$$

이것이 구하는 전계 $E$의 크기이다. $E$의 방향은 $Q$와 $q$를 연결하는 직선상이고 $Q$가 (+)일 때에는 그림 3·1에 나타내는 방향이다.

$$E \fallingdotseq \frac{Q}{r^2} \times 9 \times 10^9\ [\mathrm{V/m}] \tag{3·10}$$

**그림 3·1**

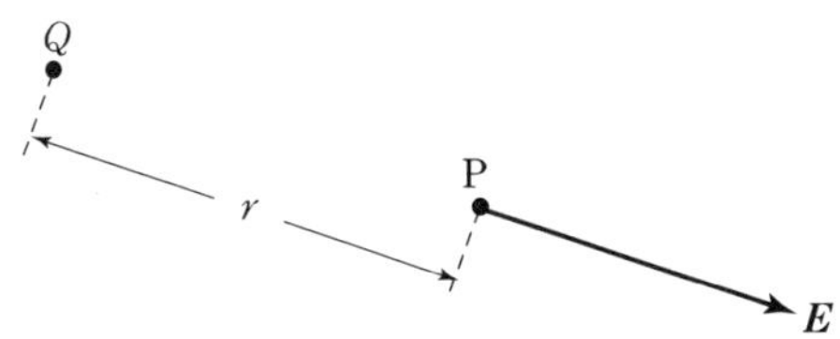

## 3·5 두 개의 점전하에 의한 전계

그림 3·2와 같이 두 개의 점전하 $Q_1$, $Q_2$가 있을 때에 임의의 점 P에 대한 전계 $E$를 구하여라. 그 방법은 $Q_1$에 의한 전계 $E_1$과 $Q_2$에 의한 전계 $E_2$를 따로따로 구하고 그 벡터합을 구하면 된다.

$$E = E_1 + E_2 \tag{3·11}$$

그림 3·2

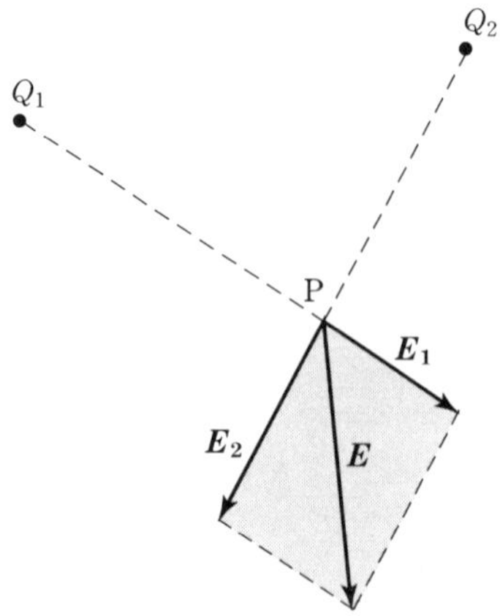


**예제 3·1** 그림 3·3에 있어서 3점 A, B, C의 간격은 $\overline{AB}=5$ [m], $\overline{BC}=4$ [m], $\overline{AC}=3$ [m]이다. 점 A에 $2\times10^{-6}$ [C], 점 B에 $4\times10^{-6}$ [C]의 점전하가 있을 때, 점 C의 전계 세기를 구하여라(단, 공기 속으로 한다).

그림 3·3

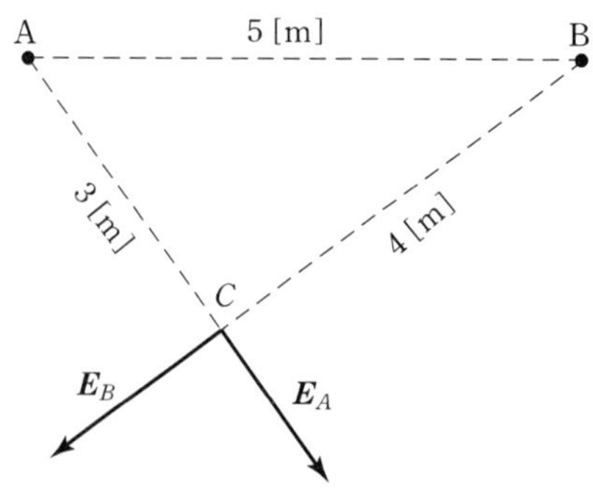

**풀이** 점 A에 의한 전계를 $E_A$라 하면 식 (3·10)에 의해

$$E_A \fallingdotseq \frac{Q}{r^2}\times 9\times 10^9 = \frac{2\times 10^{-6}}{3^2}\times 9\times 10^9 = 2\times 10^3\ [\mathrm{V/m}] \tag{3·12}$$

또한 점 B에 의한 전계 $E_B$는 식 (3·10)에 의해

$$E_B \fallingdotseq \frac{4\times 10^{-6}}{4^2}\times 9\times 10^9 = \frac{9}{4}\times 10^3\ [\mathrm{V/m}] \tag{3·13}$$

$E_A$와 $E_B$는 직교하기 때문에 구하는 전계를 $E$라 하면

$$E = ({E_A}^2 + {E_B}^2)^{1/2} = \left(2^2 + \frac{9^2}{4^2}\right)^{1/2}\times 10^3 = \left(4 + \frac{81}{16}\right)^{1/2}\times 10^3$$

$$= \frac{\sqrt{145}}{4}\times 10^3 = \frac{12.042}{4}\times 10^3 = 3.0105\times 10^3\ [\mathrm{V/m}] \tag{3·14}$$

전계의 단위는 [V/m]가 사용되지만 **3·10**절에서 설명한다.

## 3·6 전하 $q$를 전계 속에서 움직이는 데에 필요로 하는 일

전계 속에 놓여진 전하에는 힘이 작용하기 때문에 전하를 움직이는 데에는 일이 필요하다. 그림 3·4의 점 A에서 점 B까지 전하 $q$를 운반하는 데에 필요로 하는 일 $W$를 계산한다.

**그림 3·4**

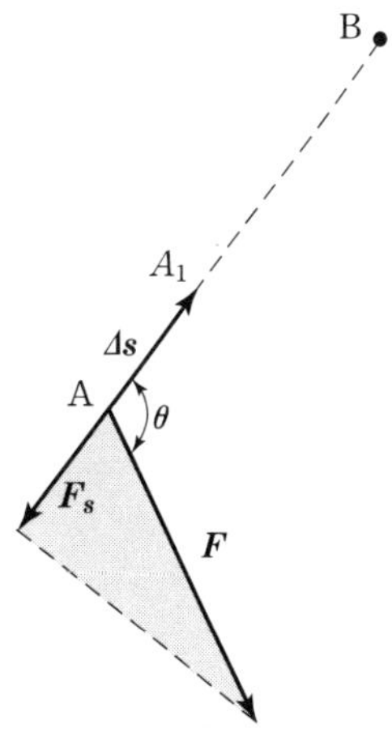

점 A에 대한 전계를 $\boldsymbol{E}$ 라 하면 전하 $q$에 작용하는 힘 $\boldsymbol{F}$는 식 (3·6)에 의해

$$\boldsymbol{F} = q\boldsymbol{E} \tag{3·15}$$

힘 $\boldsymbol{F}$의 방향은 전계의 방향을 향하고 지금 그림 3·4에 나타내는 방향으로 한다. 우선, 전하 $q$를 미소 길이 $\Delta l(=\overline{AA_1})$만큼 움직이는 데에 필요로 하는 일 $\Delta W$를 구한다. 거기에는 힘 $\boldsymbol{F}$의 $\Delta s$와 반대 방향 성분을 $F_s$라 하면

$$\Delta W = F_s \Delta l \tag{3·16}$$

$\Delta s$와 $\boldsymbol{F}$의 각을 $\Theta$라 하면

$$F_s = -F\cos\Theta \tag{3·17}$$

식 (3·17)을 식 (3·16)에 대입하면

$$\Delta W = -F\cos\theta\,\Delta l \tag{3·18}$$

이 $\Delta W$는 전하 $q$를 점 A에서 점 $A_1$까지 운반하는 데에 필요로 하는 일이기 때문에 A에서 B까지 운반하는 데에 필요로 하는 일 $W$는

$$W = -\int_A^B F\cos\theta\, dl \tag{3·19}$$

벡터 계산의 스칼라곱

$$\boldsymbol{F}\cdot dl = Fdl\cos\theta \tag{3·20}$$

을 사용하면

$$W = -q\int_A^B \boldsymbol{E}\cdot dl \tag{3·21}$$

이 식에 식 (3·15)를 대입하면

$$W = -q\int_A^B \boldsymbol{E}\cdot dl\ [\mathrm{J}] \tag{3·22}$$

## 3·7 전위차

### ▶ 전위차(electric potential difference)의 정의

"단위 전하 1 [C]을 운반하는 데에 필요로 하는 일이 1 [J]인 두 점 간에 1 volt (1 [V])의 전위차가 있다"고 정의한다.

점 B와 점 A의 전위차 $V_{BA}$는 식 (3·22)에 $q=1$을 대입하면

$$V_{BA} = -\int_A^B \boldsymbol{E} \cdot dl \, [\mathrm{V}] \tag{3·23}$$

지금, 간단한 예로서 그림 3·5의 점 A와 점 B 사이의 전계 $E$는 B에서 A로 향하는 도시한 방향이고 $E$의 크기는 AB 사이의 어느 점이라도 일정하다고 하면

$$\boldsymbol{E} \cdot dl = Edl\cos\theta = -Edl \qquad (\because \Theta = 180°,\ \cos\Theta = -1) \tag{3·24}$$

식 (3·24)를 식 (3·23)에 대입하면

$$V_{AB} = -\int_A^B -Edl = E\int_A^B dl = Ed \quad (\because d = \overline{AB}) \qquad (\because d = \overline{\mathrm{AB}})$$

$$\therefore \ V_{BA} = Ed \tag{3·25}$$

그림 3·5

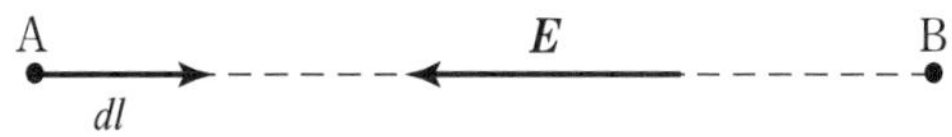


다음에 그림 3·6과 같은 한 변이 10 [cm]인 정사각형 각 꼭지점 사이의 전위차를 구해 보자. 단, 전계 $E$는 어느 곳에서도 같고[2] 1,000 [V/m]이며 변 AD에 평행이라 한다.

2) 이와 같은 전계를 **평등 전계**(uniform electric field)라 한다.

**그림 3·6**

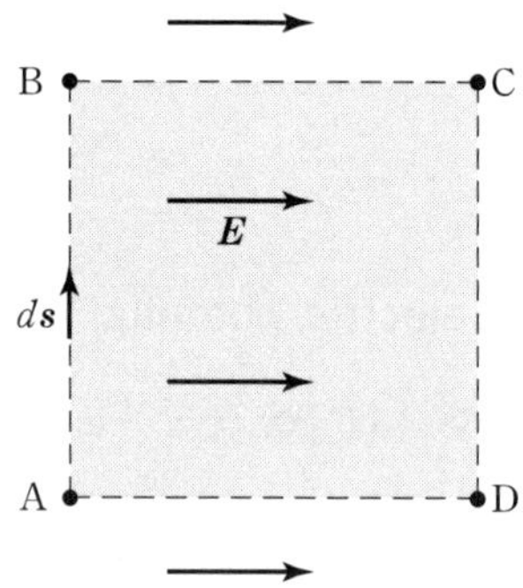


식 (3·23)을 사용하고 변의 길이를 $a$라 하면

$$V_{BA}=-\int_A^B \boldsymbol{E}\cdot dl=0 \ (\because \theta=90^\circ)$$

$$V_{CB}=-\int_B^C \boldsymbol{E}\cdot dl=-Ea=-1.000\times 0.1=-100[V] \ (\because \theta=0)$$

$$V_{DC}=-\int_C^D \boldsymbol{E}\cdot dl=0 \ (\because \theta=90^\circ)$$

$$V_{AD}=-\int_D^A \boldsymbol{E}\cdot dl=Ea=100[V] \ (\because \theta=180^\circ)$$

즉, 점 C는 점 B 보다 100 [V] 낮고 점 A는 점 D보다 100 [V] 높다. 정사각형을 따라서 일주하면 원래의 점에 되돌아오지만 네 개의 식을 더하면 0으로 된다.

$$\therefore \oint \boldsymbol{E}\cdot dl=0 \qquad (3\cdot 26)^{3)}$$

이 식은 정전계에 있어서 일반적으로 성립하는 식이다.

3) p.28에 있는 스토크스의 정리, 식 (2·75)를 사용하면

$$\text{rot } \boldsymbol{E}=0 \qquad (3\cdot 26a)$$

식 (3·26)은 적분형, 식 (3·26a)는 미분형이지만 같은 것을 의미하고 정전계는 소용돌이 없는(irrotational) 장인 것을 표시하고 있다.

## 3·8 전 위

앞절에서 전위차의 정의를 설명했지만 다수의 점 A, B, C, D, …에 대한 임의의 두 점간의 전위차는 구해지지만 이것은 대단히 번잡하다. 그래서 기준점을 정하고 기준점과의 전위차를 구하여 그 값을 그 점의 **전위**(electric potential)라 한다. 예를 들면 점 A를 기준점이라 하면 기준점의 전위는 0이고 점 B의 전위는 식 (3·23)에 있는 $V_{BA}$의 값이며 마찬가지로 점 C의 전위는 $V_{CA}$, 점 D의 전위는 $V_{DA}$이다.

기준점은 어디에 잡아도 되지만 이론적인 문제를 취급할 때는 무한 원점을 기준점으로 한다. 또한 실용적으로는 대지(earth)를 기준점으로 하는 경우가 많다.

### ▶ 전위의 단위

V(volt)를 사용한다.

**예제 3·2** 점전하 $Q$[C]에서 $r$[m]만큼 떨어진 점 P의 전위 $V_r$을 구하여라.

**풀이** 점전하를 원점으로 하여 그림 3·7과 같이 $s$좌표를 취한다.
임의의 점 A에 대한 전계 $E$는 식 (3·9)에서

$$E=\frac{Q}{4\pi\epsilon_0 s^2}[\mathrm{V/m}] \tag{3·27}$$

점 A에 있어서 $E$와 $ds$는 방향이 일치하고 있으므로

$$\Theta=0 \quad \therefore \cos\Theta=1 \tag{3·28}$$

식 (3·23)에 식 (3·27)과 식 (3·28)을 대입하면

$$V_r=-\int_{\infty}^{r}Edr=-\int_{\infty}^{r}\frac{Q}{4\pi\epsilon_0 r^2}dr=-\frac{Q}{4\pi\epsilon_0}\int_{\infty}^{r}\frac{1}{r^2}dr=\frac{Q}{4\pi\epsilon_0}\left[\frac{1}{r}\right]_{\infty}^{r}=\frac{Q}{4\pi\epsilon_0 r}[\mathrm{V}]$$

$$\therefore V_r=\frac{Q}{4\pi\epsilon_0 r}[\mathrm{V}] \tag{3·29}$$

**그림 3·7**

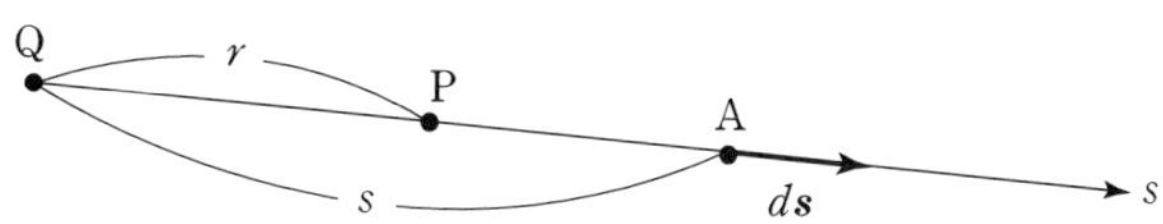

**예제 3·3** 두 개의 점전하 $Q_1$, $Q_2$가 있을 때, 임의점 P의 전위 $V_p$를 구하여라.

**풀이** $Q_1$과 P의 거리를 $r_1$이라 하고 $Q_2$와 P의 거리를 $r_2$라 하면 식 (3·29)를 사용하여

$$V_p = \frac{Q_1}{4\pi\epsilon_0 r_1} + \frac{Q_2}{4\pi\epsilon_0 r_2} [\mathrm{V}] \tag{3·30}$$

다수의 점전하에 의한 전위를 구하는 방법도 이것과 마찬가지로 대수합을 구하면 된다. 또한 분포하고 있는 전하에 의한 전위는 각주[4]에 의한다.

### ▶ 등전위면(equipotential surface)

전위가 같은 점은 한 개의 면상에 있지만 그 면은 등전위면이라 한다. 예제 3·2에 있는 한 개의 점전하에 의한 전위는 식 (3·29)로 나타내고 $r$이 일정하다면 $V_r$은 같은 값이며 등전위면은 $Q$를 중심으로 하는 구면이다. 예제 3·3의 등전위면은 구면으로는 안된다.

## 3·9 전위 경도

임의점 P의 전계 $E$는 벡터이기 때문에 $x$, $y$, $z$방향의 성분으로 표시할 수 있다. 그 세 성분을 $E_x$, $E_y$, $E_z$라 한다. 즉,

$$E = (E_x, E_y, E_z) \tag{3·31}$$

그림 3·8은 벡터 $E$의 세 성분을 도시한 것이다. $E$의 절대값은

$$E = \sqrt{E_x^2 + E_y^2 + E_z^2} \tag{3·32}$$

---

4) 미소 체적 $\Delta v_1$, $\Delta v_2$, $\Delta v_3$…를 취하고 그 곳의 전하 체적 밀도를 $\rho_1$, $\rho_2$, $\rho_3$ … 라 할 때, 식 (3·30)에서

$$V = \frac{1}{4\pi\epsilon_0}\left(\frac{\rho_1}{r_1}\Delta v_1 + \frac{\rho_2}{r_2}\Delta v_2 + \frac{\rho_3}{r_3}\Delta v_3 + ...\right)$$

$$\therefore V = -\frac{1}{4\pi\epsilon_0}\int \frac{\rho}{r} dv [\mathrm{V}] \tag{3·30a}$$

**그림 3·8**

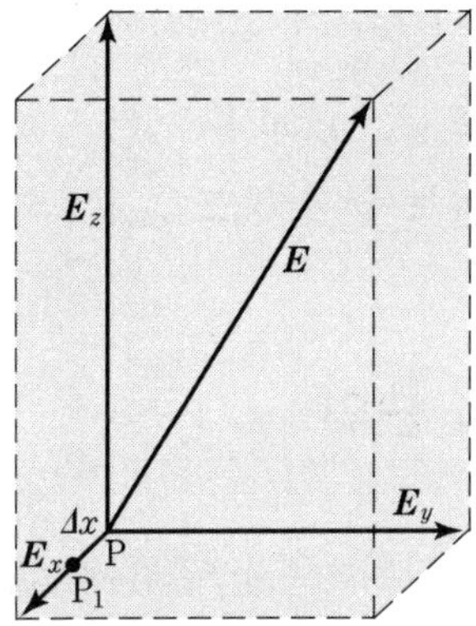


세 성분을 알면 그림 3·8과 같이 하여 $E$의 방향이 구해지고 절대값은 식 (3·32)에 의해 구해진다.

그런데 점 P에서 $x$방향으로 $\Delta x$만큼 떨어진 점 $P_1$과 점 P의 전위차를 $\Delta V$라 하면 식 (3·23)에 의해 $E \cdot ds = Ex \cdot dx \cos \Theta E_x dx (\because \cos\Theta = 1)$이므로

$$\Delta V = -\int_0^{\Delta x} E_x dx = -E_x \int_0^{\Delta x} dx = -E_x \Delta x \tag{3·33}$$

단, $\Delta x$는 미소 길이이며 $E_x$는 변하지 않은 것으로 한다.

$$\therefore \Delta V = -E_x \Delta x \tag{3·34}$$

식 (3·34)에서

$$E_x = -\frac{\partial V}{\partial x} \tag{3·35}$$

마찬가지로 하여

$$E_y = -\frac{\partial V}{\partial y}, \quad E_z = -\frac{\partial V}{\partial z} \tag{3·36}$$

식 (3·35)와 식 (3·36)을 식 (3·31)에 대입하면

$$\boldsymbol{E} = \left(-\frac{\partial V}{\partial x}, \ -\frac{\partial V}{\partial y}, \ -\frac{\partial V}{\partial z}\right) \tag{3·37}$$

p.21에 있는 벡터 해석의 식 (2·42)를 사용하여

$$\text{grad } V = \left(\frac{\partial V}{\partial x}, \frac{\partial V}{\partial y}, \frac{\partial V}{\partial z}\right) \tag{3·38}$$

이 벡터 grad $V$를 **전위 경도**(potential gradient)라 한다.

식 (3·37)과 식 (3·38)에서

$$E = -\ \text{grad}\ V \tag{3·39}$$

전계 $E$는 전위 경도 grad $V$와 크기가 같고 방향은 반대이다.

## 3·10 전계의 단위

전계의 단위는 volt/meter [V/m]를 사용한다. 그것은 식 (3·35)와 식 (3·36)에 있어서 우변에 있는 분자의 단위는 [V]이고 분모는 [m]이므로 전계의 단위는 [V/m]로 된다.

## 3·11 전기력선

전기력선은 전계 속에 가상한 선으로 접선이 항상 전계의 방향과 일치하는 선이다. 전기력선(line of electric force)의 밀도는 전계의 크기와 같게 되도록 작용한다. 1개로 된 정(+)의 점전하에서는 방사상으로 직선의 전기력선이 나오지만 그 모양을 그림 3·9에 나타낸다. 이 경우, 등전위면은 구면으로 되지만 그것을 그림 3·9에 점선으로 나타낸다. 그리고 부(−)의 점전하일 때에는 전기력선

그림 3·9

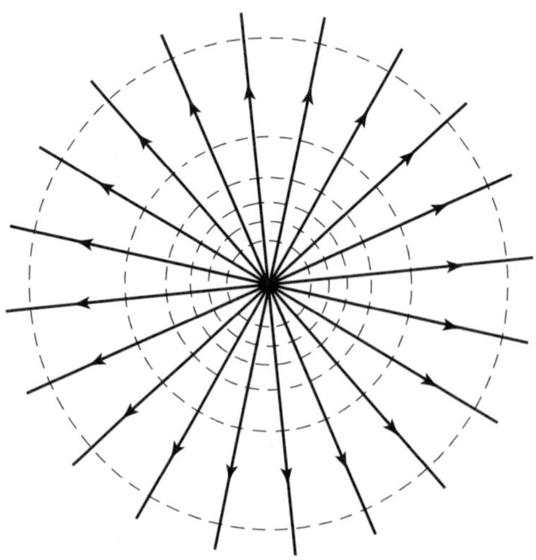

그림 3·10

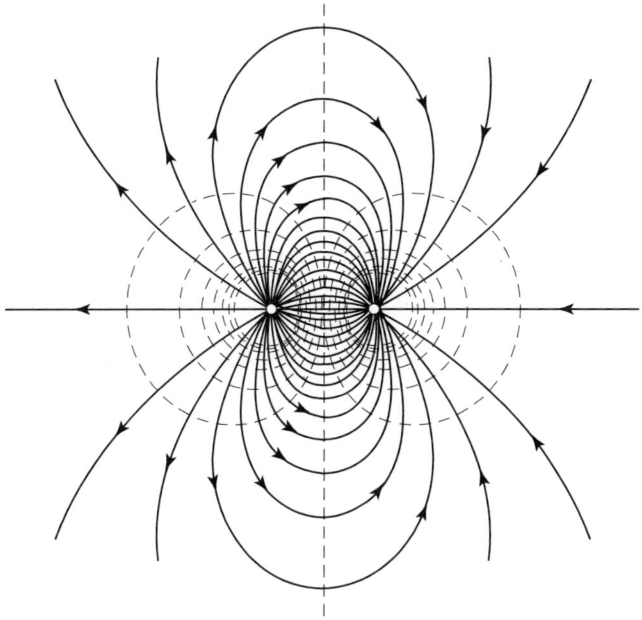

의 화살표 방향이 반대로 된다.

다음에 정부(+ · −) 두 개의 점전하에 의한 전기력선의 모양을 그림 3·10에 나타낸다. 점선은 등전위면이다. 전기력선은 정(+)전하에서 시작해서 부(−)전하에서 끝난다. 전기력선과 등전위면은 항상 직교한다. 그것은 만일 직교하지 않는다고 하면 그림 3·11과 같이 전계 $E$의 등전위면 T에 투영 $E_T$가 생긴다 ($E_T = E\cos\Theta$). 그래서 단위 전하를 등전위면 T상에서 $E_T$의 역방향으로 A에서 B까지 움직이는 데에는 일이 필요하고 두 점 A, B 사이에 전위차가 있는 것이 되어 이것은 등전위면이라는 것에 어긋난다. 그러므로 전기력선과 등전위면은 항상 직교한다.

그림 3·11

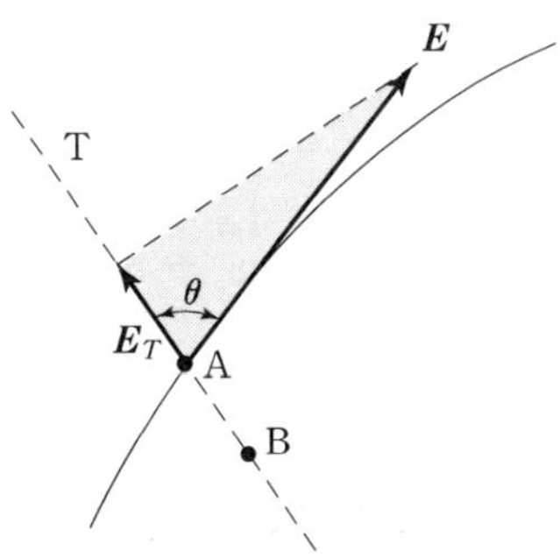

## 연습 문제

**3·1** 공기 중에서 정, 부 1 [C]의 전하가 1 [m]의 거리에 놓여져 있을 때, 작용하는 흡인력 [t]은?

㉮ $9\times10^3$ ㉯ $9\times10^4$ ㉰ $9\times10^5$ ㉱ $9\times10^6$

**3·2** 광속도를 $C$ [m/s]로 표시하면 진공의 유전율 [F/m]은?

㉮ $\dfrac{10^7}{4\pi C^2}$ ㉯ $\dfrac{10^{-7}}{C^2}$ ㉰ $\dfrac{4\pi C^2}{10^7}$ ㉱ $\dfrac{10^7}{4\pi C}$

**3·3** 진공 중에 $2\times10^{-5}$ [C]과 $1\times10^{-6}$ [C]인 두 개의 점전하가 50 [cm] 떨어져 있을 때, 두 전하 사이에 작용하는 힘은 몇 [N]인가?

㉮ 0.72 ㉯ 0.92 ㉰ 1.82 ㉱ 2.02

**3·4** 진공 내에 전하량이 각각 +1 [esu], −2 [esu]인 두 점전하가 10 [cm] 떨어져 있을 때, 이들 전하 사이에 작용하는 힘은?

㉮ $2\times10^{-3}$ [dyne] ㉯ $2\times10^{-7}$ [N]

㉰ $2\times10^{-5}$ [dyne] ㉱ $\dfrac{1}{2}\times10^{-8}$ [N]

**3·5** 전하량의 크기가 서로 같은 두 전하가 진공 중에서 서로 1 [m] 떨어져 있다. 이 사이에 작용하는 힘이 1 [dyne]일 때, 한 개의 전하 크기 [C]?

㉮ $1.11\times10^4$ ㉯ $2.22\times10^{-5}$ ㉰ $3.33\times10^{-8}$ ㉱ $3.33\times10^{-4}$

**3·6** 점 P(1, 2, 3) [m]와 Q(2, 0, 5) [m]에 각각 $4\times10^{-4}$ [C]과 $-2\times10^{-5}$ [C]의 점전하가 있을 때, 점 P에 작용하는 힘은 몇 [N]인가?

㉮ $\dfrac{8}{3}(i-2j+2k)$ ㉯ $\dfrac{8}{3}(-i-2j+2k)$

㉰ $\dfrac{3}{8}(i+2j+2k)$ ㉱ $\dfrac{3}{8}(2i+j-2k)$

**3·7** 그림 3·12와 같이 $Q_A=4\times10^{-6}$ [C], $Q_B=2\times10^{-6}$ [C], $Q_C=5\times10^{-6}$ [C]의 전하를 가진 작은 도체구 A, B, C가 진공 중에서 일직선상에 놓여질 때, B구에 작용하는 힘 [N]은?

㉮ $1.8\times10^{-2}$ ㉯ $1\times10^{-2}$ ㉰ $0.8\times10^{-2}$ ㉱ $2.8\times10^{-2}$

**그림 3·12**

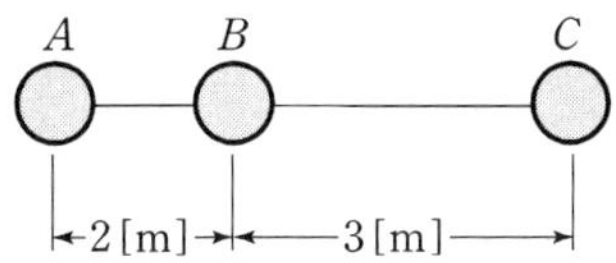


**3·8** 점 A(0, 1) [m]와 점 B(1, 0) [m] 되는 곳에 각각 $10^{-8}$[C]의 점전하가 있다. 이때, 점 C(0, 0) [m]에 $10^{-9}$[C]의 점전하를 놓았을 때, C점의 전하에 작용하는 힘[N]은?

㉮ $9\times10^{-8}$ ㉯ $12.7\times10^{-8}$ ㉰ $18\times10^{-8}$ ㉱ $25.4\times10^{-8}$

**3·9** 그림 3·13과 같이 A점에 $10^{-6}$[C]이 있고, 여기서 2 [m] 떨어진 B점에 $2\times10^{-8}$[C]의 전하가 놓여 있다. B점에서의 전계 세기는 진공 중에서 몇 [N/C]인가?

㉮ $\frac{9}{2}\times10^3$ ㉯ $10^3$ ㉰ $\frac{4}{9}\times10^3$ ㉱ $\frac{9}{4}\times10^3$

**그림 3·13**

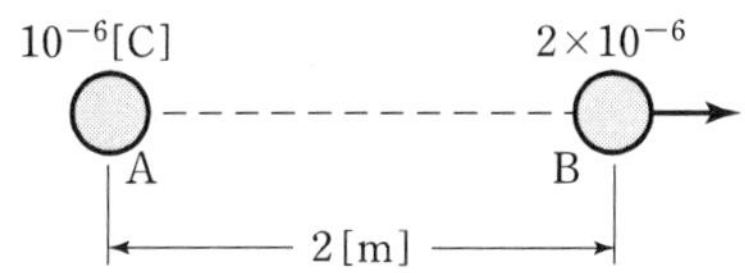


**3·10** +1 [μC] 및 +2 [μC]의 두 점전하가 진공 중에서 2 [m] 떨어져 있을 때, 두 점전하 중점의 전계 세기[V/m]는?

㉮ $9\times10^3$ ㉯ $27\times10^3$ ㉰ $10^3$ ㉱ $3\times10^3$

**3·11** +1 [μC], +2 [μC]의 두 점전하가 진공 중에서 1 [m] 떨어져 있을 때, 이 두 점전하를 연결하는 선상에서 전계의 세기가 0이 되는 점은?

㉮ +1 [μC]으로부터 $(\sqrt{2}-1)$ [m] 떨어진 점
㉯ +2 [μC]으로부터 $(\sqrt{2}-1)$ [m] 떨어진 점
㉰ +1 [μC]으로부터 $\frac{1}{3}$ [m] 떨어진 점
㉱ +2 [μC]으로부터 $\frac{1}{3}$ [m] 떨어진 점

**3·12** 점전하 $+2Q$[C]이 $x=0$, $y=1$인 점에 놓여 있고, $-Q$[C]의 전하가 $x=0$, $y=-1$인 점에 위치할 때, 전계의 세기가 0이 되는 점을 찾아라.

㉮ $-Q$ 쪽으로 5.83 $\begin{cases} x=0 \\ y=-5.83 \end{cases}$ ㉯ $+2Q$ 쪽으로 5.83 $\begin{cases} x=0 \\ y=5.83 \end{cases}$

㉰ $-Q$ 쪽으로 0.17 $\begin{cases} x=0 \\ y=-0.17 \end{cases}$ ㉱ $+Q$ 쪽으로 0.17 $\begin{cases} x=0 \\ y=0.17 \end{cases}$

**3·13** 그림 3·14와 같이 A와 B에 각각 $1\times10^{-2}$ [μC]과 $-3\times10^{-2}$ [μC]의 전하가 있다. P점의 전위는 몇 [V]인가?

㉮ 40.5 ㉯ −62.5 ㉰ −80.5 ㉱ 122.4

그림 3·14

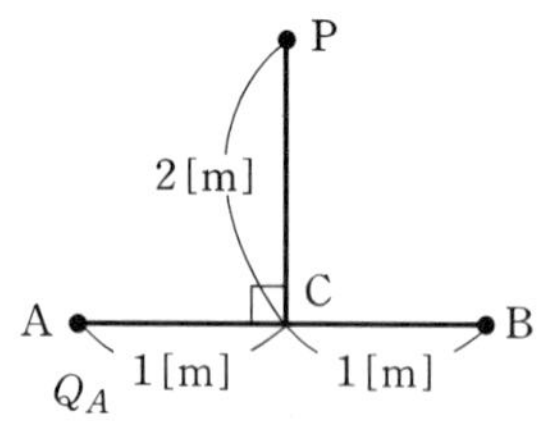


**3·14** 그림 3·15와 같이 5 [m] 떨어진 공간에 $1.8\times10^{-7}$ [C]과 $4.8\times10^{-7}$ [C]의 점전하가 존재한다. 점 P의 전계 세기 [V/m] 및 전위 [V]는?

㉮ 154, 1200 ㉯ 215, 1350 ㉰ 324, 1620 ㉱ 456, 2660

그림 3·15

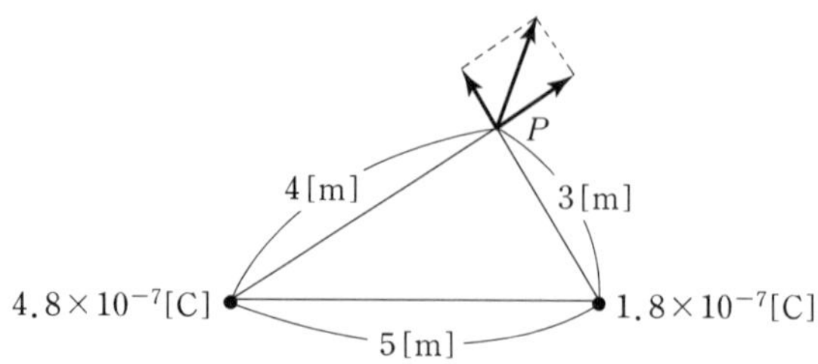


**3·15** 정전계 $E$ 내에서 점 B에 대한 점 A의 전위를 결정하는 식은?

㉮ $-\int_B^A E\cdot dl$ ㉯ $-\int_A^B E\cdot dl$ ㉰ $-\int_\infty^A E\cdot dl$ ㉱ $-\int_\infty^B E\cdot dl$

**3·16** 전계 $E=\frac{2}{x}i+\frac{2}{y}j$ [V/m]에서 점 (2,4) [m]를 통과하는 전기력선의 방정식은?

㉮ $x^2+y^2=12$ ㉯ $y^2-x^2=12$ ㉰ $x^2+y^2=8$ ㉱ $y^2-x^2=8$

**3·17** $E=\frac{3x}{x^2+y}i+\frac{3y}{x+y}j$ [V/m]일 때 점 (4, 3, 0)을 지나는 전기력선의 방정식을 나타낸 것은?

㉮ $xy=\frac{4}{3}$ ㉯ $xy=\frac{3}{4}$ ㉰ $x=\frac{4}{3}y$ ㉱ $x=\frac{3}{4}y$

**3·18** 점전하에 의한 전위가 함수 $V=\frac{10}{x^2+y^2}$ [V]로 주어졌을 때, 점 (2, 1) [m]의 전위 경도[V/m]는? (단, $\tan^{-1}0.5=26°$, $\tan^{-1}0.73=36°$)

㉮ $1.79\angle 206°$ ㉯ $0.895\angle 206°$ ㉰ $1.79\angle 26°$ ㉱ $0.895\angle 26°$

CHAPTER

# 4

# 가우스의 정리

## 4·1 가우스의 정리

점전하에 의한 전계를 구하는 방법은 쿨롱의 법칙을 사용하면 되지만 분포되어 있는 전하에 의한 전계를 구하는 방법으로써 가우스(K. F. Gauss)의 정리가 편리하게 사용되고 있다.

### ▶ 가우스의 정리(Gauss' theorem)

전계 속에 폐곡면 $S$를 생각하여 $S$면상의 미소 면적 $dS$에 대한 전계를 $E$라 하고 $E$의 $dS$에 수직 방향인 외향 성분을 $E_n$이라 하면

$$\int_s E_n dS = \frac{Q}{\epsilon_0} \qquad (4\cdot1)$$

단, $Q$는 폐곡면 $S$ 내에 있는 전하의 총합이다.

**증명** 전하는 분포하고 있지만 지금 미소 체적에 존재하는 전하 $\Delta Q$에 의해 $dS$에 발생하는 전계 $\Delta E$를 생각한다.

식 (3·9)에 의해

**그림 4·1**

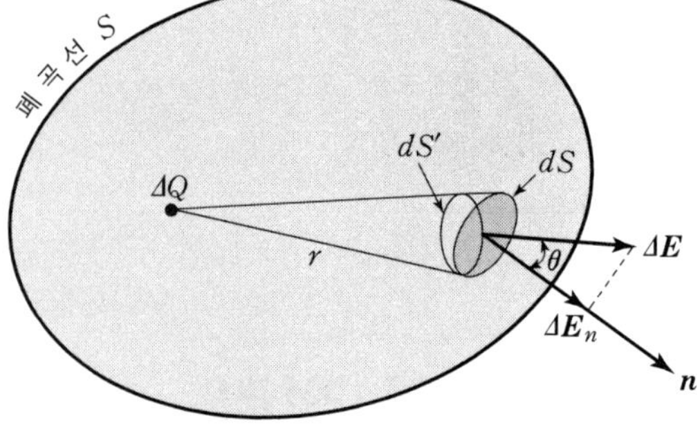


$$\Delta E = \frac{\Delta Q}{4\pi\epsilon_0 r^2} \qquad (4\cdot2)$$

$\Delta E$의 면 $dS$에 수직한 외향의 성분을 $\Delta E_n$이라 하면

$$\Delta E_n = \Delta E\cos\theta = \frac{\Delta Q}{4\pi\epsilon_0 r^2}cos\theta \qquad (4\cdot3)$$

여기서, $dS$를 밑면으로 하고 $\Delta Q$를 꼭지점으로 하는 뿔체의 **입체각**(solid angle)[1]을 $\Delta\omega$라 하면

$$\Delta\omega = \frac{dS'}{r^2} = \frac{dS\cos\Theta}{r^2} \qquad (4\cdot4)$$

단, $dS'$는 $\Delta Q$를 중심으로 하여 반지름 $r$인 구면이 뿔체에 절취되는 면적이다. 그리고 $dS'$와 $dS$의 각은 $\Theta$이므로 $dS' = dS\cos\Theta$이다.

식 (4·3)과 식 (4·4)를 사용하면

$$\Delta E_n dS = \frac{\Delta Q\cos\theta dS}{4\pi\epsilon_0 r^2} = \frac{\Delta Q}{4\pi\epsilon_0}\Delta\omega \qquad (4\cdot6)$$

식 (4·6)은 폐곡면 $S$의 미소 면적 $dS$에 대해서 구했지만 폐곡면 $S$ 전체에 대해서 적분하면 $\Delta Q$가 폐곡면 $S$의 내에 있을 때에는

---

1) 입체각의 정의는 원뿔이나 각뿔 등의 일반적인 뿔체의 각을 표시하는 데에 꼭지점을 중심으로 하여 구면을 만들어 그 구면이 뿔체로 절취되는 면적을 $S$라 하면 $S/r^2 = \omega$[스테라디안]을 입체각이라 한다. 한 점에서 본 전입체각은 $4\pi$ 이다(∵구의 표면적은 $4\pi r^2$이고 $r^2$으로 나눈 값이 전입체각이다). 직원뿔의 입체각 $\omega$는 꼭지각을 $2\Theta$라 하면

$$\omega = 2\pi(1 - \cos\Theta) \qquad (4\cdot5)$$

**그림 4·2**

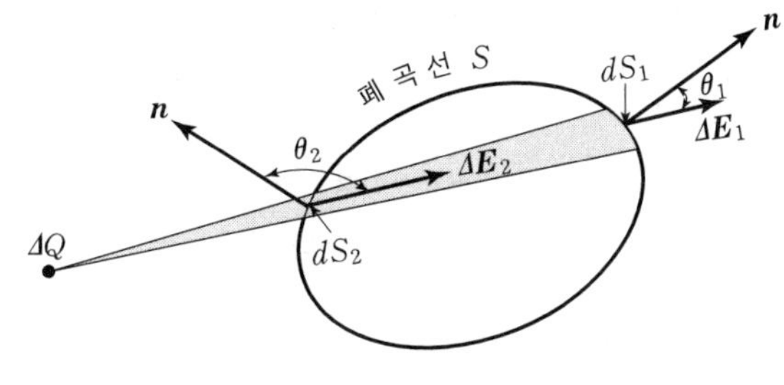


$$\int_s E_n dS = \frac{\Delta Q}{4\pi\epsilon_0}\Sigma\Delta\omega = \frac{\Delta Q}{4\pi\epsilon_0}4\pi = \frac{\Delta Q}{\epsilon_0} \tag{4·7}$$

$\Delta Q$가 폐곡면 $S$의 밖에 있을 때에는 그림 4·2에 나타내는 기호로 계산하면 식 (4·6)을 사용하여

$$\Delta E_{1n} dS_1 = \frac{\Delta Q \cos\theta_1 dS_1}{4\pi\epsilon_0 {r_1}^2} = \frac{\Delta Q}{4\pi\epsilon_0}\Delta\omega_1 \tag{4·8}$$

$$\Delta E_{2n} dS_2 = \frac{\Delta Q \cos\theta_2 dS_2}{4\pi\epsilon_0 {r_2}^2} = \frac{\Delta Q}{4\pi\epsilon_0}\Delta\omega_2 \tag{4·9}$$

식 (4·8)과 식 (4·9)에서 $\Delta\omega_2$의 절대값은 $\Delta\omega_1$과 같지만 부호가 부(−)이다 ($\because \cos\Theta_2 < 0$).

그러므로 두 식을 더하면 두 변은 0이 된다. $\Delta Q$가 $S$면 밖에 있을 때에는 $S$면 전체에 대해서 적분하면 식 (4·7)의 우변은 0이 된다. 즉, 폐곡면 내의 전하만에 대해서 생각하면 된다.

식 (4·7)은 미소 체적에 있는 전하 $\Delta Q$에 의한 전계 $\Delta E$에 대해서 구했지만 폐곡면 $S$ 내에 있는 전전하 $Q$에 의한 전계 $E$를 생각하면 $E$는 $\Delta E$의 벡터합이다. 여기서는 외향 수직 성분을 생각하고 있기 때문에 $E_n$은 $\Delta E_n$의 대수합을 취하면 된다. 그러므로, 폐곡면 $S$ 내에 있는 전전하 $Q$를 생각하면 식 (4·7)은 다음의 식과 같이 된다.

$$\int_s E_n dS = \frac{Q}{\epsilon_0} \quad \text{(가우스의 정리)}^{2)} \tag{4·10}$$

---

2) 식 (4·10)의 좌변은 폐곡면 $S$에서 나오는 전기력선의 수이다. 그러므로, **$Q$[C]의 전하에서는 $Q/\epsilon_0$ 개의 전기력선이 나온다.**

이상으로 가우스의 정리는 증명되었다. 그리고 그림 4·1에서 벡터 $\boldsymbol{n}$의 크기가 1이라면

$$E_n = E\cos\Theta = \boldsymbol{E} \cdot \boldsymbol{n} \tag{4·11}$$

식 (4·11)을 식 (4·10)에 대입하면 가우스의 정리로서 다음의 식이 얻어진다.

$$\int_s \boldsymbol{E} \cdot ndS = \frac{Q}{\epsilon_0} \text{ (가우스의 정리)} \tag{4·12}$$

**특별한 경우**로서 전계가 폐곡면 $S$에 대하여 수직이고 전계의 크기가 일정할 때에는

$$\int_s E_n dS = \int_s EdS = E\int_s dS = ES \tag{4·13}$$

그러므로, 가우스의 정리는

$$ES = \frac{Q}{\epsilon_0} \tag{4·14}$$

## 4·2 대전 도체의 성질

도체(conductor)에 전하를 주면 잠시동안 전하가 이동하지 않는 안정한 상태가 된다. 소위 정전계이며, 이 때의 대전 상태를 생각하면

① 1개 도체의 모든 점이 같은 전위이다.

② 도체의 표면은 등전위면이다.

③ 도체 내부의 전계는 0이다.

④ 도체의 내부에는 전하는 존재하지 않는다.

⑤ 전하는 도체의 표면에 존재한다.

⑥ 도체 표면상의 전계는 면에 수직이다.

⑦ 도체 표면의 전하 밀도를 $\sigma\,[\mathrm{C/m^2}]$라 하면 표면상의 전계 $E$는

$$E = \frac{\sigma}{\epsilon_0} \tag{4·15}$$

이 식의 증명은 그림 4·3과 같이 도체 표면을 잘라 미소 직육면체의 폐곡면을

**그림 4·3**

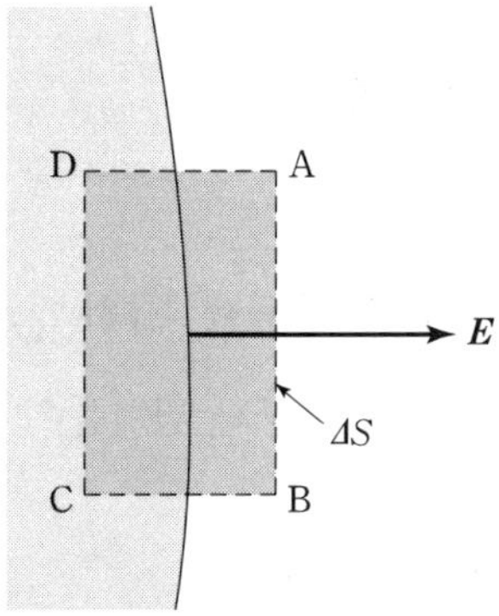


생각해서 가우스의 정리를 사용한다. 전기력선이 통과하는 것은 그림 4·3에 AB로 나타내는 면 $\Delta S$만이다. 이 직육면체 내의 전하는 $\sigma\Delta S$이기 때문에 식 (4·14)를 사용하면[3)]

$$E\Delta S = \sigma\,\Delta S/\epsilon_0 \tag{4·16}$$

식 (4·16)의 양변을 $\Delta S$로 나누면 식 (4·15)가 얻어진다.

**예제 4·1** 2매의 무한히 넓은 도체판을 $1\,[\mathrm{m}]$의 간격으로 평행하게 마주 보게 하고 각각에 $+2\times10^{-6}\,[\mathrm{C/m^2}]$, $-2\times10^{-6}\,[\mathrm{C/m^2}]$인 전하를 주었을 때의 전계 및 전위차를 구하여라. 단, 도체판 사이는 공기로 한다.

**풀이** 식 (4·15)에서

$$E = \frac{\sigma}{\epsilon_0} = \frac{2\times10^{-6}}{8.854\times10^{-12}} = 2.259\times10^5\,[\mathrm{V/m}]$$

식 (3·25)에 의해

$$V = Ed = 2.259\times10^5\times10^{-2} = 2.259\times10^3\,[\mathrm{V}] = 2.259\,[\mathrm{kV}]$$

---

3) 그림 4·3에서 폐곡면으로서 직육면체를 생각했지만 도체 내에서는 $E=0$이므로 가우스 정리의 일반식 (4·10)에서 우변 적분은 도체 내에서는 0이다. 도체 밖을 생각하면 측면과 전계의 방향은 일치하기 때문에 $E_n=0$이며 결국 면 $\Delta S$의 부분만을 적분하면 된다. 그리고 면 $\Delta S$에 있어서는 $E_n=E$이며 특별한 경우의 식 (4·14)를 사용하면 된다(식 (4·24) 참조).

# 4·3 정전계의 예

## 4·3·1 구형 물체에 전하 $Q$가 일정한 밀도로 분포하는 경우 (구의 반지름은 $a$)

### 1 구외의 전계

구외에 있는 임의의 점 P에 대한 전계를 구한다. 그림 4·4의 O를 중심으로 하고 $\overline{OP}=r$을 반지름으로 하는 구면 $S$를 생각해서 가우스의 정리를 적용한다.

그림 4·4와 같이 점 P에 있어서 전계 $E$는 구면 $S$에 직교하지만 구면상의 어느 점에 있어서도 전계와 구면은 직교하고 전계의 크기 $E$는 일정하다. 그래서 식 (4·14)를 적용하면

$$E \cdot 4\pi r^2 = \frac{Q}{\epsilon_0} \tag{4·17}$$

$$\therefore E = \frac{Q}{4\pi\epsilon_0 r^2} [\mathrm{V/m}] \tag{4·18}$$

이 식을 보면 구외의 전계 $E$는 $a$에 관계없이 중심으로부터의 거리 $r$에 의해서 정해진다.

그림 4·4

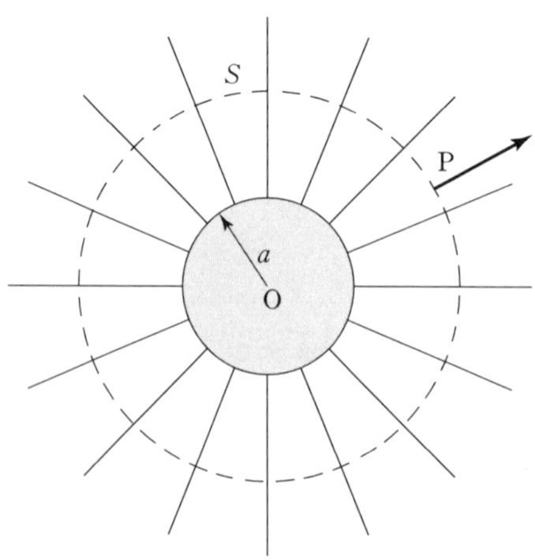

### ② 구내의 전계

구내에 있는 임의의 점 P′에 대한 전계 $E'$를 구한다. 그림 4·5와 같이 O를 중심으로 하고 $\overline{\mathrm{OP}'}=r$을 반지름으로 하는 구면 $S'$를 생각한다. 구면 $S'$ 내의 전하를 $Q'$라 하면

$$Q'=\frac{r^3}{a^3}Q \tag{4·19}$$

구면 $S'$상에서는 전계 $E'$는 $S'$와 직교하고 $E'$는 일정하기 때문에 식 (4·14)에 의해

$$E'\cdot 4\pi r^2=\frac{Q'}{\epsilon_0}=\frac{r^3}{\epsilon_0 a^3}Q \tag{4·20}$$

$$\therefore E'=\frac{r}{4\pi\epsilon_0 a^3}Q\,[\mathrm{V/m}] \tag{4·21}$$

**그림 4·5**

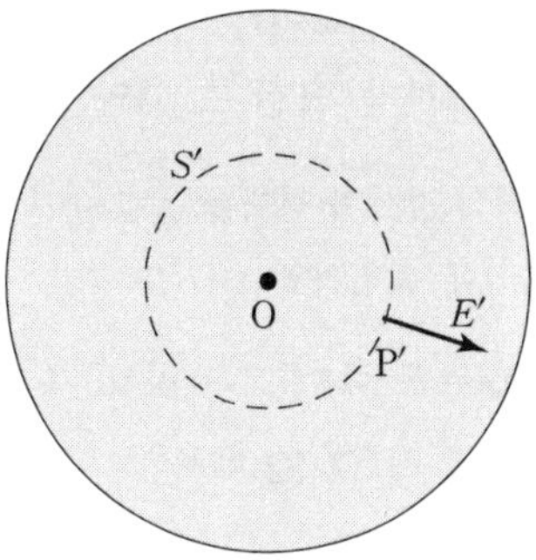


### ③ 구내외의 전위

그림 4·4에 있는 점 P의 전위 $V_p$를 구하는 데는 식 (4·19)와 동일하게 하여

$$V_p=\frac{Q}{4\pi\epsilon_0 r}\,[\mathrm{V}] \tag{4·22}$$

가 구해진다. 또한, 구면상의 전위는 식 (4·22)에 $r=a$를 대입하면

$$V_a=\frac{Q}{4\pi\epsilon_0 a}\,[\mathrm{V}] \tag{4·23}$$

구내에 있는 임의의 점 P′의 전위를 구하는 데에는

$$V_p' = V_a + \left(-\int_a^r E' dr\right) = V_a - \int_a^r \frac{r}{4\pi\epsilon_0 a^3} Q\, dr$$

$$= V_a + \frac{Q}{8\pi\epsilon_0 a}\left(1 - \frac{r^2}{a^2}\right) [\mathrm{V}] \qquad (4\cdot24)^{4)}$$

### 4·3·2 반지름 $a$인 도체구에 전하 $Q$가 일정하게 분포하는 경우

① 구외의 전계는 식 (4·18)과 완전히 같다.

② 구내의 전계는 도체 내에 있으므로 전계는 영(0)이다.

③ 구외의 전위는 식 (4·22)와 같다. 구내의 전위는 일정하고 식 (4·23)의 값이다.

**예제 4·2** 반지름 0.5 [m]인 도체구가 절연물로 공기 속에 매달려 있다. 이 구에 대전할 수 있는 최대의 전하는 얼마인가? 단, 공기의 절연 내력은 30 [kV/cm]라 하고 어스(접지)의 영향은 무시한다. 또한 그 때의 전위를 구하여라.

**풀이** 절연 내력의 값까지 전계를 올릴 수가 있다. 그러므로 $E = 30\times10^3\times10^2 = 3\times10^6$ [V/m]를 식 (4·18)에 대입하면

$$Q = E\cdot 4\pi\varepsilon_0 r^2 = 3\times10^6\times0.5^2\div(9\times10^9) = 8.33\times10^{-5}\ [\mathrm{C}]$$

식 (4·18)과 식 (4·22)에서

$$V = Er = 3\times10^6\times0.5 = 1.5\times10^6\ [\mathrm{V}] = 1.5\times10^3\ [\mathrm{kV}]$$

### 4·3·3 원기둥의 경우

무한히 긴 반지름 $a$인 원기둥에 1 [m]당 $Q$[C]의 전하가 일정하게 분포할 때의 전계를 구하여라.

---

4) 식 (4·24)에 있는 $\epsilon_0$의 값은 구내 물질의 $\epsilon_0$값을 사용하는 것. 또한 식 (4·22)와 식 (4·23)은 $\epsilon_0$은 구외 물질의 $\epsilon_0$값을 사용하는 것.

## ❶ 원기둥 밖의 전계

임의의 점 P에 대한 전계 $E$를 구한다.

점 P와 축의 거리를 $r$이라 하고 그림 4·6에서 파선으로 나타내는 바와 같이 반지름 $r$, 길이 1 [m]인 원통을 폐곡면으로 한다. 이 원기둥의 밑면과 평면에서는 $E_n=0$ 이기 때문에 원기둥의 측면에 대해서 식 (4·14)를 적용하면 $S=$ (원주) $\times 1\,[\mathrm{m}] = 2\pi r\,[\mathrm{m}^2]$이므로

$$E \cdot 2\pi r = Q/\epsilon_0 \tag{4·25}$$

$$\therefore E = \frac{Q}{2\pi\epsilon_0 r}\,[\mathrm{V/m}] \tag{4·26}$$

**그림 4·6**

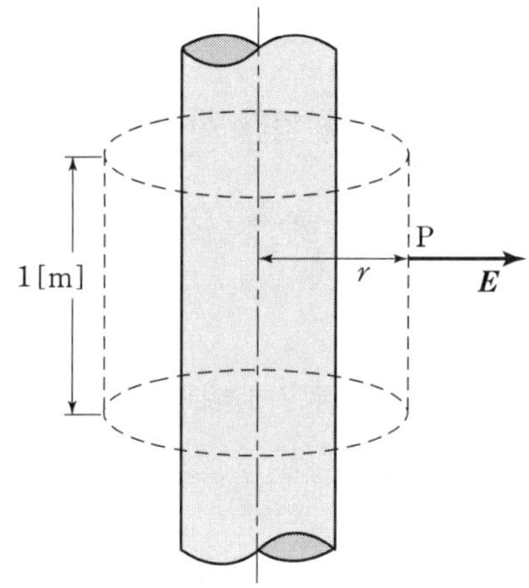


## ❷ 원기둥 내의 전계

임의의 점 P′와 축에서의 거리를 $r$이라 하고 반지름 $r$, 길이 1 [m]인 원기둥의 폐곡면을 취한다. 이 폐곡면 내의 전하를 $Q'$라 하면

$$Q' = \frac{r^2}{a^2}\,Q\,[\mathrm{C}] \tag{4·27}$$

식 (4·26)과 동일하게 하여

$$E' = \frac{Q'}{2\pi\epsilon_0 r}\,[\mathrm{V/m}] \tag{4·28}$$

식 (4·27)을 식 (4·28)에 대입하면

$$E' = \frac{rQ}{2\pi\epsilon_0 a^2}[\text{V/m}] \tag{4·29}$$

그리고 원기둥 도체인 경우에는 전하가 표면에 분포하며 원기둥 밖의 전계는 식 (4·26)과 같지만 원기둥 내에서는 전계는 영(0)이다.

### 4·3·4 쌍극자

#### ❶ 정 의

크기가 같고 반대 부호인 두 개의 점전하가 미소 거리에 있는 것을 **쌍극자**(doublet)라 한다.

#### ❷ 쌍극자에 의한 전위

그림 4·7과 같이 점 A에 $+Q$, 점 B에 $-Q$의 전하가 있고 $\overline{AB} = \delta$라 하면

$$\delta \ll r \tag{4·30}$$

이제 임의의 점 P에 대한 전위 $V$를 구한다. AB의 중점을 O라 하고 $\overline{OP} = r$, $\angle POA = \Theta$라 하면 $\delta \ll r$이기 때문에 근사적으로

$$\left.\begin{aligned} \overline{AP} &\fallingdotseq r - \delta\cos\Theta/2 \\ \overline{BP} &\fallingdotseq r + \delta\cos\Theta/2 \end{aligned}\right\} \tag{4·31}$$

**그림 4·7**

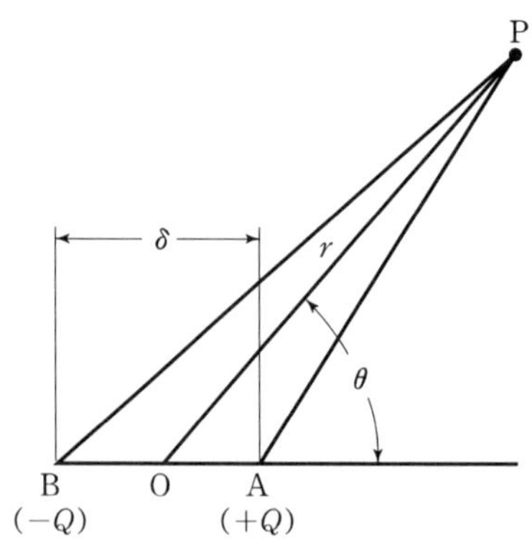

**그림 4·8**

식 (4·30)과 식 (4·31)을 사용하여

$$V = \frac{+Q}{4\pi\epsilon_0 \overline{AP}} + \frac{-Q}{4\pi\epsilon_0 \overline{BP}} \fallingdotseq \frac{Q}{4\pi\epsilon_0}\left(\frac{1}{r-\delta\cos\theta/2} - \frac{1}{r+\delta\cos\theta/2}\right)$$

$$= \frac{Q}{4\pi\epsilon_0}\,\frac{\delta\cos\theta}{r^2-\delta^2\cos^2\theta/4}$$

$\delta^2\cos^2\Theta/4 \ll r^2$ 이므로

$$V = \frac{Q\delta}{4\pi\epsilon_0 r^2}\cos\theta \qquad (4\cdot32)^{5)}$$

여기서

$$Q\delta = M \qquad (4\cdot33)$$

이라 놓으면

$$\therefore V = \frac{M}{4\pi\epsilon_0 r^2}\cos\theta\,[\mathrm{V}] \qquad (4\cdot34)$$

식 (4·33)의 크기에서 그림 4·8의 방향 벡터 $M$을 **쌍극자 모멘트**(moment of doublet)라 한다.

두 개의 쌍극자 $M_1$과 $M_2$가 같은 위치에 있을 때에는 $M_1$과 $M_2$의 벡터합을 $M$이라 하면 1개의 쌍극자 $M$을 취급하면 된다. 또한, 반대로 쌍극자 $M$을 두 개의 성분, 예를 들면 $x$, $y$ 성분으로 나누어 $M_x$, $M_y$인 두 개의 쌍극자로 분해하여 취급할 수도 있다.

### ③ 쌍극자에 의한 전계

그림 4·9에서 임의 점 P의 전계를 구한다. 전계의 $r$방향 성분을 $E_r$, 그것과 직각 방향 성분을 $E_\Theta$라 하면 식 (4·35)와 식 (4·34)를 사용하여

5) 식 (4·32)는 근사식이기 때문에 ≒를 사용해야 하지만 공학에서는 근사식이 자주 사용되기 때문에 ≒를 사용할 곳에 =의 기호를 사용하는 경우가 많다.

그림 4·9

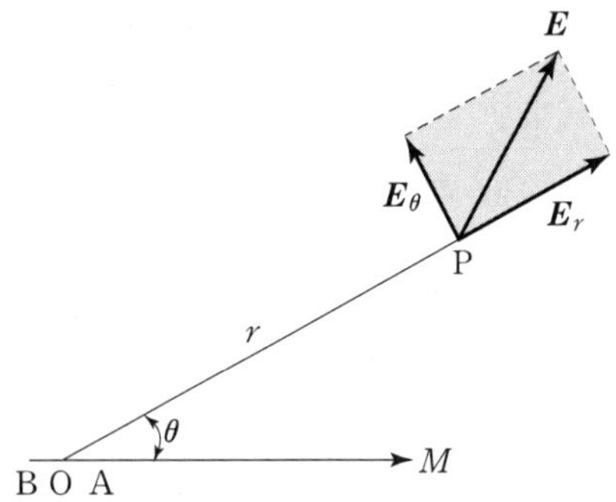


$$E_r = -\frac{\partial V}{\partial r} = \frac{M}{2\pi\epsilon_0 r^3}\cos\theta[\mathrm{V/m}] \tag{4·35}$$

또한 $E_\Theta$ 방향의 미소 거리 $r\Delta\Theta$의 전위차를 $\Delta V$라 하면 $\Delta V = E_\Theta r\Delta\Theta$이므로 식 (4·34)를 사용하여

$$E_\theta = -\frac{1}{r}\frac{\partial V}{\partial \theta} = \frac{M}{4\pi\epsilon_0 r^3}\sin\theta[\mathrm{V/m}] \tag{4·36}$$

그러므로 전계 $E$는

$$E = E_r + E_\Theta \tag{4·37}$$

에 의해 구해진다. 그림 4·9에 나타내는 바와 같이

$$E = \sqrt{E_r^{\ 2} + E_\Theta^{\ 2}} \tag{4·38}$$

### 4·3·5 전기 2중층

매우 얇은 판의 한쪽 면에 정(+)전하, 다른 면에 부(−)전하를 갖게 한 것을 **전기 2중층**(electric double layer)이라 한다.

전기 2중층의 두께를 $\delta$라 하고 전하 밀도를 $+\sigma$, $-\sigma$라 하면

$$\sigma\delta = L \tag{4·39}$$

$L$을 **전기 2중층의 세기**(intensity of electric double layer)라 한다.

전기 2중층에 의한 임의점 P의 전위를 구해 보자. 그림 4·10과 같이 미소 면적 $\Delta S$와 두께 $\delta$인 미소 체적 $\Delta v$에 의한 점 P의 전위를 $\Delta V$라 한다. $\Delta v$는 앞

그림 4·10

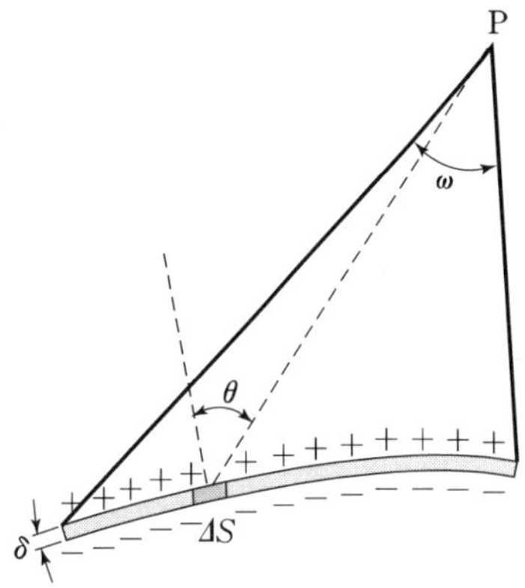


에 설명한 쌍극자라고 생각되기 때문에 식 (4·32)에 $Q=\sigma\Delta S$를 대입하면

$$\Delta V=\frac{\sigma\Delta S\delta}{4\pi\epsilon_0 r^2}\cos\theta=\frac{\sigma\delta}{4\pi\epsilon_0}\frac{\Delta S\cos\theta}{r^2} \tag{4·30}$$

식 (4·40)의 $\frac{\Delta S\cos\Theta}{r^2}$ 는 점 P에서 $\Delta S$를 본 입체각 $\Delta\omega$이므로

$$\Delta V=\frac{\sigma\delta}{4\pi\epsilon_0}\Delta\omega \tag{4·41}$$

그러므로 점 P에서 전기 2중층을 보는 입체각을 $\omega$라 하면 점 P의 전위 $V$는

$$V=\frac{\sigma\delta}{4\pi\epsilon_0}\omega[\mathrm{V}] \tag{4·42}$$

식 (4·39)를 사용하면

$$V=\frac{L}{4\pi\epsilon_0}\omega[\mathrm{V}] \tag{4·43}$$

단, $L=\sigma\delta$, $\omega$는 점 P에서 본 입체각이며, 점 P가 부(−)전하의 쪽에 있을 때에는 $\omega$로서 (−)의 부호가 포함된다.

## 4·4 전기력선의 발산

전하가 분포하고 있는 장소에 미소 체적 $\Delta v$를 취하고 식 (4·12)에 $Q=\rho\Delta v$를 대입하면(단, $\rho$는 전하의 체적 밀도)

$$\int_S \boldsymbol{E}\cdot ndS = \frac{\rho}{\epsilon_0}\Delta v \quad (4\cdot 44)$$

양변을 $\Delta v$로 나누고 극한을 생각하면

$$\lim_{\Delta v\to 0}\frac{1}{\Delta v}\int_S \boldsymbol{E}\cdot ndS = \frac{\rho}{\epsilon_0} \quad (4\cdot 45)$$

식 (4·45)의 좌변은 p.24에 있는 벡터 해석의 식 (2·54)에서 div $\boldsymbol{E}$이기 때문에

$$\therefore \text{div}\,\boldsymbol{E} = \frac{\rho}{\epsilon_0} \quad \mathbf{(4\cdot 46)}$$

식 (4·44)의 좌변은 미소 체적 $\Delta v$에서 발생하는 전기력선의 수이다. 식 (4·45), 즉 식 (4·46)의 좌변은 단위 체적당 전기력선이 발생하는 수이다.

전하가 존재하지 않는 장소, 즉 $\rho=0$의 장소에서는 식 (4·46)에서

$$\text{div}\,\boldsymbol{E} = 0 \quad (4\cdot 47)$$

$\rho=0$ 인 장소에서는 전기력선이 새롭게 발생하는 일은 없다. 따라서, 어떤 체적 $\Delta v$를 생각하면 이 체적에 들어온 전기력선은 그대로 나온다. 즉, 전기력선은 연속이다. 식 (4·47)을 **연속의 식**(formula of continuity)이라 한다.

## 4·5 라플라스 및 푸아송의 방정식

p.46의 식 (3·39)를 식 (4·46)의 대입하면

$$\div(-\text{grad}\,\mathrm{V}) = \frac{\rho}{\epsilon_0} \quad (4\cdot 48)$$

$$\therefore \nabla^2 V = -\frac{\rho}{\epsilon_0} \text{ (푸아송의 방정식)} \quad \mathbf{(4\cdot 49)}$$

$\rho=0$ 인 경우

$$\nabla^2 V = 0 \text{ (라플라스의 방정식)} \quad \mathbf{(4\cdot 50)}$$

직각 좌표에서는 p.25에 있는 식 (2·59)에 의해

$$\frac{\partial^2 V}{\partial x^2}+\frac{\partial^2 V}{\partial y^2}+\frac{\partial^2 V}{\partial z^2} = -\frac{\rho}{\epsilon_0} \text{ (Poisson's equation)} \quad (4\cdot 51)$$

$$\frac{\partial^2 V}{\partial x^2}+\frac{\partial^2 V}{\partial y^2}+\frac{\partial^2 V}{\partial z^2}=0 \text{ (Laplace's equation)} \tag{4·52}$$

이 두 식은 전위와 전하의 관계식이다. 전위가 구해지면 전계는 쉽게 구해진다. 이러한 방정식의 해를 구하는 것이 정전계의 일반 해법이다.

**예제 4·3** 간격 10 [cm]인 평행 극판의 사이는 진공이고 $10^{14}$[개/$cm^3$]의 전자가 일정하게 분포하고 있다고 한다. 각부의 전계 및 전위를 구하여라. 단, 전극간의 전위차는 1,000 [V]이고 전극은 충분히 넓은 것으로 한다.

**풀이** 좌표를 그림 4·11(a)와 같이 취하면 식 (4·51)은 1차원이 되어

$$\frac{d^2 V}{dx^2}=-\frac{\rho}{\epsilon_0} \tag{4·53}$$

이 된다. 고쳐 쓰면

$$\frac{d}{dx}\left(\frac{dV}{dx}\right)=-\frac{\rho}{\epsilon_0}$$

이 식을 2회 적분하면

$$\frac{dV}{dx}=-\frac{\rho}{\epsilon_0}x+C_1$$

$$V=-\frac{\rho}{2\epsilon_0}x^2+C_1x+C_2 \tag{4·54}$$

가 된다. 단, $C_1$, $C_2$는 적분 상수이다.

여기서 전극간은 진공이기 때문에 $\epsilon_0$은 $\epsilon_0$가 된다. 또한, 공간 전하 밀도 $\rho$는

$$\rho=-1.602\times10^{-19}\times10^{14}=-1.602\times10^{-5}\ [\text{C/m}^3]$$

**그림 4·11**

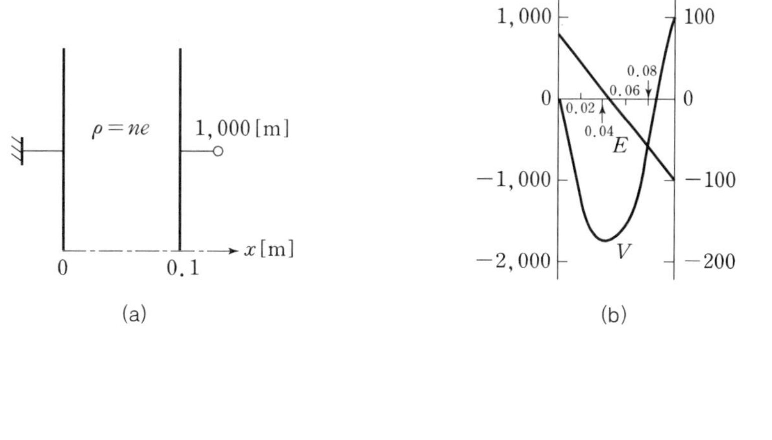


(a) (b)

다음에 초기 조건은 ① $x=0$에서 $V=0$, ② $x=0.1$에서 $V=1,000$ [V]인 두 가지이다. 식 (4·54)에 조건 ①을 대입하면 $C_2=0$.
다시 조건 ②를 대입하면

$$1,000=-\frac{-1.602\times10^{-5}}{2\times8.854\times10^{-12}}(0.1)^2+0.1C_1$$

$$\therefore\ C_1=-80.47\times10^3$$

$$\therefore\ V=904.7x^2-80.47x\,[\text{kV}]$$

또한

$$E=-\frac{dV}{dx}=-1,809x+80.47\,[\text{kV/m}]$$

이 모양을 도시하면 그림 4·11(b)와 같이 된다.

## 연습문제

**4·1** 그림 4·12와 같이 도체구 내부 공동(空洞) 중심에 점전하 $Q$[C]이 있을 때, 이 도체구의 외부로 발산되어 나오는 전기력선의 수[개]는? (단, 도체 내외의 공간은 진공이라 한다.)

㉮ $4\pi$ ㉯ $\frac{Q}{\varepsilon_0}$ ㉰ $Q$ ㉱ $\frac{Q}{\varepsilon_0\varepsilon_s}$

그림 4·12

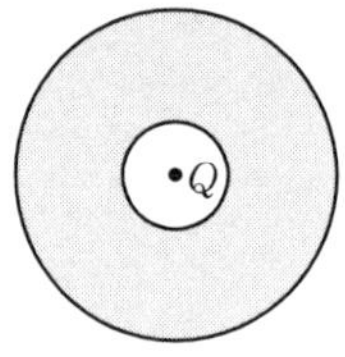


**4·2** 폐곡면을 통하여 나가는 전력선의 총수는 그 내부에 있는 점전하 대수합의 몇 배와 같은가?

㉮ $\frac{1}{4\pi\varepsilon_0}$ ㉯ $\frac{1}{2\pi\varepsilon_0}$ ㉰ $\frac{1}{\pi\varepsilon_0}$ ㉱ $\frac{1}{\varepsilon_0}$

**4·3** 점 (0, 0), (3, 0), (0.4) [m]에 각각 $5\times10^{-8}$[C], $4\times10^{-8}$[C], $-6\times10^{-8}$[C]

의 점전하가 있을 때, 점 (0, 0)을 중심으로 한 반지름 5 [m]의 구면을 통과하는 전기력선의 수는?

㉮ $540\pi$ ㉯ $1,080\pi$ ㉰ $2,160\pi$ ㉱ $5,400\pi$

**4·4** 어떤 폐곡면 내에 $+8$ [μC]의 전하와 $-3$ [μC]의 전하가 있을 경우, 이 폐곡면에서 나오는 전기력선의 총수[개]는?

㉮ $5.65\times10^5$ ㉯ $10^7$ ㉰ $10^5$ ㉱ $9.65\times10^5$

**4·5** 무한장 선로에 균일하게 전하가 분포된 경우, 선로로부터 $r$[m] 떨어진 점에서의 전계 세기 $E$[V/m]는 얼마인가? (단, 선전하 밀도는 $\rho_L$[C/m]이다.)

㉮ $E=\dfrac{\rho_L}{2\pi\varepsilon_0 r}$ ㉯ $E=\dfrac{\rho_L}{4\pi\varepsilon_0 r}$ ㉰ $E=\dfrac{\rho_L}{2\pi\varepsilon_0 r^2}$ ㉱ $E=\dfrac{\rho_L^2}{2\pi\varepsilon_0 r}$

그림 4·13

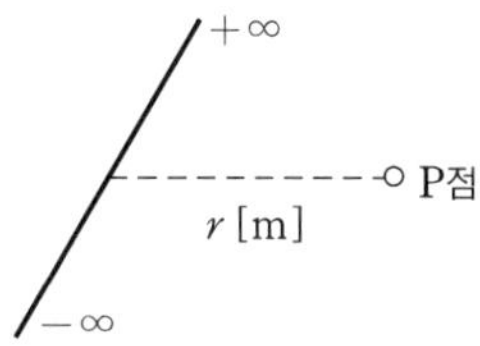


**4·6** 반지름 $a$[m]인 구도체에 $Q$[C]의 전하가 주어졌을 때, 구심에서 $5a$[m] 되는 점의 전위[V]는?

㉮ $\dfrac{1}{24\pi\varepsilon_0}\cdot\dfrac{Q}{a}$ ㉯ $\dfrac{1}{24\pi\varepsilon_0}\cdot\dfrac{Q}{a^2}$ ㉰ $\dfrac{1}{20\pi\varepsilon_0}\cdot\dfrac{Q}{a}$ ㉱ $\dfrac{1}{20\pi\varepsilon_0}\cdot\dfrac{Q}{a^2}$

**4·7** 그림 4·14와 같이 동심구에서 도체 A에 $Q$[C]을 줄 때 도체 A의 전위[V]는? (단, 도체 B의 전하는 0이다.)

㉮ $\dfrac{Q}{4\pi\varepsilon_0 c}$

㉯ $\dfrac{Q}{4\pi\varepsilon_0}\left(\dfrac{1}{a}-\dfrac{1}{b}\right)$

㉰ $\dfrac{Q}{4\pi\varepsilon_0}\left(\dfrac{1}{a}+\dfrac{1}{b}\right)$

㉱ $\dfrac{Q}{4\pi\varepsilon_0}\left(\dfrac{1}{a}-\dfrac{1}{b}+\dfrac{1}{c}\right)$

그림 4·14

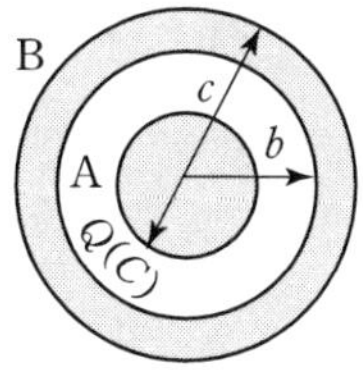

**4·8** 50 [V/m]인 평등 전계 중의 80 [V] 되는 A점에서 전계 방향으로 80 [cm] 떨어진 B점의 전위는 몇 [V]인가?

㉮ 20 ㉯ 40 ㉰ 60 ㉱ 80

**그림 4·15**

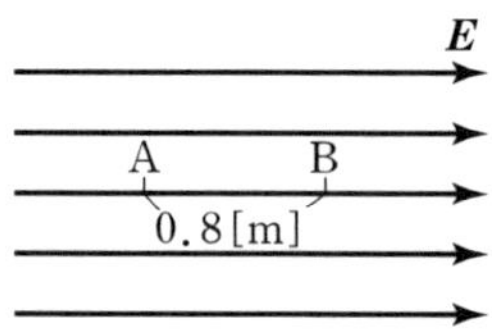


**4·9** 그림 4·16과 같이 $z=0$인 평면상에 있는 반지름 $a$인 균일 선전하에 의한 $z=h$인 점에서 전위[V]는? (단, 주위 공간의 유전율은 $\varepsilon_0$이며, 모든 양의 단위는 MKS 단위를 사용한다.)

㉮ $\dfrac{\rho_L h}{2\varepsilon_0(a^2+h^2)}$ ㉯ $\dfrac{\rho_L a}{2\varepsilon_0(a^2+h^2)}$ ㉰ $\dfrac{\rho_L h}{2\varepsilon_0\sqrt{a^2+h^2}}$ ㉱ $\dfrac{\rho_L a}{2\varepsilon_0\sqrt{a^2+h^2}}$

**그림 4·16**

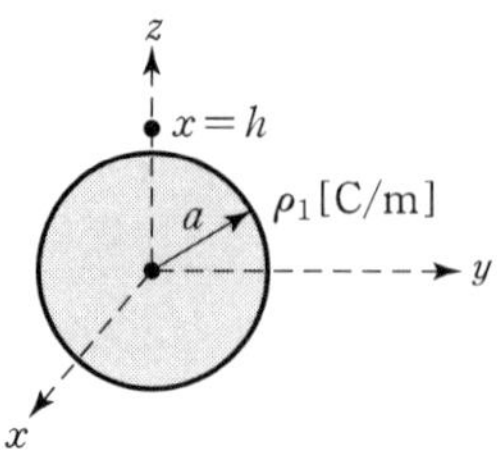


**4·10** 공기 중에 균일하게 대전된 반지름 $a$[m]인 선형 원환이 있을 때, 그 중심으로부터 중심축상 $x$[m] 거리에 있는 점의 전계 세기는 몇 [V/m]인가? (단, 원환의 전계 전하는 $Q$[C]이라 한다.)

㉮ $\dfrac{Qx}{2\pi\varepsilon_0(a^2+x^2)^{3/2}}$ ㉯ $\dfrac{Qx}{4\pi\varepsilon_0(a^2+x^2)^{3/2}}$

㉰ $\dfrac{Qx}{2\pi\varepsilon_0(a^2+x^2)}$ ㉱ $\dfrac{Qx}{4\pi\varepsilon_0(a^2+x^2)}$

**4·11** $z=0$인 평면에 반지름 $r$[m]인 원주상에 $\rho_L$[C/m]의 선전하 밀도가 진공 내에 존재할 때, $z=a$점에서 전계 $E$는 얼마인가?

㉮ $E=\dfrac{\rho_L r(-r\cdot a_r+a\,a_z)}{2\varepsilon_0(r^2+a^2)^{2/3}}$ ㉯ $E=\dfrac{\rho_L a r}{2\varepsilon_0(r^2+a^2)^{3/2}}\,a_z$

㉰ $E=\dfrac{\rho_L a^2}{2\varepsilon_0(r^2+a^2)^{3/2}}\,a_z$ ㉱ $E=\dfrac{\rho_L r(-r\,a_r+a\,a_z)}{2\varepsilon_0(r^2+a^2)^{3/2}}$

**4·12** 무한히 넓은 평면에 면밀도 $\delta\,[\mathrm{C/m^2}]$의 전하가 있을 경우, 전력선은 분포되어 있는 면에 수직으로 나와 평행하게 발산한다. 이 평면의 전계 세기$[\mathrm{V/m}]$는?

㉮ $\dfrac{\delta}{2\varepsilon_0}$ ㉯ $\dfrac{\delta}{\varepsilon_0}$ ㉰ $\dfrac{\delta}{2\pi\varepsilon_0}$ ㉱ $\dfrac{\delta}{4\pi\varepsilon_0}$

**4·13** 두 장의 평행 도체판으로 만든 2극판 내에서 도체간의 전위 분포는 $V=V_0\left(\dfrac{x}{d}\right)^{4/3}$으로 나타내어진다. 판간 공간의 전하 밀도 분포는 몇 $[\mathrm{C/m^3}]$인가? (단, $V_0$ : 도체간의 전위차, $d$ : 판간의 거리, $x$ : 전위가 낮은 쪽 도체로부터의 거리라고 한다.)

㉮ $-\dfrac{4}{9}\dfrac{\varepsilon_0 V_0}{d^2}\left(\dfrac{d}{x}\right)^{-2/3}$ ㉯ $-\dfrac{4}{9}\dfrac{\varepsilon_0 V_0}{d^2}\left(\dfrac{x}{d}\right)^{-2/3}$

㉰ $-\dfrac{4}{9}\dfrac{\varepsilon_0 V_0}{d^2}\left(\dfrac{d}{x}\right)^{2/3}$ ㉱ $-\dfrac{4}{9}\dfrac{\varepsilon_0 V_0}{d^2}\left(\dfrac{x}{d}\right)^{2/3}$

**4·14** 전위 함수 $V=x^2+y^2\,[\mathrm{V}]$를 형성하는 전하 분포에서 $1\,[\mathrm{m^3}]$ 안의 전하를 구하면?

㉮ $-4\varepsilon_0$ ㉯ $-5\varepsilon_0$ ㉰ $-6\varepsilon_0$ ㉱ $-7\varepsilon_0$

**4·15** 전위 분포가 $V=2x^2+3y^2+z^2\,[\mathrm{V}]$의 식으로 표시되는 공간의 전하 밀도 $\rho\,[\mathrm{C/m^3}]$는 얼마인가?

**4·16** 반지름 $a$인 원판형 전기 2중층(세기 $M$)의 축상 $x\,[\mathrm{m}]$ 되는 거리에 있는 점 P(정전하측)의 전위$[\mathrm{V}]$는?

㉮ $\dfrac{M}{2\varepsilon_0}\left(1-\dfrac{a}{\sqrt{x^2+a^2}}\right)$ ㉯ $\dfrac{M}{\varepsilon_0}\left(1-\dfrac{a}{\sqrt{x^2+a^2}}\right)$

㉰ $\dfrac{M}{2\varepsilon_0}\left(1-\dfrac{x}{\sqrt{x^2+a^2}}\right)$ ㉱ $\dfrac{M}{\varepsilon_0}\left(1-\dfrac{x}{\sqrt{x^2+a^2}}\right)$

CHAPTER

# 5

# 도체계와 정전 용량

## 5·1 도체계

몇 개의 도체가 있을 때, 전하 분포는 서로 영향을 미치므로 1개만일 때와는 달라진다. 각각의 도체에 대해서 취급하는 것은 복잡하기 때문에 전체를 일괄해서 취급하는 방법이 고안되었다. 그러한 취급을 할 경우, 복수 개의 도체를 **도체계**(system of conductors)라 부른다. 도체계에는 다음의 성질이 있다.

① 도체계의 각 도체에 전하 $Q_1, Q_2, Q_3, \cdots$ 를 주었을 경우, 각 도체의 전하 분포는 한 가지 밖에 존재하지 않는다. 그리고 각 도체의 전위 $V_1, V_2, V_3, \cdots$ 는 일정하게 정해진다.

② 도체계의 각 도체 전위 $V_1, V_2, V_3, \cdots$ 가 일정한 값인 경우, 각 도체의 전하 $Q_1, Q_2, Q_3, \cdots$ 는 일정하게 정해진다.

③ 도체계의 각 도체에 전하 $Q_1, Q_2, \cdots$ 를 주었을 경우의 전위가 $V_1, V_2, \cdots$ 이고, 또한 전하 $Q_1', Q_2', \cdots$ 를 주었을 경우의 전위가 $V_1', V_2', \cdots$ 이라고 하면 전하 $Q_1+Q_1', Q_2+Q_2', \cdots$ 를 줄 경우의 전위는 $V_1+V_1', V_2+V_2', \cdots$ 가 된다(이것을 **중첩의 원리**(principle of superposition)라 한다).

## 5·2 전위 계수

도체계의 도체 개수를 $n$이라 하고 지금 그 속의 1개 도체에 1[C]의 전하를 주면 다른 도체의 전하가 0일 때의 각 도체 전위를 $p_{rs}$라 한다. 즉,

$Q_1=1$, $Q_2=0$, $Q_3=0$ …일 때의 전위를 $p_{11}, p_{21}, p_{31}, \cdots, p_{n1}$이라 하고

$Q_1=0$, $Q_2=1$, $Q_3=0$ …일 때의 전위를 $p_{12}, p_{22}, p_{32}, \cdots, p_{n2}$라 하고

………………………………………………………

$Q_1=0$, …………… $Q_n=1$ 일 때의 전위를 $p_{1n}, p_{2n}, p_{3n}, \cdots, p_{nn}$이라 하면

각각의 도체에 $Q_1, Q_2, \cdots, Q_n$을 동시에 주었을 때에 각 도체의 전위 $V_1, V_2, \cdots, V_n$은 중첩의 원리에서 다음의 식으로 표시된다.

$$\left.\begin{aligned} V_1 &= p_{11}Q_1 + p_{12}Q_2 + p_{13}Q_3 + \cdots + p_{1n}Q_n \\ V_2 &= p_{21}Q_1 + p_{22}Q_2 + p_{23}Q_3 + \cdots + p_{2n}Q_n \\ &\cdots\cdots\cdots\cdots\cdots\cdots\cdots\cdots \\ V_n &= p_{n1}Q_1 + p_{n2}Q_2 + p_{n3}Q_3 + \cdots + p_{nn}Q_n \end{aligned}\right\} \quad (5\cdot1)$$

이러한 $p_{11}, p_{21}, \cdots$를 **전위 계수**(coefficient of potential)라 한다.

### ▶ 전위 계수의 성질

① 전위 계수는 정(+)이다. 일반적으로 $p_{rr}>0$, $p_{rs}>0$ (5·2)

② $p_{11} \geqq p_{21}$, $p_{11} \geqq p_{31}, \cdots$, 일반적으로 $p_{rr} \geqq p_{rs}$ (5·3)

③ $p_{12} = p_{21}$, $p_{23} = p_{32}, \cdots$, 일반적으로 $p_{rs} = p_{sr}$ (5·4)

①에 대해서 도체 1에 1[C]의 전하를 주고 다른 도체의 전하가 0일 때의 전기력선 출입을 그림 5·1에 나타낸다.

그림 5·1에서 전기력선은 무한 원점을 향하고 있으므로 모든 도체의 전위가 정(+)인 것을 알 수 있다. 즉, $p_{rs}>0$이다.

그림 5·1

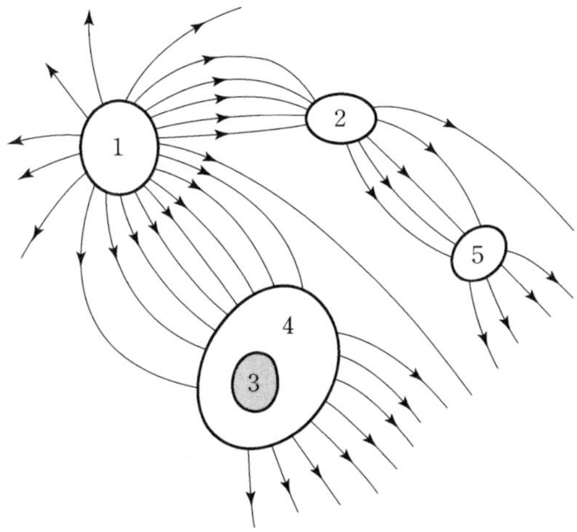


또한 성질 ②도 그림 5·1에서 알 수 있다. 즉 1[C]의 전하를 준 도체 1의 전위 $p_{11}$은 전기력선의 출발점이며 다른 도체의 전위보다 높다(1개의 도체가 다른 도체에 포함되어 있을 때에 등호(equal sign)가 된다. 예를 들면 그림 5·1에 있어서 $p_{44}=p_{34}$이다).

성질 ③은 **5·4**절에서 설명한다.

## 5·3 용량 계수와 유도 계수

$n$개의 도체가 있는 도체계에서 1개 도체의 전위가 1[V]이고 다른 도체가 0일 때에 각각의 도체 전하를 $q_{rs}$로 표시한다. 즉,

$V_1=1,\ V_2=0,\ \cdots,\ V_n=0$일 때의 전하를 $q_{11},\ q_{21},\ q_{n1}$,

$V_1=0,\ V_2=1,\ \cdots,\ V_n=0$일 때의 전하를 $q_{12},\ q_{22},\ q_{n2}$,

.................................. ..................

$V_1=0,\ V_2=0,\ \cdots,\ V_n=1$일 때의 전하를 $q_{1n},\ q_{2n},\ q_{nn}$

이라 하면 각 도체의 전위가 일 때 $V_1,\ V_2,\ \cdots,\ V_n$일 때의 전하는 다음의 식으로 표시된다.

$$\left.\begin{aligned} Q_1 &= q_{11} V_1 + q_{12} V_2 + \cdots + q_{1n} V_n \\ Q_2 &= q_{21} V_1 + q_{22} V_2 + \cdots + q_{2n} V_n \\ &\cdots\cdots\cdots\cdots\cdots\cdots \\ Q_n &= q_{n1} V_1 + q_{n2} V_2 + \cdots + q_{nn} V_n \end{aligned}\right\} \tag{5·5}$$

여기서, $q_{11}$, $q_{22}$와 같이 첨자가 같은 $q_{rr}$을 **용량 계수**(coefficient of capacity), $q_{12}$와 같이 첨자가 다른 $q_{rs}$를 **유도 계수**(coefficient of induction)라 한다.

**▶ 용량 계수와 유도 계수의 성질**

① 용량 계수는 정(+)이다. $q_{rr} > 0$ (5·6)

② 유도 계수는 부(−) 또는 0이다. $q_{rs} \leqq 0$ (5·7)

③ $q_{11} \geqq -(q_{21} + q_{31} + \cdots + q_{n1})$ (5·8)

④ $q_{rs} = q_{sr}$($p_{rs} = p_{sr}$이 성립하면 이 식도 성립한다).

⑤ 전위 계수를 알고 있는 도체계에서는 $q_{rr}$, $q_{rs}$를 계산으로 구할 수가 있다(식 (5·1)을 $Q_1$, $Q_2$, …, $Q_n$에 대해서 푼 해와 식 (5·5)와 대응하면 된다).

성질 ①~③은 그림을 그려서 전기력선의 출입을 조사하면 알 수 있다.

## 5·4 도체계가 갖는 에너지

$n$개의 도체가 있는 도체계에서 처음 모든 도체의 전하가 0이라고 한다. 도체 1에 전하를 무한 원점에서 조금씩 운반하여 도체 1의 전하가 $q$가 되었다고 한다. 이 때, 도체 1의 전위 $v_1$은

$$v_1 = p_{11} q \tag{5·10}$$

다시, $\Delta q$를 전위 0인 무한 원점에서 전위 $v_1$의 도체 1까지 운반하는 데에 필요로 하는 일 $\Delta W_1$은

$$\Delta W_1 = v_1 \Delta q = p_{11} q \Delta q \tag{5·11}$$

그러므로, 도체 1의 전하가 0에서 $Q_1$까지 전하를 운반하는 데에 필요로 하는 일 $W_1$은

$$W_1 = \int_0^{Q_1} p_{11} q\, dq = \frac{1}{2} p_{11} Q_1{}^2 \tag{5·12}$$

이때, $V_1 = p_{11} Q_1$이므로

$$W_1 = \frac{1}{2} V_1 Q_1 \,[\mathrm{J}] \tag{5·13}$$

다음에 도체 1의 전하가 $Q_1$이고 다른 도체의 전하가 0일 때에 도체 2에 전하를 운반하여 $q$로 되었다고 하면 식 (5·1)의 제2식에 $Q_2 = q$, $Q_3 = 0$, $Q_4 = 0$ … 을 대입하면

$$v_2 = p_{21} Q_1 + p_{22} q \tag{5·14}$$

다시, 도체 2에 미소 전하 $\Delta q$를 무한 원점에서 운반하는 데에 필요로 하는 일 $\Delta W_2$는

$$\Delta W_2 = v_2 \Delta q = (p_{21} Q_1 + p_{22} q) \Delta q \tag{5·15}$$

그러므로, 도체 2의 전하를 0에서 $Q_2$로 하는 데에 필요로 하는 일 $W_2$는

$$W_2 = \int_0^{Q_2} (p_{21} Q_1 + p_{22} q)\, dq = p_{21} Q_1 Q_2 + \frac{1}{2} p_{22} Q_2{}^2 \tag{5·16}$$

$W_1 + W_2 = W_{12}$라 하면 식 (5·12)와 식 (5·16)에 의해

$$W_{12} = \frac{1}{2} p_{11} Q_1{}^2 + p_{21} Q_1 Q_2 + \frac{1}{2} p_{22} Q_2{}^2 \tag{5·17}$$

이 때, 식 (5·1)에 의해 $V_1 = p_{11} Q_1 + p_{12} Q_2$, $V_2 = p_{21} Q_1 + p_{22} Q_2$이고 또한 식 (5·4)에 의해 $p_{12} = p_{21}$이므로 식 (5·17)은

$$W_{12} = \frac{1}{2} V_1 Q_1 + \frac{1}{2} V_2 Q_2 \,[\mathrm{J}] \tag{5·18}$$

다음에, 도체 3에 전하를 $Q_3$까지 운반하는 데에 필요로 하는 일을 $W_3$라 하면 마찬가지로 하여

$$W_{123} = W_1 + W_2 + W_3 = \frac{1}{2} V_1 Q_1 + \frac{1}{2} V_2 Q + \frac{1}{2} V_3 Q_3 \,[\mathrm{J}] \tag{5·19}$$

가 얻어진다. 이 계산을 계속하면 일반적으로 $n$개의 도체 전하가 $Q_1$, $Q_2$, … 이고 전위가 $V_1$, $V_2$, … 일 때에 도체계가 갖는 에너지 $W$는

$$W = \frac{1}{2}(V_1 Q_1 + V_2 Q_2 + \cdots + V_n Q_n)\,[\mathrm{J}] \tag{5·20}$$

이 계산을 행하는 순서를 도체 2에서 시작하여 $Q_2$까지 충전하고, 다음에 도체 1을 도체 $Q_1$까지 충전하는 데에 필요로 하는 에너지 $W_{12}'$를 계산하면 다음의 식이 얻어진다.

$$W_{12}' = \frac{1}{2} p_{22} Q_2^{\,2} + p_{12} Q_1 Q_2 + \frac{1}{2} p_{11} Q_1^{\,2}\,[\mathrm{J}] \tag{5·21}$$

식 (5·17)과 식 (5·21)을 비교하면 $W_{12} = W_{12}'$이므로

$$p_{12} = p_{21} \tag{5·22}$$

의 관계가 구해진다. 마찬가지로 하여

$$p_{rs} = p_{sr} \tag{5·23}$$

이 얻어진다.

## 5·5 정전 용량

### 5·5·1 정 의

#### ① 한 개 도체의 정전 용량

한 개의 도체에 전하 $Q$를 주었을 때의 전위를 $V$라 하면

$$Q = CV\,[\mathrm{C}] \tag{5·24}$$

이 $C$를 **정전 용량**(electrostatic capacity)이라 한다.

### ❷ 두 개 도체간의 정전 용량

한 개의 도체에 $+Q$, 다른 도체에 $-Q$인 전하를 주었을 때, 두 개 도체의 전위차를 $V$라 하면

$$Q = CV[\mathrm{C}] \tag{5·25}$$

이 $C$를 정전 용량이라 한다.

여기에서 두 개의 정의를 설명했지만 실용적으로는 ❷의 쪽이 많이 사용된다.

## 5·5·2 정전 용량의 단위

F(farad)이 사용된다. 식 (5·24) 또는 식 (5·25)에서 정전 용량 $C$의 단위는 [C/V]로 되지만 정전 용량은 전기 공학에서 자주 사용되므로 특히 패럿이 사용된다. 따라서,

$$1\,[\mathrm{F}] = 1\,[\mathrm{C/V}] \tag{5·26}$$

또한, $\mu$F(microfarad) 및 pF(picofarad)이 사용된다.

$$\left.\begin{aligned} 1\,[\mu\mathrm{F}] &= 10^{-6}\,[\mathrm{F}] \\ 1\,[\mathrm{pF}] &= 10^{-12}\,[\mathrm{F}] \end{aligned}\right\} \tag{5·27}$$

## 5·5·3 정전 용량의 에너지

정전 용량에 축적되는 에너지 $W$는 식 (5·18)에 $Q_1 = Q$, $Q_2 = -Q$, $V_1 - V_2 = V$를 대입하고 식 (5·25)를 사용하면 다음 식이 얻어진다.

$$W = \frac{1}{2}CV^2\,[\mathrm{J}] \tag{5·28}$$

## 5·6 정전 용량의 계산식

### 5·6·1 평행판

두 매의 면적 $S[\mathrm{m}^2]$인 도체판이 간격 $d[\mathrm{m}]$이고 평행하게 마주 보고 있을 때의 정전 용량을 구하여라. 그것에는 하나의 도체에 $+Q[\mathrm{C}]$, 다른 도체에 $-Q[\mathrm{C}]$의 전하를 주면 두 전하에 흡인력이 작용하여 도체판의 내측에 분포한다. 그 전하 밀도를 $\sigma$라 하면

$$\sigma = Q/S\,[\mathrm{C/m^2}] \tag{5·29}$$

그림 5·2의 전계 $E$는 p.41에 있는 식 (4·15)에 의해서

$$E = \sigma/\varepsilon\,[\mathrm{V/m}] \tag{5·30}$$

전위차 $V$는 p.41에 있는 식 (3·25)에 의해서

$$V = Ed\,[\mathrm{V}] \tag{5·31}$$

식 (5·29), 식 (5·30) 및 식 (5·31)에서

$$Q = \frac{\varepsilon S}{d}V[\mathrm{C}] \tag{5·32}$$

식 (5·25)에 의해

$$\therefore C = \frac{\varepsilon S}{d}\,[\mathrm{F}] \tag{5·33}$$ [1]

그림 5·2

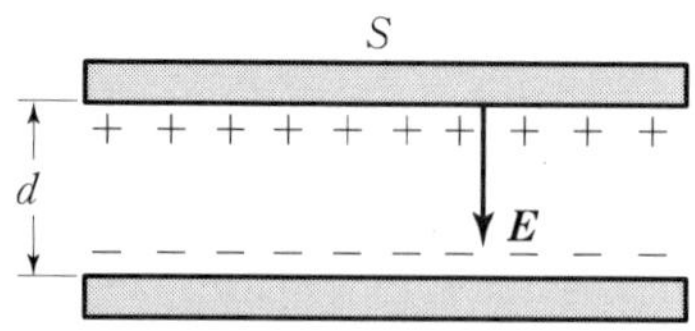


1) 이 식은 $d \ll S$일 때에 사용되는 일이다. $d$가 큰 경우는 도체판의 끝에서는 전계가 복잡하며, 이 식과 조금 다르다. 그러나 실용적으로는 $d \ll S$인 것이 많으므로 이 식을 사용해도 좋다.

두 도체간이 진공인 경우는

$$C_0 = \frac{\varepsilon_0 S}{d} = \frac{S}{d} \times 8.854 \times 10^{-12} [\mathrm{F}] \tag{5·34}$$

두 도체간이 공기인 경우는

$$C = \frac{S}{d} \times 8.54 \times 10^{-12} [\mathrm{F}] \tag{5·34a}$$

### 5·6·2 비유전율

그림 5·2의 두 도체간이 진공일 때에는 정전 용량은 식 (5·34)로 표시되지만 두 도체간에 절연물을 넣으면 정전 용량이 커진다. 그래서

$$\frac{C}{C_0} = \varepsilon_s \quad \text{또는} \quad \frac{\varepsilon}{\varepsilon_0} = \varepsilon_s \tag{5·35}$$

이 $\varepsilon_s$를 **비유전율**(relative permittivity)[2]이라 한다.

식 (5·35)에서 **유전율**(permittivity)[3] $\varepsilon$은

$$\varepsilon = \varepsilon_s \varepsilon_0 \tag{5·36}$$

진공의 유전율 $\varepsilon_0$은

$$\varepsilon_0 = 8.854 \times 10^{-12} [\mathrm{F/m}] \tag{5·37}$$

유전율 $\varepsilon$과 $\varepsilon_0$의 단위는 [F/m]를 사용한다(식 (5·33)과 식 (5·34)에서). 비유전율 $\varepsilon_s$는 단위가 없다.

각종 물질에 대한 비유전율 $\varepsilon_s$값을 표 5·1에 나타낸다. 표 5·1의 티탄산바륨($BaTiO_3$), 로셸염(Rochelle salt)은 온도에 따라 $\varepsilon_s$의 값이 변화한다. $\varepsilon_s$가 큰 물질을 **강유전체**(ferroelectrics)라 한다.

---

2) specific inductive capacity라고도 한다.

3) dielectric constant라고도 한다.

**표 5·1** 비유전율 $\varepsilon_s$의 값

| | |
|---|---|
| 진공 | 1 |
| 공기 | 1.00059 |
| 수소 $H_2$ | 1.000272 |
| 산소 $O_2$ | 1.000533 |
| 질소 $N_2$ | 1.000588 |
| 물 | 80.36 |
| 변압기유 | 2.22 |
| 에틸알코올 | 25.07 |
| 파라핀 | 2.1~2.5 |
| 폴리에틸렌 | 2.2~2.4 |
| 폴리스틸렌 | 2.5~2.7 |
| 천연 고무 | 2.7~4.0 |
| 백운모 | 6~8 |
| 보통 가스 | 6~8 |
| 석영 유리 | 3.5~4.5 |
| 티탄산바륨 | 1000~5000 |
| 로셸염 | 200~4000 |

## 5·6·3 두 개의 동심구

그림 5·3과 같이 두 개의 동심구가 있으며 내구의 반지름을 $a$[m], 외구의 안 반지름을 $b$[m]라 한다.

**그림 5·3**

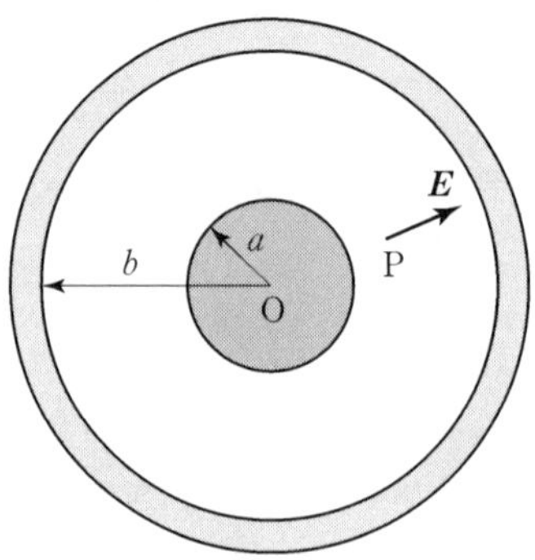

내구에 $+Q$[C], 외구에 $-Q$[C]을 준다. 두 구 사이의 임의점 P에 대한 전계 $E$를 구하여라. $\overline{\mathrm{OP}}=r$을 반지름으로 하는 구면을 생각하여 가우스의 정리를 사용한다.

식 (4·14)에 의해

$$E\cdot 4\pi r^2=\frac{Q}{\varepsilon} \qquad \therefore E=\frac{Q}{4\pi\varepsilon r^2}\ [\mathrm{V/m}] \tag{5·38}$$

두 구 사이의 전위차 $V$는

$$V=-\int_b^a E dr=-\int_b^a \frac{Q}{4\pi\varepsilon r^2}dr=\frac{Q}{4\pi\varepsilon}\left(\frac{b-a}{ab}\right)[\mathrm{V}] \tag{5·39}$$

**5·5·1**항의 식 (5·25)에 의해

$$\therefore C=\frac{4\pi\varepsilon ab}{b-a}\ [\mathrm{F}] \tag{5·40}$$

### 5·6·4 한 개의 구

식 (5·40)의 분모, 분자를 $b$로 나누고 $b\to\infty$로 하면 다음의 식이 얻어진다.

$$C=4\pi\varepsilon a[\mathrm{F}] \tag{5·41}$$

### 5·6·5 동심 원통

그림 5·4와 같은 내원통의 반지름 $a$[m], 외원통의 안반지름 $b$[m]인 무한히 긴 동심 원통의 $C$를 구하여라.

**그림 5·4**

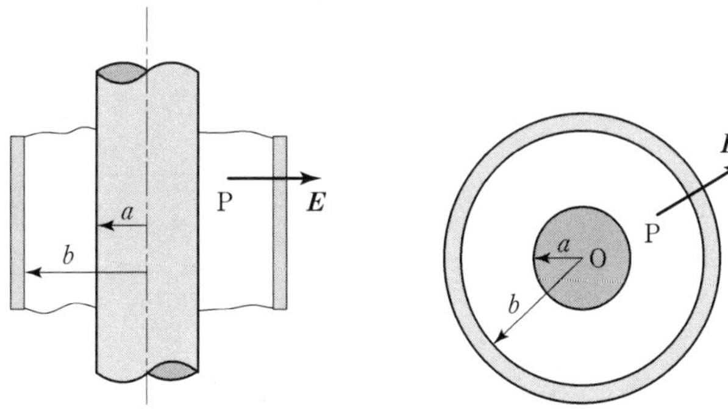

내원통의 길이 1[m]당에 $+Q$[C/m], 외원통에 $-Q$[C/m]인 전하를 주면 원통 사이에 있는 임의점 P의 전계는 **4·3·3** ❼과 마찬가지로 하여

$$E = \frac{Q}{2\pi\varepsilon r}\ [\text{V/m}] \tag{5·42}$$

두 원통 사이의 전위차 $V$는

$$V = -\int_b^a E dr = -\int_a^b \frac{Q}{2\pi\varepsilon r} dr = \frac{Q}{2\pi\varepsilon} \log\frac{b}{a}\ [\text{V}] \tag{5·43}$$

$Q = CV$에 의해

$$C = \frac{2\pi\varepsilon}{\log\dfrac{b}{a}}\ [\text{F/m}] \tag{5·44}$$

이것은 길이 1[m]당의 정전 용량이다.

식 (5·44)의 분모는 자연 로그이므로 상용 로그로 고치기 위해서[4] 식 (5·44)에 $\log\frac{b}{a} = 2.3026\log_{10}\frac{b}{a}$, $\varepsilon = 8.854\varepsilon_s \times 10^{-12}$, $\pi = 3.1416$을 대입하면

$$C = \frac{\varepsilon_s}{\log_{10}\dfrac{b}{a}} \times 24.16 \times 10^{-12}\ [\text{F/m}] \tag{5·45}$$

### 5·6·6 두 개의 평행선

반지름 $r$[m]인 두 개의 도선이 $d$[m]의 간격으로 평행하게 놓여지고 무한히 길다고 한다. 무한히 긴 동심 원통의 $r \ll d$인 경우에 1[m]당의 $C$를 구하여라.

그림 5·5와 같이 도선 1의 중심을 원점으로 하여 $x$좌표축을 긋고 임의점 P의 전계 $E$를 구하여라. $+Q$[C/m]에 의한 전계 $E_1$은 p.61의 식 (4·26)에 의해

그림 5·5

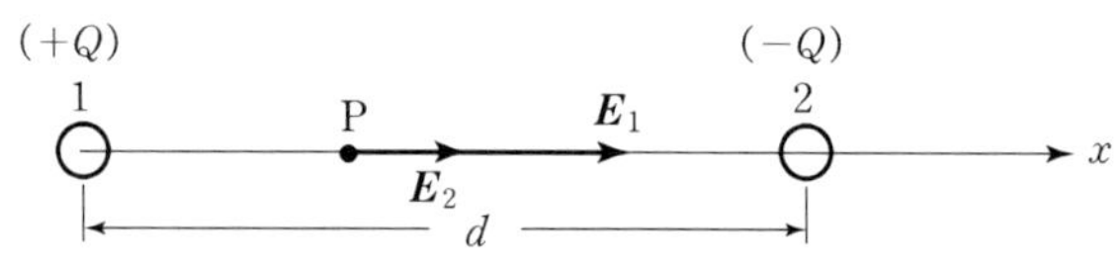


4) $\log M = 2.302585093 \log_{10} M$

$$E_1 = \frac{Q}{2\pi\varepsilon x}\ [\mathrm{V/m}] \tag{5·46}$$

또한, $-Q$[C/m]에 의한 전계의 절대값을 $E_2$라 하면 식 (4·26)에 의해

$$E_2 = \left| \frac{-Q}{2\pi\varepsilon(d-x)} \right| = \frac{Q}{2\pi\varepsilon(d-x)}\ [\mathrm{V/m}] \tag{5·47}$$

전계 $\boldsymbol{E}_1$과 $\boldsymbol{E}_2$는 같은 방향이므로

$$E = E_1 + E_2 = \frac{Q}{2\pi\varepsilon x} + \frac{Q}{2\pi\varepsilon(d-x)}\ [\mathrm{V/m}] \tag{5·48}$$

그러므로, 전위차 $V$는 식 (5·48)을 사용하면

$$V = -\int_{d-r}^{r} E dx = \frac{Q}{2\pi\varepsilon}\int_{r}^{d-r}\left(\frac{1}{x} + \frac{1}{d-x}\right)dx$$

$$= \frac{Q}{\pi\varepsilon}\log\frac{d-r}{r}\ [\mathrm{V}] \tag{5·49}$$

$C = \dfrac{Q}{V}$ 에 의해

$$C = \frac{\pi\varepsilon}{\log\dfrac{d-r}{r}}\ [\mathrm{F/m}] \tag{5·50}$$

$r \ll d$일 때에는 $\log(d-r)r \fallingdotseq \log d/r$, 또한 상용 로그로 표시하면

$$C = \frac{\pi\varepsilon}{\log\dfrac{d}{r}} = \frac{3.1416\times 8.854\times 10^{-12}\varepsilon_s}{2.3026\log_{10}\dfrac{d}{r}} = \frac{12.08\,\varepsilon_s}{\log_{10}\dfrac{d}{r}}\times 10^{-12}\ [\mathrm{F/m}] \tag{5·51}$$

이 식은 길이 1[m]당의 정전 용량이다. 송전선의 정전 용량 계산에 사용된다.

## 5·7 콘덴서

### 5·7·1 정 의

정전 용량을 가진 장치를 **콘덴서**(condenser)라 한다. 전하를 축적하는 도체를 **전극**(electrode)이라 하고 외부와의 접속을 행하는 것을 **단자**(terminal)라 한다.

### 5·7·2 종 류

① 공기 콘덴서(air condenser) : 전극 사이에 절연물이 없는 것.
② 종이 콘덴서(paper condenser) : 종이와 알루미늄박을 소재로 하고 파라핀을 함침시킨 것.
③ 운모 콘덴서(mica condenser) : 전극 사이에 운모를 넣은 것.
④ 자기 콘덴서(ceramic condenser) : 티탄이 주성분인 자기[5], 기타
⑤ 전해 콘덴서(chemical condenser) : 소형이고 정전 용량이 큰 것이 가능하다. 알루미늄박의 표면을 산화시켜서 생긴 $Al_2O_3$(알루미나)의 막을 유전체로서 사용한다. 또한, 탄탈을 사용하는 경우도 있다.

### 5·7·3 기 호

그림 5·6에 콘덴서의 기호를 나타낸다.

그림 5·6

## 5·8 콘덴서의 접속

### 5·8·1 직렬 접속

정전 용량 $C_1$, $C_2$, $C_3$인 3개의 콘덴서를 그림 5·7과 같이 접속하는 방법을 **직**

5) 유전율이 크고 고온에 견디는 자유로운 형의 것을 만들 수가 있다. 또한 고주파용으로서 우수한 특성을 가진 것도 있다.

**그림 5·7**

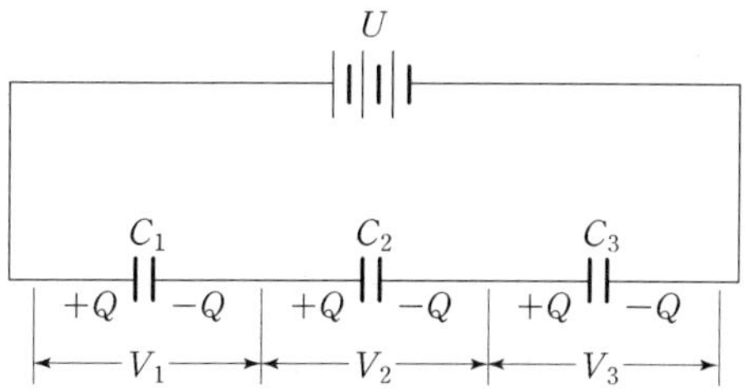


**렬 접속**(series connection)이라 한다. 이 경우의 합성 정전 용량을 구해 보자. 3개 직렬 접속한 것을 그림 5·7과 같이 $U$[V]의 전지에 접속할 때, 콘덴서 $C_1$의 1개 전극에 축적되는 전하를 $+Q$라 하면 다른 전극에는 $-Q$가 축적된다(이것은 콘덴서의 성질이다). 다음에 콘덴서 $C_2$의 왼쪽 전극에는 $+Q$의 전하가 생긴다(그것은 $C_1$의 오른쪽 전극과 $C_2$의 왼쪽 전극의 전하 대수합은 0이다). $C_2$의 오른쪽 전극에는 $-Q$가 생기고, $C_3$에는 마찬가지로 하여 $+Q$, $-Q$가 생긴다. 각 콘덴서의 전위차를 $V_1, V_2, V_3$라 하면

$$V_1 = \frac{Q}{C_1}, \qquad V_2 = \frac{Q}{C_2}, \qquad V_3 = \frac{Q}{C_3} \tag{5·52}$$

$$U = \frac{Q}{C} = V_1 + V_2 + V_3 \tag{5·53}$$

식 (5·52)를 식 (5·53)에 대입하면 다음의 식이 얻어진다.

$$\frac{1}{C} = \frac{1}{C} + \frac{1}{C_2} + \frac{1}{C_3} \tag{5·54}$$

**예제 5·1** 0.01[μF]과 200[pF]의 콘덴서를 직렬 접속하여 1,000[V]의 전원에 접속할 때, 합성 정전 용량 $C$와 각 콘덴서의 전위차를 구하여라.

**풀이** 식 (5·54)에 의해

$$\frac{1}{C} = \frac{1}{10^{-8}} + \frac{1}{2\times10^{-10}} = \frac{102}{2\times10^{-8}}$$

$$\therefore C = \frac{2\times10^{-8}}{102} = 196.07\times10^{-12}\,[\mathrm{F}]$$

또한

$$Q = CV = \frac{2\times10^{-8}}{102}\times1,000 = \frac{2\times10^{-5}}{102}\ [\mathrm{C}]$$

$$V_{0.01} = \frac{Q}{10^{-8}} = \frac{2\times10^{-5}}{102\times10^{-8}} = 19.6\ [\mathrm{V}]$$

$$V_{200} = 1,000 - 19.6 = 980.4\ [\mathrm{V}]$$

### 5·8·2 병렬 접속

그림 5·8과 같은 접속 방법을 **병렬 접속**(parallel connection)이라 한다. 그림 5·8의 양단에 전위차 $V$를 가했을 때에 각 콘덴서의 전하는

$$Q_1 = C_1 V, \quad Q_2 = C_2 V, \quad Q_3 = CV \tag{5·55}$$

합성 정전 용량 $C$라 하면

$$Q = CV = Q_1 + Q_2 + Q_3 \tag{5·56}$$

식 (5·55)를 식 (5·56)에 대입하면 다음 식이 얻어진다.

$$C = C_1 + C_2 + C_3 \tag{5·57}$$

**그림 5·8**

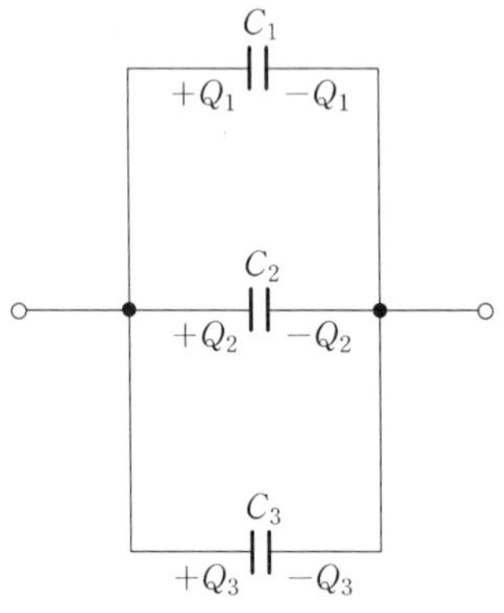


**예제 5·2** 0.01 [$\mu$F] 과 200 [pF] 의 콘덴서를 병렬 접속하여 1,000 [V]의 전원에 접속할 때, 합성 정전 용량과 각 콘덴서의 전하를 구하여라.

**풀이** 식 (5·57)에 의해

$$C = 0.01\ [\mu\mathrm{F}] + 200\ [\mathrm{pF}] = 0.0102\ [\mu\mathrm{F}]$$

$$Q_{0.01} = 0.01 \times 10^{-6} \times 1,000 = 10^{-5}\,[\mathrm{C}]$$

$$Q_{200} = 200 \times 10^{-12} \times 1,000 = 2 \times 10^{-7}\,[\mathrm{C}]$$

## 5·9 도체에 작용하는 힘

그림 5·9와 같이 도체계의 각 도체에 1, 2, 3, …의 번호를 붙인다. 각 도체에 전하를 주면 각 도체에 힘이 생기지만 도체 1에 작용하는 힘 $F$를 구한다. 힘 $F$의 $x$성분을 $F_x$라 하고 도체 1을 $x$방향과 반대 방향으로 미소 길이 $(-\Delta x)$만큼 움직이는 데에 필요로 하는 일을 $\Delta W$라 하면

$$\Delta W = F_x(-\Delta x) \tag{5·58}$$

이 $\Delta W$는 도체 1을 $(-\Delta x)$만큼 움직였을 때의 에너지 증가이다.

식 (5·58)에서

$$F_x = -\frac{\partial W}{\partial x}\,[\mathrm{N/m^2}] \tag{5·59}$$ [6)]

마찬가지로 하여

$$F_y = -\frac{\partial}{\partial y}, \qquad F_z = -\frac{\partial}{\partial z} \tag{5·60}$$

**그림 5·9**

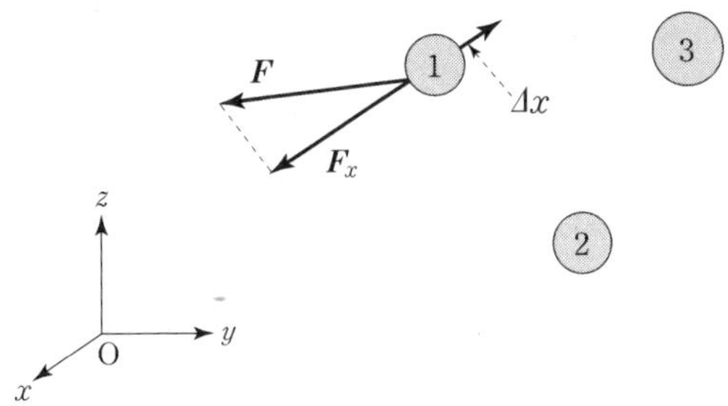


6) 이 식을 사용하여 힘을 계산할 때에는 전하의 출입이 없고 전하 일정으로 하여 계산을 행하는 것이 필요하다. $x$가 각도 $\theta$인 경우는 $F$는 토크 $T$가 된다.

$$T = -\frac{\partial W}{\partial \theta}$$

**예제 5·3** 무한히 넓은 두 매의 평면 도체판 A, B가 간격 $d$[m]로 평행하게 마주 보고 도체판에는 1[$m^2$]당 $+\sigma$, $-\sigma$의 전하가 존재할 때, 도체판에 작용하는 힘을 구하여라.

**풀이** 이 경우, 힘은 도체판에 수직인 방향으로 작용한다. 그래서 그림 5·10과 같이 B의 윗면을 원점으로 하여 수직 방향으로 $x$좌표축을 취한다. A, B의 간격이 $x$일 때의 에너지 $W$를 구한다.

**그림 5·10**

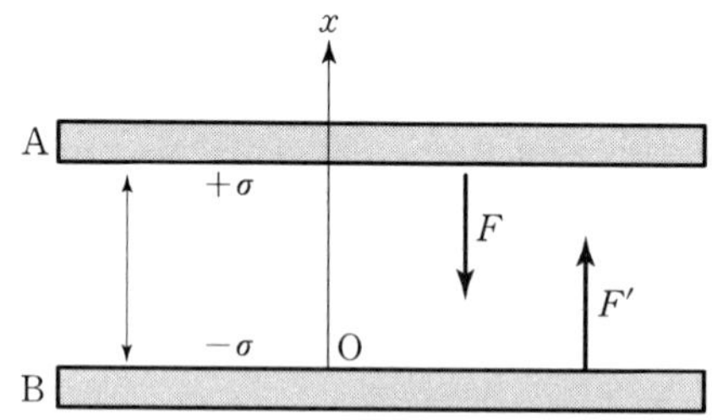


전계 $E$는 식 (4·15)에 의해

$$E = \sigma / \varepsilon \,[\text{V/m}] \tag{5·61}$$

전위차 $V$는

$$V = Ex = \sigma x / \varepsilon \,[\text{V}] \tag{5·62}$$

단위 면적당의 정전 용량 $C$는 식 (5·33)에 의해

$$C = \varepsilon / x \,[\text{F}] \tag{5·63}$$

에너지 $W$는 식 (5·28)에 의해

$$W = \frac{1}{2} CV^2 = \frac{1}{2} \frac{\varepsilon}{x} \left( \frac{\sigma x}{\varepsilon} \right)^2 = \frac{\sigma^2 x}{2\varepsilon} \,[\text{J}] \tag{5·64}$$

힘 $F_x$는 식 (5·59)에 의해

$$F_x = -\frac{\partial W}{\partial x} = -\frac{\sigma^2}{2\varepsilon} \,[\text{N/m}^2] \tag{5·65}$$

힘은 $x$방향으로 $F_y = 0$, $F_z = 0$ 이므로 식 (5·65)의 절대값이 구하는 힘이다.

식 (5·65)는 (−)이기 때문에 힘 $F$의 방향은 그림 5·10에 나타낸 바와 같이 $x$와 반대 방향이며

$$F = \frac{1}{2} \frac{\sigma^2}{\varepsilon} \,[\text{N/m}^2] \tag{5·66}$$

도체판 B에 작용하는 힘 $F'$는 마찬가지로 하여 구하면 같은 크기의 힘이며 그림 5·10과 같이 윗방향으로 작용한다.

식 (5·61)과 식 (5·66)에서 다음의 식이 얻어진다.

$$F = \frac{1}{2}\varepsilon E^2 \,[\mathrm{N/m^2}] \tag{5·67}$$

이 식은 일반적으로 도체 표면에 작용하는 힘을 구하는 경우에 사용된다.

## 5·10 정전 실드

그림 5·11과 같이 도체 No. 1, 2, 3, 4, … 가 있으며 No.3가 No.2를 포위하고 있고 No.3가 접지되어 있을 경우, No.2의 전위 $V_2$는 No.2의 전하 $Q_2$에 의해서 정해지고 $Q_1$, $Q_4$, …와는 관계가 없다. 또한 No.3의 밖에 있는 도체, 예를 들면 $V_4$는 $Q_2$와는 관계가 없다. 이와 같이 도체를 일정 전위의 도체로 포위하는 것을 **정전 실드**(electrostatic shielding) 또는 **정전 차폐**라 한다. 포위하는 도체의 전위는 일정한 값이라면 좋지만 실용적으로는 접지해서 영(0)전위로 유지하는 것이 많다.

## 5·11 전기 에너지를 기계 에너지로의 변환

그림 5·12와 같은 평행 도체판 콘덴서를 생각한다. 지금, $d \ll S$라 하고 극판에 전하 $Q$[C]을 주면 극판 A는 힘을 받는다. 극판 A가 $\Delta x$만큼 변위할 때[7] 전계가 하는 기계적 일 $\Delta W_m$은

$$\Delta W_m = F\Delta x \,[\mathrm{J}] \tag{5·68}$$

이다. $\sigma = Q/S$를 식 (5·66)에 대입하면

$$F = \frac{1}{2\varepsilon}\left(\frac{Q}{S}\right)^2 S = \frac{Q^2}{2C}\,\frac{1}{d} \,[\mathrm{N}]$$

---

7) $\Delta x > 0$으로 하고, 또한 $\Delta x \ll d$로 하여 계산을 한다.

이 식을 식 (5·68)에 대입하면

$$\Delta W_m = \frac{Q^2}{2C}\frac{\Delta x}{d}\ [\mathrm{N}] \tag{5·69}$$

### 5·11·1 전하가 일정한 경우

그림 5·12가 스위치 S를 한번 닫아서 콘덴서를 $V$[V]로 충전한 후에 연다. 이 상태에서 극판 A를 $\Delta x$만큼 이동했을 때에 전기 에너지의 증가 $\Delta W_Q$는 $W = Q^2/2C$을 사용하면

$$\Delta W_Q = \frac{1}{2}Q^2\left\{\frac{d-\Delta x}{\varepsilon S} - \frac{d}{\varepsilon S}\right\} = -\frac{1}{2}Q^2\frac{\Delta x}{\varepsilon S} = -\frac{Q^2}{2C}\frac{\Delta x}{d}\ [\mathrm{N}] \tag{5·70}$$

식 (5·70)의 $\Delta W_Q$는 (−)이며 에너지의 감소를 의미한다. 식 (5·69)와 식 (5·70)을 비교하면

$$\Delta W_m = -\Delta W_Q \quad \text{또는} \quad \Delta W_m + \Delta W_Q = 0 \tag{5·71}$$

즉, 극판 A가 $\Delta x$만큼 이동하면 $Q^2\Delta x/(2Cd)$의 전기 에너지가 기계 에너지로 변환된다.

식 (5·68)과 식 (5·71)에서

$$F = \frac{\partial W_m}{\partial x}\ [\mathrm{N}] \qquad \therefore F = -\frac{\partial W_Q}{\partial x}\ [\mathrm{N}] \tag{5·72}$$

가 얻어진다. 이 식은 외부로부터 에너지의 출입이 없는 경우의 힘을 구하는 식이다.

**그림 5·12**

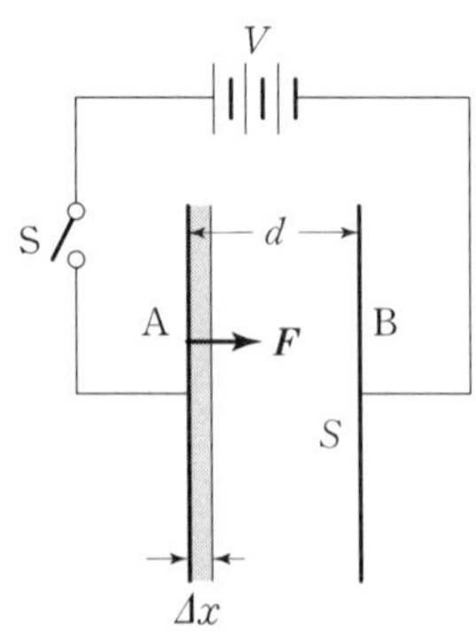

### 5·11·2 전위가 일정한 경우

그림 5·12에서 스위치 S를 닫은 그대로 극판 A를 $\Delta x$만큼 이동했을 때의 에너지 증가 $\Delta W_V$는 $W=CV^2/2$을 이용하여

$$\Delta W_V=\frac{1}{2}V^2\left(\frac{\varepsilon S}{d-\Delta x}-\frac{\varepsilon S}{d}\right)=\frac{1}{2}V^2\frac{\Delta x\varepsilon S}{d(d-\Delta x)}$$

$$=\frac{Q^2}{2C}\frac{\Delta x}{d-\Delta x}\fallingdotseq\frac{Q^2}{2C}\frac{\Delta x}{d}\ [\mathrm{N}]$$

다음에 A가 $\Delta x$만큼 움직일 때, 전지에서 공급되는 에너지 $\Delta W_s$를 구하면

$$\Delta W_s=V\cdot\Delta Q=V(\Delta C\cdot V)=V^2\left(\frac{\varepsilon S}{d-\Delta x}-\frac{\varepsilon S}{d}\right)$$

$$=\frac{Q^2}{C}\frac{\Delta x}{d-\Delta x}\fallingdotseq\frac{Q^2}{C}\frac{\Delta x}{d}\ [\mathrm{N}] \tag{5·74}$$

$$\therefore\ \Delta W_s=\Delta W_m+\Delta W_V \quad \text{또한} \quad \Delta W_m=\Delta W_V \tag{5·75}$$

즉, 도체판 A를 $\Delta x$만큼 움직이면 전지에서 공급되는 전기 에너지의 1/2의 기계적 에너지로 변환하고 1/2이 콘덴서 보유 에너지의 증가가 된다.

이 경우에는 식 (5·68)과 식 (5·75)에서

$$F=\frac{\partial W_m}{\partial x}\ [\mathrm{N}] \qquad \therefore F=\frac{\partial W_V}{\partial x}\ [\mathrm{N}] \tag{5·76}$$

이 식의 우변에 (−)의 부호가 붙지 않는다. 일반적으로 식 (5·59)에 의해 힘을 구하는 경우에는 전하를 일정으로 하여 계산하는 것이 필요하다.

## 연습 문제

**5·1** 여러 가지 도체의 전하 분포에 있어 각 도체의 전하를 $n$배 하면 중심의 원리가 성립하기 위해서는 그 전위는 어떻게 되는가?

㉮ $\frac{1}{2}n$배가 된다. ㉯ $n$배가 된다.

㉰ $2n$배가 된다. ㉱ $n^2$배가 된다.

**5·2** 전위 계수에 있어서 $p_{rr}=p_{sr}$의 관계가 의미하는 것은?

㉮ 도체 $r$과 $s$는 멀리 있다 ㉯ 도체 $r$과 $s$는 가까이 있다

㉰ 도체 $s$가 $r$ 속에 있다. ㉱ 도체 $r$이 $s$ 속에 있다.

**5·3** 3개의 도체 $a, b, c$가 있다. 도체 $c$를 $a$로 정전 차폐했을 때의 조건은?

㉮ $b$의 전하는 $c$의 전위와 관계 있다.

㉯ $a, b$ 사이의 유도 계수는 0이다.

㉰ $b, c$ 사이의 유도 계수는 0이다.

㉱ $c$의 전하는 $b$의 전위와 관계 있다.

**5·4** 반지름 $a$[m] 되는 접지 도체구의 중심에서 $r$[m] 되는 거리에 점전하 $Q$[C]을 놓았을 때, 접지 도체구에 유도된 총전하[C]는?

㉮ 0 ㉯ $-Q$ ㉰ $-\frac{a}{r}Q$ ㉱ $-\frac{r}{a}Q$

**5·5** 각각 $\pm Q$[C]으로 대전된 두 개의 도체간의 전위차를 전위 계수로 표시하면?

㉮ $(p_{11}+p_{12}+p_{22})Q$ ㉯ $(p_{11}+2p_{12}+p_{22})Q$

㉰ $(p_{11}-p_{12}+p_{22})Q$ ㉱ $(p_{11}-2p_{12}+p_{22})Q$

**5·6** 2개의 도체를 $+Q$[C]과 $-Q$[C]으로 대전했을 때, 이 두 도체간의 정전 용량을 전위 계수로 표시하면 어떻게 되는가?

㉮ $\dfrac{p_{11}p_{22}-p_{12}{}^2}{p_{11}+2p_{12}+p_{22}}$ ㉯ $\dfrac{p_{11}p_{22}+p_{12}{}^2}{p_{11}+2p_{12}+p_{22}}$

㉰ $\dfrac{1}{p_{11}+2p_{12}+p_{22}}$ ㉱ $\dfrac{1}{p_{11}-2p_{12}+p_{22}}$

**5·7** 진공 중에서 떨어져 있는 두 도체 A, B가 있다. A에만 1[C]의 전하를 줄 때 도체 A, B의 전위가 각각 3, 2[V]였다. 지금 A, B에 각각 2, 1[C]의 전하를 주면 도체 A의 전위[V]는?

㉮ 6　㉯ 7　㉰ 8　㉱ 9

**5·8** 정전 용량이 각각 $C_1$, $C_2$, 그 사이의 상호 유도 계수가 $M$인 절연된 두 도체가 있다. 두 도체를 가는 선으로 연결할 경우, 그 정전 용량[F]은?

㉮ $C_1+C-2-M$　㉯ $C_1+C_2+M$

㉰ $C_1+C_2+2M$　㉱ $2C_1+2C_1+M$

**5·9** 두 도체의 전위 및 전하가 각각 $V_1$, $Q_1$ 및 $V_2$, $Q_2$일 때, 도체가 갖는 에너지[J]는?

㉮ $\frac{1}{2}(V_1Q_1+V_2Q_2)$　㉯ $\frac{1}{2}(Q_1+Q_2)(V_1+V_2)$

㉰ $V_1Q_1+V_2Q_2$　㉱ $(V_1+V_2)(Q_1+Q_2)$

**5·10** 도체 2를 $Q$로 대전된 도체 1에 접속하면 도체 2가 얻는 전하 $Q_2$를 전위 계수로 표시하면 얼마나 되는가? (단, $p_{11}$, $p_{12}$, $p_{21}$, $p_{22}$는 전위 계수이다.)

㉮ $\dfrac{p_{11}-p_{12}}{p_{11}-2p_{12}+p_{22}}Q$　㉯ $-\dfrac{p_{11}-p_{12}}{p_{11}-2p_{12}+p_{22}}Q$

㉰ $\dfrac{p_{11}-p_{12}}{p_{11}+2p_{12}+p_{22}}Q$　㉱ $-\dfrac{p_{11}-p_{12}}{p_{11}+2p_{12}+p_{22}}Q$

**5·11** 1[C]의 정전하를 각각 대전시켰을 때 도체 1의 전위는 5[V], 도체 2의 전위는 12[V]로 되는 두 도체가 있다. 도체 1에만 1[C]을 대전하였을 때 도체 2의 전위는 0.5[V]로 된다면, 이 두 도체간의 정전 용량[F]은?

㉮ 0.02　㉯ 0.05　㉰ 0.07　㉱ 0.1

**5·12** 반지름 $a>b$[m]인 동심 도체구의 정전 용량[F]은? (단, 내구 절연, 외구 접지일 때이다.)

㉮ $4\pi\varepsilon_0 a$　㉯ $\dfrac{4\pi\varepsilon_0 ab}{a-b}$

㉰ $\dfrac{1}{4\pi\varepsilon_0}\times\dfrac{ab}{a-b}$　㉱ $\dfrac{1}{4\pi\varepsilon_0}\times\dfrac{a-b}{ab}$

**5·13** 반지름 $a$[m], 선간 거리 $d$[m]인 평행 도선 간의 정전 용량[F/m]은? (단, $d \gg a$이다.)

㉮ $\dfrac{2\pi\varepsilon_0}{\log \dfrac{d}{a}}$ ㉯ $\dfrac{1}{2\pi\varepsilon_0 \log \dfrac{d}{a}}$ ㉰ $\dfrac{1}{2\varepsilon_0 \log \dfrac{d}{a}}$ ㉱ $\dfrac{\pi\varepsilon_0}{\log \dfrac{d}{a}}$

**5·14** 내원통 반지름 10[cm], 외원통 반지름 20[cm]인 동축 원통 도체의 정전 용량 [pF/m]은?

㉮ 100 ㉯ 90 ㉰ 80 ㉱ 70

**5·15** 간격이 2[mm], 단면적이 10[mm$^2$]인 평행 전극에 500[V]의 직류 전압을 공급할 때, 전극 사이의 전계 세기[V/m]는?

㉮ $2.5\times10^5$ ㉯ $5\times10^6$ ㉰ $5\times10^7$ ㉱ $5\times10^8$

**5·16** 그림 5·13에서 ab 간의 합성 정전 용량[$\mu$F]은?

㉮ 2 ㉯ 4 ㉰ 6 ㉱ 8

**그림 5·13**

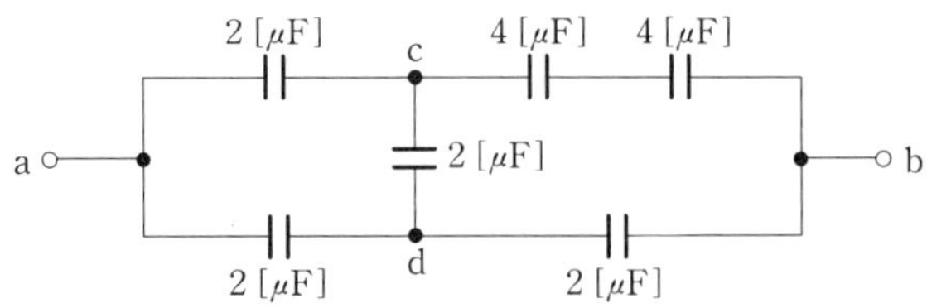


**5·17** 그림 5·14와 같이 접속된 콘덴서의 용량을 상호 등가 용량으로 변환하고자 할 때, $C_a$의 값은?

㉮ $\dfrac{\Delta}{C_1+C_3}$ ㉯ $\dfrac{C_1+C_3}{\Delta}$ ㉰ $\dfrac{\Delta}{C_2}$ ㉱ $\dfrac{C_2}{\Delta}$

**그림 5·14**

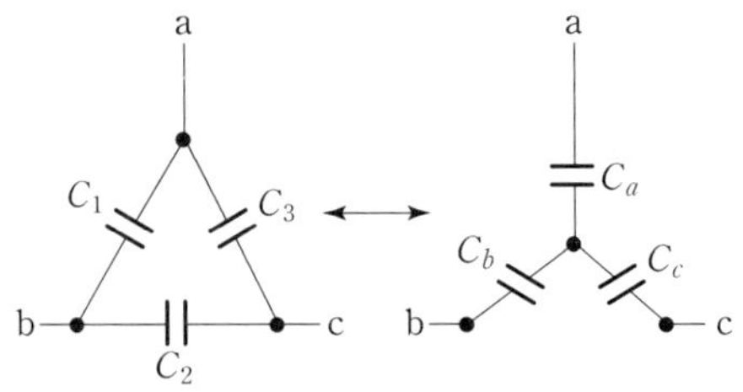


**5·18** 그림 5·15와 같이 $C_1=3$[$\mu$F], $C_2=4$[$\mu$F], $C_3=5$[$\mu$F], $C_4=4$[$\mu$F]의 콘덴서가 연결되어 있을 때, $C_1$에 $Q_1=120$[$\mu$C]의 전하가 충전되어 있다면

$ac$간의 전위차는 몇 [V]인가?

㉮ 72 ㉯ 96 ㉰ 102 ㉱ 120

그림 5·15

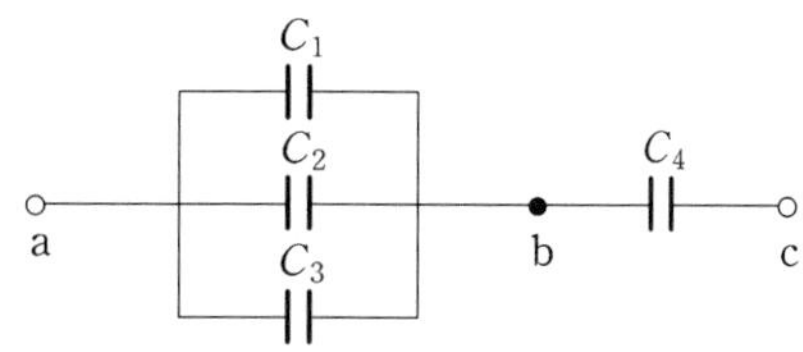


**5·19** 그림 5·16에서 2 [μF]의 콘덴서에 축적되는 에너지[J]는?

㉮ $6\times10^{-3}$ ㉯ $3.6\times10^{-3}$ ㉰ $4.2\times10^{-3}$ ㉱ $2.8\times10^{-3}$

그림 5·16

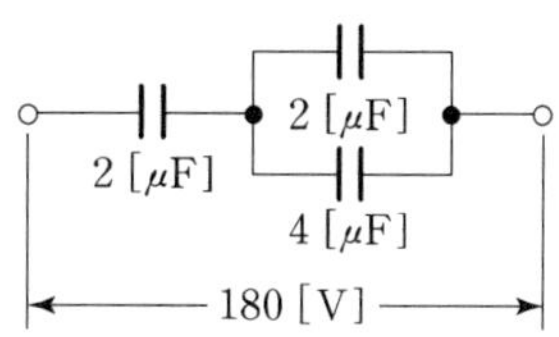


**5·20** 정전 용량 1 [μF], 2 [μF]의 콘덴서에 각각 $2\times10^{-4}$ [C] 및 $3\times10^{-4}$ [C]의 전하를 주고 극성을 같게 하여 병렬로 접속할 때, 콘덴서에 축적된 에너지[J]는 얼마인가?

㉮ 약 0.025 ㉯ 약 0.303 ㉰ 약 0.042 ㉱ 약 0.525

CHAPTER 6

# 유전체와 영상법

## 6·1 분 극

5장의 **5·6·2**에서 두 매의 평행 도체판 사이에 절연물을 넣으면 정전 용량이 $\varepsilon_s$배가 된다는 것을 설명했다(식 (5·35) 참조). 이 사항은 패러데이가 연구를 행했었지만 절연물의 속에서 어떤 전기 작용이 행해지므로 절연물을 **유전체**(dielectric)라 한다.

유전체는 원자, 분자나 이온 등으로 구성되고 각각 양자나 전자를 가지고 있다. 그리고 원자는 원자핵과 전자로 구성되어 있지만 이것에 전계를 가해도 전자는 원자핵에서 분리되지 않는다. 유전체 속에서 전류가 흐르기 어려운 것은 이 때문이다. 그러나 전계의 작용으로 양자와 전자가 반대 방향으로 힘을 받아 구성 단위의 속에서 각각 약간 그 위치를 이동한다. 그 결과, 쌍극자를 형성하게 된다. 이와 같은 상태를 **분극했다**(polarize)고 한다.[1)]

$$\frac{\Delta Q}{\Delta S} = P \tag{6·1}$$

1) 분극에는 전자 분극, 이온 분극, 극성 분극, 공간 전하 분극, 계면 분극 등이 있다.

그리고 정(+)부하가 변위하는 방향을 갖고 식 (6·1)의 크기를 갖는 벡터 $\boldsymbol{P}$를 **분극의 세기**(intensity of polarization)라 정의한다.[2] 물질이 분극하는 것은 전계 속에 놓아둔 결과이기 때문에 $\boldsymbol{P}$의 방향과 $\boldsymbol{E}$의 방향은 일치한다.

### ▶ $\boldsymbol{P}$와 $\boldsymbol{E}$의 관계

그림 6·1과 같이 무한히 넓은 두 매의 도체판에 유전체를 삽입하고 펴행하게 놓아 도체판 A에 $+\sigma[\mathrm{C/m^2}]$, B에 $-\sigma[\mathrm{C/m^2}]$인 전하를 주면 발생하는 전계 $E$는 p.56의 식 (4·15)에 의해

$$E=\sigma/\varepsilon \tag{6·2}$$

여기에서 분극을 생각하면 유전체의 내부에서는 원자가 분극하여 쌍극자가 되지만 각각의 (+), (−)전하가 인접 쌍극자의 반대 부호 전하와 접하므로 영향이 나타나지 않는다. 분극 전하는 외관상 단 끝에 나타나므로 그 분극 전하를 그림 6·1과 같이 $+P[\mathrm{C/m^2}]$, $-P[\mathrm{C/m^2}]$라 한다. 내부는 외관상 영향이 없으므로 진공 속의 유전율 $\varepsilon_0$를 사용하여 식 (4·15)에 의해

$$E=(\sigma-P)/\varepsilon_0 \tag{6·3}$$

식 (6·2)와 식 (6·3)에서

$$P=(\varepsilon-\varepsilon_0)E$$

**그림 6·1**

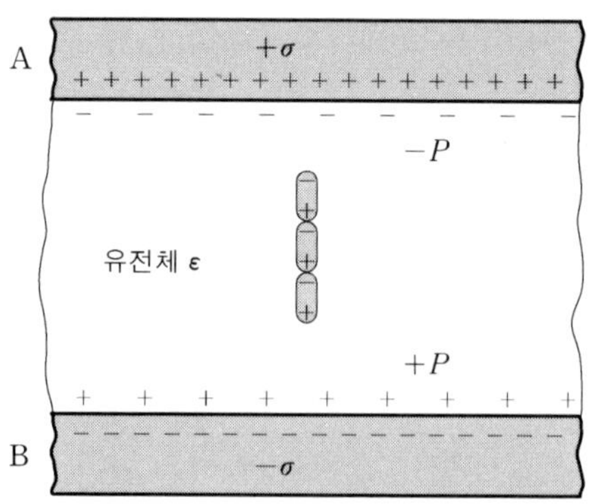


2) $\boldsymbol{P}$를 **분극 벡터** 또는 단지 **분극**(polarization)이라 한다.

또는

$$\boldsymbol{P} = (\varepsilon - \varepsilon_0)\boldsymbol{E} \tag{6·4}$$

식 (6·4)는 분극 $\boldsymbol{P}$와 전계 $\boldsymbol{E}$의 관계식이다.

분극 전하는 정(+)의 것만 또는 부(−)의 것만을 인출할 수는 없다. 이것에 대해서 5장까지 취급한 전하는 정(+)만 또는 부(−)만을 인출할 수가 있다. 자유롭게 인출시키는 전하를 **진전하**(true charge)라 한다.

## 6·2 전 속

p.55에 있는 각주 2)에 의해 $Q$[C]의 전하에서는 $Q/\varepsilon$개의 전기력선이 발생하지만 $Q$[C]의 진전하에서 $Q$개가 나오는 선을 가상해서 이것을 **전속**(electric flux)이라 정의한다. 즉, 전속은 1[C]의 진전하에서 출발하여 −1[C]의 진전하로 끝난다. 전속은 진전하가 없는 장소에서는 연속이다. 전속의 단위는 쿨롬[C]을 사용한다.

1[$m^2$]를 통과하는 전속의 수를 **전속 밀도**(electric flux density)라 한다. 벡터 $\boldsymbol{D}$로 표시된다. $\boldsymbol{D}$의 방향은 전계의 방향, 즉 $\boldsymbol{E}$의 방향과 같다. $\boldsymbol{D}$의 단위는 [$C/m^2$]이다. 진전하가 없는 경우에서는 전속은 연속이기 때문에

$$\text{div}\ \boldsymbol{D} = 0 \tag{6·5}$$

$Q$[C]의 진전하를 점전하라 하면 $r$[m] 떨어진 점 P에 대한 전속 밀도 $\boldsymbol{D}$는 $Q$개를 구의 표면적 $4\pi r^2$으로 나누어

$$D = Q/4\pi r^2$$

이 식과 p.37의 식 (3·9)에서

$$D = \varepsilon E \quad \text{또는} \quad \boldsymbol{D} = \varepsilon \boldsymbol{E} \tag{6·6}$$

식 (6·6)은 일반적으로 성립하는 식이다. 유전율 $\varepsilon$은 전속 밀도와 전계의 비라고 정의해도 된다.

식 (6·4)와 식 (6·6)에서

$$\boldsymbol{D} = \varepsilon_0 \boldsymbol{E} + \boldsymbol{P} \qquad (6\cdot7)$$

이 식에서 전기력선의 $\varepsilon_0$ 배인 지력선과 분극 지력선의 합은 전속과 같다.

$$\text{div } \boldsymbol{D} = \rho \qquad (6\cdot8)$$

**예제 6·1** 그림 6·2와 같은 간격 $d = 1$ [cm]인 평행판 콘덴서에 전압 100 [V]가 가해지고 있다. 유전체로서 마일라(비유전율 3.2라 한다)를 넣었다. 단, 극판 면적 $S \gg d$라 한다.

(a) 마일라를 넣기 전과 후의 단위 면적당 정전 용량을 구하여라.

(b) 마일라를 넣기 전과 후의 도체판 A에 대한 단위 면적당의 전하를 구하여라.

(c) 분극의 세기 $P$를 구하여라.

**그림 6·2**

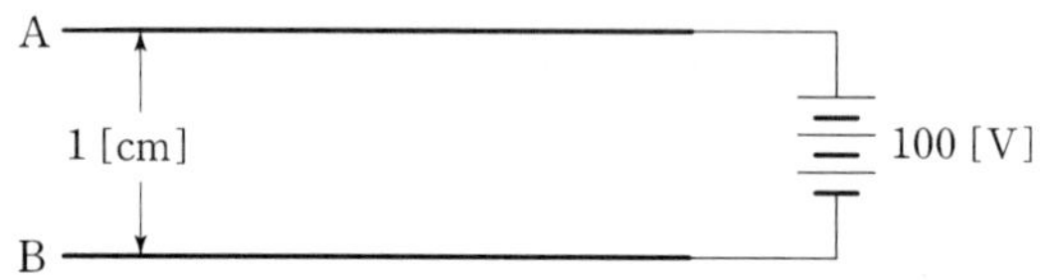


**풀이** (a) 마일라를 넣기 전

$$C_0 = \varepsilon_0 / d = 8.854 \times 10^{-12} / 0.01 = 8.854 \times 10^{-10} \text{ [F/m}^2\text{]}$$

마일라를 넣은 후

$$C = \varepsilon / d = \varepsilon_0 \, \varepsilon_s d / \varepsilon_s C_0 = 3.2 \times 8.854 \times 10^{-10} = 28.333 \times 10^{-10} \text{ [F/m}^2\text{]}$$

(b) 단위 면적당의 전하 $\sigma$는 전속 밀도 $D$와 같으므로 마일라를 넣기 전

$$\sigma_0 = D_0 = \varepsilon_0 E = \varepsilon_0 V/d = 8.854 \times 10^{-12} \times 100/0.01 = 8.854 \times 10^{-8} \text{ [C/m}^2\text{]}$$

마일라를 넣은 후

$$\sigma = D = \varepsilon E = \varepsilon V/d = \varepsilon_0 \varepsilon_s V/d = 8.854 \times 10^{-12} \times 3.2/0.01$$
$$= 28.333 \times 10^{-8} \text{ [C/m}^2\text{]}$$

**주 1** 마일라를 넣는 것에 의해 전하 밀도는 $\sigma - \sigma_0 = 19.479 \times 10^{-8}$ [C/m²]만큼 증가한다.

(c) 식 (6·7)에 의해

$$P = D - \varepsilon_0 E = 28.333 \times 10^{-8} - 8.854 \times 10^{-8} = 19.479 \times 10^{-8} \text{ [C/m}^2\text{]}$$

**그림 6·3**

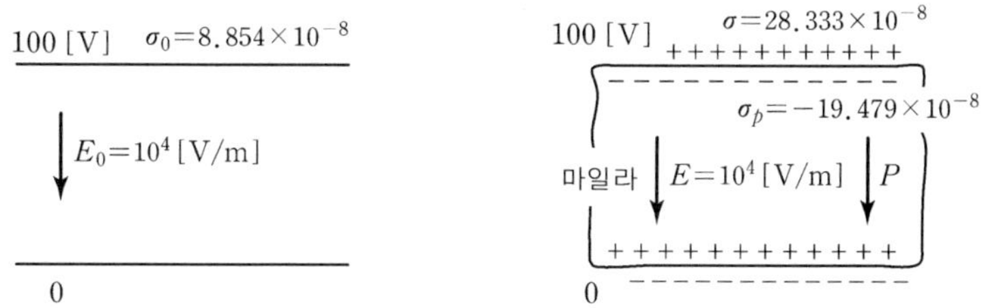


**주 2** 마일라를 넣으면 분극이 발생하고 이 분극 전하를 제거하기 위해서 새로 전원에서 전하가 도체판 A에 유입하고 그 양은 분극 전하와 같은 양이다.

**예제 6·2** 그림 6·4와 같은 간격 $d=1$ [cm]인 평행판 콘덴서에 단위 면적당 $\pm 8.854\times10^{-8}$ [C]의 전하를 주고 유전체로써 마일라( $\varepsilon_s=3.2$)를 넣었다. 단, 극판 면적 $S\gg d$라 한다.

**그림 6·4**

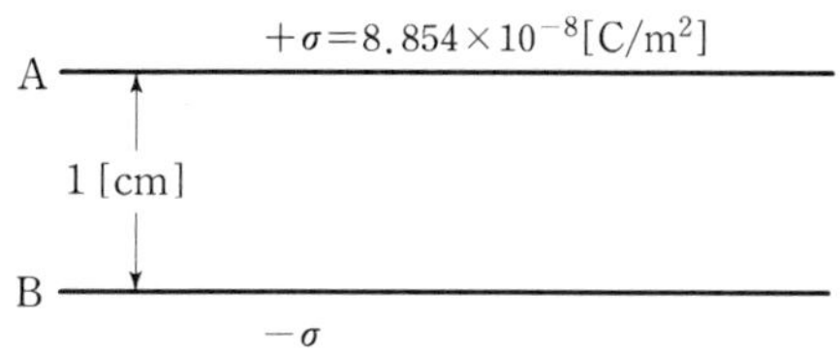


(a) 마일라를 넣기 전과 후의 단위 면적당 정전 용량을 구하여라.
(b) 마일라를 넣기 전과 후의 전계를 구하여라.
(c) 전속 밀도 $D$ 및 분극 $P$를 구하여라.

**풀이** (a) 마일라를 넣기 전

$$C_0 = \varepsilon_0/d = 8.854\times10^{-12}/0.01 = 8.854\times10^{-10}\,[\mathrm{F/m^2}]$$

마일라를 넣은 후

$$C=\varepsilon/d = \frac{\varepsilon_0\varepsilon_s}{d} = \varepsilon_s C_0 = 28.333\times10^{-10}\,[\mathrm{F/m^2}]$$

(b) 식 (5·25)에 의해 $Q=CV$ 이므로 마일라를 넣기 전의 전위차 $V_0$는

$$V_0 = Q/C_0 = 8.854\times10^{-8}/(8.854\times10^{-10}) = 100\,[\mathrm{V}]$$

따라서, 전계 $E_0$는

$$E_0 = V_0/d = 100/0.01 = 10^4\,[\mathrm{V/m}]$$

다음에 마일라 삽입 후의 전위차 $V$는

**그림 6·5**

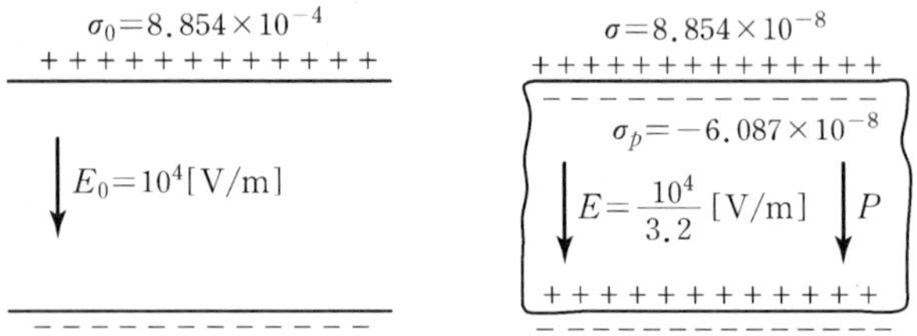


$$V=Q/C=\frac{Q}{\varepsilon_s}\cdot C_0=\frac{V}{\varepsilon_s}=100/3.2=31.25\,[\mathrm{V}]$$

따라서, 전계 $E$는

$$E=V/d=31.25/0.01=0.3125\times10^4$$

(즉, 전위도 전계도 작게 되어 $1/\varepsilon_s$배로 된다)

(c) 식 (6·6)에 의해 마일라를 넣기 전은

$$D_0=\varepsilon_0 E_0=8,854\times10^{-12}\times10^4=8.854\times10^{-8}\,[\mathrm{C/m}]$$

마일라를 넣은 후는

$$D=\varepsilon E=\varepsilon_0\varepsilon_s E=8.854\times10^{-12}\times3.2\times0.3125\times10^4=8.854\times10^{-8}\,[\mathrm{C/m^2}]$$

식 (6·7)에 의해

$$P=D-\varepsilon_0 E=8.854\times10^{-8}-8.854\times10^{-12}\times0.3125\times10^4$$
$$=6.087\times10^{-8}\,[\mathrm{C/m^2}]$$

$\sigma$를 진전하 밀도(true charge density), $\sigma_p$를 분극 전하 밀도(polarized charge density)라 하면 $\sigma'=\sigma+\sigma_p$를 **겉보기 전하 밀도**(apparent charge density)라 한다. $\boldsymbol{D}$를 결정하는 것은 $\sigma$이고 $\boldsymbol{E}$를 결정하는 것은 $\sigma'$이다. 그러므로 진전하 밀도가 일정하면 $\boldsymbol{D}$는 유전체의 종류에 따라 변화하지 않으나 $\boldsymbol{E}$는 변화한다.

# 6·3 두 종류 유전체의 전계

## 6·3·1 유전체의 경계면

유전율 $\varepsilon_1$, $\varepsilon_2$인 두 개 유전체의 경계면에서 전속과 전기력선이 어떻게 굴절하는가 또한 두 유전체 속의 전계 $E_1$과 $E_2$의 관계, 전속 밀도 $D_1$과 $D_2$의 관계 등에 대해서 생각해 보자. 그림 6·6과 같이 전속의 입사각을 $\theta_1$, 굴절각을 $\theta_2$라 하면

그림 6·6

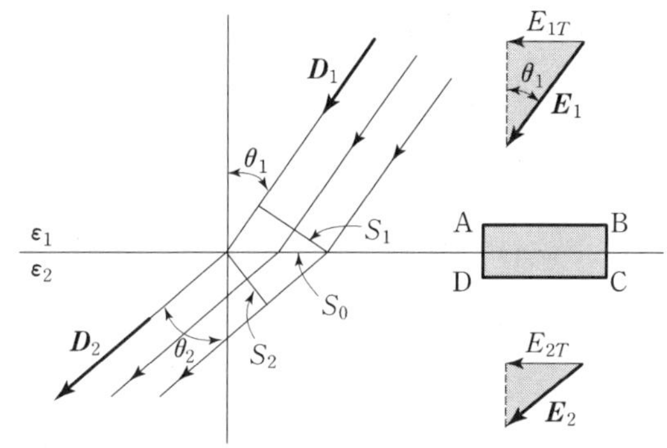


### ① 전속 밀도의 수직 성분은 상등하다

$$D_{1n}=D_{2n} \quad \text{또는} \quad D_1\cos\theta_1=D_2\cos\theta_2 \tag{6·9}$$

이 식은 경계면에 진전하가 없을 때, 전속은 연속이라는 성질에 의해 유도된다. 그림 6·6과 같이 $\Delta\Phi$개의 전속이 빠져 나가는 면적을 $S_0, S_1, S_2$라 하면

$$S_1=S_0\cos\theta_1, \qquad S_2=S_0\cos\theta_2 \tag{6·10}$$

$$\therefore S_1\cos\theta_2=S_2\cos\theta_1 \tag{6·11}$$

또한

$$D_1=\Delta\Phi/S_1, \qquad D_2=\Delta\Phi/S_2 \qquad \therefore D_1S_1=D_2S_2 \tag{6·12}$$

식 (6·11)과 식 (6·12)에서 식 (6·9)가 유도된다.

## ❷ 전계의 경계면에 평행한 성분은 상등하다

$$E_{1T} = E_{2T} \quad \text{또는} \quad E_1 \sin\theta_1 = E_2 \sin\theta_2 \tag{6·13}$$

이 식은 미소 전하 $\Delta q$를 그림 6·6에 있는 ABCDA의 경로를 운반하는 데에 필요로 하는 일 $\Delta W$를 계산하는 것에 의해 구해진다. 단,

$$\overline{\mathrm{BC}} \ll 1, \quad \overline{\mathrm{DA}} \ll 1 \tag{6·14}$$

p.40의 식 (3·22)에 의해

$$\Delta W = -\Delta q \int_{\mathrm{ABCDA}} \boldsymbol{E} \cdot d\boldsymbol{s}$$

$$= -\Delta q \left\{ -E_{1T}\overline{\mathrm{AB}} + \int_B^C \boldsymbol{E} \cdot d\boldsymbol{s} + E_{2T}\overline{\mathrm{CD}} + \int_D^A \boldsymbol{E} \cdot d\boldsymbol{s} \right\} \tag{6·15}$$

식 (6·15)에 있는 괄호 내의 제2항과 제4항은 작은 값으로 서로 상쇄하므로 생략한다. 또한, $\Delta W = 0$ 이므로 식 (6·15)에서

$$-E_{1T}\overline{\mathrm{AB}} + E_{2T}\overline{\mathrm{CD}} = 0 \qquad \therefore E_{1T} = E_{2T} \tag{6·16}$$

이상에서 설명한 식 (6·9)와 식 (6·13)은 경계면에 있어서 중요한 식이다. 또한, 식 (6·6)에 의해

$$D_1 = \varepsilon_1 E_1, \quad D_2 = \varepsilon_2 E_2 \tag{6·17}$$

식 (6·9), 식 (6·13) 및 식 (6·17)에서

$$\frac{\tan\theta_1}{\tan\theta_2} = \frac{\varepsilon_1}{\varepsilon_2} \tag{6·18}$$

전속은 식 (6·18)에 의해 굴절한다. 즉, 입사각 탄젠트와 굴절각 탄젠트의 비는 유전율의 비와 같다.[3)]

**예제 6·3** 그림 6·7과 같이 공기 속의 전계 $E_1 = 100$ [V/m]가 30°의 입사각으로 기름의 경계면에 닿을 때, 굴절각 $\theta_2$과 기름 속의 전계 $E_2$를 구하여라. 단, 기름의 비유전율을 3이라 한다.

---

3) 전계의 비교는 식 (6·13)에서 $E_1/E_2 = \sin\theta_2/\sin\theta_1$, 전속 밀도는 식 (6·9)에서 $D_1/D_2 = \cos\theta_2/\cos\theta_1$이다.

**그림 6·7**

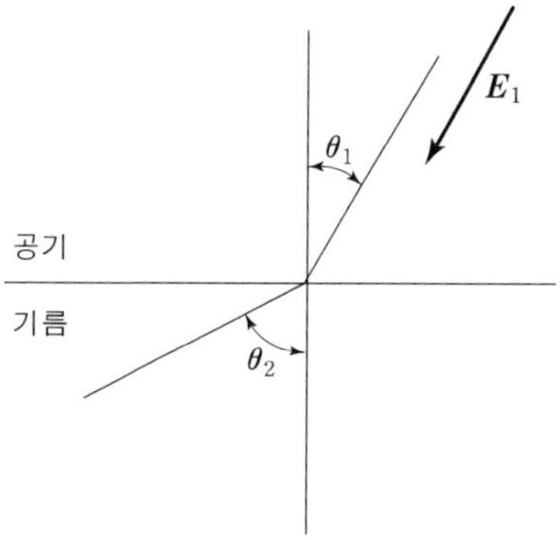


**풀이** 식 (6·18)에 $\varepsilon_1 = 1 \times \varepsilon_0$, $\varepsilon_2 = 3 \times \varepsilon_0$를 대입하면

$$\tan\theta_2 = 3\tan\theta_1 \tag{6·19}$$

$\theta_1 = 30°$이므로

$$\tan\theta_2 = \sqrt{3} \tag{6·20}$$

$$\therefore \theta_2 = 60° \tag{6·21}$$

식 (6·13)에 $\theta_1 = 30°$, $\theta_2 = 60°$, $E_1 = 1 \times 10^2$을 대입하면

$$E_2 = E_1 \sin\theta_1 / \sin\theta_2 = 57.73\,[\mathrm{V/m}] \tag{6·22}$$

**보충** 공기 속에 비해서 유전율이 큰 기름 속의 쪽이 전계는 작게 된다. $D_1$과 $D_2$를 비교하기 위해 식 (6·9)에 $\theta_1 = 30°$, $\theta_2 = 60°$를 대입하면 $D_2 = 1.732 \times D_1$이다. 그러므로 $D_2$의 쪽이 $D_1$보다 크다. 즉, 전속 밀도는 유전율이 큰 기름의 쪽이 크다.

### 6·3·2 평행판 사이에 두 종류의 유전체판이 있을 때

그림 6·8과 같이 무한히 넓은 두 매의 평행 도체판 사이에 두 종류의 유전체가 있을 때에 도체판의 $1\,[\mathrm{m}^2]$당 전하를 $+\sigma$, $-\sigma$라 한다. 전속은 유전체의 경계면에 수직이므로

$$D_1 = D_2 \tag{6·23}$$

그리고

$$D_1 = D_2 = \sigma \tag{6·24}$$

그림 6·8

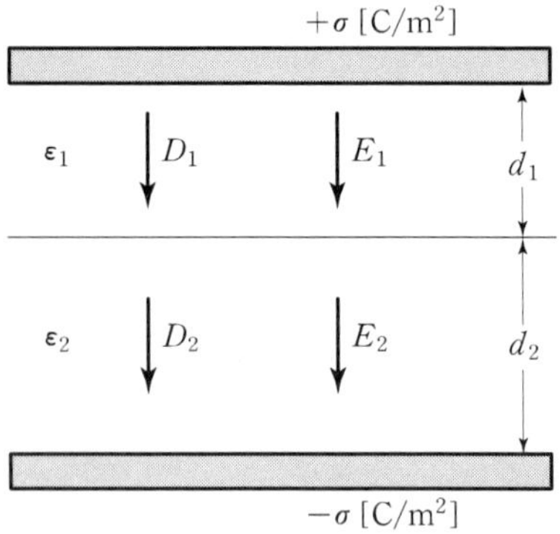


그러므로 전계는

$$E_1 = D_1 / \varepsilon_1 = \sigma / \varepsilon_1, \qquad E_2 = D_2 / \varepsilon_2 = \sigma / \varepsilon_2 \tag{6·25}$$

평행판 사이의 전위차 $V$는

$$V = E_1 d_1 + E_2 d_2 = \sigma d_1 / \varepsilon_1 + \sigma d_2 / \varepsilon_2 \tag{6·26}$$

정전 용량 $C$는

$$C = \frac{\sigma}{V} = \frac{1}{\dfrac{d_1}{\varepsilon_1} + \dfrac{d_2}{\varepsilon_2}} \, [\mathrm{F/m^2}] \tag{6·27}$$

$E_1$과 $E_2$의 관계는 식 (6·25)에 의해

$$\frac{E_1}{E_2} = \frac{\varepsilon_2}{\varepsilon_1} \tag{6·28}$$

### 6·3·3 동심 원통 사이에 있는 유전체

그림 6·9와 같이 두 종류의 유전체가 동심 원통 사이에 있을 때, 내원통의 1[m]당 전하를 $+Q$[C/m], 외원통의 전하를 $-Q$[C/m]라 한다. 길이 1[m], 반지름 $r$[m]인 원통의 측면적 $S$는 $S = 2\pi r \times 1$이고 이것을 통과하는 전속은 $Q$개이므로

$$D = \frac{Q}{S} = \frac{Q}{2\pi r} \tag{6·29}$$

**그림 6·9**

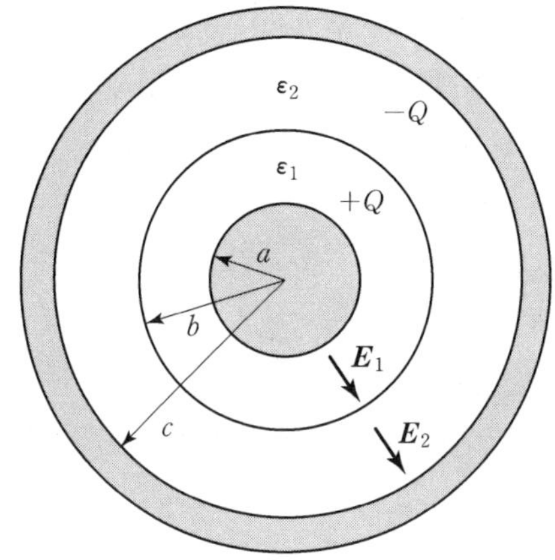


그러므로,

$$E_1 = D/\varepsilon_1 = \frac{Q}{2\pi\varepsilon_1 r}, \qquad E_2 = D/\varepsilon_2 = \frac{Q}{2\pi\varepsilon_2 r} \tag{6·30}$$

원통 사이의 전위차 $V$는

$$V = -\int_c^b E_2 \cdot dr + \left(-\int_b^a E_1 \cdot dr\right) = \frac{Q}{2\pi}\left\{\frac{1}{\varepsilon_2}\log\frac{c}{b} + \frac{1}{\varepsilon_1}\log\frac{b}{a}\right\} \tag{6·31}$$

식 (6·31)에서

$$Q = 2\pi V \Big/ \left\{\frac{1}{\varepsilon_1}\log\frac{b}{a} + \frac{1}{\varepsilon_2}\log\frac{c}{b}\right\} \tag{6·32}$$

식 (6·32)를 식 (6·30)에 대입하면

$$E_1 = V \Big/ \varepsilon_1 r \left\{\frac{1}{\varepsilon_1}\log\frac{b}{a} + \frac{1}{\varepsilon_2}\log\frac{c}{b}\right\}$$

$$E_2 = V \Big/ \varepsilon_2 r \left\{\frac{1}{\varepsilon_1}\log\frac{b}{a} + \frac{1}{\varepsilon_2}\log\frac{c}{b}\right\} \tag{6·33}$$

**예제 6·4** (a) 그림 6·9에서 $a=1\,[\mathrm{cm}]$, $b=2\,[\mathrm{cm}]$, $c=3\,[\mathrm{cm}]$, 비유전율 $\varepsilon_{1s}=5$, $\varepsilon_{2s}=3$일 때, 두 도체 사이에 1,000 [V]의 전위차를 주었을 때의 전계를 구하고 도시하여라.

(b) $a=1\,[\mathrm{cm}]$, $b=c=3\,[\mathrm{cm}]$일 때의 전계를 구하고 도시하여라.

**풀이** (a) 주어진 수치를 식 (6·33)에 대입하면

$$E_1 = 730.5/r\,[\mathrm{V/m}] \tag{6·34}$$

$$E_2 = 1,217.5/r\,[\mathrm{V/m}] \tag{6·35}$$

다음에 도시하려면 식 (6·34)에 $r=1\,[\mathrm{cm}]$, $1.2\,[\mathrm{cm}]$, $1.4\,[\mathrm{cm}]$, … 를 대입하여 표 6·1을 얻는다. 또한, 식 (6·35)에 $r=2\,[\mathrm{cm}]$, $2.2\,[\mathrm{cm}]$, … 를 대입하여 표 6·2를 얻는다.

**표 6·1**

| $r$[cm] | 1 | 1.2 | 1.4 | 1.6 | 1.8 | 2 |
|---|---|---|---|---|---|---|
| $E_1$[V/m] | $7.305\times10^4$ | $6.088\times10^4$ | $5.219\times10^4$ | $4.566\times10^4$ | $4.508\times10^4$ | $3.653\times10^4$ |

**표 6·2**

| $r$[cm] | 2 | 2.2 | 2.4 | 2.6 | 2.8 | 3 |
|---|---|---|---|---|---|---|
| $E_2$[V/m] | $6.088\times10^4$ | $5.534\times10^4$ | $5.073\times10^4$ | $4.683\times10^4$ | $4.348\times10^4$ | $4.058\times10^4$ |

(b) 식 (6·33)의 제1식에 주어진 수치를 대입하여

$$E_1' = 910.24/r \tag{6·36}$$

이 식에 의해 계산한 결과를 표 6·3에 나타내고 그들의 결과를 그림 6·10에 나타낸다.

**표 6·3**

| $r$ | 1.00 | 1.25 | 1.5 | 1.75 | 2.0 | 2.25 | 2.5 | 2.75 | 3.00 | |
|---|---|---|---|---|---|---|---|---|---|---|
| $E_1'$ | 9.102 | 7.282 | 6.068 | 5.201 | 4.551 | 4.046 | 3.641 | 3.310 | 3.034 | $\times10^4$ |

**그림 6·10**

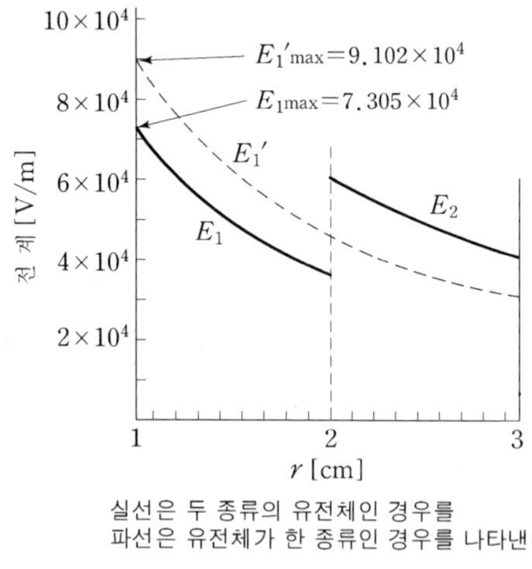


실선은 두 종류의 유전체인 경우를
파선은 유전체가 한 종류인 경우를 나타낸다.

▶ **단절연**(graded insulation)

그림 6·10을 보면 원통 사이에 유전체가 한 종류보다 두 종류일 때의 쪽이 전계의 최대값이 작게 된다. 다시, 3종, 4종, … 으로 증가하는 것에 의해 전계의 최대값이 작게 된다(이 경우에 중심에 가까울수록 유전율을 크게 하는 것이 필요하다). 이와 같이 몇 개의 유전체를 조합하여 절연을 행하는 방법을 단절연이라 한다.

## 6·4 전계 에너지

### 6·4·1 패러데이관

**6·2**절에서 1[C]에서 1개 나오는 선을 전속이라 정의했지만 패러데이는 1[C]이 진전하에서 1개 나오는 관(tube)을 생각하여 전계는 이 관에서 모두 메워져 있는 것으로 했다. 이 관을 **패러데이관**(Faraday tube)이라 한다. 1개 패러데이관의 출발점에는 1[C]의 진전하가 존재하고 종점에는 −1[C]의 진전하가 존재한다.

### 6·4·2 패러데이관의 에너지

6·11과 같이 두 개의 도체가 있으며 전하를 $Q_1$, $Q_2$라 하고 전위를 $V_1$, $V_2$라 하면 이 도체계가 갖는 에너지 $W$는 p.78의 식 (5·20)에 의해

$$W=\frac{1}{2}(V_1Q_1+V_2Q_2)\,[\mathrm{J}] \tag{6·37}$$

패러데이는 이 에너지는 도체가 유지하는 것이 아니라 도체 주위의 전계에 분포하여 존재한다고 생각했다(이 생각은 패러데이의 가설이었지만 현재는 올바르다는 것이 증명되어 있다).

도체 1에서는 $Q_1$개의 패러데이관이 나오지만 지금 도체 2에 도달하는 1개의

**그림 6·11**

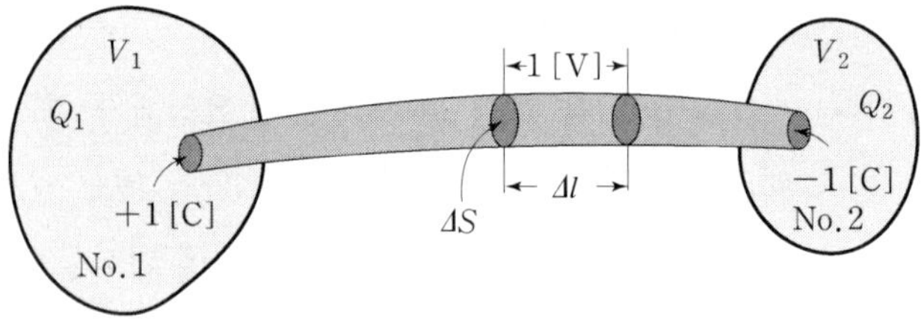


패러데이관을 생각하면 이 양단에는 그림 6·11과 같이 +1 [C], −1 [C]의 전하가 존재하기 때문에 이 패러데이관에 축적되는 에너지 $\Delta W$는 식 (6·37)에 $Q_1=1$, $Q_2=-1$ 을 대입하면

$$\Delta W=\frac{1}{2}(V_1-V_2)\,[\mathrm{J}] \tag{6·38}$$

패러데이는 이 에너지는 관의 양단에 존재하는 것이 아니라 관 전체에 분포한다고 생각했다. 그렇다면 패러데이관은 1 [V]의 전위차마다 1/2 [J]의 에너지를 갖게 된다(식 (6·38)에 $V_1-V_2=1$을 대입하면 1/2이 된다).

### 6·4·3 전계 에너지(energy stored in electric field)

그림 6·11에 나타낸 바와 같이 패러데이관이 1 [V]의 전위차를 갖는 부분을 생각하여 이 길이를 $\Delta l$, 단면적을 $\Delta S$라 하면 이 부분에 축적되는 에너지는 1/2 [J]이기 때문에 에너지 밀도를 $w$라 하면

$$w=\frac{1}{2}\div(\text{체적})=\frac{1}{2}\div(\Delta S\,\Delta l)=\frac{1}{(2\Delta S\Delta l)} \tag{6·39}$$

이 부분의 전계를 $\boldsymbol{E}$, 전속 밀도를 $\boldsymbol{D}$라 하면

$$\left.\begin{aligned} E&=1\,[\mathrm{V}]\div\Delta l\,[\mathrm{m}]=1/\Delta l\,[\mathrm{V/m}]\\ D&=1\,[\mathrm{C}]\div\Delta S\,[\mathrm{m}^2]=1/\Delta S\,[\mathrm{C/m}^2]\end{aligned}\right\} \tag{6·40}$$

식 (6·40)을 식 (6·39)에 대입하면

$$w=\frac{1}{2}ED\,[\mathrm{J/m}^3] \tag{6·41}$$

이 식은 전계에 축적되는 에너지 밀도 $w$를 표시하는 중요한 식이다. 벡터 해석을 사용하면

$$w = \frac{1}{2}\boldsymbol{E} \cdot \boldsymbol{D}[\mathrm{J/m^3}] \tag{6·42}$$

**예제 6·5** 간격 1[mm], 면적 24[cm$^2$]인 평행판 콘덴서에 1,000[V]의 전위차를 주었을 때, 축적되는 에너지 $W$를 식 (6·41)을 사용하여 계산하여라. 단, $\varepsilon = 5\times10^{-11}$[F/m]라 한다.

**풀이** 전계를 $E$라 하면

$$E = 1,000[\mathrm{V}] \div 1[\mathrm{mm}] = 10^6[\mathrm{V/m}] \tag{6·43}$$

또한

$$D = \varepsilon E = 5\times10^{-11}\times10^6 = 5\times10^{-5}[\mathrm{C/m^2}] \tag{6·44}$$

식 (6·41)에 의해

$$w = \frac{1}{2}ED = \frac{1}{2}\times10^6\times5\times10^{-5} = 25[\mathrm{J/m^3}] \tag{6·45}$$

그러므로

$$W = w\times(Sd) = 25\times24\times10^{-4}\times10^{-3} = 6\times10^5[\mathrm{J}]^{4)} \tag{6·46}$$

## 6·5 유전체에 작용하는 힘

### 6·5·1 전계가 경계면에 수직인 경우

그림 6·12와 같이 $\varepsilon_1$, $\varepsilon_2$인 두 종류 유전체의 경계면에서 전계가 수직인 경우, 경계면에 작용하는 힘을 구해 보자. 전속 밀도는 같으므로 $D$라 하고 전계를 $E_1$, $E_2$라 한다.

---

4) 이 값은 $W = \frac{1}{2}CV^2$의 식을 사용하여 계산해도 같게 된다.

**그림 6·12**

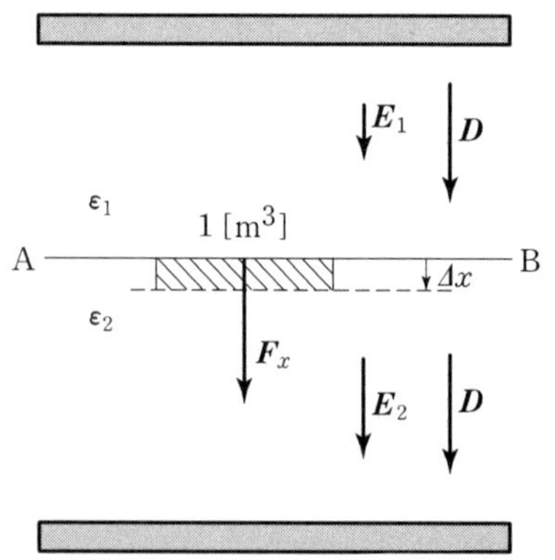


지금, 경계면 AB가 아래쪽으로 $\Delta x$만큼 이동했을 때의 에너지 증가 $\Delta W$[J]을 구한다. 경계면에 1 [m$^2$]인 면을 취하면 그림 6·12의 빗금을 친 부분의 체적 $\Delta v$는

$$\Delta v = 1 \times \Delta x = \Delta x\,[\mathrm{m}^3] \tag{6·47}$$

이동 전에 이 부분의 에너지 $W$는

$$W = \frac{1}{2} E_2 D \Delta v \tag{6·48}$$

이동 후에 이 부분의 에너지 $W'$는

$$W' = \frac{1}{2} E_1 D \Delta v \tag{6·49}$$

따라서, 에너지의 증가 $\Delta W$는

$$\Delta W = W' - W = \frac{1}{2} D(E_1 - E_2)\Delta v \tag{6·50}$$

그러므로, 구하는 힘 $F_x$는 p.89의 식 (5·59)에 의해

$$F_x = -\frac{\Delta W}{\Delta x} = -\frac{1}{2} D(E_1 - E_2)\frac{\Delta v}{\Delta x} = \frac{1}{2} D(E_2 - E_1)\,[\mathrm{N/m^2}] \tag{6·51}$$

또는

$$F_x = \frac{1}{2} D^2\left(\frac{1}{\varepsilon_2} - \frac{1}{\varepsilon_1}\right)[\mathrm{N/m^2}] \tag{6·51a}$$

이 힘의 방향은 경계면에 수직이고 그림 6·12와 같이 아래 방향이다.

$\varepsilon_1 > \varepsilon_2$일 때에는 $E_1 < E_2 \quad \therefore F_x > 0$

$\varepsilon_1 < \varepsilon_2$일 때에는 $F_x < 0$(그림 6·12에서 힘의 방향은 윗방향이다.)

즉, 유전율이 큰 쪽이 유전율이 작은 쪽으로 끌리는 힘이 작용한다.

그리고 식 (6·51)은 다음과 같이 써도 된다(이 경우, $D_1 = D_2 = D$이므로).

$$F_x = \frac{1}{2} D_2 E_2 - \frac{1}{2} D_1 E_1 \,[\mathrm{N/m^2}] \tag{6·52}$$

### 6·5·2 전계가 경계면에 평행한 경우

그림 6·13과 같이 경계면에 전계가 평행인 경우, 경계면에 작용하는 힘을 구한다. 전계는 같으므로 $E$라 놓고 전속 밀도를 $D_1, D_2$라 한다. 그림 6·13의 빗금을 친 체적 $\Delta v$는 $d \times \Delta x$의 면적을 갖고 지면에 수직으로 1 [m]의 길이를 갖는 직육면체라고 한다.

$$\therefore \Delta v = d \times \Delta x \times 1 = d\Delta x \tag{6·53}$$

체적 $\Delta v$의 이동 전 에너지 $W$는

$$W = \frac{1}{2} Ed_2 \Delta v = \frac{1}{2} ED_2 d\Delta x \tag{6·54}$$

$\Delta x$만큼 이동 후의 에너지 $W'$는

$$W' = \frac{1}{2} ED_1 \Delta v = \frac{1}{2} ED_1 d\Delta x \tag{6·55}$$

그런데 이 경우에는 이동하는 것에 의해 전극의 전하가 변화하고 외부로부터 그것만큼 에너지가 보급된다.

그 에너지를 $W''$라 하면 전극의 전속 밀도는 $D_2$에서 $D_1$으로 변화하여 깊이

그림 6·13

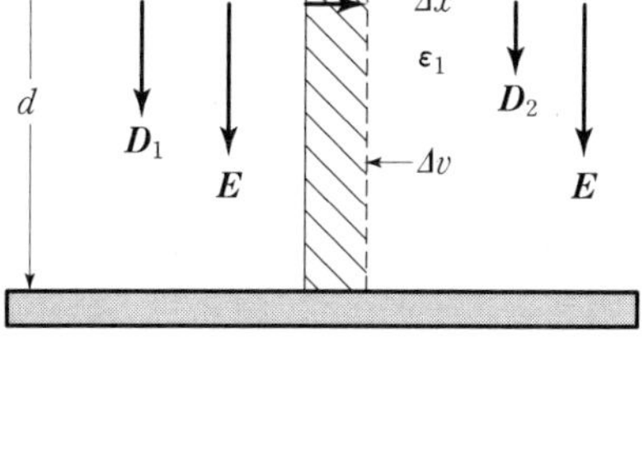

1[m]의 전극 면적은

$$\varDelta S = \varDelta x \times 1 = \varDelta x \tag{6·56}$$

이므로

$$W'' = V \cdot \varDelta Q = (Ed) \times (D_1 - D_2)\varDelta S = Ed(D_1 - D_2)\varDelta x \tag{6·57}$$

그러므로, 에너지의 증가 $\varDelta W$는 식 (6·54), 식 (6·55) 및 식 (6·57)을 사용하여

$$\varDelta W = W' - W - W'' = \frac{1}{2} E(D_2 - D_1) d\varDelta x \tag{6·58}$$

힘 $F_x$는

$$F_x = -\frac{\varDelta W}{\varDelta x} = \frac{1}{2} E(D_1 - D_2) d\,[\mathrm{N}] \tag{6·59}$$

이 힘 $F_x$는 경계면의 깊이 1[m], 폭 $d$[m]에 작용하는 힘이기 때문에 단위 면적당의 힘 $F_n$을 구하려면 식 (6·59)를 면적 $1 \times d = d[\mathrm{m}^2]$로 나누면 된다.

$$\therefore F_n = \frac{1}{2} E(D_1 - D_2)\,[\mathrm{N/m^2}] \tag{6·60}$$

$\varepsilon_1 > \varepsilon_2$일 때에는 $D_1 > D_2$( $\because D_1 = \varepsilon_1 E,\ D_2 = \varepsilon_2 E$)이다. 그러므로, $F_n > 0$이 된다.

이 경우에도 유전율이 큰 쪽이 유전율이 작은 쪽으로 끌리는 힘이 작용한다.

식 (6·60)에 의해

$$F_n = \frac{1}{2} E_1 D_1 - \frac{1}{2} E_2 D_2\,[\mathrm{N/m^2}] \tag{6·61}$$

### 6·5·3 도체 표면에 작용하는 힘

그림 6·12의 유전체 $\varepsilon_1$이 도체일 때에는 $E_1 = 0$을 식 (6·51)에 대입하여

$$F_x = \frac{1}{2} DE_2\,[\mathrm{N/m^2}] \quad \text{또는} \quad F_x = \frac{1}{2} \varepsilon_2 E_2{}^2\,[\mathrm{N/m^2}] \tag{6·62}$$

이 식은 p.91의 식 (5·67)과 일치한다.[5)]

5) 또한, 식 (6·51a)에서 $\varepsilon_1 \to \infty$라 하면 식 (6·62)가 얻어진다. 도체는 경우에 따라서는 유전율 무한대(∞)라고 생각된다.

### 6·5·4 맥스웰의 변형력

패러데이관은 양단에 $+1$ [C], $-1$ [C]의 전하가 있어 흡인력이 작용하고 있지만 이것을 패러데이관은 오그라들려고 하는 힘이 작용한다고 생각한다. 코일 스프링이 잡아당겨져 변형력을 받은 상태와 비슷하다. 식 (6·52)를 보면 그림 6·14와 같이 경계면은 아래쪽으로 $E_2D_2/2$, 위쪽으로 $E_1D_1/2$ [N/m$^2$]의 힘이 작용하고 있다고 생각된다. 즉,

> 전계 속의 유전체는 전계 방향으로 $ED/2$ [N/m$^2$]의 잡아당기는 변형력을 받고 있다.

그림 6·14

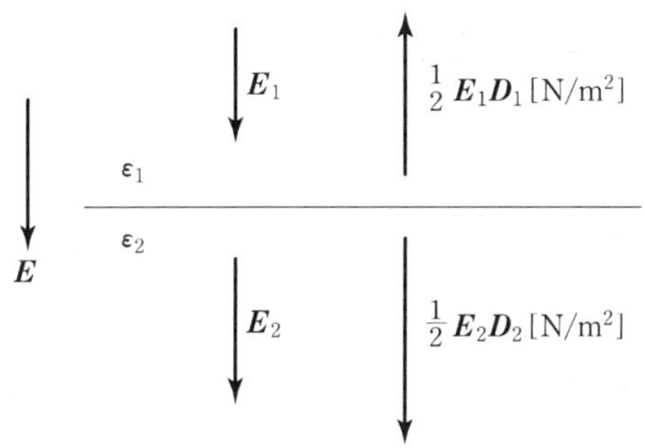


다음에 패러데이관은 전계 방향으로 오그라들려고 하는 힘이 작용하지만 가로 방향으로는 넓어지려고 하는 힘이 작용한다. 그 힘의 크기는 식 (6·61)을 그림 6·15에 나타내는 바와 같이 생각하면 $ED/2$ [N/m$^2$]이다. 즉,

> 전계 속의 유전체는 전계와 수직 방향으로 $ED/2$ [N/m$^2$]인 압축 변형력을 받고 있다.

이상의 변형력을 **맥스웰의 변형력**(Maxwell's stress)[6]이라 한다.

---

6) 전계 방향, 수직 방향의 힘을 생각했지만 전계와 각도가 있는 면에 대해서는 다음의 힘이 작용한다. $E, D$의 면에 수직 성분을 $E_n, D_n$, 절선 성분을 $E_T, D_T$라 하면 면에 수직인 방향에는 $F_n = \frac{1}{2}E_nD_n - \frac{1}{2}E_TD_T$ [N/m$^2$], 또한 절선 방향에는 $F_T = E_TD_n$ [N/m$^2$]의 힘이 작용한다.

그림 6·15

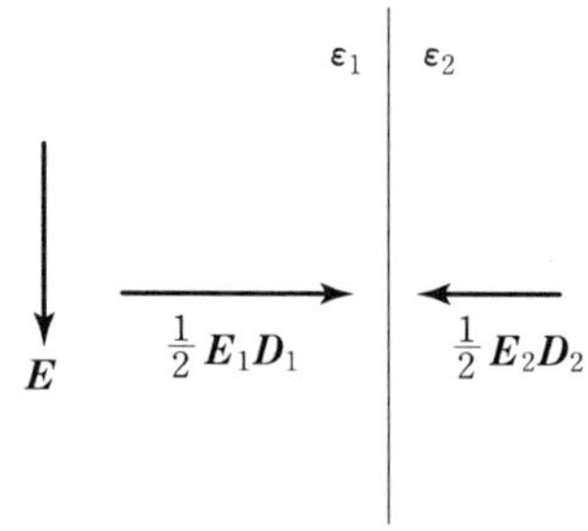


## 6·6 유전체의 여러 가지 현상

### 6·6·1 압전기 현상

예를 들면 수정에 힘을 가하면 전압이 나타난다. 또한, 반대로 수정을 전계 속에 놓으면 약간 변형된다. 이 현상을 **압전기 현상**(piezo-electric phenomenon)이라 한다. 수정편을 수정의 결정에서 잘라 내는 방법에 따라 기계적인 힘과 동일 방향으로 전기가 발생하는 현상을 **종효과**(longitudinal effect)라 하고, 힘의 방향과 수직 방향으로 전기가 나타날 때 **횡효과**(transversal effect)라 한다.

수정은 열팽창 계수가 대단히 작다. 수정을 붉게 가열하고 물에 담구어서 급랭해도 균열이 생기지 않을 정도이다. 그래서 온도 변화에 대해서 발진 주파수가 변화하지 않는 안정한 발전기를 만들기 위해서 수정이 사용되며 수정 발진기(crystal oscillator)라 부르고 있다. 이것은 수정이 압전기 현상과 열팽창 계수가 작은 성질을 응용한 예이다. 매우 정확한 수정 시계는 수정 발진기를 이용한 것이다.

수정 이외에 로셀염은 압전기 현상이 현저하게 나타나므로 마이크로폰(microphone), 픽업(pickup) 등에 널리 사용된다. 그 이외에 인공적으로 결정을 만드는 압전기의 재료로서 ADP(제1인산 암모늄), KDP(인산수소칼륨), 티탄산바륨($BaTiO_3$) 등이 있다.

### 6·6·2 파이로 전기

수정, 로셸염, 전기석 등을 가열하면 한쪽의 끝에 (+), 다른 쪽의 끝에 (−)의 전기가 나타나서 분극을 발생한다. 또한 온도를 내리면 반대의 분극이 나타난다. 이 전기를 **파이로 전기**(pyro-electricity)라 한다.

### 6·6·3 접촉 전기

두 종류의 유전체를 접촉하면 전기가 발생한다. 또한 유전체와 도체, 또는 두 종류의 도체를 접촉시키면 전기가 발생한다. 이것을 **접촉 전기**(contact electricity)라 하고 이 현상을 **볼타의 효과**(Volta's effect)라 한다. 이 때 생기는 전위차를 **접촉 전위차**(contact potential)라 한다.

금속 AB 사이의 접촉 전위차를 $V_{AB}$, BC 사이의 전위차를 $V_{BC}$라 하면 AC 사이의 접촉 전위차 $V_{AC}$는

$$V_{AC} = V_{AB} + V_{BC} \tag{6·63}$$

의 관계가 있다.

## 6·7 영상법

전계를 구하는 방법으로서 지금까지 설명한 방법은

(1) 쿨롱의 법칙을 사용한다.

(2) 가우스의 정리를 사용한다.

(3) 라플라스 · 푸아송의 방정식에 의한다.

이상의 세 가지 방법이었지만 일반적으로 전계를 구하는 것은 (3)의 방법이며 이 방법은 미분 방정식을 풀지 않으면 안된다. 이러한 세 가지 방법에서는 해를 구하는 데에 시간이 걸리는 문제를 비교적 간단히 푸는 방법으로서 영상법이나 기타의 방법이 고안되었지만 여기서는 **영상법**(image method)에 대해서 설명한다.

### 6·7·1 한 개의 점전하와 평면 도체

그림 6·16과 같이 무한히 넓은 평면 도체 AB에서 $h$[m] 떨어진 점 C에 점전하 $+Q$[C]이 존재할 때의 전계를 구한다.

그림 6·16에 나타내는 바와 같이 전기력선은 점전하에서 출발하여 도체면에서 끝나기 때문에 도체면에는 부(−)의 전하가 나타나 있다. 임의점 P의 전계를 구하려면 점전하 $+Q$에 의한 전계와 면 AB 위에 분포하는 부(−)전하에 의한 전계의 벡터합을 계산하지 않으면 안된다. 이 계산은 중요하다. 면 AB에 분포하는 부(−)전하 대신에 점 C의 면 AB에 대한 대칭인 점 C′에 $-Q$를 취하면 면 AB 보다 위의 공간에 대한 전기력선과 모양이 같다는 것을 알 수 있다. 이 점 C′에 놓여진 $-Q$를 **영상**(image)이라 한다. 임의의 점 P에 대한 전계를 구하려면 $+Q$에 의한 전계와 영상 $-Q$에 의한 전계의 벡터합을 구하면 된다.

또한 점전하 $+Q$에 작용하는 힘 $F$는

$$F = \frac{Q\times(-Q)}{4\pi\varepsilon(2h)^2} = -\frac{Q^2}{16\pi\varepsilon^2}\ [\mathrm{N}] \tag{6·64}$$

와 같이 구하면 된다.

다음에 면 AB상에 있는 임의점 P′의 전계 $\boldsymbol{E}$를 구하려면 $+Q$에 의한 전계 $\boldsymbol{E}_1$과 영상 $-Q$에 의한 전계 $\boldsymbol{E}_2$의 벡터합을 구하면 된다.

$$\boldsymbol{E} = \boldsymbol{E}_1 + \boldsymbol{E}_2, \qquad E = E_{1n} + E_{2n} \tag{6·65}$$

여기서, 점 C에서 면 AB에 내린 수선의 다리를 $h$라 하고 $\overline{\mathrm{HP'}} = x$라 하면

그림 6·16

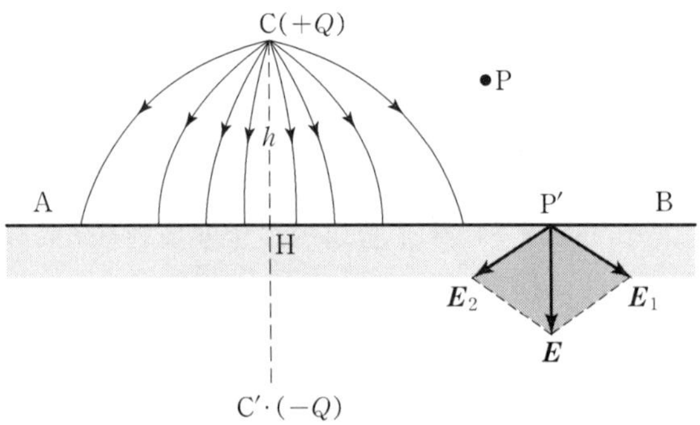

$$E_1 = \frac{Q}{4\pi\varepsilon \overline{\mathrm{CP}'}^2} = -\frac{Q}{4\pi\varepsilon(h^2+x^2)} \tag{6·66}$$

$E_1$의 면에 수직인 성분은

$$E_{1n} = E_1 \times \frac{h}{(h^2+x^2)^{1/2}} = \frac{hQ}{4\pi\varepsilon(h^2+x^2)^{3/2}} \tag{6·67}$$

$E_{2n}$도 식 (6·67)과 같은 값이다. 그러므로, 식 (6·65)에 의해

$$E = 2E_{1n} = \frac{hQ}{2\pi\varepsilon(h^2+x^2)^{3/2}} \tag{6·68}$$

전계 $\boldsymbol{E}$는 도체면에 수직이고 아래 방향이다. 점 P′의 전하 밀도 $\sigma$는 p.56의 식 (4·15)에 의해

$$\sigma = -\varepsilon E = \frac{-hQ}{2\pi(h^2+x^2)^{3/2}}\ [\mathrm{C/m^2}] \tag{6·69}$$

**예제 6·6** 도체 표면에서 $1.6\times10^{-10}$ [m]의 거리에 있는 전자에 작용하는 힘을 구하여라. 또한, 이 전하를 무한대의 거리까지 운반하는 데에 필요로 하는 일을 구하여라.

**풀이** 식 (6·64)를 사용하여 힘 $F$의 크기는

$$F = \frac{Q^2}{4\pi\varepsilon_0(2h_0)^2} = \frac{(1.6\times10^{-19})^2}{4\pi\varepsilon_0(2\times1.6\times10^{-10})^2}$$

$$= 9\times10^9\times(1.6\times10^{-19})^2\times\frac{1}{4\times(1.6\times10^{-10})^2}$$

$$= 2.25\times10^{-9}\ [\mathrm{N}]$$

일은 p.40의 식 (3·21)에 의해

$$W = -\int_{h_0}^{\infty}\boldsymbol{F}\cdot d\boldsymbol{s} = -\int_{h_0}^{\infty}F\,ds\cos\theta = \frac{Q^2}{4\pi\varepsilon_0}\int_{h_0}^{\infty}\frac{dh}{4h^2} = \frac{Q^2}{4\pi\varepsilon_0\times4h_0}$$

$$= 3.6\times10^{-19}\ [\mathrm{J}]$$

그리고, 이것을 전자 볼트 [eV][7]로 치환하면

$$W = \frac{3.6\times10^{-19}}{1.6\times10^{-19}} = 2.25\ [\mathrm{eV}]$$[8]

---

7) 전자 볼트는 에너지(또는 일)의 단위로 전자가 전위차 1 [V]인 두 점간에서 가속되었을 때에 얻어지는 에너지이다. $1\ [\mathrm{eV}] = 1.602\times10^{-19}\ [\mathrm{J}]$

8) 금속의 일함수(work function)는 대체적으로 이 정도의 값이다.

### 6·7·2 한 개의 점전하와 도체구

그림 6·17과 같이 중심 O, 반지름 $a$인 도체구와 점 A에 점전하 $+Q$가 있을 때의 영상을 구해 보자.

그림 6·17

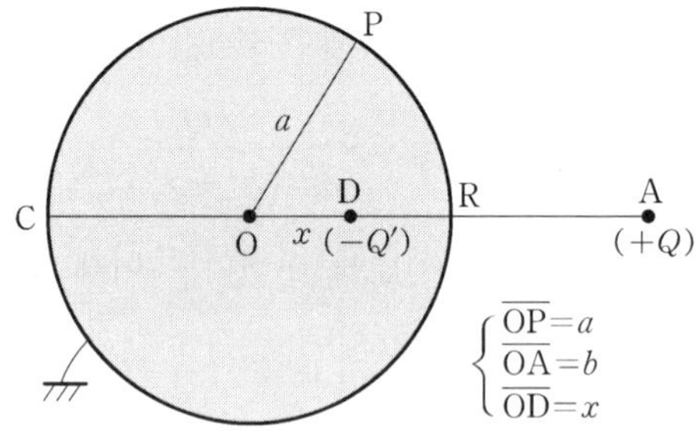


#### ❶ 도체구가 접지일 때

$\overline{\mathrm{OA}}=b$라 하고 OA와 구면의 교점을 그림과 같이 B, C라 한다. 지금, 영상은 OB상에서 O에서 $x$만큼 떨어진 점 D에 $-Q'$의 크기라 한다.

구면상에 있는 임의점 P의 전위는 0이기 때문에 점 B의 전위 $V_B$, 점 C의 전위 $V_C$도 0이 된다.

$$V_B=\frac{Q}{4\pi\varepsilon\overline{\mathrm{AB}}}-\frac{Q'}{4\pi\varepsilon\overline{\mathrm{BD}}}=0,\quad V_C=\frac{Q}{4\pi\varepsilon\overline{\mathrm{AC}}}-\frac{Q'}{4\pi\varepsilon\overline{\mathrm{CD}}}=0 \tag{6·70}$$

식 (6·70)의 두 식에서

$$\frac{Q}{Q'}=\frac{\overline{\mathrm{AB}}}{\overline{\mathrm{BD}}}=\frac{\overline{\mathrm{AC}}}{\overline{\mathrm{CD}}} \quad \text{또는} \quad \overline{\mathrm{AB}}\cdot\overline{\mathrm{CD}}=\overline{\mathrm{BD}}\cdot\overline{\mathrm{AC}} \tag{6·71}$$

식 (6·71)에서

$$(b-a)(x+a)=(a-x)(a+b) \qquad \therefore x=a^2/b \tag{6·72}$$

식 (6·71)과 식 (6·72)를 사용하여 영상 $Q'$를 구하면

$$Q'=-Qa/b \tag{6·73}$$

그러므로, 접지구 대신에 OA상에서 O로부터 $\frac{a^2}{b}$만큼 떨어진 점에 $-\frac{a}{b}Q$의

영상을 놓고 전계를 구하면 된다(이 영상을 사용하면 구면상에 있는 임의점의 전위가 0이 된다).

### ② 도체구가 절연되어 있을 때

그림 6·17에서 접지의 기호가 없는 경우이며, 이 때에는 점 D에 $-aQ/b$의 영상을 놓고, 또한 중심 O에 $aQ/b$의 영상을 놓아 두 개의 영상을 사용하면 된다.

## 6·7·3 한 개의 점전하와 두 종류의 유전체

그림 6·18과 같이 점 A에 점전하 $+Q$와 두 종류의 유전체가 있을 때의 전계를 구해 보자.

**그림 6·18**

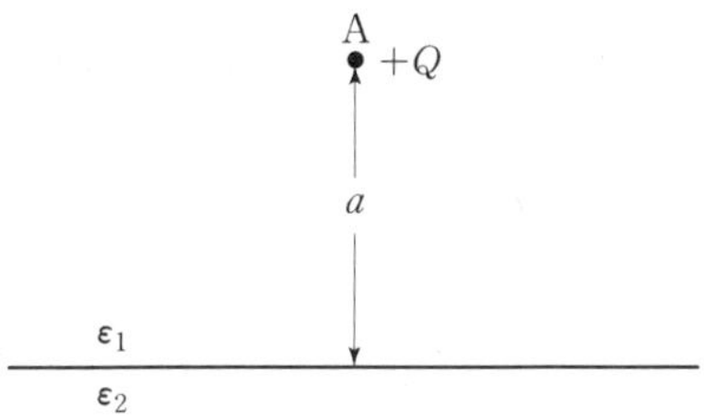


두 유전체의 경계면에서 윗 부분을 생각할 때에는 그림 6·19와 같이 상하 모두 $\varepsilon_1$의 유전체로 하고 영상 $Q'$를 점 A′에 놓는다.

**그림 6·19**

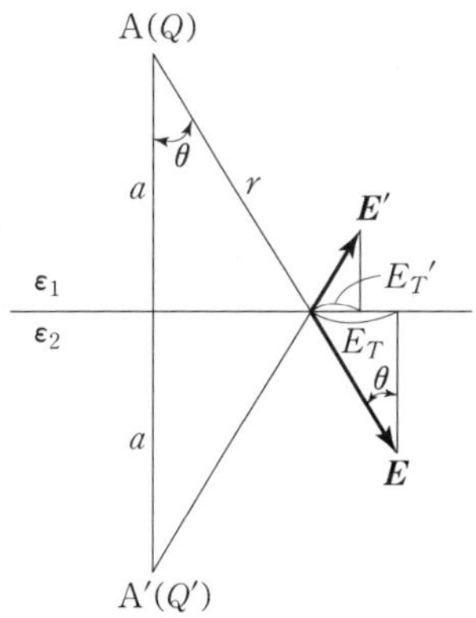

그림 6·20

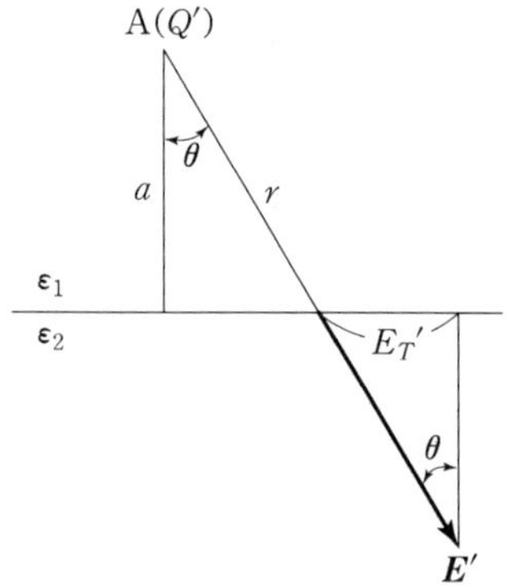


또한, 경계면보다 아래 부분을 생각할 때에는 그림 6·20과 같이 상하 모두 $\varepsilon_2$의 유전체로 하고 점 A에 $+Q$를 제거하고 영상 $Q''$를 놓는다. p.105에 있는 경계면의 조건식 (6·9)와 p.106의 식 (6·13)이 성립하도록 $Q'$, $Q''$의 값을 선정한다. 거기에는 그림 6·19에서 경계면상에 있는 임의점 P의 전계 절선 성분 $E_{1T}$는

$$E_{1T} = E_T + E_T' = \frac{Q}{4\pi\varepsilon_1 r^2}\sin\theta + \frac{Q'}{4\pi\varepsilon_1 r^2}\sin\theta \tag{6·74}$$

그림 6·20에 있어서 점 P의 전계 절선 성분 $E_{2T}$는

$$E_{2T} = E_T'' = \frac{Q''}{4\pi\varepsilon_2 r^2}\sin\theta \tag{6·75}$$

식 (6·13)의 제1식에 식 (6·74)와 식 (6·75)를 대입하면

$$\varepsilon_2 Q + \varepsilon_2 Q' = \varepsilon_1 Q'' \tag{6·76}$$

다음에 식 (6·9)를 사용하여 전속 밀도의 수직 성분이 같다고 놓는다. 즉,

$$\varepsilon_1 E\cos\theta - \varepsilon_1 E'\cos\theta = \varepsilon_2 E''\cos\theta$$

$$\varepsilon_1\frac{Q}{4\pi\varepsilon_1 r^2}\cos\theta - \varepsilon_1\frac{Q'}{4\pi\varepsilon_1 r^2}\cos\theta = \varepsilon_1\frac{Q''}{4\pi\varepsilon_1 r^2}\cos\theta \tag{6·77}$$

$$\therefore Q - Q' = Q'' \tag{6·78}$$

식 (6·76)과 식 (6·78)에서

$$Q' = \frac{\varepsilon_1 - \varepsilon_2}{\varepsilon_1 + \varepsilon_2}Q, \qquad Q'' = \frac{2\varepsilon_2}{\varepsilon_1 + \varepsilon_2}Q \tag{6·79}$$

그림 6·19, 그림 6·20의 위치에 식 (6·79)의 값인 영상을 놓으면 된다.

### 6·7·4 평등 전계 속에 있는 유전체구

그림 6·21과 같이 유전율 $\varepsilon_1$인 유전체 속에 $\varepsilon_2$의 유전체구가 있고 $E_0$의 평등 전계를 가한다. 이 경우, 구외의 전계를 구하려면 중심 O에 쌍극자 $M$을 영상으로서 놓고 구 내부의 전계는 $E'$로 하여 경계 조건에서 구하면 다음의 결과가 얻어진다.

$$E' = \frac{3\varepsilon_1}{2\varepsilon_1 + \varepsilon_2} E_0, \qquad M = 4\pi a^3 \frac{\varepsilon_1(\varepsilon_2 - \varepsilon_1)}{2\varepsilon_1 + \varepsilon_2} E_0 \tag{6·80}$$

**그림 6·21**

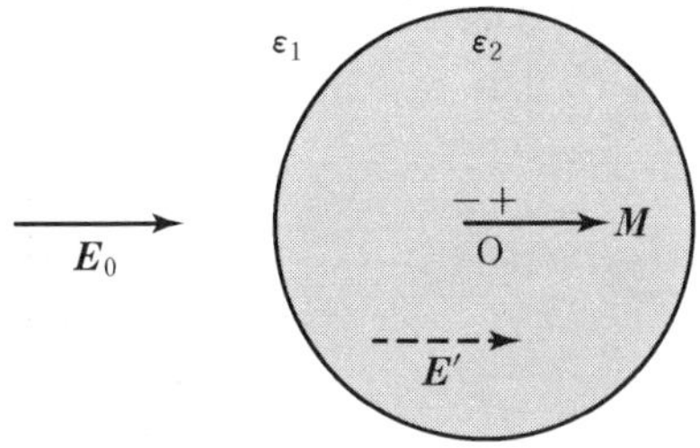


**예제 6·7** 비유전율 $\varepsilon_s = 4$인 절연율 속에 구형의 공기 거품(기포)이 있다고 한다. 이것에 10 [kV/m]의 전계를 구하여라.

**풀이** 식 (6·80)의 제1식에 $\varepsilon_1 = 4\varepsilon_0$, $\varepsilon_2 = \varepsilon_0$, $E_0 = 10$ [kV/m]를 대입하면

$$E' = \frac{3 \times 4}{8+1} E_0 = \frac{4}{3} E_0 = \frac{4}{3} \times 10 = 13.33 \text{ [kV/m]}$$

**주** 이 계산 결과를 보면 기름에 공기 거품이 있으면 거품 속의 전계는 기름의 전계보다 커진다. 절연 파괴가 일어날 경우를 생각하면 최초에 공기 거품이 있는 장소에서 일어난다. 그래서 절연유를 사용할 때에는 기포를 배려하는 것이 필요하다.

## 연습 문제

**6·1** 비유전율 $\varepsilon_s = 3$인 유전체 내의 한 점의 전장이 $3\times10^5$[V/m]일 때, 이 점의 분극 세기는 몇 [C/m$^2$]인가?

㉮ $1.77\times10^{-6}$ ㉯ $5.31\times10^{-6}$ ㉰ $7.08\times10^{-6}$ ㉱ $8.85\times10^{-6}$

**6·2** 그림과 6·22 같이 전속 밀도 $\boldsymbol{D} = 1$[C/m$^2$] 중에 $\varepsilon_s = 5$인 유전체가 놓여 있어서 균일하게 분극이 생겼다면 분극의 세기 $\boldsymbol{P}$[C/m$^2$]는?

㉮ 0.3 ㉯ 0.5 ㉰ 0.8 ㉱ 1

그림 6·22

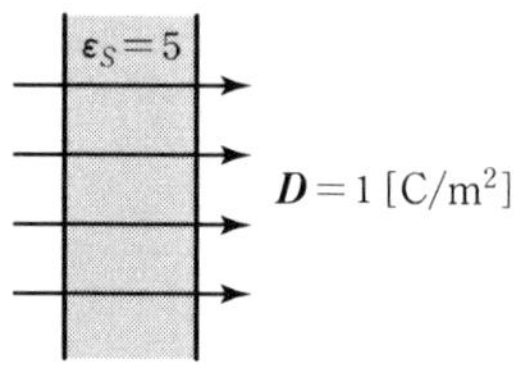


**6·3** 균일한 진공 전계 중에 수직으로 비유전율 $\varepsilon_s = 10$인 절연판을 놓았을 때, 판상의 분극 전하 밀도가 $\sigma = 10^{-10}$[C/m$^2$]일 때 절연판 전계의 세기[V/m]는?

㉮ 1.25 ㉯ 2.82 ㉰ 4.63 ㉱ 6.82

**6·4** 비유전율 $\varepsilon_s = 5$인 등방 유전체의 한 점에서 전계의 세기가 $\boldsymbol{E} = 10^4$[V/m]일 때, 이 점의 분극률 $\chi$[F/m]는?

㉮ $\dfrac{10^{-9}}{9\pi}$ ㉯ $\dfrac{10^{-9}}{18\pi}$ ㉰ $\dfrac{10^{-9}}{27\pi}$ ㉱ $\dfrac{10^{-9}}{36\pi}$

**6·5** 반지름 $a$인 도체구에 전하 $Q$를 주었다. 도체구를 둘러싸고 있는 유전체의 유전율 $\varepsilon_s$인 경우, 경계면에 나타나는 분극 전하[C/m$^2$]는?

㉮ $\dfrac{Q}{4\pi a^2}(1-\varepsilon_s)$ ㉯ $\dfrac{Q}{4\pi a^2}(\varepsilon_s - 1)$

㉰ $\dfrac{Q}{4\pi a^2}\left(1-\dfrac{1}{\varepsilon_s}\right)$ ㉱ $\dfrac{Q}{4\pi a^2}\left(\dfrac{1}{\varepsilon_s}-1\right)$

**6·6** 분자 밀도 $2\times10^{20}$[개/m$^3$]에 $\boldsymbol{E} = 10^5$[V/m]일 때, 각 분자가 $2\times10^{-27}$[C·m]

의 쌍극자 모멘트를 갖는 물질의 비분극률은 얼마인가?

㉮ 0.45　　㉯ 1.45　　㉰ 2.45　　㉱ 3.45

**6·7** 반지름 $a$[m]인 도체구에 전하 $Q$[C]을 주었을 때, 구 중심에서 $r$[m] 떨어진 구 밖($r>a$)의 전속 밀도 $\boldsymbol{D}$[C/m$^2$]는 얼마인가?

㉮ $\dfrac{Q}{2\pi\varepsilon r}$　　㉯ $\dfrac{Q}{4\pi r^2}$　　㉰ $\dfrac{Q}{4\pi\varepsilon a^2}$　　㉱ $\dfrac{Q}{4\pi r}$

**6·8** 10 [cm$^2$]의 체적에 3 [$\mu$C/cm$^3$]의 체적 전하 분포가 있을 때, 이 체적 전체에서 발산하는 전속[C]은?

㉮ $3\times10^5$　　㉯ $3\times10^6$　　㉰ $3\times10^{-5}$　　㉱ $3\times10^{-6}$

**6·9** 면적 $S$[m$^2$]의 평행판 방전 전극 사이에 유전율이 $\varepsilon_1$[F/m], $\varepsilon_2$[F/m] 되는 두 종류의 유전체를 $\dfrac{d}{2}$[m] 두께가 되도록 넣으면 정전 용량은 몇 [F]이 되는가?

㉮ $\dfrac{S}{\dfrac{d}{2}(\varepsilon_1+\varepsilon_2)}$　　㉯ $\dfrac{1}{\dfrac{dS}{2}\left(\dfrac{1}{\varepsilon_1}+\dfrac{1}{\varepsilon_2}\right)}$

㉰ $\dfrac{2S}{d\left(\dfrac{1}{\varepsilon_1}+\dfrac{1}{\varepsilon_2}\right)}$　　㉱ $\dfrac{S}{2d\left(\dfrac{1}{\varepsilon_1}+\dfrac{1}{\varepsilon_2}\right)}$

**그림 6·23**

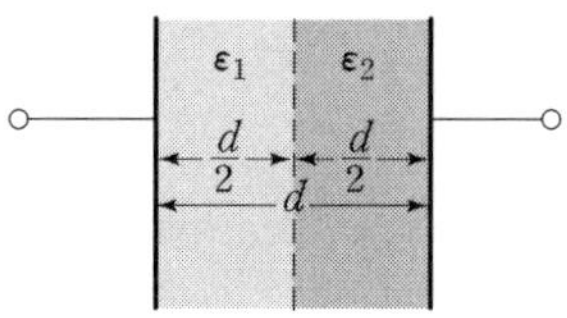


**6·10** 극판의 면적이 4 [cm$^2$], 정전 용량이 1 [pF]인 종이 콘덴서를 만드는 데 있어서 비유전율이 2.5, 두께가 0.01 [mm]인 종이를 사용하면 종이는 몇 장을 겹쳐야 되겠는가?

㉮ 87　　㉯ 100　　㉰ 250　　㉱ 885

**6·11** 면적 $S$[m$^2$], 간격 $d$[m]인 평행판 콘덴서에 그림 6·24과 같이 두께 $d_1$, $d_2$[m]이며, 유전율 $\varepsilon_1, \varepsilon_2$[F/m]인 두 유전체를 극판간에 평행으로 채웠을 때, 정전 용량[F]은 얼마인가?

㉮ $\dfrac{S}{\dfrac{d_1}{\varepsilon_1}+\dfrac{d_2}{\varepsilon_2}}$　　㉯ $\dfrac{\varepsilon_1\varepsilon_2 S}{d}$

㉰ $\dfrac{\varepsilon_1 S}{d_1} + \dfrac{\varepsilon_2 S}{d_2}$　　　㉱ $\dfrac{S}{\dfrac{d_1}{\varepsilon_2} + \dfrac{d_2}{\varepsilon_1}}$

**그림 6·24**

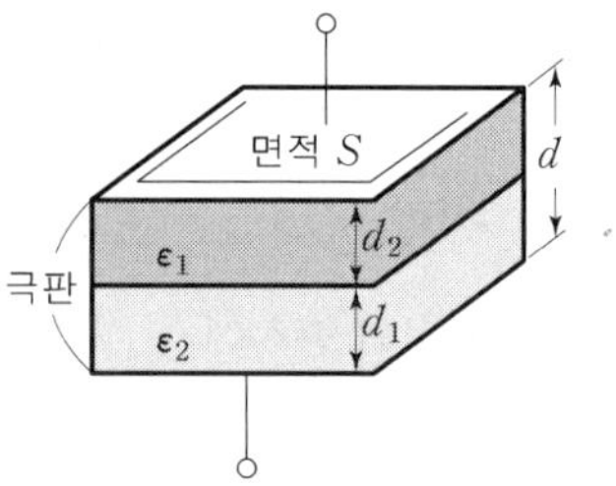


**6·12** 그림 6·25와 같이 면적이 $S[\mathrm{m}^2]$인 평행판 도체 사이에 두께가 각각 $l_1[\mathrm{m}]$, $l_2[\mathrm{m}]$, 유전율이 각각 $\varepsilon_1[\mathrm{F/m}]$, $\varepsilon_2[\mathrm{F/m}]$인 두 종류의 유전체를 삽입하였을 때의 정전 용량[F]은?

㉮ $\dfrac{\varepsilon_2 l + \varepsilon_1 l_2}{\varepsilon_1 \varepsilon_2} S$　　　㉯ $\dfrac{\varepsilon_1 + \varepsilon_2 S}{l_1 + l_2}$

㉰ $\dfrac{\varepsilon_1 + \varepsilon_2 S}{\varepsilon_2 l_1 + \varepsilon_1 l_2} S$　　　㉱ $\dfrac{\varepsilon_1 \varepsilon_2 S}{l_1 + l_2}$

**그림 6·25**

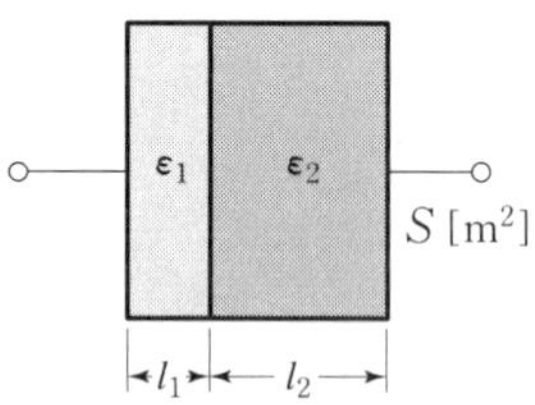


**6·13** 정전 용량이 $C_0[\mathrm{F}]$인 평행판 공기 콘덴서가 있다. 이 극판에 평행으로 판 간격 $d[\mathrm{m}]$의 1/2 두께 되는 유리판을 삽입하면, 이 때의 정전 용량[F]은? (단, 유리판의 유전율은 $\varepsilon[\mathrm{F/m}]$이라 한다.)

㉮ $\dfrac{C_0}{1+\dfrac{1}{\varepsilon}}$　　㉯ $\dfrac{2C_0}{1+\dfrac{1}{\varepsilon}}$　　㉰ $\dfrac{C}{1+\dfrac{\varepsilon}{\varepsilon_0}}$　　㉱ $\dfrac{2C_0}{1+\dfrac{\varepsilon_0}{\varepsilon}}$

**6·14** 간격 1[cm]로서 면적이 충분히 넓은 평행한 콘덴서가 있다. 극판간에 이것과 같은 면적으로 두께가 4[mm]인 유전체판을 넣어서 전극 간격을 1.2[cm]로 증가했더니 용량이 같아졌다. 이 유전체의 비유전율 $\varepsilon_s$는 얼마인가?

㉮ 1　　㉯ 2　　㉰ 3　　㉱ 4

**6·15** 그림 6·26에서와 같이 평판 콘덴서의 두 극판 간에 $\varepsilon_{s1}=6$, $\varepsilon_{s2}=9$인 유전체를 같은 두께로 삽입하고 단자 AB간에 100 [V]의 전압을 가하면 $\varepsilon_{s2}$인 유전체에 걸리는 전압[V]은?

㉮ 60 ㉯ 40 ㉰ 30 ㉱ 20

**그림 6·26**

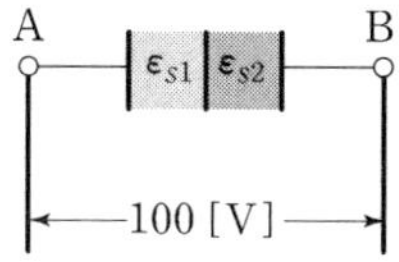


**6·16** 그림 6·27과 같은 극판 간의 간격이 $d$ [m]인 평행판 콘덴서에서 $S_1$ 부분의 유전체 비유전율이 $\varepsilon_{s1}$, $S_2$ 부분의 비유전율이 $\varepsilon_{s2}$, $S_3$ 부분의 비유전율이 $\varepsilon_{s3}$ 일 때, 단자 AB 사이의 정전 용량[F]은?

㉮ $\dfrac{1}{d\varepsilon_0}\left(\dfrac{S_1}{\varepsilon_{s1}}+\dfrac{S_2}{\varepsilon_{s2}}+\dfrac{S_3}{\varepsilon_{s3}}\right)$ ㉯ $\dfrac{\varepsilon_0}{d}(\varepsilon_{s1}S_1+\varepsilon_{s2}S_2+\varepsilon_{s3}S_3)$

㉰ $\dfrac{\varepsilon_0}{d}(S_1+S_2+S_3)$ ㉱ $\varepsilon_0(\varepsilon_{s1}S_1+\varepsilon_{s2}S_2+\varepsilon_{s3}S_3)$

**그림 6·27**

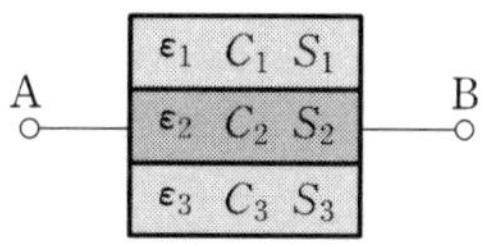


**6·17** 원형으로 된 평행판 콘덴서에서 평행판의 반지름이 3 [cm], 간격이 1 [mm]일 때 비유전율 $\varepsilon_s=4$ 인 유전체를 채우고 전압 100 [V]를 가하면 축적되는 에너지는 몇 [J]인가?

㉮ $3\times10^{-7}$ ㉯ $5\times10^{-7}$ ㉰ $8\times10^{-7}$ ㉱ $9\times10^{-7}$

**6·18** $Q$[C]의 전하를 가진 반지름 $a$[m]인 도체구를 유전율 $\varepsilon_s$인 기름 탱크에서 공기 중으로 꺼내는 데 필요한 에너지[J]는?

㉮ $\dfrac{Q}{8\pi\varepsilon_0 a}\left(1-\dfrac{1}{\varepsilon_s}\right)$ ㉯ $\dfrac{Q}{4\pi\varepsilon_0 a}\left(1-\dfrac{1}{\varepsilon_s}\right)$

㉰ $\dfrac{Q^2}{\pi\varepsilon_0 a}\left(1-\dfrac{1}{\varepsilon_s}\right)$ ㉱ $\dfrac{Q^2}{8\pi\varepsilon_0 a}\left(1-\dfrac{1}{\varepsilon_s}\right)$

**6·19** 면적이 300 [cm$^2$], 판 간격 2 [m]인 2장의 평행판 금속간을 비유전율 5인 유전체로 채우고 양판간에 20 [kV]의 전압을 가할 경우, 판간에 작용하는 정전 흡인

력[N]은?

㉮ 0.75 ㉯ 0.66 ㉰ 0.89 ㉱ 10

**6·20** 그림 6·28과 같이 무한 도체판으로부터 $a$[m] 떨어진 점에 $+Q$[C] 점전하가 있을 때, $\frac{1}{2}a$[m]인 P점의 전계 세기[V/m]는?

㉮ $\frac{10Q}{\pi\varepsilon_0 a^2}$ ㉯ $\frac{10Q}{9\pi\varepsilon_0 a^2}$ ㉰ $\frac{Q}{9\pi\varepsilon_0 a^2}$ ㉱ $\frac{8Q}{9\pi\varepsilon_0 a^2}$

**그림 6·28**

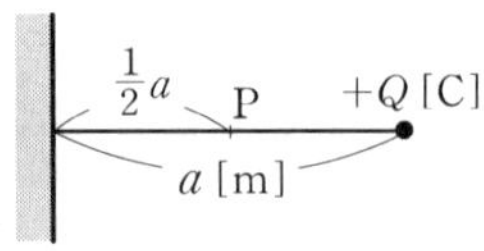

CHAPTER 7

# 전 류

## 7·1 전류의 종류

축전지에 파일럿 램프를 접속할 때에 흐르는 전류는 크기와 방향이 변화하지 않는다. 이 전류를 **직류**(direct current)라 하고 D.C.라 약칭한다.

가정에서 500 [W]의 전열기를 사용할 때 표 7·1과 같이 전류의 크기는 끊임없이 변화하고 전류의 방향도 바뀐다. 표 7·1은 전류의 최대가 될 때를 0으로 하고 1/1,000초 간격의 전류값을 나타내고 있다. 이와 같이 시간의 경과됨에 따라서 크기와 방향이 변하는 전류를 **교류**(alternating current)라 하고 A.C.라 약칭한다.

가로축에 시간, 세로축에 교류의 변화값을 취해서 그래프로 하면 사인파 모양을 한 것 또는 삼각파, 또한 복잡한 파형을 한 교류가 있으나 사인파 교류가 많이 사용된다. 표 7·1에 있어서 20 [ms]에서 전류가 처음의 값으로 되었지만 이 시간을 **주기**(period)라 한다. 1초 동안에 변화를 반복하는 횟수를 **주파수**( $f$ )라 한다. 즉

**표 7·1** 전류의 분류

| 시간 [ms] | 0 | 1 | 2 | 3 | 4 | 5 | 6 | 7 | 8 | 9 | 10 | 11 | … | 19 | 20 | 21 |
|---|---|---|---|---|---|---|---|---|---|---|---|---|---|---|---|---|
| 전류 [A] | 7.1 | 6.7 | 5.7 | 4.2 | 2.2 | 0 | −2.2 | −4.2 | −5.7 | −6.7 | −7.1 | −6.7 | … | 6.7 | 7.1 | 6.7 |

$$\text{주파수} \quad f = \frac{1}{T}\,[\mathrm{Hz}]^{1)} \tag{7·1}$$

단, $T$는 주기이다.

표 7·2에 전류의 분류를 나타낸다. 이 표에서 맥류(pulsating current)란 직류와 교류가 중첩된 것이다. 또한, 과도 전류(transient current)란 스위치를 넣었을 때나 끊었을 때, 순간적으로 흐르는 전류를 말한다.

전기 자기학에서 취급하는 것은 주로 직류이다. 교류는 교류 이론(또는 전기 회로 이론)에서, 또한 과도 전류는 과도 현상론에서 취급된다.

**표 7·2** 전류의 분류

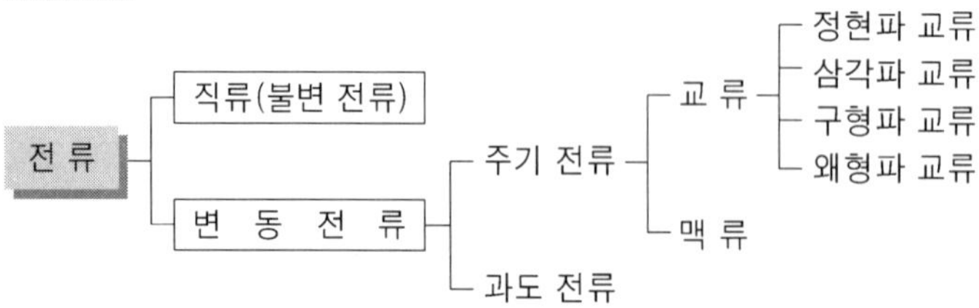


## ▶ 전류의 기구

전류는 전하의 이동으로 어떤 단면을 단위 시간에 통과하는 전하의 대수합이다. 단위 전류 1[A]는 1초 동안에 1[C]의 전하가 이동하는 것이다. 실제로 단면을 통과하는 전하로서는 정부 양자이며, 그 기구도 복잡하지만 전자, (+)이온, (−)이온 등이 단독 또는 조합되어 이동하고 있다고 생각된다. 예를 들면 금

1) 주파수 단위는 사이클 매초[c/s] 또는 사이클이 사용되었지만 1960년 파리에서 개최된 국제 도량형 총회에서 헤르츠(hertz, 기호 [Hz])가 채용되었다.

속 도체 내라든가 진공관 내의 전류는 전자만에 의해, 형광등 내의 전류는 전자, (+)이온 및 (−)이온에 의해서 운반되고 있다.

일반적으로 (+)전하 이동의 방향으로 $I_+$ [A], (−)전하 이동과 동일 방향으로 $I_-$ [A]의 전류가 흐를 때,

$$I = I_+ + I_- \text{ [A]} \tag{7·2}$$

이 $I$가 그 때의 전류이다. 식 (7·2)의 우변은 제1항만의 경우도 있다.

**예제 7·1** 2극관에 40 [mA]의 전류가 흐르고 있을 때, 1초 동안에 양극에 부딪치는 전자의 수를 구하여라.

**풀이**

$$40 \times 10^{-3} \text{ [C]} \div (1.602 \times 10^{-19} \text{ [C]}) = 2.497 \times 10^{17} \text{ [개]}$$

## 7·2 옴의 법칙

> 전류가 흐르고 있는 금속선에 있어서 임의 두 점간의 전위차 $V$는 전류 $I$에 비례한다.

$$V = RI \tag{7·3}$$

단, $R$은 두 점 간의 **전기 저항**(electric resistance) 또는 **저항**(resistance)이라 한다.

이것을 **옴의 법칙**(Ohm's law)이라 한다. 저항의 단위는 옴[ohm, 기호 Ω]을 사용한다.2)

옴(Georg Simon Ohm)은 이 법칙을 1827년에 발표했으며, 또한 금속선의 저항 $R$은 길이 $l$에 비례하고 단면적 $S$에 반비례한다는 것을 실험에 의해 구했다.

---

2) 저항이 큰 경우에는 1 [kΩ] = $10^3$ [Ω], 1 [MΩ] = $10^6$ [Ω], 1 [μΩ] = $10^{-6}$ [Ω]이 사용된다.

$$R = \rho \frac{l}{S} \, [\Omega] \tag{7·4}$$

여기서 $\rho$를 **저항률**(resistivity)이라 한다.[3] 저항률 $\rho$의 단위는 식 (7·4)에 의해 $[\Omega \cdot m]$이다. 저항률 $\rho$의 값은 금속에 따라서 다르지만 가장 작은 것이 은이며, 그 다음에 동이며 그들의 값을 표 7·3에 나타낸다. 표 7·3의 왼쪽은 순수한 금속이다. 순수한 금속에 불순물이 들어가면 저항률 $\rho$는 커진다. 합금의 저항률은 일반적으로 크다. 예를 들면 Ni 45[%], Cu 55[%]인 콘스탄탄의 저항률 $\rho$는 $49 \times 10^{-8} \, [\Omega \cdot m]$이다. 철은 불순물(탄소, 기타)의 함유량에 따라 저항률 $\rho$의 값이 달라진다.

**표 7·3** 금속의 저항률 (단위 : $10^{-8} \, [\Omega \cdot m]$)

| 금 속 | $\rho$ [20°C] | 합 금 | $\rho$ [20°C] |
|---|---|---|---|
| 은 | 1.62 | 표준 연동선 | 1.7241 |
| 동 | 1.69 | 경 동 선 | 1.76~1.80 |
| 금 | 2.40 | 알루미늄선 | 2.83 |
| 알루미늄 | 2.62 | 듀 라 민 | 3.35 |
| 이 리 듐 | 5.29 | 철 선 | 10.3~13 |
| 텅 스 텐 | 5.48 | 망 가 닌 | 42~48 |
| 니 켈 | 6.9 | 어드밴스 | 47.6 |
| 철 | 9.8 | 콘스탄탄 | 47~51 |
| 몰리브덴 | 10.2 | Fe-C 합금* | 90~100 |
| 백 금 | 10.5 | 니 크 롬 | 95~110 |
| 납 | 21.9 | | |
| 수 은 | 95.8 | | |

* Fe 94[%], c 3.5[%], Si 2[%], Mn 0.5[%], P 0.3[%] 등

저항률 $\rho$의 역수를 **도전율**(conductivity)이라 하고 도전율 $\chi$로 표시한다.

$$\chi = \frac{1}{\rho} \, [\mho] \tag{7·5}$$

3) 고유 저항(specific resistance)이라고도 불리운다.

저항률 $\rho$가 작은 금속일수록, 즉 도전율 $\varkappa$가 클수록 전류가 흐르기 쉽다.

어느 도체의 도전율과 표준 연동의 도전율과의 비를 %로 나타낸 것을 **퍼센트 도전율**(percentage conductivity)이라 한다. 예를 들면 $\rho = 1.777 \times 10^{-8}$ [Ω·m]인 경동선의 퍼센트 도전율은 97 [%]이다.4)

## 7·3 저항의 온도 계수

### 7·3·1 저항률의 온도 계수

표 7·3에서 저항률 $\rho$의 값이 온도에 따라서 변하기 때문에 온도 20 [°C]일 때라고 기록되어 있다.

$t_1$ [°C]일 때의 저항률을 $\rho_1$이라 하고 $t_2$ [°C]일 때의 저항률을 $\rho_2$라 하면

$$\rho_2 = \rho_1 \{1 + \alpha_1 (t_2 - t_1)\} \tag{7·6}$$

**표 7·4** 금속의 저항률 온도 계수

| 금 속 | $\alpha$[20°C] | 합 금 | $\alpha$[20°C] |
|---|---|---|---|
| 은 | 0.0038 | 연 동 | 0.0038~0.004 |
| 동 | 0.00393 | 경 동 | 0.0038 |
| 금 | 0.0034 | 알루미늄선 | 0.004 |
| 알루미늄 | 0.0039 | 듀 라 민 | 0.0022 |
| 이 리 듐 | 0.0039 | 철 선 | 0.0063 |
| 텅 스 텐 | 0.0045 | 망 가 닌 | 0.00001 |
| 니 켈 | 0.006 | 어드밴스 | 0 |
| 철 | 0.005 | 콘스탄탄 | 0.000015 |
| 몰리브덴 | 0.0033 | 니 크 롬 | 0.00002 |
| 백 금 | 0.003 | | |
| 납 | 0.0039 | | |
| 수 은 | 0.00089 | | |

4) 전선의 경우에 길이 1 [m], 단면적 1 [$mm^2$]의 저항을 사용하는 경우도 있다. 경동선은 1/55 [Ω], 알루미늄선은 1/35 [Ω]이다 ( 20 [°C] ).

이 $\alpha_1$을 온도 $t_1$ [°C]에 대한 저항률의 온도 계수라 한다.

각종 물질의 저항률 온도 계수를 표 7·4에 나타낸다. 표 7·4에 나타내는 망가닌 이하의 4개 합금은 온도 계수 $\alpha$의 값이 작아 저항선으로써 사용된다. 어드밴스(Cu 54.5, Ni 44.7, Mn 0.5 등)의 $\alpha$값은 거의 0이다.

**예제 7·2** 동의 20 [°C]에 대한 저항률의 온도 계수는 0.00393이다. 0 [°C]에 대한 저항률의 온도 계수 $\alpha_0$를 구하여라.

**풀이** 식 (7·6)을 사용하여

$$\rho_{20} = \rho_0\{1+\alpha_0(20-0)\}, \quad \rho_{20} = \rho_0(1+20\alpha_0) \tag{7·7}$$

또한

$$\rho_0 = \rho_{20}\{1+\alpha_{20}(0-20)\}, \quad \rho_0 = \rho_{20}(1-20\times 0.00393) \tag{7·8}$$

식 (7·7)과 식 (7·8)에서

$$\therefore \alpha_0 = 0.004267$$

**예제 7·3** 어떤 금속선이 $t_1$ [°C]일 때의 저항을 $R_1$, 저항률을 $\rho_1$, 저항률의 온도 계수를 $\alpha_1$, 선팽창 계수를 $\mu$라 하고 $t_2$ [°C]일 때의 저항을 $R_2$라 할 때, $R_2$와 $R_1$ 사이의 관계식을 구하여라.

**풀이** $t_1$ [°C]일 때에 금속선의 단면적을 $S$, 길이를 $l$이라 하면

$$R_1 = \rho_1 l/S \tag{7·9}$$

$$t_2 - t_1 = t \tag{7·10}$$

이라 놓는다. $t_2$ [°C]일 때의 단면적은 $S(1+\mu t)^2$, 길이는 $l(1+\mu t)$가 되므로

$$R_2 = \rho_2 \frac{l(l+\mu t)}{S(1+\mu t)^2} \fallingdotseq \rho_2 \frac{l}{S}(1-\mu t) = \rho_1(1+\alpha_1 t)\frac{l}{S}(1-\mu t)$$

$$= R_1(1+\alpha_1 t)(1-\mu t) \tag{7·11}$$

$$\therefore R_2 = R_1\{1+(\alpha_1-\mu)(t_2-t_1)\} \tag{7·12}$$

### 7·3·2 저항의 온도 계수

식 (7·12)를 보면 저항의 온도 계수로서는 $(\alpha_1-\mu)$로 하면 된다.

실용적으로는 $\mu \ll \alpha_1$ 인 경우가 많으므로 저항률의 온도 계수 $\alpha_1$ 을 사용하여 계산해도 큰 차이는 없다. 그 경우에 식 (7·12)는

$$R_2 = R_1\{1 + \alpha_1(t_2 - t_1)\} \tag{7·12a}$$

선팽창 계수를 알고 있을 때에는 $(\alpha_1 - \mu)$를 사용한 쪽이 정확하다.

### 7·3·3 동선의 저항

동선이 $t_1$ [°C]의 저항을 $R_1$, $t_2$ [°C]의 저항을 $R_2$ 라 하면 다음의 관계가 있다.

$$\frac{R_2}{R_1} = \frac{t_2 + 234.5}{t_1 + 234.5} \tag{7·13}$$

### 7·3·4 초도전 상태

금속에는 온도를 내리면 저항이 감소하고 어떤 전이 온도 $T_c$ 이하에서 급격히 감소하여 0이 되는 것이 있다. 이 $T_c$ 이하의 상태를 **초도전 상태**(super conductive state)라 한다. 이 현상은 1911년 오네스(Kamerlingh Onnes)에 의해 발견되었다. 오네스는 수은의 온도를 저하시켜 저항을 측정했을 때, 4.2 [°K][5] 이하에서 저항이 0이 되는 것을 발견했다(그림 7·1 참조). 그리고 초도전 상태는 어느 크기 이상의 자계를 가하면 깨어진다.

**그림 7·1**

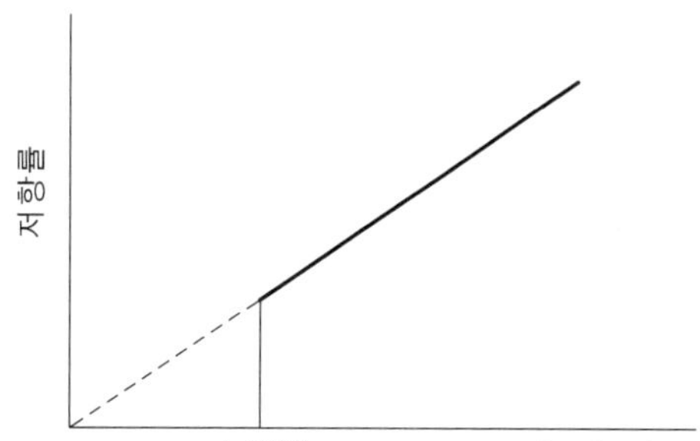


5) 켈빈 온도 0 [°C] = 273.15 [°K]

## 7·4 금속 이외의 물질 저항

### 7·4·1 절연물

전류가 흐르기 어려운 물질을 **부도체**(non-conductor) 또는 **절연물**(insulator)라 한다. 절연물의 저항률을 표 7·5에 나타낸다.

**표 7·5** 절연물 저항률 $\rho$의 값

| 절연물 | $\rho\,[\Omega\cdot\text{m}]$ |
|---|---|
| 유 황 | $10^{14}\sim10^{17}$ |
| 운 모 | $10^{12}\sim10^{15}$ |
| 대리석 | $10^{8}\sim10^{12}$ |
| 자 기 | $10^{11}\sim10^{13}$ |
| 유 리 | $10^{11}\sim10^{13}$ |
| 석영 유리 | $10^{16}\sim10^{17}$ |
| 비 닐 | $10^{19}\sim10^{14}$ |
| 플라스틱 | $10^{8}\sim10^{12}$ |

금속 저항률 온도 계수 $\alpha$의 값은 정(+)이지만 절연물의 $\alpha$는 부(−)이다. 즉, 온도가 상승하면 저항률이 작게 된다.

절연물의 저항을 **절연 저항**(insulation resistance)이라 한다. 절연물을 사용할 경우에 가운데를 흐르는 전류 이외에 표면을 흐르는 연면 전류가 있어 표면의 더러움이나 습기에 의해 변화하지만 연면 전류의 쪽이 보통 크다. 또한 절연물에 가해지는 전계가 절연 내력보다 크게 되면 절연 파괴되기 때문에 절연 내력 [kV/mm] 이하의 전계에서 사용하지 않으면 안된다.

### 7·4·2 전해액

일반적으로 전해액(electrolyte solution)의 저항률은 농도와 온도에 의해 현저하게 변화하여 그 변화도 복잡하며 온도 계수 $\alpha$는 부(−)인 경우가 많지만 정(+)인 경우도 있다. 농도가 다른 식염수의 18 [°C]일 때에 있어서 저항률 $\rho$와 온도 계수 $\alpha$의 값을 표 7·6에 나타낸다. 수저항기가 사용되지만 이것은 식염수를 사용한다.

**표 7·6** 식염수의 $\rho$와 $\alpha$의 값(18 [°C])

| 식염 함유율 [%] | 저항률 $\rho$ [Ω·m] | 온도 계수 $\alpha$ |
|---|---|---|
| 5 | 0.149 | −0.022 |
| 10 | 0.0825 | −0.021 |
| 15 | 0.0609 | −0.021 |
| 20 | 0.0510 | −0.022 |
| 25 | 0.0468 | −0.023 |

### 7·4·3 반도체

1874년 브라운(Karl Ferdinand Braun)은 천연 광석인 유화납 PbS에 전극을 설치하고 반대쪽에 바늘을 세워 저항을 측정했을 때, 전류의 방향에 의해 저항값이 현저하게 달라지는 것, 즉 정류 작용이 있다는 것을 발견했다. 같은 무렵에 슈스터(Sir Arthur Schuster)는 이산화동($Cu_2O$)에 바늘을 압착하여 정류 작용을 발견하고, 또한 1877년에 브라운은 셀렌(Se)의 정류성을 발견했다. 그 후 이러한 물질은 정류성 이외에

① 온도가 올라가면 저항률이 작아진다.

② 빛이 닿으면 저항률이 작아진다.

③ 빛이 닿으면 기전력을 발생한다.

등의 특별한 성질을 갖는다는 것을 알 수 있으며, 저항률이 도체와 절연물의 중

간[6]인 것에서 **반도체**(semiconductor)라는 이름이 붙었다. 그 후 많은 연구자에 의해 카보런덤(SiC), 실리콘(Si), 게르마늄(Ge) 등의 정류성 재료가 발견되었고 각종의 이론적인 연구도 행해졌다.

Ge, Si 등의 반도체를 사용한 **트랜지스터**(transister)가 발명된 것은 1948년이며 미국 벨 전화 연구소의 노력에 의한 것이다. 트랜지스터는 진공관에 비해서 소형이고 전력의 소비가 작은 장점을 지니고 있으므로 이용면이 급속히 발전했다. 반도체를 이용하는 공학, 즉 **고체 전자 공학**(solid state electronics)은 소형 라디오에서 컴퓨터, 우주 기술까지 넓은 분야에 걸쳐 중요한 위치를 점유하게 되었다.

## 7·5 기전력

전지나 발전기는 전류를 흘리는 힘을 갖고 있다. 이 힘을 **기전력**(electromotive force)이라 한다.

기전력의 단위는 volt [V]를 사용한다.

### ▶ 전압(voltage)

전위차와 기전력을 총칭하여 전압이라 한다. 전압이라는 용어는 편리하며 어느 쪽의 의미로도 사용된다. 예를 들면 이 전지의 전압은 2 [V]이라든가, 또한 p.87의 그림 5·7에서 콘덴서 $C_2$의 전압 $V_2$를 구하는 경우 등에 사용된다.

기전력의 기호를 그림 7·2에 나타낸다.

**그림 7·2**

기전력의 기호

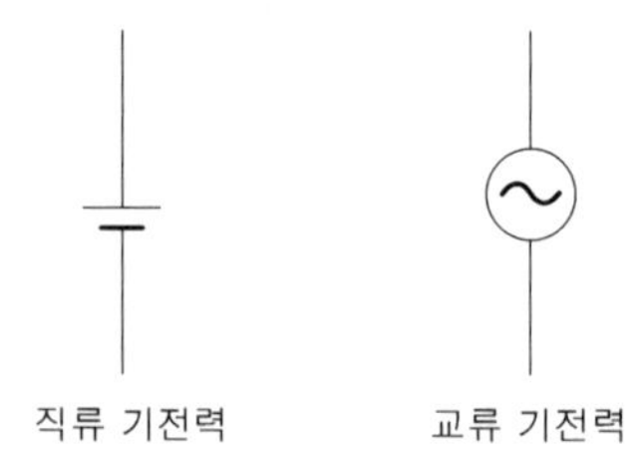


6) $Cu_2O$나 Se의 저항률은 0.1 [Ω·m] 정도이다.

직류 기전력의 기호는 그림 7·2의 위가 (+)의 극, 아래가 (−)의 극이며 +, −는 도시하지 않고 장단과 굵기로 나타낸다.

# 7·6 저항의 접속

## 7·6·1 직렬 접속

저항 $R_1$, $R_2$, $R_3$, ⋯를 그림 7·3(a)와 같이 직렬 접속(series connection)했을 때의 합성 저항 $R$은 식 (7·3)을 사용하여 다음과 같이 된다.[7)]

$$R = R_1 + R_2 + R_3 + \cdots \tag{7·14}$$

**그림 7·3**

저항의 접속

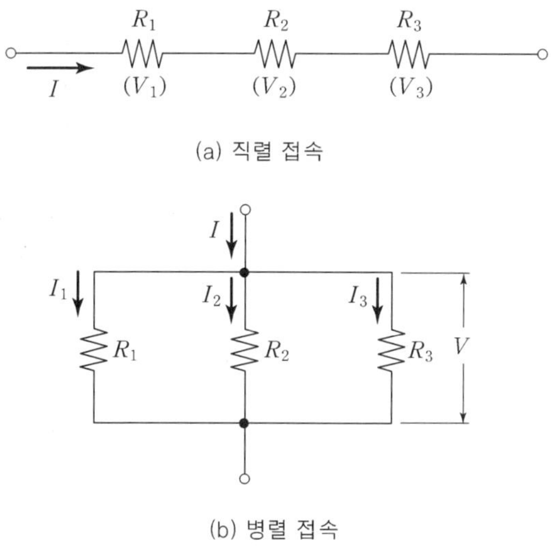


## 7·6·2 병렬 접속

그림 7·3(b)와 같이 저항 $R_1$, $R_2$, $R_3$, ⋯를 병렬 접속(parallel connection)

7) $V_1 = R_1 I$, $V_2 = R_2 I$, $V_3 = R_3 I$와 $V = V_1 + V_2 + V_3$에 대입하면 된다.

했을 때의 합성 저항 $R$을 구한다.

$$I_1 = V/R_1, \quad I_2 = V/R_2, \quad I_3 = V/R_3 \tag{i}$$

$$I = I_1 + I_2 + I_3 + \cdots \tag{ii}$$

$$I = V/R \tag{iii}$$

식 (i), (ii), (iii)에서

$$\frac{1}{R} = \frac{1}{R_1} + \frac{1}{R_2} + \frac{1}{R_3} + \cdots \tag{7·15}$$

식 (i)에서

$$I_1 : I_2 : I_3 = \frac{1}{R_1} : \frac{1}{R_2} : \frac{1}{R_3} = G_1 : G_2 : G_3 \tag{7·16}$$ [8]

**예제 7·4** 10[Ω], 1[Ω], 9[Ω]인 3개의 저항을 그림 7·4와 같이 접속할 때, 각 저항에 흐르는 전류를 구하여라.

**그림 7·4**

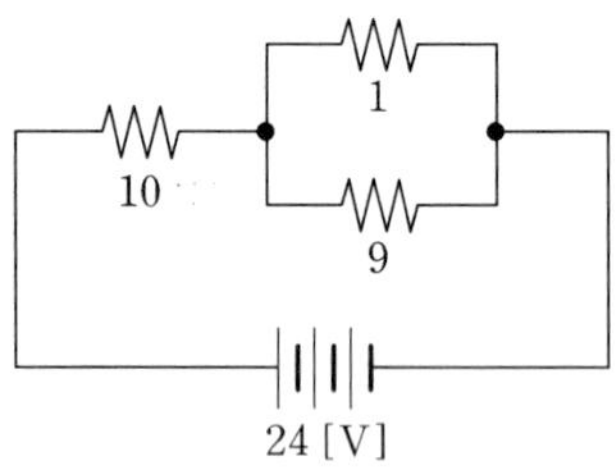


**풀이**

$$\frac{1}{R_{19}} = \frac{1}{1} + \frac{1}{9} = \frac{10}{9}, \quad R_{19} = \frac{9}{10} = 0.9$$

$$I = \frac{24}{10+0.9} = \frac{24}{10.9} = 2.2018$$

$$I_1 : I_9 = \frac{1}{1} : \frac{1}{9} = 9 : 1$$

$$\therefore I_9 = 0.22018, \quad I_1 - 1.9816$$

그러므로

10[Ω] … 2.2[A], 1[Ω] … 1.98[A], 9[Ω] … 0.22[A]

8) 저항의 역수를 컨덕턴스(conductance)라 하고 $G$로 표시한다. $G$의 단위는 [S]이다.

## 7·7 키르히호프의 법칙

전류의 통로를 전기 회로(electric circuit) 또는 회로(circuit)라 한다. 몇 개의 회로가 조합된 것을 회로망(network)이라 한다. 키르히호프의 법칙(Kirchhoff's law)은 다음의 두 개 법칙으로구성된다.

① 회로망의 임의점에 유입하는 전류의 대수합은 영(0)이다.

$$\Sigma I = 0 \tag{7·17}$$

② 회로망의 임의 폐회로에 있어서 저항과 전류의 곱에 대한 대수합은 기전력의 대수합과 같다.

$$\Sigma RI = \Sigma U \tag{7·18}$$

**예제 7·6** 그림 7·5의 회로망에서 $E_1 = 4\,[\mathrm{V}]$, $E_2 = 4\,[\mathrm{V}]$, $R_1 = 0.25\,[\mathrm{V}]$, $R_2 = 0.1\,[\mathrm{V}]$, $R_3 = 0.1\,[\mathrm{V}]$일 때, 각 저항을 흐르는 전류를 구하여라.

**그림 7·5**

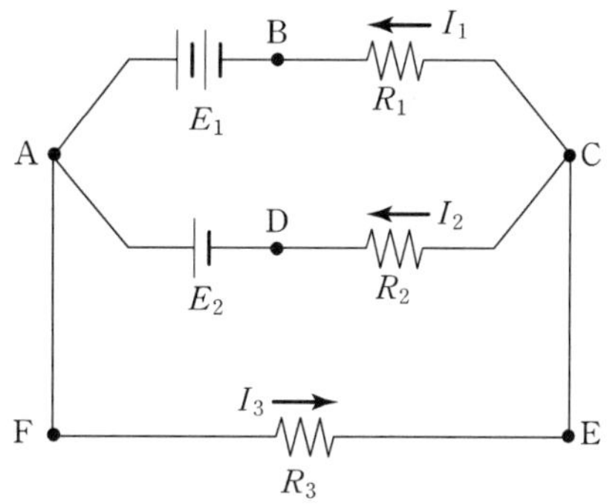


**풀이** 각 저항을 흐르는 전류를 그림과 같이 $I_1$, $I_2$, $I_3$라 하면 점 A에 있어서

$$I_1 + I_2 - I_3 = 0 \tag{7·19}$$

폐회로 CBADC에 있어서

$$R_1 I_1 - R_2 I_2 = E_1 - E_2 \tag{7·20}$$

폐회로 CBAFEC에 있어서

$$R_1 I_1 + R_3 I_3 = E_1 \tag{7·21}$$

이러한 식에 주어진 수치를 대입하여 풀면 $I_1$, $I_2$, $I_3$가 구해진다.

$$\therefore I_1 = 10\,[\mathrm{A}], \quad I_2 = 5\,[\mathrm{A}], \quad I_3 = 15\,[\mathrm{A}]$$

# 7·8 전류의 발열 작용

## 7·8·1 줄의 법칙

전류가 저항이 있는 금속선을 흐르면 열이 발생한다는 것에 대해서는 많은 사람들이 실험을 행했지만, 특히 영국의 줄(J. P. Joule)에 의해 상세하게 연구되었다. 발생하는 열량 $H$는 전류 제곱과 저항의 곱에 비례하여 다음의 식으로 표시된다.

$$H = \frac{RI^2t}{4.19} \text{ [cal]} \tag{7·22}$$

단, $t$는 시간으로 단위는 [초]이다. 이것을 **줄의 법칙**(Joule's law)이라 한다. 분모의 4.19는 열의 일당량이다( 1 [cal][9]은 4.1855 [J]에 해당한다).

## 7·8·2 줄열의 이용 예

전류에 의해서 발생하는 열을 **줄열**(Joule's heat)이라 한다. 그 이용에는 많지만 예를 들면 전열기는 가정에서 사용되고 또한 연구용, 공업용에 각종의 것이 사용되고 있다.

## 7·8·3 동 손

줄열의 이용 예를 설명했지만 해로운 쪽은 넓은 방면에 미치고 있다. 그 장해의 하나가 동손이다. 전류에 의해 열이 발생한다는 것은 전기 에너지가 열에너지로 변환되기 때문에 그 에너지의 양만큼 손실(loss)이 있으며 그것을 **동손**(copper loss)이라 한다. 동손은 모든 전기 기계 기구에 발생한다. 예를 들면 변압기(transformer)에서도 1차 코일과 2차 코일에 동선이 사용되고 있어 그 저항을 $R_1$, $R_2$라 하면 매초 $I_1{}^2R_1 + I_2{}^2R_2$ [Joule]의 동손이 있다. 동손의 단위는 [J/s], 즉 W(watt)가 사용된다(7·9·1 참조).

9) 15[°C]의 물 1[g]을 온도 1[°C] 올리는 데에 요하는 열량이다.

### 7·8·4 전선의 허용 전류

가는 전선에 큰 전류를 흘리면 열이 발생하여 온도가 상승하고 절연물이 변질해서 산화한다. 이것은 위험하므로 전선의 굵기와 절연물의 종류에 따라서 안전한 범위가 규정되어 있다. 이 값을 **허용 전류**(allowable current)라 한다. 반드시 값 이하의 전류에서 사용하지 않으면 안된다. 가정에서 사용하는 코드의 허용 전류를 표 7·7에 나타낸다.

**표 7·7** 코드의 허용 전류

| 크기[$mm^2$] | 허용 전류[A] |
|---|---|
| 0.4 | 3 |
| 0.5 | 4 |
| 0.75 | 7 |
| 0.9 | 8 |
| 1.25 | 12 |

## 7·9 전 력

### 7·9·1 일 률

단위 시간에 하는 일을 **일률**(또는 공률)이라 한다. 매초 1줄의 일률을 1와트 [W]로 하고 이것을 일률의 단위로 한다.[10)]

$$1\ \mathrm{W\ (watt)} = 1\ \mathrm{J/S\ (joule/second)} \tag{7·23}$$

10) 일률의 단위로서 마력(horse power HP, 1[HP]=746[W])이 사용되었지만, 현재는 [W], [kW]가 사용된다.

### 7·9·2 전 력

전력(electric power)이란 일률이며 일이 전기 에너지의 경우에 사용한다. 예를 들면 그림 7·6과 같이 저항 $R$에 전류 $I$가 흘러 양단의 전위차 $V$라 하면 매초 $I^2R$[J]의 전기 에너지가 소비된다. 그러므로, 저항 $R$에서 소비되는 전력 $P$는 식 (7·3)을 사용하여

$$P = I^2 R = \frac{V^2}{R} = VI\,[\mathrm{W}] \tag{7·24}$$

그림 7·6

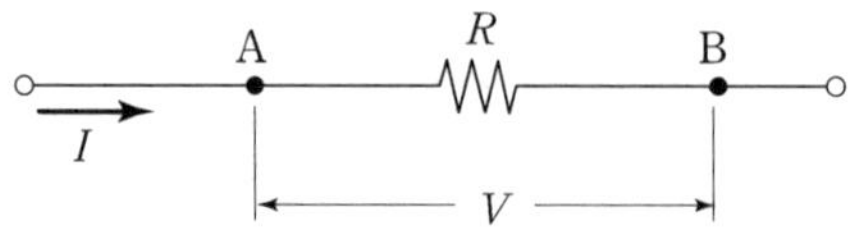


### 7·9·3 전력량

전력 $P$[W]와 시간 $t$[s]의 곱 $Pt$[W]를 **전력량**(electric energy)이라 한다. 예를 들면 500[W]의 전열기를 1분간 사용했을 때의 전력량은 500×60=30,000[Ws]이다. 전력량의 단위는 Ws(와트 · 초)를 사용하지만 실용적으로는 1[kWh]가 사용된다.

$$1\,[\mathrm{kWh}] = 1{,}000\,[\mathrm{W}] \times 3{,}600\,[\mathrm{s}] = 3.6 \times 10^6\,[\mathrm{J}] \tag{7·25}$$

$$(\because 1\,[\mathrm{Ws}] = 1\,[\mathrm{J}])$$

### 7·9·4 전원과 부하

전지, 발전기와 같이 전력을 공급하는 것을 **전원**(electric source)이라 하고, 그림 7·6의 저항과 같이 전력을 소비하는 것을 **부하**(load)라 한다.

### 7·9·5 전지의 내부 저항

전지에는 내부에 저항을 갖기 때문에 작은 저항을 접속할 때에는 고려할 필요가 있다. 그림 7·7에서 A, B는 전지의 단자, $r$은 내부 저항, $U$는 기전력이라 하고 $R$을 부하 저항이라 하면 스위치 $S$를 넣을 때에 흐르는 전류 $I$는

$$I = \frac{U}{R+r}\ [\mathrm{A}] \tag{7·26}$$

AB간의 전위차 $V_{AB}$는

$$V_{AB} = U - rI\,[\mathrm{V}] \qquad \text{또는} \qquad V_{AB} = \frac{R}{R+r}U\,[\mathrm{V}] \tag{7·27}$$

그림 7·7

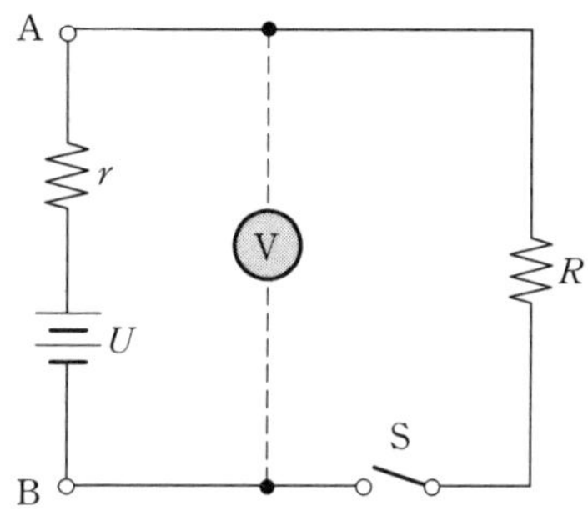


**예제 7·6** 어떤 전지가 무부하일 때의 전압은 1.48[V]이고 5[Ω]의 저항을 접속했을 때의 전압이 1.21[V]이었다. 내부 저항을 구하여라.

**풀이**

$1.48 - 1.21 = 0.27\ [\mathrm{V}]$

$0.27 \div I = 0.27 \div (1.21 \div 5) = 1.11\ [\Omega]$

## 7·10 열기전력

### 7·10·1 제벡 효과

그림 7·8과 같이 두 종류의 금속으로 폐회로를 만들어 접속부의 온도에 차가 있으면 기전력이 생기고 전류가 흐른다. 이 기전력을 **열기전력**(thermoelectro-

**그림 7·8**

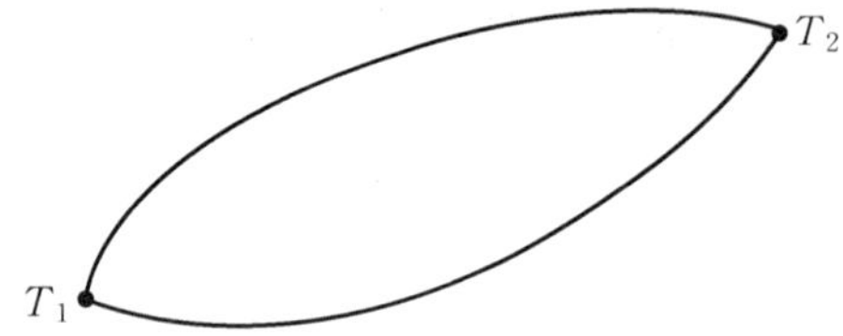


motive force), 전류를 **열전류**(thermoelectric current)라 한다. 이 현상은 1821년 독일의 Seebeck에 의해 발견되었으므로 **제벡 효과**(Seebeck effect)라 한다. 두 종류의 금속의 조합을 **열전대**(thermocouple)라 한다.

그림 7·9(a)와 같이 하나의 금속 내부에 온도의 기울기가 있으면 고온의 쪽에서 저온의 쪽으로 열에너지가 흐른다. 이와 동시에 같은 방향으로 전자가 흘러 열전류가 생긴다. 만일 회로가 열려 있으면 전하가 모여 전위차 $U_1$을 발생하고 이것이 열전류를 흘리려고 하는 힘과 평형한다. 이 전위차 $U_1$이 열기전력이다. 그러나, 한 종류의 금속만에서는 이 열기전력을 측정하는 것은 불가능하며 그림 7·10과 같이 다른 금속(Pb)과의 전위차가 열기전력으로서 측정되는 것이다. 이와 같이 열기전력은 금속 내부에 관한 현상이며 접합점 그 자체에 관한 현상은 아니다. 그러나 기전력은 접합점의 온도만에 의해서 정해진다.

**그림 7·9**

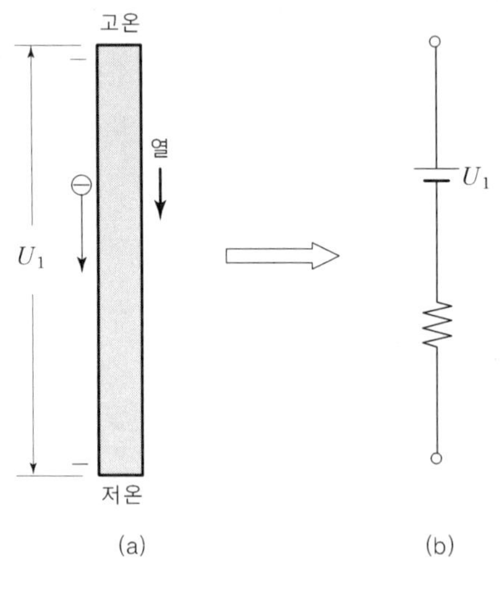

**그림 7·10**

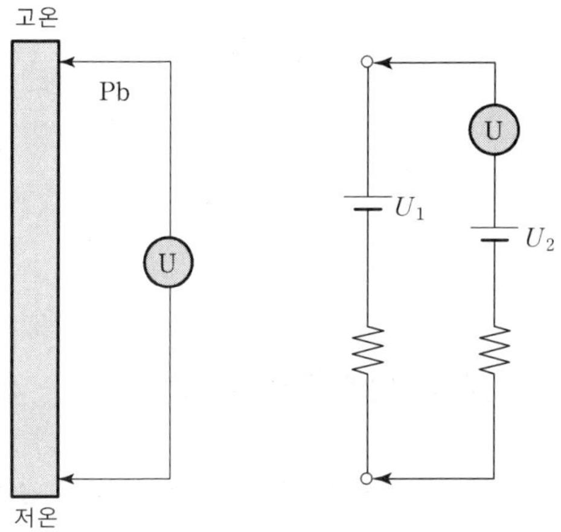


### 7·10·2 열기전력에 관한 법칙

#### ① 중간 온도 법칙

어떤 열전대가 있고 그 접점의 온도를 변화한다. 두 접점의 온도가 $T_1$, $T_2$일 때의 기전력을 $U_{12}$, $T_3$, $T_2$일 대의 기전력을 $U_{32}$라 하면 두 접점의 온도가 $T_1$, $T_3$일 때의 기전력 $U_{13}$는

$$U_{13} = U_{12} - U_{32} \tag{7·28}$$

#### ② 중간 금속 법칙

예를 들면 세 종류의 금속 A, B, C가 있고 A와 B로 열전대를 만들어 두 접점의 온도를 $T_1$, $T_2$로 했을 때의 기전력을 $U_{AB}$라 한다. 또한, C와 B로 열전대를 만들어 온도를 $T_1$, $T_2$를 했을 때의 기전력을 $U_{CB}$라 하면 A와 C의 열전대가 $T_1$, $T_2$ 온도일 때의 기전력 $U_{AC}$는 다음의 식으로 주어진다.

$$U_{AC} = U_{AB} - U_{CB} \tag{7·29}$$

그림 7·11(a)와 같이 금속 A, B의 열전대의 금속 C를 연결해도 C의 양단 온도가 같다면 회로의 열기전력은 변함이 없다. 그러므로, 그림 7·11(b)와 같이 전압계(mV)를 접속시켜 열기전력을 측정할 수가 있다.

그림 7·11

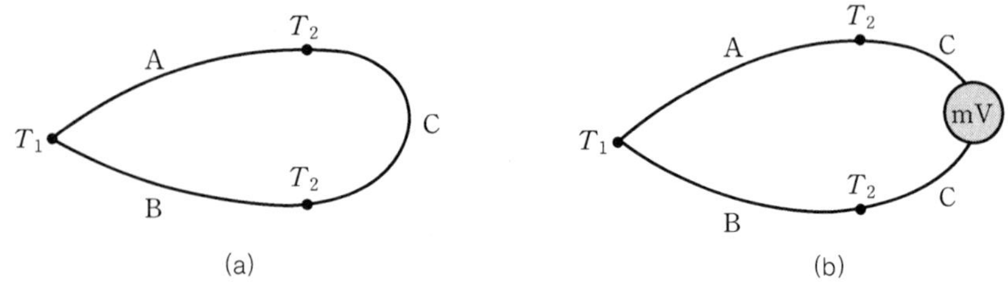


### 7·10·3 열전능과 열전도

열전대의 두 접점이 미소한 온도차 $\Delta T$일 때의 기전력을 $\Delta U$ 라 하면

$$\frac{\Delta U}{\Delta T} = Q \quad \text{또는} \quad \frac{dU}{dT} = Q \tag{7·30}$$

이 $Q$를 **열전능**(theromoelectric power)이라 한다. $Q$는 일반적으로 상수가 아니라 온도에 관해서 1차식으로 표시된다. 즉,

$$Q = a + bT \tag{7·31}$$

그래서 두 접점의 온도가 $T_1$, $T_2$일 때의 기전력 $U$는

$$U = \int_{T_1}^{T_2} QdT = \int_{T_1}^{T_2} (a + bT)dT = a(T_2 - T_1) + \frac{1}{2} b(T_2{}^2 - T_1{}^2) \tag{7·32}$$

열전대를 구성하는 두 종류의 금속이 정해지면 $a$와 $b$의 값이 정해지기 때문에 이 식에 의해 열기전력 $U$를 계산할 수 있다. 이 $a, b$를 **열전 상수**(thermoelectric constant)라 한다.

다음에 어떤 금속을 기준으로 취하고 이것과의 열기전력을 알고 있으면 임의 금속간의 열기전력은 식 (7·29)에 의해 구해진다. 보통 납(Pb)을 기준으로 하고 있다.

### 7·10·4 열기전력의 응용

#### 1 열전대 온도계

열전대의 한 개 접점을 일정하게 해 둔다. 예를 들면 그림 7·12와 같이 얼음이

그림 7·12

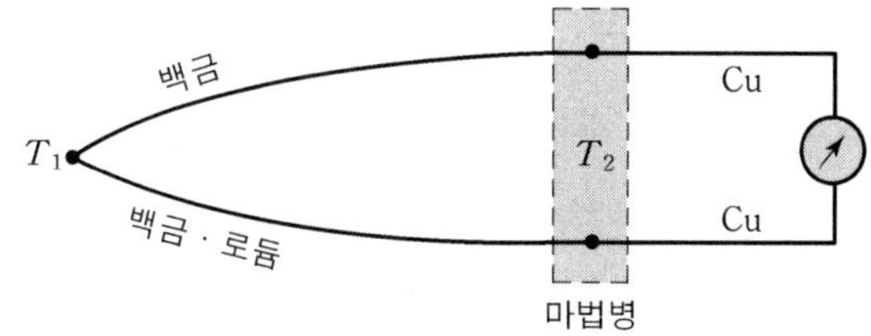


들어간 마법병에 넣어 두면 0[°C]가 되어 있다. 다른 접점을 온도를 측정하려고 하는 장소에 넣거나 또는 측정하려고 하는 부분에 접촉시켜 두면 기전력을 전압계로 읽는 것에 의해 온도를 알 수 있다. 이것에 사용하는 전압계의 눈금은 보통 온도로 나타내고 있으므로 온도를 직독할 수 있다. 보통 온도계로 사용되는 열전대의 종류와 측정할 수 있는 온도 범위는 다음과 같다.

① 백금 – 백금 · 로듐　　0~1,760[°C]
② 알루멜 – 크로멜　　−100~1,400[°C]
③ 동 – 콘스탄탄　　−200~400[°C]

이러한 열기전력은 그림 7·13에 나타낸다.

그림 7·13

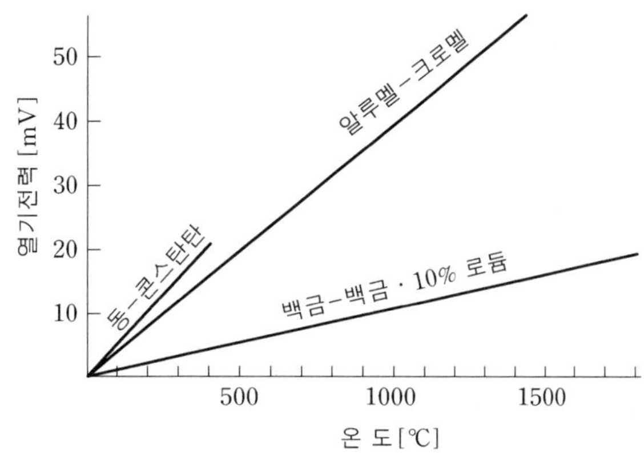


열전대는 온도의 측정에 사용될 뿐만 아니라, 예를 들면 전기로의 온도를 일정하게 유지하려고 할 때에 백금 – 백금 · 로듐을 사용해서 자동적으로 온도를 제어할 수가 있다. 이 방법은 연구실에서 또한 공장에서 널리 사용되고 있다.

### ② 전 원

열기전력에 의해 발생하는 전기 에너지는 작으므로 전원으로서의 응용은 적다. 그러나 전지보다 수명(life)이 길므로 특수한 전원에 사용된다.

## 7·11 펠티에 효과와 톰슨 효과

### 7·11·1 펠티에 효과(Peltier effect)

두 종류의 금속으로 구성되는 회로에 전류를 흘리면 한쪽의 접속점 온도가 올라가고 다른 쪽의 온도가 내려가는 현상이며 1834년 프랑스의 펠티에의 의해 발견되었다. 이것은 제벡 효과와 전혀 반대의 효과이며 이 효과를 응용하여 냉장고나 전열기를 만들 수가 있다.

### 7·11·3 톰슨 효과(Thomson effect)

동일 금속 속에서 두 점 간의 온도차가 있을 때, 전류의 통과에 의해 줄열 이외에 열의 발생 또는 흡수가 있다. 이 현상을 톰슨 효과라 한다. 제벡 효과 및 펠티에 효과는 두 종류의 금속쌍에서 관찰되는 효과이지만 톰슨 효과는 단독의 금속에 대해서 관찰할 수 있는 것이다.

## 7·12 전류 밀도

### 7·12·1 전류 밀도의 정의

단면적이 큰 도체에 전류가 흐르고 있을 때에 전류의 밀도가 어느 곳에서도 일정하다고는 할 수 없다. 그래서 임의의 점 P에 있어서 전류가 흐르는 방향과 수

그림 7·14

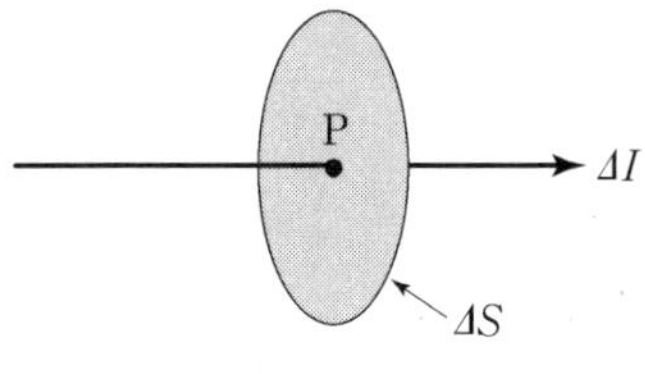


직인 미소한 면 $\Delta S[\mathrm{m}^2]$를 통과하는 전류를 $\Delta I[\mathrm{A}]$라 하면

$$i = \frac{\Delta I}{\Delta S}\ [\mathrm{A/m^2}] \tag{7·33}$$

이 크기를 갖는 전류 방향의 벡터 $\boldsymbol{i}$를 점 P에 대한 전류 밀도(current density)라 정의한다.

### 7·12·2 전류 밀도의 발산

전류 밀도 $\boldsymbol{i}$의 지력선을 **전류의 유선**(flow line of current)이라 한다. 그림 7·15와 같이 1개의 폐곡면 $S$를 생각하여 임의의 미소 부분 $dS$에 대한 전류 밀도를 $\boldsymbol{i}$, 수직 성분을 $i_n$이라 하면 $dS$에서 나오는 전류의 유선은 $i_n dS$이다. 또한, 폐곡면 $S$ 내의 체적을 $V$라 하고 전하의 체적 밀도를 $\rho$라 하면

$$\int_S i_n dS = -\frac{\partial}{\partial t}\int_V \rho dv \tag{7·34}$$

이 식의 좌변은 폐곡면 $S$에서 나오는 전류이며 우변은 폐곡면 $S$ 내의 전하가 감소하는 비율이다. 가우스의 발산 정리, 식 (2·57)을 사용하면 다음의 식이 얻어진다.

그림 7·15

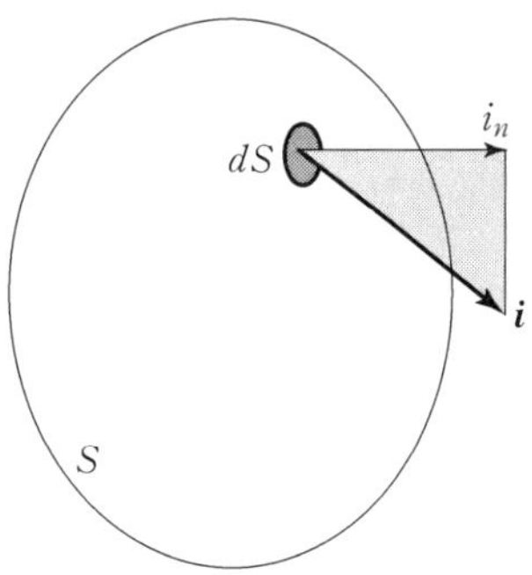

$$\text{div}\,\boldsymbol{i} = -\frac{\partial \rho}{\partial t} \qquad (7\cdot35)$$

$\rho$의 시간적 변화가 없는 경우, 즉 직류의 정상 상태인 경우라든가 전하의 축적이 없는 경우에는

$$\text{div}\,\boldsymbol{i} = 0 \qquad (7\cdot36)$$

이 경우에는 전류의 유선은 연속이다.

### 7·12·3 전류 밀도와 전계

그림 7·16과 같이 전류의 방향으로 단면적 $\varDelta S$, 길이 $\varDelta l$인 미소 체적을 생각하여 양단의 전위차를 $\varDelta V$라 하면

$$\varDelta V = E\varDelta l \qquad (7\cdot37)$$

또한

$$\varDelta V = R\varDelta I = \frac{1}{\varkappa}\frac{\varDelta l}{\varDelta S} i\varDelta S = \frac{1}{\varkappa}\varDelta l i \qquad (7\cdot38)$$

식 (7·37)과 식 (7·38)에서

$$i = \varkappa E \qquad (7\cdot39)$$

$$\boldsymbol{i} = \varkappa \boldsymbol{E} \qquad (7\cdot40)$$

이 식은 전류 밀도 $\boldsymbol{i}$와 전계 $\boldsymbol{E}$의 관계식으로 중요한 식이다.

**그림 7·16**

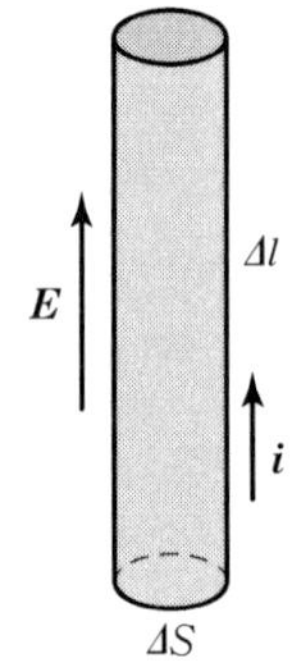

## 7·13 전류의 장과 정전계

### 7·13·1 전속 밀도와 전류 밀도의 대응

진전하가 없는 장소에서는 p.101에서 설명한 바와 같이 전속은 연속이며

$$\mathrm{div}\ \boldsymbol{D}=0 \tag{6·5}$$

또한,

$$\boldsymbol{D}=\varepsilon\boldsymbol{E} \tag{6·6}$$

한편, 전하의 축적이 없는 장소 또는 정상 상태의 직류 장소에서는

$$\mathrm{div}\ \boldsymbol{i}=0 \tag{7·36}$$

또한,

$$\boldsymbol{i}=\varkappa\boldsymbol{E} \tag{7·40}$$

그래서 $\boldsymbol{D}$와 $\boldsymbol{i}$, $\varepsilon$와 $\varkappa$를 대응시킬 수가 있다. 즉, 전속과 전류의 유선을 대응시킨다.

### 7·13·2 정전 용량과 저항

**정리** 유전율 $\varepsilon$인 유전체 속에 두 도체 A, B가 있고 정전 용량을 $C$라 한다. 다음에 유전체를 저항률 $\rho$인 도전성 매질로 치환했을 때, 두 도체간의 저항을 $R$이라 하면 다음의 관계가 성립한다.

$$RC=\varepsilon\rho \tag{7·41}$$

**증명** 도체 A에 $+Q$, B에 $-Q$의 전하를 주었을 때, 그림 7·17과 같이 전속이 발생하다. A에서 나오는 전기력선은 $\int_A E_n dS$이므로 전속은 $\varepsilon\int_A E_n dS$이며 이것은 $Q$와 같다. 이 값을 $Q=CV$에 대입하면

그림 7·17

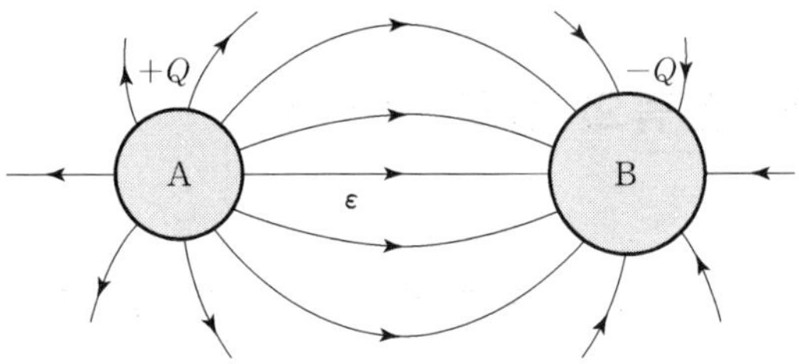


$$\varepsilon \int_A E_n dS = CV \qquad (7\cdot 42)$$

단, $V$는 두 도체간의 전위차이다.

다음에 유전체를 도전성 매질로 치환하여 도체 A에서 나오는 전전류는 $\int_A i_n dS$이며, 식 (7·40)을 사용하면 $\varkappa \int_A E_n dS$이다. 그러므로,

$$V = RI = R\varkappa \int_A E_n dS \qquad (7\cdot 43)$$

식 (7·43)을 식 (7·42)에 대입하고 $\varkappa = 1/\rho$을 사용하면 식 (7·41)이 얻어진다.

### 7·13·3 전계 분포의 측정

유전체 속에 몇 개의 도체가 있는 경우, 임의점의 전위를 측정하는 것은 쉽지 않다. 그래서, 유전체를 도전성 매질(예를 들면 수용액)로 치환하면 전류가 흐르고, 그 경우에는 임의점의 전위는 전위차계(potentiometer)를 사용하여 쉽게 측정할 수 있다. 후자의 측정을 행하여 전자의 전위 분포를 근사적으로 구하고 전계 분포를 구한다.

**예제 7·8** 그림 7·81과 같이 반지름 $a$인 반구 모양 도체가 저항률 $\rho$의 대지에 메워질 때의 저항 $R$을 구하여라.

그림 7·18

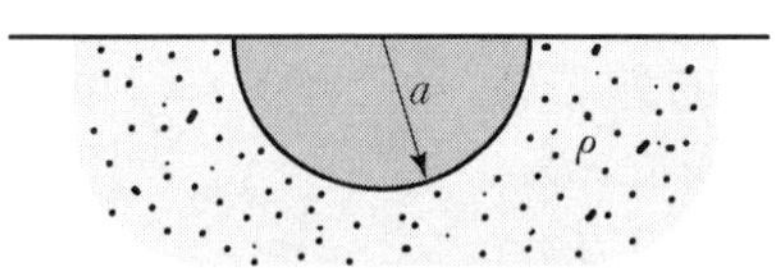

**풀이** 유전체인 경우의 정전 용량은 식 (5·41)을 2로 나누어

$$C = 2\pi\varepsilon a[\mathrm{F}] \tag{7·44}$$

식 (7·44)를 식 (7·41)에 대입하면

$$R = \frac{\rho}{2\pi a}[\Omega] \tag{7·45}$$

## 연습 문제

**7·1** 전자가 매초 $10^{10}$개의 비율로 전선 내를 통과하면 이것은 몇 [A]의 전류에 해당하는가? (단, 전기량은 $1.602\times10^{-19}$[C]이다.)

㉮ $1.602\times10^{-9}$　㉯ $1.602\times10^{-29}$

㉰ $\frac{1}{1.602}\times10^{-9}$　㉱ $\frac{1}{1.602}\times10^{-29}$

**7·2** 어떤 영역 내의 체적 전하 밀도가 $2\times10^{8}$[C/m$^3$·s]의 비율로 감소할 때, 반지름이 $10^{-5}$[m]인 구면을 흘러나오는 전류는 몇 [$\mu$A]인가?

㉮ 0.637　㉯ 0.737　㉰ 0.837　㉱ 0.937

**7·3** 반지름이 5[mm]인 구리선에 10[A]의 전류가 단위 시간에 흐르고 있을 때, 구리선의 단면을 통과하는 전자의 개수는 단위 시간당 얼마인가? (단, 전자의 전하량은 $e = 1.602\times10^{-19}$[C]이다.)

㉮ $6.24\times10^{18}$　㉯ $6.24\times19^{19}$　㉰ $1.28\times10^{22}$　㉱ $1.28\times10^{23}$

**7·4** 일정 전압의 직류 전원에 저항을 접속하여 전류를 흘릴 때, 저항값을 10[%] 감소시키면 흐르는 전류는 본래 저항에 흐르는 전류에 비해 어떤 관계를 가지는가?

㉮ 10[%] 감소　㉯ 10[%] 증가　㉰ 11[%] 감소　㉱ 11[%] 증가

**7·5** 지름이 3.2[mm], 길이가 500[m]인 경동선의 상온에서의 저항[Ω]은 대략 얼마인가? (단, 상온에서의 고유 저항은 1/55[Ω·mm$^2$/m]이다.)

㉮ 1.13　㉯ 2.26　㉰ 3.3　㉱ 3.8

**7·6** 전선을 균일하게 3배의 길이로 당겨 늘였을 때, 전선의 체적이 불변이라면 저항은 몇 배가 되겠는가?

㉮ 3배　　㉯ 6배　　㉰ 9배　　㉱ 12배

**7·7** 온도 $t$[°C]에서 저항 $R_1$[Ω]인 동선은 30[°C]일 때, 저항은 어떻게 변하는가?

㉮ $\dfrac{30-t}{234.5}R_t$　　㉯ $\dfrac{234.5+t}{264.5}R_t$　　㉰ $\dfrac{30-t}{234.5+tR_t}$　　㉱ $\dfrac{264.5}{234.5+t}R_t$

**7·8** 20[°C]에서 저항 온도 계수 $\alpha_{20}=0.004$인 저항선의 저항이 100[Ω]이다. 이 저항선의 온도가 80[°C]로 상승될 때 저항은 몇 [Ω]이 되겠는가?

㉮ 24　　㉯ 48　　㉰ 72　　㉱ 124

**7·9** 저항이 100[Ω]인 동선에 900[Ω]인 망간선을 직렬로 연결하면 합성 저항의 온도 계수는 동선 온도 계수의 몇 배인가?

㉮ 0.1　　㉯ 0.9　　㉰ 거의 같다　　㉱ 9

**7·10** 온도 계수가 $\alpha \fallingdotseq 0.004$인 권선의 저항이 20[°C]에서 $R=2.03$[Ω]이었다. 이 저항이 온도 상승에 의하여 2.28[Ω]이 되었다면, 이 때, 이 권선의 온도는 약 몇 [°C]인가?

㉮ 60　　㉯ 31　　㉰ 18　　㉱ 0

**7·11** $R_1=800$[Ω]과 $G_2=8.75$[m℧]가 병렬로 연결되어 있는 병렬 회로의 합성 저항[Ω]은?

㉮ 100　　㉯ 200　　㉰ 350　　㉱ 400

**7·12** 2.5[Ω]의 저항 10개를 직렬로 연결한 합성 저항값은 이것들을 병렬로 연결한 합성 저항값의 몇 배가 되는가?

㉮ 10배　　㉯ 50배　　㉰ 100배　　㉱ 150배

**7·13** 20[°C]에 있어서의 저항의 온도 계수가 0.0069[deg$^{-1}$]인 니켈이 있다. 10[°C]에 있어서의 저항이 100[Ω]일 때, 100[°C]에 있어서의 저항[Ω]은?

㉮ 122.3　　㉯ 145.6　　㉰ 166.7　　㉱ 216.4

**7·14** 두 개의 저항 $R_1$, $R_2$를 직렬로 연결하면 10[Ω], 병렬 연결하면 2.4[Ω]이 된다. 두 저항값은 각각 몇 [Ω]인가?

㉮ 2와 8　　㉯ 3과 7　　㉰ 4와 6　　㉱ 5와 5

**7·15** 그림 7·19와 같은 회로에서 a, b 양단간의 합성 저항값 [Ω]은?

㉮ 10 ㉯ 24 ㉰ 30 ㉱ 40

그림 7·19

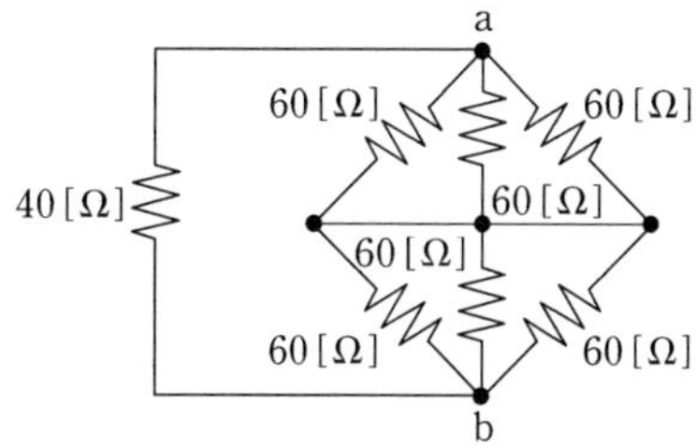


**7·16** $10^6$ [cal]의 열량은 어느 정도의 전력량[kWh]에 상당하는가?

㉮ 0.06 ㉯ 1.16 ㉰ 0.27 ㉱ 4.17

**7·17** 전압 100 [V]에서 1 [kW]의 전열기를 70 [V]로 사용할 때의 전력[W]은?

㉮ 490 ㉯ 556 ㉰ 700 ㉱ 1,000

**7·18** 전력계의 지시를 $P$라 할 때, 각 상이 완전히 평형되어 있는 그림 7·20과 같은 회로의 3상 전력은 얼마인가?

㉮ $P$ ㉯ $\sqrt{3}P$ ㉰ $2P$ ㉱ $3P$

그림 7·20

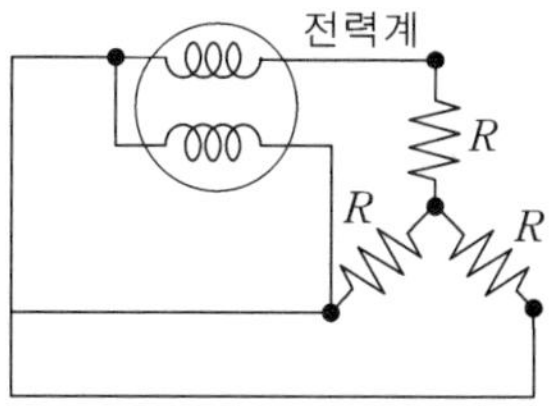


**7·19** 그림 7·22와 같은 회로에서 소비되는 전력은 몇 [W]인가?

㉮ 0.04 ㉯ 0.24 ㉰ 24 ㉱ 1,000

그림 7·22

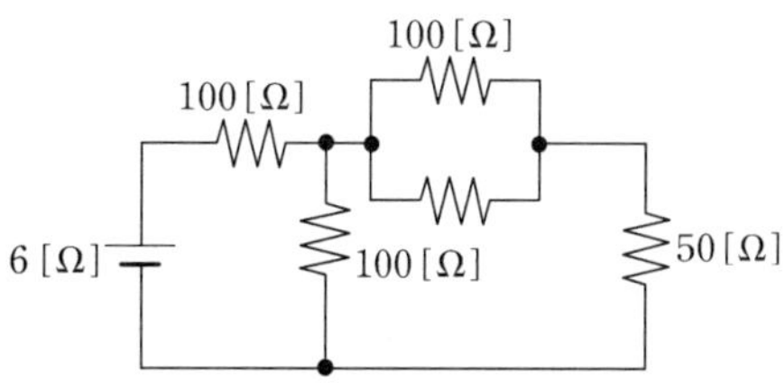


**7·20** 그림 7·23과 같이 CD와 PQ인 2개의 저항을 연결하고, A, B 사이에 일정 전압을 공급한다. 이런 경우, PD에 흐르는 전류를 최소로 하려면 CP와 PD의 저항의 비

를 얼마로 하면 좋은가?

㉮ 1 : 1 ㉯ 1 : 2 ㉰ 2 : 1 ㉱ 1 : 3

**그림 7·23**

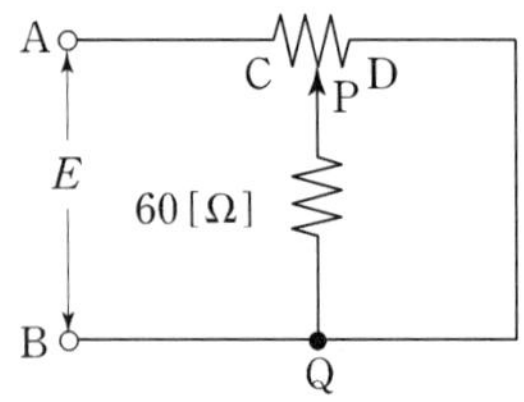

CHAPTER 8

# 자 계

## 8·1 자 계

### ① 자 석

자석(magnet)이 철편을 흡인하는 힘은 가장자리가 세고 이 부분을 **자극**(magnetic pole)이라 한다. 자석을 가는 실로 매달았을 때, 지구의 북극을 향하는 자극을 N극(북극)이라 하고 다른 것을 S극(남극)이라 한다. 자침(magnetic needle)은 방향을 아는 데에 편리하게 사용되고 있다.

### ② 자 계

자석을 자침에 접근시키면 힘이 작용하여 자침의 방향이 변하지만 이것은 자석의 근처가 자기적으로 특별한 상태로 되어 있으므로 **자계**(magnetic field)라 한다. 자계의 모양을 나타내는 데에 가상하는 선을 **자력선**(lines of magnetic force)이라 한다. 자력선의 방향은 그림 8·1과 같이 N극에서 나와서 S극에서 끝난다. 자계도 전계와 마찬가지로 벡터량으로 $\boldsymbol{H}$로 표시한다.

그림 8·1

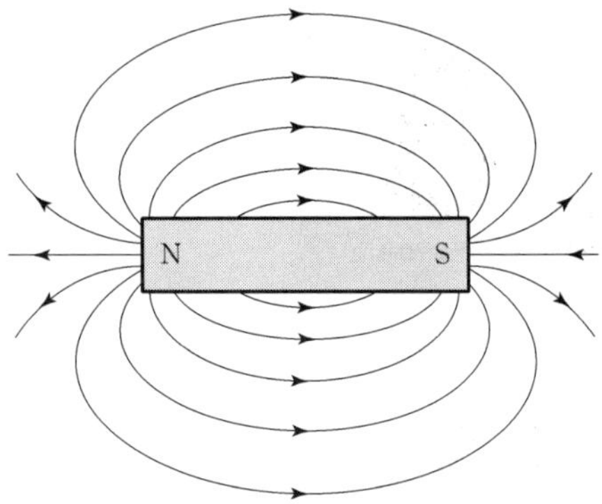


## ③ 전류에 의한 자계

덴마크의 외르스테드(Oersted)는 전류가 통하는 철사의 부근에 놓여 있었던 자침의 방향이 변하는 것을 발견하여 전류에 의해 자계가 발생한다는 것을 연구해서 이것을 논문으로 정리하여 발표한 것은 1820년 7월이었다. 이와는 별개로 프랑스의 암페어(Ampère)는 전류에 의한 자계에 대해서 각종 실험을 하여 1820년 9월 18일에 발표했지만 동선을 나선 모양으로 감아서 전류를 통하면 자석이 된다는 실연을 본 사람들의 놀라움은 대단한 것이었다. 암페어와 같은 대학의 아라고(Arago)는 전류 때문에 철이 자기를 띤다는 것을 발견하여 같은 해 9월 25일에 발표했다.

## ④ 암페어의 오른나사 법칙(Ampère's right-handed screw rule)

전류의 주위에 발생하는 자계의 방향은 오른나사가 진행하는 방향이 전류, 오른나사의 회전 방향이 자계이다(그림 8·2 참조).

그림 8·2

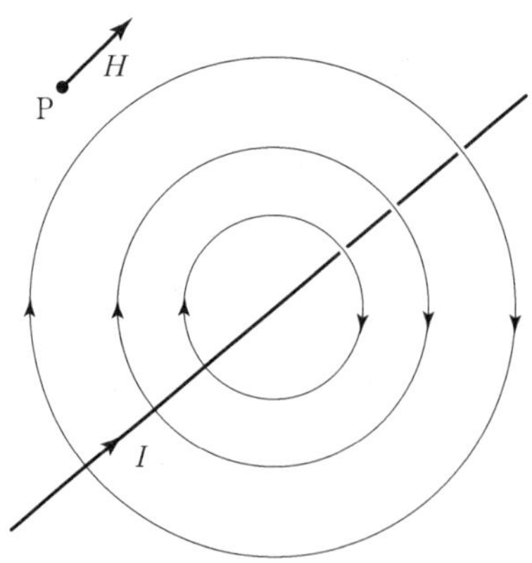

### ⑤ 자계의 단위

무한히 긴 직선 전류 $I$에 의한 임의점 P의 자계 크기 $H$는 점 P와 전류의 거리를 $r$[m]라 하면

$$H = k\frac{I}{r} \tag{8·1}$$

인 것을 실험적으로 또한 이론적[1]으로 암페어에 의해 해명되었다.

> 6.28[A]($2\pi$[A])의 직선 전류에서 1[m] 떨어진 점의 자계 크기를 1[A/m]의 자계라 정한다.

전계의 단위는 [V/m]이지만 자계의 단위는 [A/m]가 사용된다.[2]

이 정하는 방법에 의하면 식 (8·1)의 비례 상수 $k$는 $1/2\pi$이며, 직선 전류 $I$에 의한 자계 $H$는

$$H = \frac{I}{2\pi r}\ [\mathrm{A/m}] \tag{8·2}$$

## 8·2 쿨롱의 법칙

### ① 자극의 단위

1[A/m]의 자계에 놓여졌을 때에 1[N]의 힘이 작용하는 자극을 1[Wb]라 정한다.[3]

### ② 자극에 관한 쿨롱의 법칙

1785년에 클롱(Coulomb)은 자극 사이에 작용하는 힘 $F$는

---

1) 8·3에서 설명한다.

2) 자계의 단위로서 [AT/m](ampere-turn per meter)가 사용되었지만 현재는 [A/m]가 사용된다.

3) 자계 $\boldsymbol{H}$[A/m]인 곳에 $m$[Wb]의 자극을 놓으면 $\boldsymbol{F} = m\boldsymbol{H}$[N]의 힘이 작용한다.

$$F = k\frac{m_1 m_2}{r^2} \tag{8·3}$$

인 것을 실험적으로 설명했다. MKS 단위에서는 비례 상수 $k$는 $1/4\pi\mu$이 사용되어

$$F = \frac{1}{4\pi\mu}\frac{m_1 m_2}{r^2}\,[\mathrm{N}] \tag{8·4}$$

$m_1$, $m_2$는 자극의 크기이며 N극의 경우는 (+)의 값, S극은 (−)의 값을 대입한다. $\mu$는 물질에 따라 다르며 **투자율**(permeability)이라 한다. 진공 속의 투자율(permeability of free space) $\mu_0$는

$$\mu_0 = 4\pi\times10^{-7}\,[\mathrm{H/m}] \tag{8·5}$$

### ③ 전계와 자계의 유사성

식 (8·3)은 3장의 식 (3·1)과 동일한 형이므로 자계의 문제를 전계와 동일하게 취급할 경우가 많다. 자계와 전계의 유사점, 차이점에 대해서는 다른 곳에 설명한다.

## 8·3 암페어의 주회 적분 법칙

암페어는 전류에 의해서 발생하는 자계에 관해 많은 실험을 하여 다음의 식을 구했다.

$$\oint_C \boldsymbol{H}\cdot d\boldsymbol{s} = \Sigma I \tag{8·6}$$

단, $\Sigma I$는 적분로 $C$를 관통하는 전류의 대수합이다.

식 (8·6)에서 식 (8·2)를 유도해 보자. 그림 8·3과 같이 직선 전류 $I$[A]가 있고 임의의 점 P에서 전류 $I$에 수선 OP를 그어 OP의 길이를 $r$이라 한다. 점 O를 중심으로 하여 반지름 $r$인 원주를 적분로 $C$라 한다. 이 경우, 자계 $\boldsymbol{H}$의 크기 $H$는 원주 $C$의 어느 점에서도 같고 또한 $\boldsymbol{H}$와 $d\boldsymbol{s}$의 각 $\theta$는 영(0)이다.

**그림 8·3**

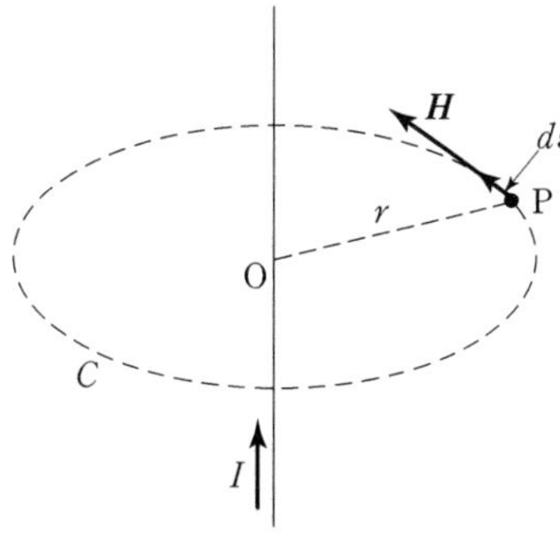


그러므로 식 (8·6)의 좌변은

$$\oint \boldsymbol{H} \cdot d\boldsymbol{s} = \oint H \cdot ds \cos \theta = H \oint_C ds = Hl \tag{8·7}$$

이 된다. 단, $l$은 적분로의 길이라 한다. 따라서, 식 (8·6)은

$$Hl = \sum I \tag{8·8}$$

우변은 $C$를 관통하는 전류로 보아 이 경우 $I$이고 또한 $l = 2\pi r$이므로

$$H \cdot 2\pi r = I \tag{8·9}$$

$$\therefore H = \frac{I}{2\pi r} \text{ [A/m]} \tag{8·10}$$

이상의 계산은 일례이지만 식 (8·6)을 사용하여 유도되는 각종의 계산식은 실험 결과와 일치하는 것을 알 수 있으며 식 (8·6)은 일반적으로 성립하는 것이다.

▶ **쇄교**(interlinkage)

그림 8·4(b)는 그림 8·4(a)와 전류의 방향이 반대이기 때문에 식 (8·6)의 우변은 $-I$라 한다. 그림 8·4(a)와 같이 적분로를 오른나사의 방향으로 취할 때, 전류와 적분로는 정(+)으로 쇄교한다고 하고 그림 8·4(b)의 경우는 부(−)로

**그림 8·4**

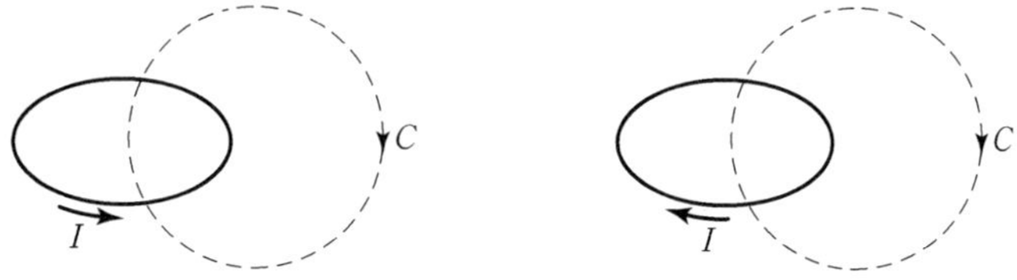


(a) (+)로 쇄교　　(b) (−)로 쇄교

쇄교한다고 한다. 전류가 코일과 같이 $n$회 감겨져 있을 때에 적분로와의 쇄교수를 $n$회이라고 한다.

$I_1, I_2, \cdots$의 전류가 적분로와 각각 $n_1, n_2, \cdots$회 쇄교할 때

$$\oint_C \boldsymbol{H} \cdot d\boldsymbol{s} = n_1 I_1 + n_2 I_2 + \cdots,$$

또는

$$\oint_C \boldsymbol{H} \cdot d\boldsymbol{s} = \sum nI \tag{8·11}$$

단, 적분로와 부(－)로 쇄교하는 전류는 부(－)의 값으로 한다.

식 (8·11)을 **암페어의 주회 적분 법칙**(Ampère's circutal law)이라 한다.

## 8·4 주회 적분의 법칙에 의한 자계의 계산 예

식 (8·11)에 있는 좌변의 $\boldsymbol{H} \cdot d\boldsymbol{s}$는 $H\cos\theta ds$이며 $\theta = 0$일 때에는 좌변은 $\int Hds$가 되고, 또한 $H$의 크기가 일정할 때에는 좌변은 $Hl$이 된다(단, $l$은 적분로의 길이). 따라서, 식 (8·11)은

$$Hl = \sum nI \tag{8·12}$$

### 8·4·1 무한장의 원기둥 전류에 의한 자계

전류가 원기둥을 일정한 밀도로 흐르고 있는 경우에는 그림 8·5와 같이 원기둥 밖에 있는 점 P에 대한 자계 $H$는 직선 전류인 경우와 마찬가지로 하여

$$H = \frac{I}{2\pi r}\ [\text{A/m}] \tag{8·13}$$

다음에 원기둥 내의 점 P′에 대한 자계 $H'$는 $\overline{\text{O}'\text{P}'} = r$이라 하면 식 (8·12)에 의해

$$H' \cdot 2\pi r = I \times \frac{\pi r^2}{\pi a^2}$$

$$\therefore H' = \frac{Ir}{2\pi a^2}\ [\text{A/m}] \tag{8·14}$$

그림 8·5

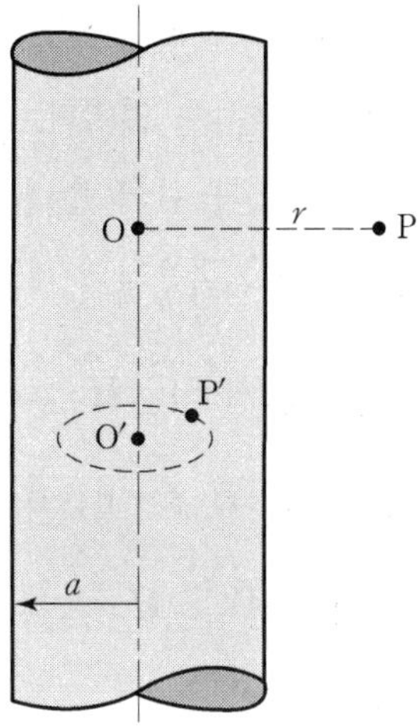


전류가 원기둥의 표면만을 흐르는 경우에는 원 O′ 와 쇄교하는 전류는 0이므로 식 (8·12)에 의해

$$H' \cdot 2\pi r^2 = 0 \qquad (8\cdot15)$$

$$\therefore H' = 0$$

### 8·4·2 무한장 솔레노이드

도체선을 일정히 밀접하게 감은 것을 **솔레노이드**(solenoid)라 한다. 그림 8·6과 같이 1[m]당 $n$회 감은 무한장 솔레노이드에 전류 $I$가 흐를 때의 자계 $\boldsymbol{H}$를 구한다. 솔레노이드 속의 임의의 점 P에 대한 자계의 방향을 생각하면 그림 8·6

그림 8·6

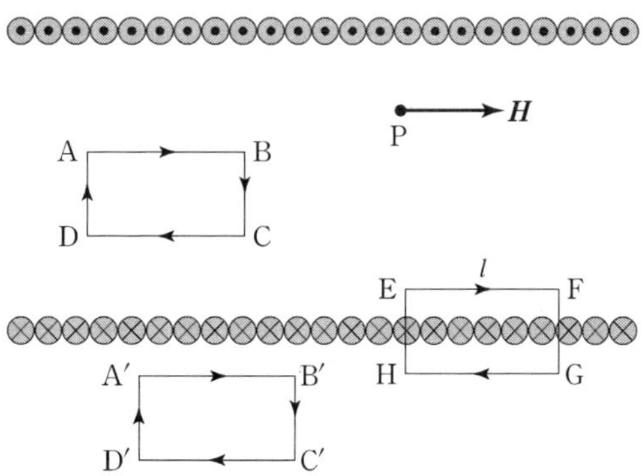

과 같이 자계 $\boldsymbol{H}$는 축에 평행하다(솔레노이드가 유한장인 경우에는 $\boldsymbol{H}$는 축에 평행하게 된다고는 할 수 없지만 무한장인 경우에는 $\boldsymbol{H}$는 축에 평행이다).

그래서 그림 8·6과 같이 솔레노이드 속의 직사각형 적분로 A → B → C → D → A 에 식 (8·11)을 적용하면 쇄교 전류는 없기 때문에 식 (8·11)의 우변은 0이다.

$$\int_A^B \boldsymbol{H}\cdot d\boldsymbol{s} + \int_B^C \boldsymbol{H}\cdot d\boldsymbol{s} + \int_C^D \boldsymbol{H}\cdot d\boldsymbol{s} + \int_D^A \boldsymbol{H}\cdot d\boldsymbol{s} = 0 \tag{8·16}$$

$$H_A l + 0 - H_D l + 0 = 0 \tag{8·17}$$

단, $l = \overline{\mathrm{AB}} = \overline{\mathrm{DC}}$, $H_A$ = 점 A에 대한 자계, $H_D$ = 점 D에 대한 자계이다. 식 (8·17)에서

$$H_A = H_D \tag{8·18}$$

직사각형 적분로 ABCDA는 임의의 위치에 있어서 식 (8·18)의 관계가 얻어지기 때문에 결국 솔레노이드 내에서는 어느 점의 자계도 같다. 그 자계의 크기를 $H$라 한다.

다음에 솔레노이드의 외부에 적분로 A′B′C′D′A′를 취하면 마찬가지로 하여

$$H_{A'} = H_{D'} \tag{8·19}$$

의 관계가 얻어지지만 외부에 일정한 자계가 나오고 있다고 하면 무한 원점까지 일정한 자계가 계속하게 된다. 무한 원점에 있어서는 자계는 0이기 때문에 그와 같은 일은 없다. 그러므로, 식 (8·19)의 $H_{A'}$와 $H_{D'}$는 모두 0이다. 즉, 무한장 솔레노이드의 외부에서는 자계는 0이다.

다음에 그림 8·6과 같은 적분로 EFGHE를 취해 식 (8·11)을 사용한다. E → F의 적분은 $Hl$이고 F → G → H → E의 적분은 0이기 때문에 좌변은 $Hl$이 된다. 우변 $\sum nI = nlI$이므로

$$Hl = nlI \tag{8·20}$$

즉, 구하는 자계 $\boldsymbol{H}$의 크기는

$$H = nI\,[\mathrm{A/m}] \tag{8·21}$$

### 8·4·3 무단 솔레노이드

그림 8·7에 나타내는 솔레노이드로서 별명을 **환상 솔레노이드**(ring solenoid)라 한다. 그림 8·7과 같은 반지름 $r$인 적분로 $C$에 대해서 식 (8·12)를 적용하면

$$H \cdot 2\pi r = NI \tag{8·22}$$

$$\therefore H = \frac{NI}{2\pi r}\ [\mathrm{A/m}] \tag{8·23}$$

단, $N$은 솔레노이드의 권수이다.

그림 8·7

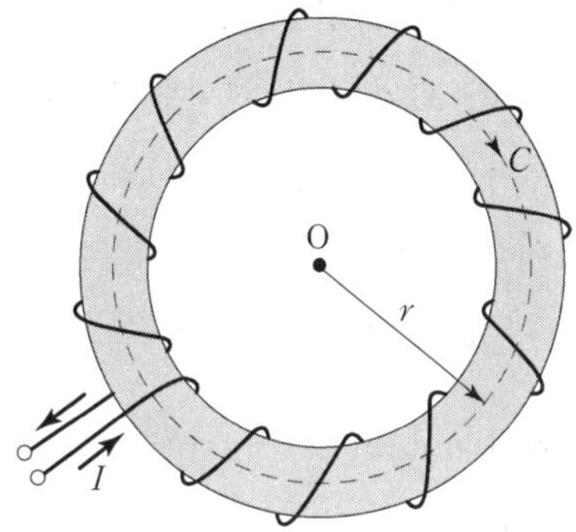


## 8·5 자위(magnetic potential)

### 8·5·1 폐회로 전류에 의한 자위

그림 8·8과 같이 미소한 폐회로 전류에 의한 임의의 점 P에 대한 자계는 전류

그림 8·8

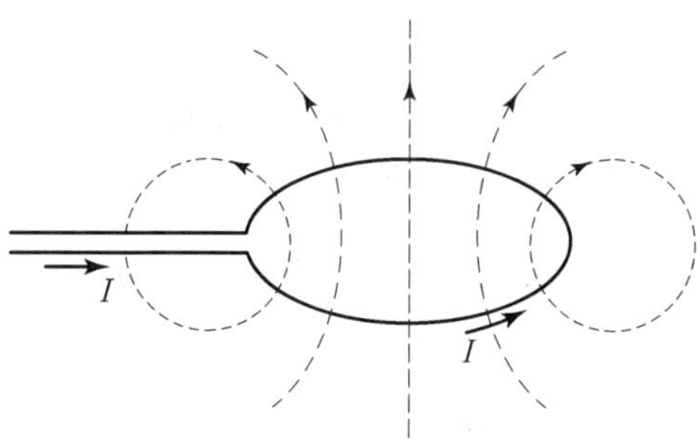

그림 8·9

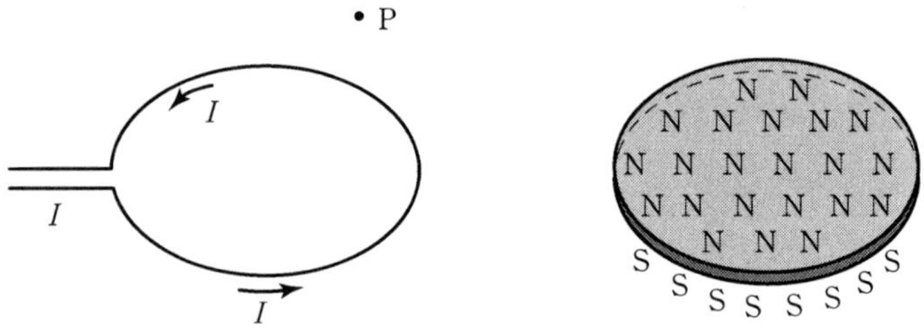


(a) 폐회로 전류 (b) 등가 판자석

의 위치에 미소한 자석을 N극을 윗방향으로 하여 놓은 경우의 자계와 같다. 이 사실은 암페어가 실험을 행하여 해명했다.

그림 8·9(a)와 같은 폐회로 전류가 있을 때의 자계는 미소한 자석을 나열한 판 모양의 자석, 즉 그림 8·9(b)와 같은 판자석에 의한 자계와 같다. 이 폐회로 전류의 대신에 생각하는 판자석을 **등가 판자석**(equivalent magnetic shell)이라 한다. 이 등가 판자석은 p.64에 설명한 전기 2중층과 대응된다.

▶ **자위차**(magnetic potential difference)

p.41의 식 (3·23)으로 되어 자위차 $U_{MBA}$는 다음의 식으로 정의된다.

$$U_{MBA} = -\int_A^B \boldsymbol{H} \cdot d\boldsymbol{s}\,[\mathrm{A}] \tag{8·24}$$

다음에 그림 8·9(a)와 같은 폐회로 전류가 있을 때, 임의점 P의 $U_M$은 점 P에서 폐회로 전류를 보는 입체각을 $\omega$라 하면 다음의 식으로 주어진다.[4)]

$$U_M = \frac{I}{4\pi}\omega\,[\mathrm{A}] \tag{8·25}$$

주 자위를 사용하는 경우에 주의해야 할 것은 적분로가 전류와 쇄교하지 않는 것이다. 즉, $\oint \boldsymbol{H} \cdot d\boldsymbol{s} = 0$ 이라는 조건하에서 자위를 사용할 수 있다. 이 조건하에 식 (8·24), 식 (8·25)도 사용할 수 있고, 또한 식 (3·35)～(3·39)로 되어서 다음의 식이 성립한다.

$$H_x = -\frac{\partial U_M}{\partial x}, \cdots \qquad \boldsymbol{H} = -\,\mathrm{grad}\,U_M \tag{8·26}$$

---

4) 식 (4·34)에서 $L/\varepsilon = I$라 놓으면 식 (8·25)가 얻어진다.

### 8·5·2 자위의 단위

식 (8·11)에 의해 $\int \boldsymbol{H} \cdot d\boldsymbol{s}$의 단위는 [A]이므로 식 (8·24)에 의해 자위차 $U_{MBA}$의 단위는 [A]이다. 그러므로, 자위의 단위도 [A]이다.

### 8·5·3 자위를 사용하여 자계를 구하는 방법

전위를 미분하여 전계를 구하는 방법과 동일하게 자위를 미분하면 자계가 얻어진다.

$$H_x = -\frac{\partial U_M}{\partial x}\,[\mathrm{A/m}] \qquad (8\cdot26\mathrm{a})$$

**예제 8·1** 전류 $I$가 흐르는 반지름 $a$인 원형 코일 중심선상의 자계를 구하여라.

**풀이** 코일의 단면을 그림 8·10에 A, B로 나타낸다. 임의의 점 P와 중심 O의 거리를 $x$라 하면

$$\overline{\mathrm{AP}} = \sqrt{a^2 + x^2} \qquad (8\cdot27)$$

$\angle \mathrm{APO} = \theta$라 하면 점 P에서 코일 AB를 보는 입체각 $\omega$는

$$\omega = 2\pi(1 - \cos\theta) \qquad (8\cdot28)^{5)}$$

식 (8·28)을 식 (8·25)에 대입하고 식 (8·27)을 사용하여

$$U_M = \frac{1}{2}I(1 - \cos\theta) = \frac{1}{2}I\left(1 - \frac{x}{\sqrt{a^2 + x^2}}\right)[\mathrm{A}] \qquad (8\cdot29)$$

**그림 8·10**

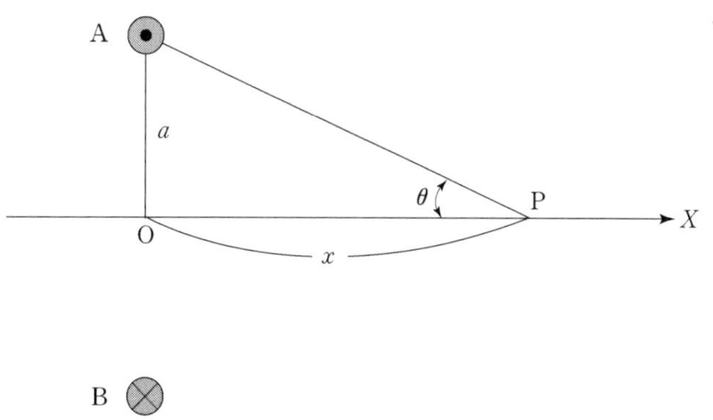


5) p.54의 각주 1) 참조.

식 (8·26a)에 의해

$$H_x = \frac{a^2}{2(a^2+x^2)^{3/2}} I \,[\mathrm{A/m}] \tag{8·30}$$

이 $H_x$가 구하는 자계이다.

**예제 8·2** 원형 코일의 중심에 대한 자계 $H_0$를 구하여라.

**풀이** 식 (8·30)에 $x=0$을 대입하면

$$H_0 = \frac{I}{2a} \,[\mathrm{A/m}] \tag{8·31}$$

## 8·6 비오 · 사바르의 법칙(Biot–Savart's law)

외르스테드가 전류에 의해 자계가 발생한다는 것을 발견한 1820년에 프랑스의 비오 교수와 사바르 교수는 실험적으로 다음의 법칙을 구했다.

> 전류 $I$의 $ds$ 부분이 점 P에 발생하는 자계 $d\boldsymbol{H}$는 크기는 다음 식으로 주어지고, 방향은 점 P와 $ds$를 포함하는 면에 수직이며 방향은 오른나사의 법칙에 따른다.

$$d\boldsymbol{H} = \frac{I\sin\theta ds}{4\pi r^2} \tag{8·32}$$

단, $r$은 점 P와 $ds$의 거리, $\theta$는 $r$과 $ds$의 각이다.

**그림 8·11**

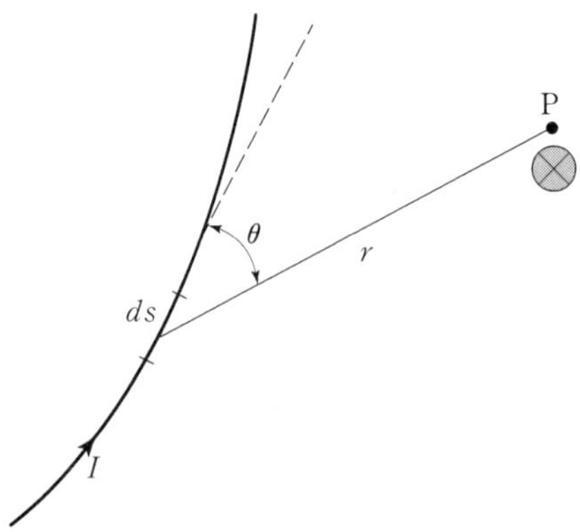

**예제 8·3** 비오 · 사바르의 법칙을 사용하여 원형 코일의 중심에 대한 자계를 구하여라.

**풀이** 그림 8·12에 나타내는 바와 같이 $r$과 $ds$의 각 $\theta$는 항상 직각이므로

$$\sin\theta = 1$$

이 식과 $r = a$를 식 (8·32)에 대입하면

$$d\boldsymbol{H} = \frac{Ids}{4\pi a^2} \tag{8·34}$$

$$H_0 = \int_{s=0}^{2\pi a} dH = \frac{I}{4\pi a^2}\int_0^{2\pi a} ds = \frac{I}{2a}\ [\text{A/m}] \tag{8·35}$$

$$\therefore H_0 = \frac{I}{2a}\ [\text{A/m}] \tag{8·36}$$

이 식은 식 (8·31)과 일치하고 있다.

**그림 8·12**

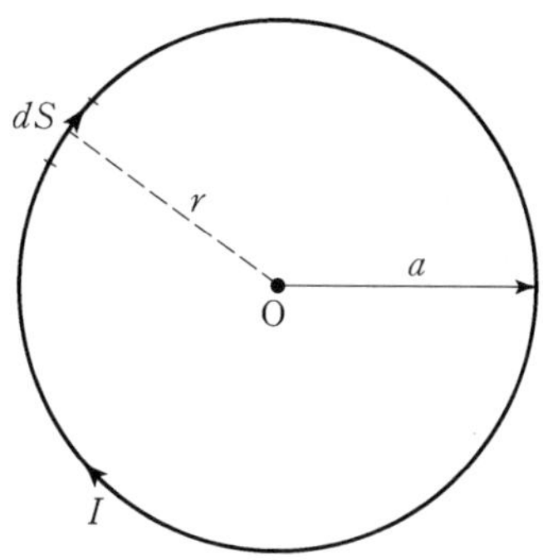


**예제 8·4** 그림 8·13에 나타내는 직선 전류 AB에 의한 점 P의 자계를 구하여라.

**그림 8·13**

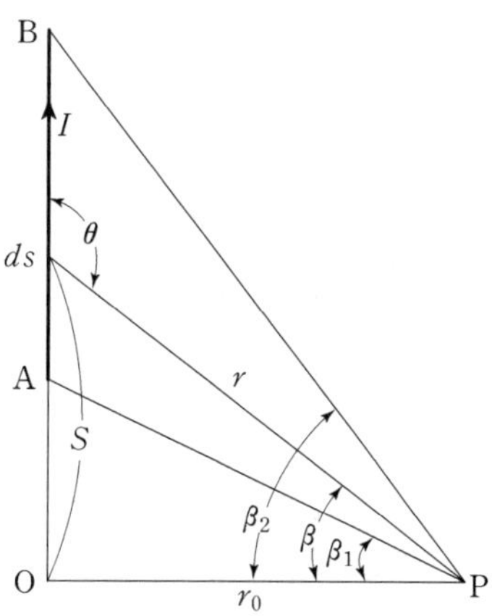

**풀이** 식 (8·32)에 $\sin\theta = \cos\beta$를 대입하면

$$dH = \frac{I\cos\beta ds}{4\pi r^2} \tag{8·35}$$

그림 8·13에서

$$s = r_0 \tan\beta, \quad ds = r_0 \sec^2\beta d\beta, \quad ds\cos\beta = rd\beta \tag{8·38}$$

식 (8·38)을 식 (8·37)에 대입하면

$$dH = \frac{I}{4\pi r}d\beta = \frac{I}{4\pi r_0}\cos\beta d\beta \tag{8·39}$$

$$\therefore H = \frac{I}{4\pi r_0}\int_{\beta_1}^{\beta_2}\cos\beta d\beta = \frac{I}{4\pi r_0}(\sin\beta_2 - \sin\beta_1)\,[\mathrm{A/m}] \qquad (8·40)^{6)}$$

그리고 무한장 직선 전류의 경우에는 식 (8·4)에 $\beta_1 = -\pi/2$, $\beta_2 = \pi/2$를 대입하면

$$H = \frac{I}{2\pi r_0}\,[\mathrm{A/m}] \tag{8·41}$$

이 얻어지고 이 식은 식 (8·10)과 일치한다.

## 8·7 분포 전류에 의한 자계

전류가 분포하여 흐르고 있는 경우의 자계를 구한다. 그림 8·14의 적분로 $C$를 주변으로 하는 면 $S$상에 미소한 면적 $\varDelta S$를 생각하여 $\varDelta S$를 통과하는 전류 $\varDelta I$를 구한다. 전류 밀도 $\boldsymbol{i}$, $\varDelta S$에 수직 방향의 성분을 $i_n$이라 하면

$$\varDelta I = i_n \varDelta S \tag{8·42}$$

따라서, 면 $S$를 통과하는 전류 $I$는

$$I = \iint_S i_n\, dS \tag{8·43}$$

식 (8·11)에 의해

$$\oint_C \boldsymbol{H}\cdot d\boldsymbol{s} = \iint_S i_n dS \tag{8·44}$$

스토크스의 정리에 의해

6) 식 (8·40)에 사용할 때, 점 A가 BO의 연장선상에 있을 때는 $\beta_1$은 부(−)의 값을 사용하는 것이다.

**그림 8·14**

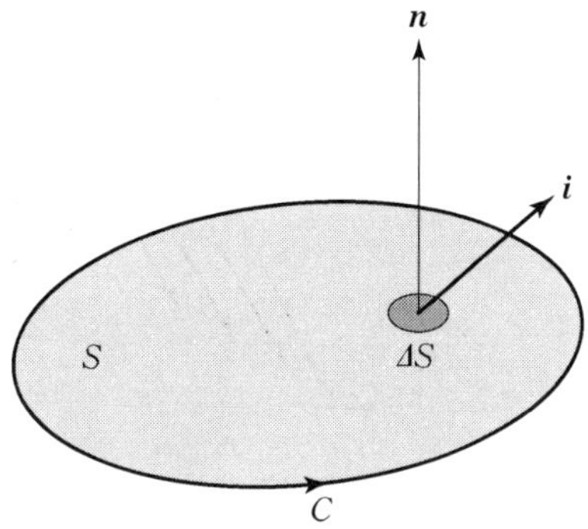


$$\oint_C \boldsymbol{H}\cdot d\boldsymbol{s} = \iint_S (\text{rot}\,\boldsymbol{H})_n dS \tag{8·45}$$

식 (8·44)와 식 (8·45)에 의해

$$\iint_S (\text{rot}\,\boldsymbol{H})_n dS = \iint_S i_n\, dS \tag{8·46}$$

$$\therefore \text{rot}\ \boldsymbol{H} = \boldsymbol{i} \tag{8·47}$$

이것이 전류 밀도와 자계의 관계식이다.

**예제 8·5** $H_x=0$, $H_y=0$, $H_z=A\sin\theta_y$와 같은 자계를 만드는 데에 필요로 하는 전류를 구하여라.

**풀이** 식 (8·47)이 $x, y, z$성분은 다음의 식으로 표시된다. 주어진 값을 대입하면

$$i_x=(\text{rot}\,\boldsymbol{H})_x=\frac{\partial H_z}{\partial y}-\frac{\partial H_y}{\partial z}=A\cos\theta_y-0=A\cos\theta_y[\text{A/m}^2]$$

$$i_y=(\text{rot}\,\boldsymbol{H})_y=\frac{\partial H_x}{\partial z}-\frac{\partial H_z}{\partial x}=0-0=0$$

$$i_z=(\text{rot}\,\boldsymbol{H})_z=\frac{\partial H_y}{\partial x}-\frac{\partial H_x}{\partial y}=0-0=0$$

주어진 문제의 자계를 그림 8·15에 나타내고, 구해진 전류를 그림 8·16에 나타낸다.

**그림 8·15**

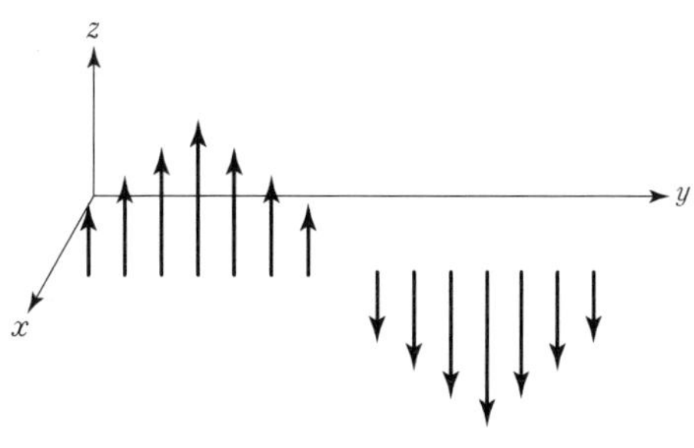

그림 8·16

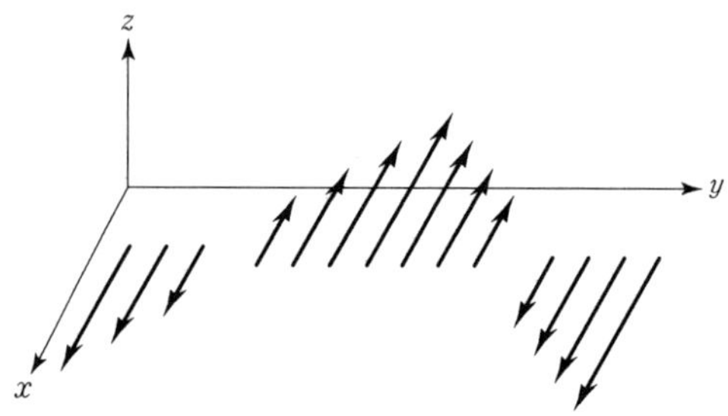


## 8·8 홀 효과(Hall effect)

1879년에 미국의 홀(E. H. Hall)이 발견한 현상이다.

전류가 흐르고 있는 도체에 자계를 가하면 전류와 자계에 수직 방향의 기전력을 발생한다.

즉, 그림 8·17에서 자계 $H$가 0일 때에 동전위의 점 A와 점 B에 자계 $H$를 가하면 전위차를 발생한다. 이것을 **횡효과**라 한다. 그 때 발생하는 기전력 $\boldsymbol{E}$는

$$\boldsymbol{E} = R(\boldsymbol{i} \times \boldsymbol{H}) \tag{8·48}$$

로 표시되고 $R$을 **홀 상수**(Hall constant)라 한다.

그림 8·17

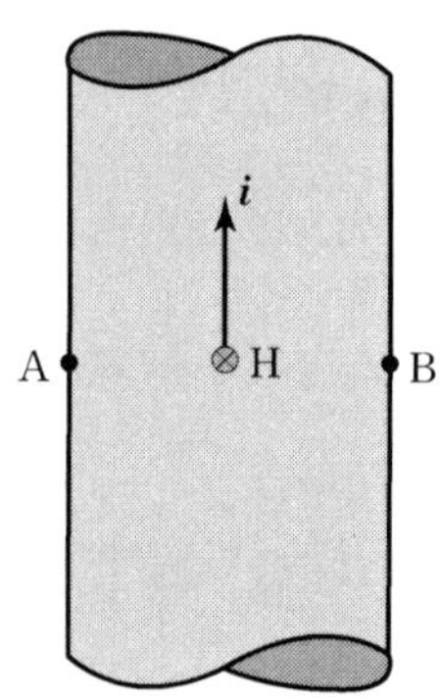

다음에

> 전류가 흐르고 있는 도체에 자계를 가하면 전기 저항이 변화한다. 그것을 **종효과**라 한다.

자계의 크기를 측정하는 방법은 여러 가지가 있지만 그 하나의 방법으로서 홀효과가 이용되고 있다. 그 재료로서는 비스무트나 반도체가 사용된다.

## 연습문제

**8·1** 1[Wb]는 몇 맥스웰인가?

㉮ $3\times10^{9}$ ㉯ $10^{8}$ ㉰ $4\pi$ ㉱ $\frac{4\pi}{10}$

**8·2** $10^{-5}$[Wb]와 $1.2\times10^{-5}$[Wb]의 점자극을 공기 중에서 2[cm] 거리에 놓았을 때, 극간에 작용하는 힘은 몇 [N]인가?

㉮ $1.9\times10^{-2}$ ㉯ $1.9\times10^{-3}$ ㉰ $3.8\times10^{-1}$ ㉱ $3.8\times10^{-4}$

**8·3** 공기 중에서 가상 점자극 $m_1$[Wb]과 $m_2$[Wb]를 $r$[m] 떼어 놓았을 때, 두 자극간의 작용력이 $F$[N]이었다면 이 때의 거리 $r$[m]은?

㉮ $\sqrt{\frac{m_1 m_2}{F}}$ ㉯ $\frac{6.33\times10^{4}\times m_1 m_2}{F}$

㉰ $\sqrt{\frac{6.33\times10^{4}\times m_1 m_2}{F}}$ ㉱ $\sqrt{\frac{9\times10^{4}\times m_1 m_2}{F}}$

**8·4** 그림 8·18과 같이 공기 중에서 1[m]의 거리를 사이에 둔 두 점 A, B에 각각 $3\times10^{-4}$[Wb]와 $-3\times10^{-4}$[Wb]의 점전하를 두었다. 이 때, 점 P에 단위 플러스(+) 자극을 두었을 경우, 이 극에 작용하는 힘의 합력[N]은? (단, $\overline{AP}=\overline{BP}$, $\angle APB=90°$ 이다.)

㉮ 0 ㉯ 18.99 ㉰ 37.98 ㉱ 53.70

그림 8·18

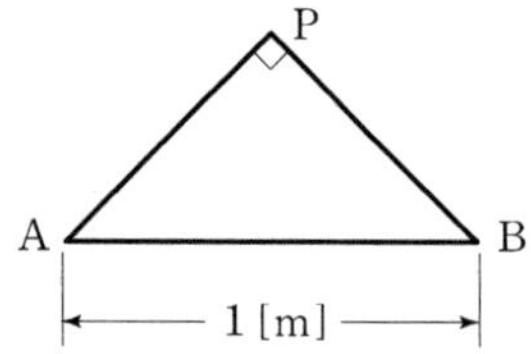


**8·5** 거리 $r$[m]를 두고 $m_1$, $m_2$[Wb]인 같은 부호의 자극이 놓여 있을 때, 두 자극을 잇는 선상의 중간에 있어 자계의 세기가 0인 점은 $m_1$[Wb]에서 얼마 떨어져 있는가?

㉮ $\dfrac{m_1 \cdot r}{m_1 + m_2}$ [m]　㉯ $\dfrac{\sqrt{m_1} \cdot r}{\sqrt{m_1 + m_2}}$ [m]

㉰ $\dfrac{\sqrt{m_1} \cdot r}{\sqrt{m_1} + \sqrt{m_2}}$ [m]　㉱ $\dfrac{m_2 \cdot r}{m_1 + m_2}$ [m]

그림 8·19

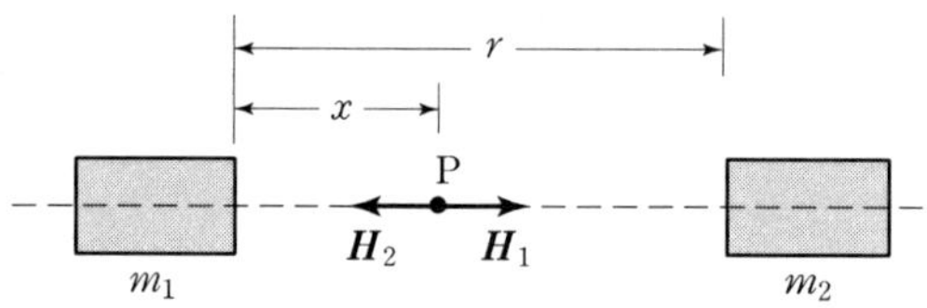


**8·6** 진공 중의 자계 10 [AT/m]인 점은 $5 \times 10^{-3}$ [Wb]의 자극을 놓으면 그 자극에 작용하는 힘[N]은?

㉮ $5 \times 10^{-2}$　㉯ $5 \times 10^{-3}$　㉰ $2.5 \times 10^{-2}$　㉱ $2.5 \times 10^{-3}$

**8·7** 1,000 [AT/m]의 자계 중에 어떤 자극을 놓았을 때, $3 \times 10^2$ [N]의 힘을 받았다고 한다. 자극의 세기[Wb]는?

㉮ 0.1　㉯ 0.2　㉰ 0.3　㉱ 0.4

**8·8** 비투자율 $\mu$, 자속 밀도 $\boldsymbol{B}$인 자계 중에 있는 $m$[Wb]의 자극이 받는 힘[N]은?

㉮ $\dfrac{Bm}{\mu_0 \mu_s}$　㉯ $\dfrac{Bm}{\mu_0}$　㉰ $\dfrac{\mu_0 \mu_s}{Bm}$　㉱ $\dfrac{Bm}{\mu_s}$

**8·9** 길이 $l = 10$ [cm], 자극의 세기 $\pm 8 \times 10^{-8}$ [Wb]인 막대 자석이 있다. 자석의 중심 0에서 수직으로 $r = 2$ [cm]만큼 떨어진 점 P의 자계 세기[N/Wb]는? (단, $r \gg l$ 의 관계로 계산하여라.)

㉮ $6.33\times10^{-3}$ ㉯ $1.3\times10^{-3}$ ㉰ $2.6\times10^{-2}$ ㉱ $6.33\times10^{-2}$

**8·10** 그림 8·20과 같이 진공에서 $6\times10^{-3}$[Wb]의 자극을 가진 길이 10[cm] 되는 막대 자석의 정자극(正磁極)으로부터 5[cm] 떨어진 점의 자계 세기[AT/m]는?

㉮ $13.3\times10^4$ ㉯ $17.3\times10^4$ ㉰ $23.3\times10^3$ ㉱ $26.4\times10^5$

**그림 8·20**

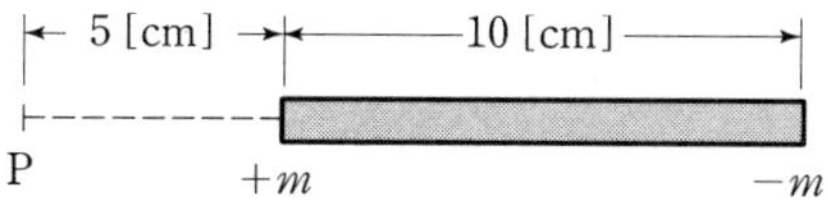


**8·11** 그림 8·21과 같이 자기량 $m=8\pi$[Wb], 길이 20[cm]인 막대 자석이 공기 중에 있을 때, 막대 자석의 중심으로부터 10[cm] 떨어진 점 P의 자계 세기 $\boldsymbol{H}$[AT/m]는? (단, 공기의 투자율 $\mu_0$는 $4\pi\times10^{-7}$[H/m]이다.)

㉮ $25\times10^7$ ㉯ $35.35\times10^4$ ㉰ $75.7\times10^7$ ㉱ $35.35\times10^7$

**그림 8·21**

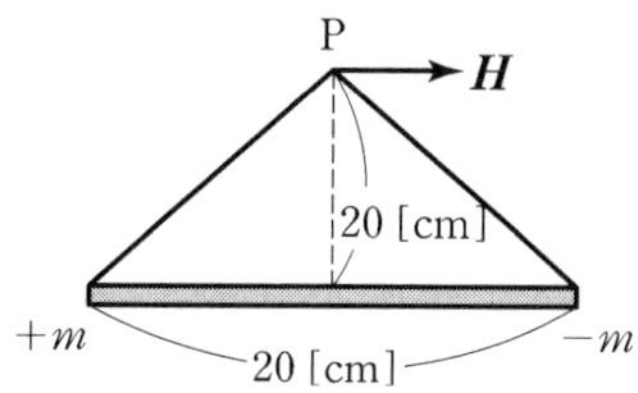


**8·12** 자기 쌍극자에 의한 자위 $U$[A]에 해당되는 것은? (단, 자기 쌍극자의 자기 모멘트는 $M$[Mb·m], 쌍극자 중심으로부터의 거리는 $r$[m], 쌍극자 정방향과의 각도는 $\theta$도라 한다.)

㉮ $6.33\times10^4\dfrac{M\sin\theta}{r^3}$ ㉯ $6.33\times10^4\dfrac{M\sin\theta}{r^2}$

㉰ $6.33\times10^4\dfrac{M\cos\theta}{r^3}$ ㉱ $6.33\times10^4\dfrac{M\cos\theta}{r^2}$

**8·13** 자극에 세기가 $m$인 판자석의 N극으로부터 $r$[m] 떨어진 점 P에서의 자위를 구하는 식은? (단, 점 P에서 판자석을 보는 입체각을 $\omega$라 한다.)

㉮ $-\dfrac{m}{4\pi\mu_0}$ ㉯ $-\dfrac{m}{2\pi\mu_0}\omega$ ㉰ $\dfrac{m}{4\pi\mu_0}\omega$ ㉱ $\dfrac{m}{2\pi\mu_0}\omega$

**8·14** 판자석의 세기 $m=0.01$[Wb/m], 반지름 $a=5$[cm]인 원형 자석판이 있다.

자석의 중심에서 축상 10[cm]인 점에서의 자위 세기[A]는?

㉮ 100 ㉯ 175 ㉰ 400 ㉱ 420

**8·15** 그림 8·22와 같이 자기 모멘트 $M$[Wb·m]인 판자석과 N과 S극측에 입체각 $\omega_1, \omega_2$인 P점과 Q점이 판에 무한히 접근해 있을 때, 두 점 사이의 자위차 [J/Wb]는? (단, 판자석의 표면 밀도를 $\pm\sigma$[Wb/m$^2$]라 하고 두께를 $\sigma$[m]라 할 때 $M = \sigma \cdot \delta$[Wb/m]이다.)

㉮ $\frac{M}{\mu_0}$ ㉯ $\frac{M}{4\pi\mu_0}$

㉰ $\frac{2M}{4\pi\mu_0}(\omega_1 - \omega_2)$ ㉱ 0

**그림 8·22**

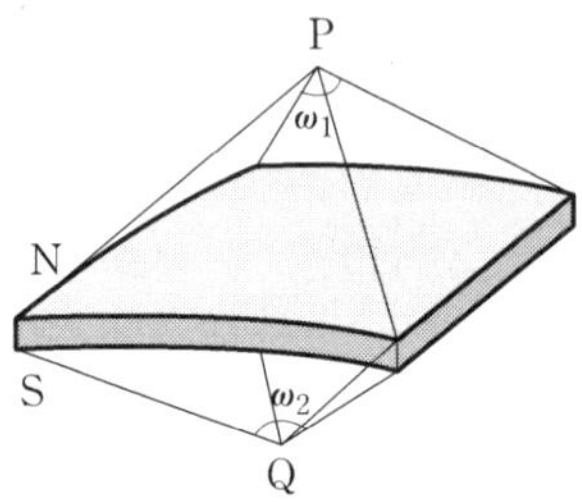


**8·16** 자석의 세기 0.2[Wb], 길이 10[cm]인 막대 자석의 중심에서 60°의 각을 가지며 40[cm]만큼 떨어진 점 A의 자위는 몇 [A]인가?

㉮ $1.97\times10^3$ ㉯ $3.96\times10^3$ ㉰ $9.58\times10^3$ ㉱ $7.92\times10^3$

**8·17** 그림 8·23과 같이 권수 $N$[회], 평균 반지름 $r$[m]인 환상 솔레노이드에 전류 $I$[A]의 전류가 흐를 때, 중심 0점의 자계 세기는 몇 [AT/m]인가?

㉮ 0 ㉯ $NI$ ㉰ $\frac{NI}{2\pi r}$ ㉱ $\frac{NI}{2\pi r^2}$

**그림 8·23**

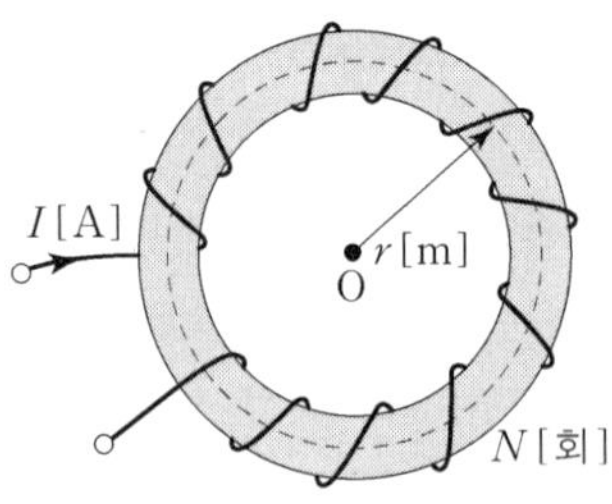


**8·18** 그림 8·24와 같이 $l_1$[m]에서 $l_2$[m]까지 전류 $I$[A]가 흐르고 있는 직선 도체

에서 수직 거리 $a$[m] 떨어진 점 P의 자계[AT/m]를 구하면?

㉮ $\dfrac{I}{4\pi a}(\sin\theta_1+\sin\theta_2)$ ㉯ $\dfrac{I}{4\pi a}(\cos\theta_1+\cos\theta_2)$

㉰ $\dfrac{I}{2\pi a}(\sin\theta_1+\sin\theta_2)$ ㉱ $\dfrac{I}{2\pi a}(\cos\theta_1+\cos\theta_2)$

**그림 8·24**

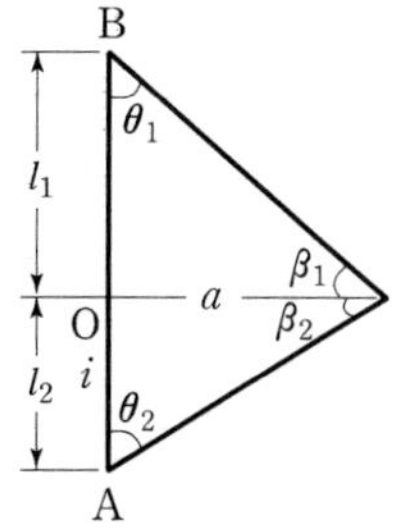

# CHAPTER 9

# 자속과 강자성체

## 9·1 자기 유도

자계 속에 물체를 놓으면 물체의 단면에 자극이 나타나는 현상을 **자기 유도**(magnetic induction)라 한다. 그림 9·1(a)와 같이 S극, N극이 나타나는 물질을 **상자성체**(paramagnetic material)라 하고 그림 9·1(b)와 같은 물질을 **역자성체**(diamagnetic material)라 한다. 철, 백금 등을 상자성체이고 은, 동 등은 역자성체이다. 철, 니켈, 코발트 및 그들의 합금[1)]은 상자성체이며 자기 유도가 현저하게 나타나는 물질이다. 이들을 **강자성체**(ferromagnetic material)라 한다.

그림 9·1

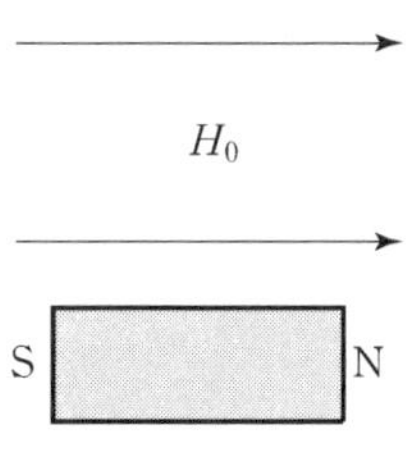


(a) 상자성체

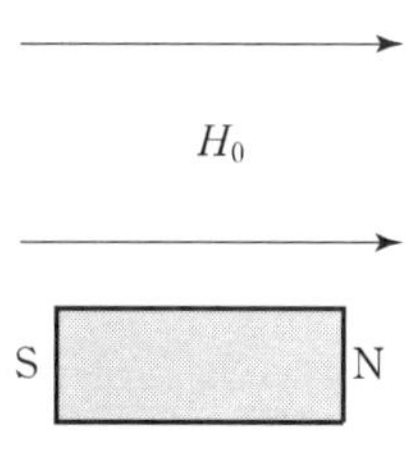


(b) 역자성체

1) Fe, Ni, Co는 강자성체이지만, 이러한 합금 속에는 강자성체에서 없는 합금도 있다.

## 9·2 자화의 세기

그림 9·2와 같이 면적 $\Delta S[\mathrm{m}^2]$인 미소 체적의 강자성체를 자계 속에 놓았을 때에 단면에 발생하는 자극을 $+\Delta m[\mathrm{Wb}]$, $-\Delta m[\mathrm{Wb}]$라 하면

$$\frac{\Delta m}{\Delta S} = J \qquad (9 \cdot 1)$$ [2]

식 (9·1)의 $J$는 발생하는 자극의 면적 밀도이다. 이 $J$의 크기 갖고 S극($-\Delta m$)에서 N극($+\Delta m$)으로 향하는 방향의 벡터 $\boldsymbol{J}$를 **자화의 세기**(intensity of magnetization)라 정의한다. $\boldsymbol{J}$의 단위는 T(tesla)이다.

그림 9·2는 미소한 강자성체를 자계 속에 놓았지만 큰 강자성체를 자계 속에 놓은 경우에는 그 미소한 부분을 생각하면 역시 식 (9·1)에서 $\boldsymbol{J}$가 정의되고 $\boldsymbol{J}$는 위치 함수이다. 그래서 $\boldsymbol{J}$를 표시하는 데에 가상한 선을 사용하여 **자화선**(lines of magnetization)이라 한다. 자화선은 $-1[\mathrm{Wb}]$에서 1개 출발하여 $+1[\mathrm{Wb}]$에서 끝난다.

전계 속에 유전체를 놓으면 단면에 분극 전하가 발생하지만 강자성체를 자계 속에 놓은 경우는 이것과 유사하며 분극의 세기 $\boldsymbol{P}$와 자화의 세기 $\boldsymbol{J}$와 대응시켜 생각할 수가 있다.

그림 9·2

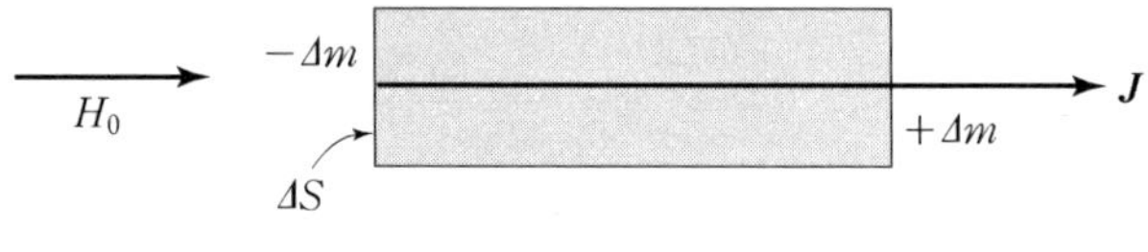


2) 단위 체적당의 자기 모멘트와 동일하다.

# 9·3 자 속

## 9·3·1 전계와 자계의 대응

8·2·3항에 있어서 자극에 관한 쿨롱의 법칙은 전하간의 쿨롱 법칙과 같은 형이므로 유사성이 있다는 것을 설명했지만 그 몇 개의 대응을 표 9·1에 나타낸다. 표 9·1의 대응 ⑤에 대해서는 ③의 관계가 대응하기 때문에 자력선의 밀도는 자계의 크기 $H$와 같게 되도록 하고 있다. 대응 ⑥은 대응 ①이 같은 형이며 대응 ⑤와 같이 정의하고 있으므로 이 대응도 생각된다. 대응 ⑧ 이하에 대해서는 지금부터 설명한다.

**표 9·1** 전계와 자계의 대응

| (비고) | | 전 계 | | 자 계 | (비고) |
|---|---|---|---|---|---|
| 식 (3·2) | ① | $F=\dfrac{1}{4\pi\varepsilon}\dfrac{Q_1Q_2}{r^2}$ | ⟷ | $F=\dfrac{1}{4\pi\mu}\dfrac{m_1m_2}{r^2}$ | 식 (8·4) |
| | ② | 유전율 $\varepsilon$ | ⟷ | $\mu$ 투자율 | |
| 식 (3·6) | ③ | $\boldsymbol{F}=q\boldsymbol{E}$ | ⟷ | $\boldsymbol{F}=m\boldsymbol{H}$ | p.163 각주 |
| 식 (3·39) | ④ | $\boldsymbol{E}=-\operatorname{grad} V$ | ⟷ | $\boldsymbol{H}=-\operatorname{grad} U_M$ | 식 (8·26) |
| §3·11 | ⑤ | 전기력선의 밀도는 $E$와 같다. | ⟷ | 자력선의 밀도는 $H$와 같다. | |
| p.55 각주 | ⑥ | $Q$[C]에서 $\dfrac{Q}{\varepsilon}$개의 전기력선이 나온다. | ⟷ | $m$[Wb]에서 $\dfrac{m}{\mu}$개의 자력선이 나온다. | |
| §6·1 | ⑦ | 분극의 세기 $\boldsymbol{P}$ | ⟷ | $\boldsymbol{J}$ 자화의 세기 | §9·2 |
| 식 (6·6) | ⑧ | 전속 밀도 $\boldsymbol{D}=\varepsilon\boldsymbol{E}$ | ⟷ | 자속 밀도 $\boldsymbol{B}=\mu\boldsymbol{H}$ | 식 (9·2) |
| 식 (6·7) | ⑨ | $\boldsymbol{D}=\varepsilon_0\boldsymbol{E}+\boldsymbol{P}$ | ⟷ | $\boldsymbol{B}=\mu_0\boldsymbol{H}+\boldsymbol{J}$ | 식 (9·7) |
| 식 (6·8) | ⑩ | $\operatorname{div}\boldsymbol{D}=\rho$ | ⟷ | $\operatorname{div}\boldsymbol{B}=0$ | 식 (9·6) |
| 식 (6·42) | ⑪ | $w=\dfrac{1}{2}\boldsymbol{E}\cdot\boldsymbol{D}$ | ⟷ | $w=\dfrac{1}{2}\boldsymbol{H}\cdot\boldsymbol{B}$ | 식 (9·39) |

### 9·3·2 자속과 자속 밀도

$Q$[C]의 전하에서는 전기력선이 $Q/\varepsilon$개 나오지만 밀도가 $\varepsilon$배의 지력선, 즉 $Q$[C]의 진전하에서 $Q$개 나오는 지력선을 가상해서 전속을 정의했지만 자력선은 $m$[Wb]에서 $m/\mu$개 발생하지만 자력선 밀도의 $\mu$배의 지력선을 가상하여 **자속**(magnetic flux)이라 정의한다. 따라서, 1[Wb]의 자극당 자속 1개이다. 자속의 단위는 [Wb]를 사용한다. 또한, 단위 면적당의 자속을 **자속 밀도**(magnetic flux density)[3]라 하고 단위에는 T(tesla)를 사용한다.[4]

자속 밀도 $\boldsymbol{B}$와 자계 $\boldsymbol{H}$의 관계식

$$\boldsymbol{B} = \mu \boldsymbol{H} [\mathrm{Wb/m^2}] \tag{9·2}$$

단, $\mu$는 투자율(permeability)이다. $\mu$의 단위는 H/m(henry per meter)가 사용된다(식 (9·2)에서 [Wb/Am]이지만 식 (11·19)의 1[H]=1[Wb/A]를 사용하면 [A/m]가 된다).

### 9·3·3 자속의 굴절

투자율 $\mu_1$과 $\mu_2$의 경계면에 입사각 $\theta_1$이고 자속이 들어갈 때의 굴절각을 $\theta_2$라 하면 **6·3**절의 계산으로 되어

$$B_1 \cos\theta_1 = B_2 \cos\theta_2 \tag{9·3}$$

$$H_1 \sin\theta_1 = H_2 \sin\theta_2 \tag{9·4}$$

식 (9·3)을 식 (9·4)로 나누고 $\mu_1 = B_1/H_1$, $\mu_2 = B_2/H_2$의 관계를 사용하여

$$\frac{\tan\theta_1}{\tan\theta_2} = \frac{\mu_1}{\mu_2} \tag{9·5}$$

---

3) 자기 유도도(magnetic induction)라는 경우도 있다.

4) MKS 단위계에서는 [Wb/m²], CGS 단위계에서는 가우스가 사용되었다.

$$1[\mathrm{T}] = 1[\mathrm{Wb/m^2}] = 10,000[\mathrm{Gauss}]$$

그림 9·3

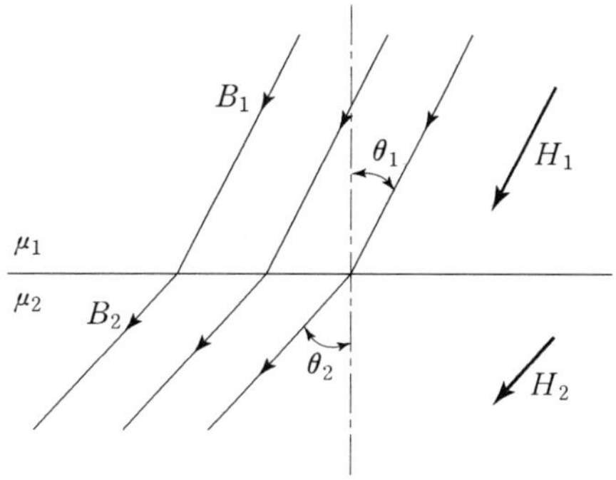


## 9·3·4 자속의 연속성

강자성체의 자계 속에 놓으면 그림 9·1(a)와 같이 S극, N극의 자극이 나타나지만 이 강자성체를 두 개로 자르면 그림 9·4와 같이 잘라낸 자리에 N극, S극이 나타난다. 아무리 미세하게 잘라도 N, S의 극이 나타나고 어느 쪽인가 한쪽만 인출할 수는 없다. 그림 9·4와 같이 강자성체의 단면에 나타난 자극은 분극 전하에 대응한다. 진전하에 대응하는 자극은 없다.

전속은 진전하가 없는 장소에서는 연속이지만 진전하에 해당하는 자극은 없기 때문에 **자속은 항상 연속**이다. 따라서, 자속은 출발점도 종점도 없고 닫힌 선이다.

$$\text{div}\,\boldsymbol{B} = 0 \qquad (9\cdot6)$$

이 식은 항상 성립한다.

그림 9·4

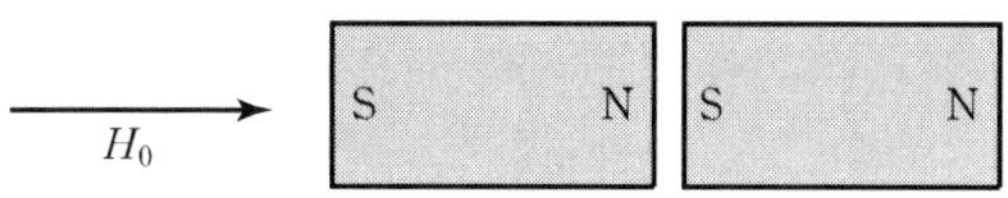


## 9·3·5 자속 밀도, 자계, 자화 세기의 관계식

표 9·1에 있어서 ②, ⑦, ⑧의 대응이 있으므로 ⑨의 관계식도 대응한다.[5]

$$\boldsymbol{B} = \mu_0 \boldsymbol{H} + \boldsymbol{J}\ [\text{Wb/m}^2] \qquad (9\cdot7)$$

5) 식 (6·7)을 유도한 방법과 동일하게 하여 식 (9·7)이 구해진다.

## 9·4 전류와 자속 사이에 작용하는 힘

전류 $I$[A]가 흐르고 있는 길이 $l$[m]인 도체가 자속 밀도 $\boldsymbol{B}$[Wb/m$^2$]의 자계 속에 놓여져 있을 때에 도체에 작용하는 힘 $\boldsymbol{F}$는 실험적으로 다음의 식으로 된다.

$$F = IBl\sin\Theta\,[\mathrm{N}] \tag{9·8}$$

단, $\Theta$는 전류와 자속 밀도가 이루는 각이다. 또한 힘 $\boldsymbol{F}$의 방향은 전류와 자속 밀도의 양쪽에 직각이며 방향은 그림 9·5에 파선으로 나타내는 방향이다.

1885년 영국의 플레밍(J. A. Fleming)은 이 힘의 방향에 대해서 **플레밍의 왼손 법칙**(Fleming's left-hand rule)을 설명했다. 즉, 왼손의 3개 손가락을 벌여서 전류를 가운데손가락, 자속 밀도를 집게손가락으로 취할 때, 엄지손가락이 힘의 방향이다.

전류를 벡터 $\boldsymbol{I}$로 표시하면 식 (9·8)에서 다음의 식이 얻어진다.

$$\boldsymbol{F} = (\boldsymbol{I} \times \boldsymbol{B})l\,[\mathrm{N}] \tag{9·9}$$

$\boldsymbol{I} \times \boldsymbol{B}$의 방향은 그림 9·5에서 고찰하면 파선으로 나타낸 힘 $\boldsymbol{F}$의 방향과 일치한다.

전류와 자속 사이에 작용하는 힘은 **전자력**(electromagnetic force)이라 불리우며 전동기, 전압계, 전류계, 스피커, 오실로스코프 등과 같은 전기 공학의 여러 분야에서 널리 응용되고 있다. 실용의 전기 기계 기구에서는 효율을 고려해서 $\sin\Theta = 1$로 설계되어 있는 것이 많으며, 따라서 식 (9·8)에서 전류와 자속이 직교할 때

$$F = IBl\,[\mathrm{N}] \tag{9·10}$$

**그림 9·5**

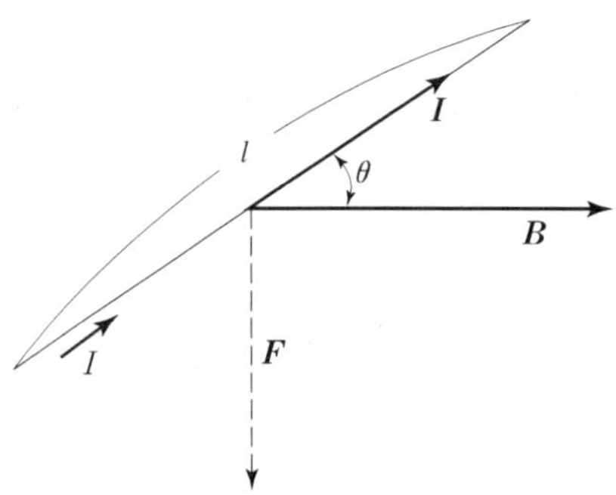

**그림 9·6**

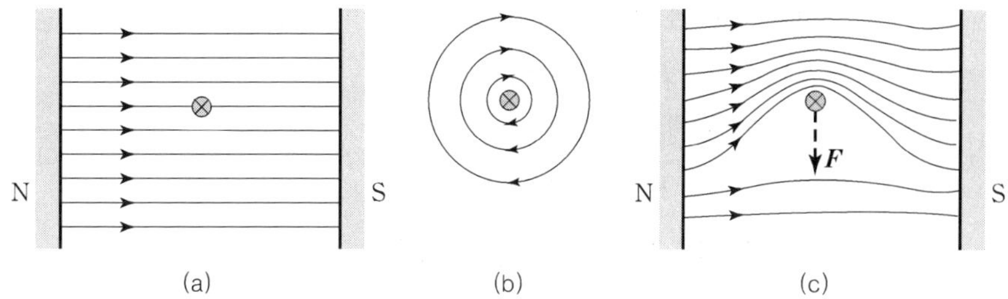


이 식은 실용되는 일이 많고 중요한 식이다.

전류와 자속의 힘은 다음과 같이 생각된다. 그림 9·6(a)는 전선에 전류가 흐르고 있지 않을 때의 자속을 나타내고, 그림 9·6(b)는 전류에 의해서 발생하는 자속을 나타내고, 그림 9·6(c)는 전류가 흐를 때에 자속의 분포가 변화하는 것을 나타낸다. 그림 9·6(c)에 나타내는 바와 같이 전류의 위쪽에서는 자속이 조밀하게 되어 있다. 잡아 늘인 고무줄에 오그라드는 힘이 있는 바와 같이 자속에도 오그라들려고 하는 힘이 작용하므로 전류 $I$를 도시한 $\boldsymbol{F}$의 방향으로 누르는 힘이 작용한다고 생각된다.

**예제 9·1** 그림 9·7과 같이 자속 밀도 $B$의 장소에 직사각형 코일 ABCD가 놓여져 있다. 코일에 전류 $I$를 흘릴 때에 작용하는 토크를 구하여라. 단, $\overline{\mathrm{AB}} = a$, $\overline{\mathrm{BC}} = b$라 한다.

**그림 9·7**

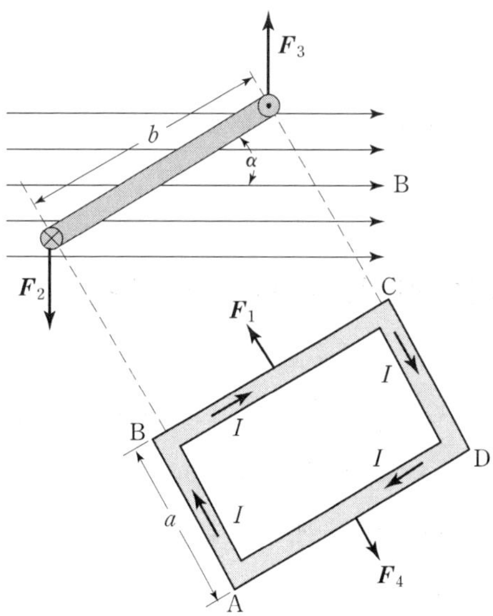

**풀이** 변 AB에 작용하는 힘 $F_1$은 식 (9·10)에 의해

$$F_1 = IBa \, [\mathrm{N}]$$

동일하게 하여

$$F_3 = IBa \, [\mathrm{N}]$$

다음에, $F_2$는 식 (9·8)에 의해

$$F_2 = IBb \sin \alpha \, [\mathrm{N}]$$

동일하게 하여

$$F_4 = IBb \sin \alpha \, [\mathrm{N}]$$

힘의 방향은 도시한 바와 같다. $\boldsymbol{F}_2$와 $\boldsymbol{F}_4$는 코일면상에서 크기가 같고 반대의 방향이기 때문에 상쇄하여 토크는 안된다. 그래서 토크 $T$는

$$T = F_1 b \cos \alpha = abIB \cos \alpha \, [\mathrm{N \cdot m/rad}]$$

### ▶ 운동하는 전하에 작용하는 힘

예를 들면 브라운관 속에서는 전자가 운동하지만 가로 방향으로 자계를 가하면 힘이 작용하여 진로가 구부러진다. 일반적으로 전하 $q$가 속도 $\boldsymbol{v}$로 운동할 때, $q\boldsymbol{v}$라는 전류에 해당하고 자속 밀도를 $\boldsymbol{B}$라 하면

$$\boldsymbol{F} = q(\boldsymbol{v} \times \boldsymbol{B}) \, [\mathrm{N}] \qquad (9 \cdot 11)$$

의 힘이 작용한다. 전자의 경우에는 $q = -1.602 \times 10^{-19}$이므로 힘의 방향은 벡터 $\boldsymbol{v} \times \boldsymbol{B}$의 방향과 반대이다.

## 9·5 전류와 전류 사이에 작용하는 힘

그림 9·8과 같이 두 개의 전류 $I_1$과 $I_2$가 $r$[m]만큼 떨어져서 평행하게 흐르고 있을 때에 작용하는 힘을 구하여라.

전류 $I_1$인 임의의 점 P에 있어서 전류 $I_2$에 의한 자계를 $H_2$라 하면 식 (8·2)에 의해

**그림 9·8**

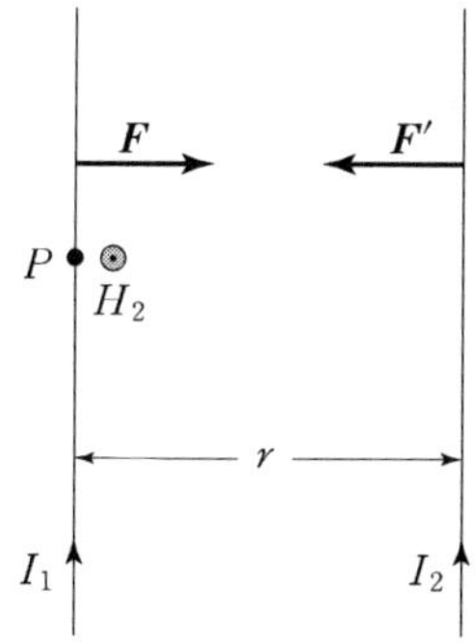


$$H_2 = \frac{I_2}{2\pi r}\ [\mathrm{A/m}] \tag{9·12}$$

그래서 전류 $I_1$의 1[m]당에 작용하는 힘은 식 (9·10)에 의해

$$F = IB = I_1 \mu H_2 = I_1 \mu \frac{I_2}{2\pi r} = \frac{\mu I_1 I_2}{2\pi r}\ [\mathrm{N/m}] \tag{9·13}$$

전류 $I_1$과 $I_2$의 방향이 같을 때에는 힘 $F$의 방향은 플레밍의 왼손 법칙에 의해 도시한 바와 같이 흡인력이 된다. 다음에 전류 $I_2$인 임의이 점 $P_2$에 있어서 $I_1$에 의한 자계를 구하고 $I_2$의 1[m]당에 작용하는 힘 $F'$의 크기를 구하면

$$F' = F$$

가 얻어지고 $\boldsymbol{F}'$의 방향은 그림 9·8에 나타내는 바와 같이 흡인력이 된다.

$I_1$과 $I_2$가 반대 방향일 때에는 반발력이 된다.

진공 속에서 식 (9·13)은

$$F = \frac{\mu I_1 I_2}{2\pi r}\ [\mathrm{N/m}] \tag{9·14}$$

1·2절에 있는 1[A]의 정의에 의해 식 (9·14)에 $F = 2\times10^{-7}$, $I_1 = I_2 = 1$, $r = 1$ 을 대입하면

$$\mu_0 = 4\pi \times 10^{-7}\ [\mathrm{H/m}] \tag{9·15}$$

식 (9·15)를 식 (9·14)에 대입하면

$$F = \frac{I_1 I_2}{r} 2 \times 10^{-7}\ [\mathrm{N/m}] \tag{9·16}$$

이 식은 진공 속에서 두 개의 전류 사이에 작용하는 힘이다.

## 9·6 비투자율과 자화율

강자성체의 투자율 $\mu$는 진공 투자율 $\mu_0$의 수백~수만배이다. 일반적으로

$$\mu = \mu_s \mu_0$$

이 식의 $\mu_s$를 **비투자율**(specific permeability or relative permeability)이라 한다.

다음에 p.184에서 자화의 세기 $\boldsymbol{J}$를 설명했지만 $\boldsymbol{J}$는 내부 자계 $\boldsymbol{H}$에 비례하고

$$\boldsymbol{J} = \chi \boldsymbol{H} [\mathrm{Wb/m^2}] \qquad (9\cdot18)$$

이 식의 $\chi$(chi)를 **자화율**(magnetic susceptibility)이라 한다.

식 (9·2), 식 (9·7) 및 식 (9·18)에서 다음의 식이 얻어진다.

$$\mu = \mu_0 + \chi \qquad (9\cdot19)$$

또한, 식 (9·17)과 식 (9·19)에서

$$\mu_s = 1 + \chi / \mu_0 \qquad (9\cdot20)$$

이 식의 $\chi / \mu_0$를 **비자화율**(relative susceptibility)이라 한다.

표 9·2에 각종 물질에 대한 비투자율 $\mu_s$의 값을 나타낸다. 표 9·2에 있는 철 이외 물질의 $\mu_s$는 거의 1이다. 공기도 $\mu_s \fallingdotseq 1$이며 공기의 투자율 $\mu$는 $\mu_s \fallingdotseq 1$을 식 (9·17)에 대입하여 $\mu \fallingdotseq \mu_s$로서 취급하는 경우가 많다.[6)]

## 9·7 감자력

강자성체를 자계 속에 놓으면 그림 9·9와 같이 S극, N극을 발생한다. 그 결과 자성체의 내부에서 N극에서 S극으로 향하는 자계가 발생하고 이것은 $H_0$와 반대 방향이기 때문에 내부 자계 $H$는 외부 자계 $H_0$보다 작게 된다. 그 차

6) 표 9·2 이외에 백금, 은, 납, 수정, 수은, 수소, … 등의 **비자성체**(non-magnetic substance)라 불리우는 물질은 $\mu_s \fallingdotseq 1$로서 취급한다.

그림 9·9

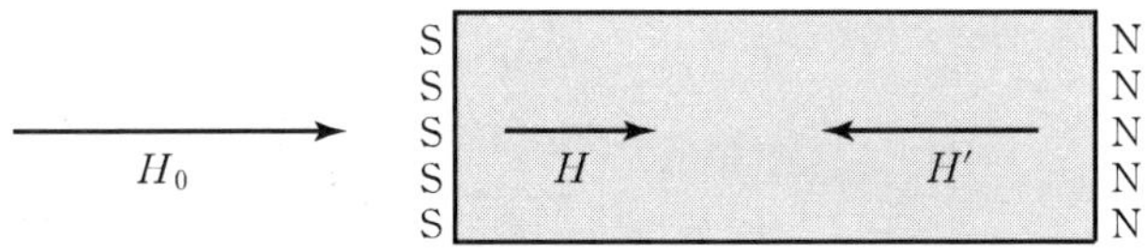


$$H_0 - H = H' \qquad (9\cdot21)$$

이 $H'$를 **감자력**(demagnetizing force)이라 한다.

$H'$는 자화의 세기 $J$에 비례한다. 그래서,

$$H' = N\frac{J}{\mu_0}\ [\mathrm{A/m}] \qquad (9\cdot22)$$

이 식의 $N$을 **감자율**(demagnetizing factor)이라 한다.

식 (9·17), 식 (9·18), 식 (9·19), 식 (9·21) 및 식 (9·22)에서 다음의 식이 얻어진다.

$$H = \frac{H_0}{1+N(\mu_s-1)}\ [\mathrm{A/m}] \qquad (9\cdot23)$$

강자성체의 $\mu_s$와 감자율 $N$을 알면 $H_0$가 주어졌을 때, $H$가 계산으로 구해진다. 감자율은 모양에 의해 정해지며 0과 1 사이의 값이다. 막대 모양의 강자성체를 자계와 평행하게 놓으면 막대가 길수록 $N$은 0에 가깝다. 구형에서는 $N=1/3$이다.

강자성체 속의 공동(cavity)이 있을 때에는 공동 속의 자계 $H_c$는 강자성체 속의 자계보다 커진다.

$$H_c = H + H' \qquad (9\cdot24)$$

이 $H'$는 그림 9·10에 나타내는 방향이며, 식 (9·22)를 대입하면

$$H_c = H + N\frac{J}{\mu_0} \qquad (9\cdot24\mathrm{a})$$

공동의 단면적을 $S[\mathrm{m}^2]$, 길이를 $l[\mathrm{m}]$라 하고 $l \gg S$인 공동일 때에는 $N \fallingdotseq 0$이며, 식 (9·24a)에서

$$H_c = H \qquad (9\cdot25)$$

그러므로, 가늘고 긴 공동을 만들어 자계를 측정하면 강자성체 속의 자계가 구해진다.

**그림 9·10**

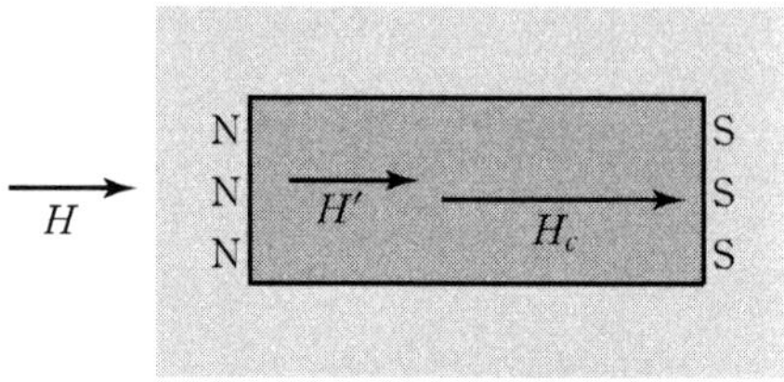


**그림 9·11**

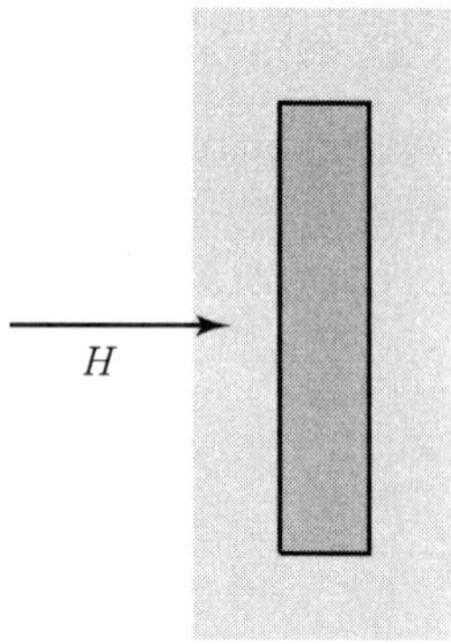


다음에 그림 9·11과 같은 편평한 공동을 만들면 $N \fallingdotseq 1$ 이며, 식 (9·24a)에서 $H_c = H + N\dfrac{J}{\mu_0}$ 가 된다. 식 (9·7)을 사용하면

$$B = \mu_0 H_c\,[\mathrm{Wb/m^2}] \tag{9·26}$$

따라서, $H_c$를 측정하면 강자성체 속의 $B$를 구할 수가 있다.

**예제 9·2** $H_0 = 10^3\,[\mathrm{A/m}]$인 평등 자계 속에 $\mu_s = 2,000$ 인 구형 자성체를 놓았다. 구내의 자계 $H$와 자속 밀도 $B$를 구하여라.

**풀이** 식 (6·80)을 사용하여

$$H = \frac{3\mu_0}{2\mu_0 + \mu_2} H_0 = \frac{3}{2 + \mu_s} H_0 = \frac{3 \times 10^3}{2,002} = 1.4985\,[\mathrm{A/m}]$$

$$B = \mu H = 2,000 \times 4\pi \times 10^{-7} \times 1.4985 = 3.766 \times 10^{-3}\,[\mathrm{Wb/m^2}]$$

**보충** 이 예제에서 구형 자성체를 놓기 전의 자속 밀도를 $B_0$라 하면

$$\frac{B}{B_0} = \frac{\mu H}{\mu_0 H_0} = \frac{2,000H}{H_0} \fallingdotseq \frac{2,000 \times 1.5}{10^3} = 3$$

$$\therefore B \fallingdotseq 3B_0\,[\mathrm{Wb/m^2}]$$

구형 자성체 내의 $B$는 약 3배가 된다.

자속의 분포를 그림 9·12에 나타내지만 자속은 투자율이 큰 물질에 모이는 성질이 있다. 투자율이 큰 재료로 둘러싸면 내부는 외부 자계의 영향을 받기 어렵게 된다. 이것을 **자기 실드**(magnetic shield)라 한다. 예를 들면 그림 9·12에 나타내는 구형 자성체의 내부에 반지름이 1/5인 구형의 공동이 있을 경우에 공동 내의 자계 $H_c$는 외부 자계의 약 1/200이 된다[7](자기 실드는 외부 자계의 영향을 0으로 하는 것은 불가능하다).

**그림 9·12**

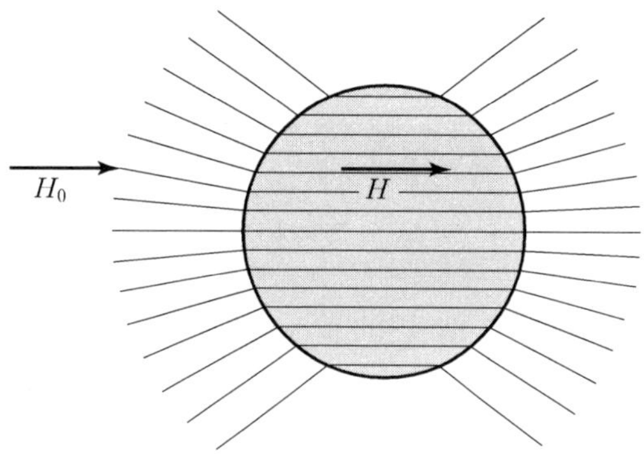


## 9·8 자기 회로

예를 들면 그림 9·13과 같은 단면적 $S[\mathrm{m^2}]$, 길이 $l[\mathrm{m}]$, 투자율 $\mu$인 철심에 $N$회 코일을 감아서 전류 $I[\mathrm{A}]$를 흘릴 때, 철심 속에 생기는 자속 $\Phi$를 구한다.

암페어의 주회 적분 법칙에서 $\boldsymbol{H}$와 $d\boldsymbol{s}$의 방향이 일치할 때에는 식 (9·11)에 $\cos\theta = 1$을 대입하면

$$\oint H ds = \sum nI \tag{9·27}$$

7) $\mu_s = 1,000$일 때, $H_c = H_0/221$이다.

**그림 9·13**

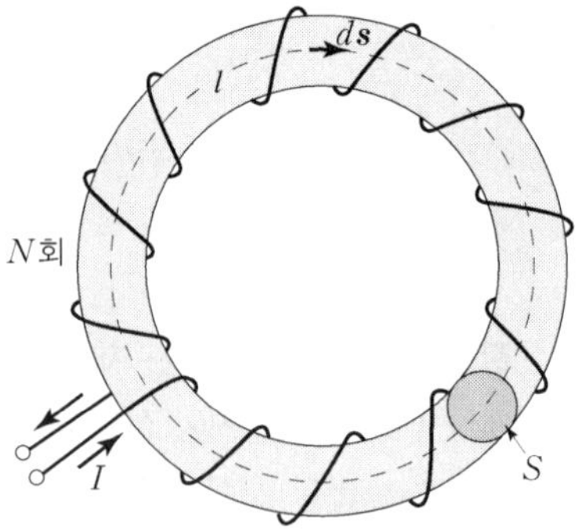


또한, $H=\frac{B}{\mu}$, $B=\frac{\Phi}{S}$ 에서

$$H=\frac{\Phi}{\mu S} \tag{9·28}$$

식 (9·28)을 식 (9·27)에 대입하면

$$\int\frac{\Phi}{\mu S}ds=\sum nI \tag{9·29}$$

자속은 연속이며 $\Phi$는 일정하므로

$$\Phi\int\frac{1}{\mu S}ds=\sum nI \tag{9·30}$$

$$\therefore \Phi=\frac{\sum nI}{\int\frac{ds}{\mu S}}\ [\mathrm{Wb}] \tag{9·31}$$

이 식은 옴의 법칙과 대응되어 $\sum nI$를 **기자력**(magnetomotive force)이라 하고 $\int\frac{ds}{\mu S}$를 **자기 저항**(magnetic resistance)이라 한다.[8] 또한, 자속 $\Phi$의 통로를 **자기 회로**(magnetic circuit)라 한다.

식 (9·31)은

$$(\text{자속})=(\text{기자력})\div(\text{자기 저항}) \tag{9·31a}$$

자기 회로의 길이를 $l$이라 하고 단면적 $S$가 일정할 때에는 자기 저항 $R_m$은

$$R_m=\frac{l}{\mu S}\ [\mathrm{A/Wb}] \tag{9·32}$$

---

8) 자기 저항의 역수를 **퍼미언스**(permeance)라 한다.

### 9·8·1 자기 저항의 접속

자기 저항 $R_{m1}$, $R_{m2}$, $R_{m3}$, ⋯ 가 있을 때, 직렬 접속의 경우에는 합성 자기 저항 $R_m$은

$$R_m = R_{m1} + R_{m2} + R_{m3} + \cdots \tag{9·33}$$

병렬 접속의 경우에는 합성 자기 저항을 $R_m$이라 하면

$$\frac{1}{R_m} = \frac{1}{R_{m1}} + \frac{1}{R_{m2}} + \frac{1}{R_{m3}} + \cdots \tag{9·34}$$

### 9·8·2 자기 회로의 키르히호프 법칙

자속을 전류에 대응시키고 또한 식 (9·31)을 옴의 법칙에 대응시켜서 생각하므로 전기 회로와 동일하게 키르히호프의 법칙이 사용된다.

① 자기 회로의 임의점에 유입하는 자속의 대수합은 영(0)이다.

② 임의의 폐회로에 있어서 자기 저항과 자속의 곱에 대한 대수합은 기자력의 대수합과 같다.

**예제 9·3** 그림 9·13의 자기 회로에 생기는 자속을 구하여라.

**풀이** 기자력은 $NI$이고 자기 저항은 식 (9·32)로 주어지며, 식 (9·31a)에 의해

$$\Phi = NI \div \frac{l}{\mu S} = \frac{\mu SNI}{l} \text{ [Wb]} \tag{9·35}$$

**예제 9·4** 그림 9·14에 나타내는 바와 같이 단면적 $S$[m$^2$], 길이 $l_1$[m], 비투자율 $\mu_s$인 철심에 $l_2$[m]의 갭(gap)이 있다. 이 철심에 $N$회 코일을 감아서 전류 $I$[A]를 흘릴 때의 자속을 구하여라.

**그림 9·14**

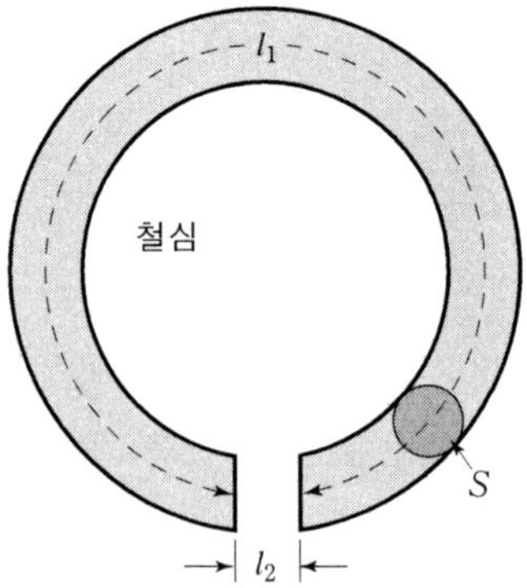


**풀이** 자기 저항 $R_m$은

$$R_m = \frac{l_1}{\mu S} + \frac{l_2}{\mu_0 S} = \frac{1}{\mu_0 S}\left(\frac{l_1}{\mu_s} + l_2\right)[\mathrm{A/Wb}] \tag{9·36}$$

식 (9·31)에 의해

$$\Phi = \frac{\mu_0 SNI}{\dfrac{l_1}{\mu_s} + l_2}[\mathrm{Wb}] \tag{9·37}$$

**예제 9·5** 예제 9·4에 있어서 $S = 1\,[\mathrm{cm}^2]$, $l_1 = 10\,[\mathrm{cm}]$, $\mu_s = 2,000$, $N = 500$, $I = 3\,[\mathrm{A}]$로 하고 $l_2$가 0에서 1 [mm]까지 변화할 때의 자속 변화를 구하고 도시하여라.

**풀이** 식 (9·37)에 $\mu_0 = 4\pi\times10^{-7}$, $S = 10^{-4}$, $N = 400$, $I = 3$, $l_1 = 0.1$, $\mu_s = 2,000$을 대입하면

$$\Phi = \frac{12\pi\times10^{-5}}{0.1 + 2,000\,l_2}[\mathrm{Wb}] \tag{9·38}$$

식 (9·38)의 $l_2$에 각종의 값을 대입하여 계산한 결과를 아래의 표에 나타내고 이것을 그림 9·15에 도시한다.

| $l_2$ [mm] | 0 | 0.01 | 0.025 | 0.05 | 0.1 | 0.25 | 0.5 | 0.75 | 1 |
|---|---|---|---|---|---|---|---|---|---|
| $\Phi$ [Wb] | $3.77\times10^{-3}$ | $3.14\times10^{-3}$ | $2.51\times10^{-3}$ | $1.88\times10^{-3}$ | $1.26\times10^{-3}$ | $0.628\times10^{-3}$ | $0.343\times10^{-3}$ | $0.236\times10^{-3}$ | $0.179\times10^{-3}$ |

그림 9·15

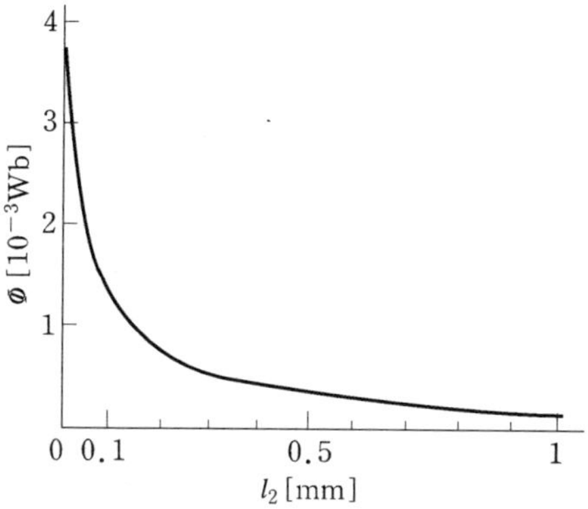


## 9·9 자계 에너지

전계에 축적되는 에너지는 $\frac{1}{2}\boldsymbol{E}\cdot\boldsymbol{D}$[J/m$^3$]인 것은 p.112에서 설명했지만 자계의 단위 체적당 축적되는 에너지 $w$는 다음의 식으로 주어진다.

$$w=\frac{1}{2}\boldsymbol{H}\cdot\boldsymbol{B}\,[\mathrm{J/m^3}] \tag{9·39}$$

이 식의 증명은 p.234에서 설명한다.

$\boldsymbol{B}=\mu\boldsymbol{H}$의 관계를 사용하면

$$w=\frac{1}{2\mu}(\boldsymbol{B}\cdot\boldsymbol{B})=\frac{1}{2\mu}\boldsymbol{B}^2\,[\mathrm{J/m^3}] \tag{9·40}$$

다음에 $\boldsymbol{B}$가 약간 변화했을 경우, 즉 $\boldsymbol{B}$가 $\boldsymbol{B}+\Delta\boldsymbol{B}$로 되었을 때의 에너지 밀도를 $w+\Delta w$라 하면

$$w+\Delta w=\frac{1}{2\mu}(\boldsymbol{B}^2+2\boldsymbol{B}\cdot\Delta\boldsymbol{B}+\Delta\boldsymbol{B}^2)\,[\mathrm{J/m^3}] \tag{9·41}$$

위식의 우변에 있는 $\Delta\boldsymbol{B}^2$은 다른 것에 비해서 미소하므로 생략하고 식 (9·40)을 빼면

$$\Delta w=\frac{1}{\mu}\boldsymbol{B}\cdot\Delta\boldsymbol{B}\,[\mathrm{J/m^3}] \tag{9·42}$$

또는

$$\Delta w = \boldsymbol{H} \cdot \Delta \boldsymbol{B}\,[\mathrm{J/m^3}] \tag{9·43}$$

**예제 9·6** 그림 9·16과 같이 두 개의 강자성체가 서로 마주보고 자속 밀도는 $B[\mathrm{Wb/m^2}]$이라고 한다. 서로 마주보는 면적 $S[\mathrm{m^2}]$의 면에 작용되는 힘 $F_x$를 구하여라.

**그림 9·16**

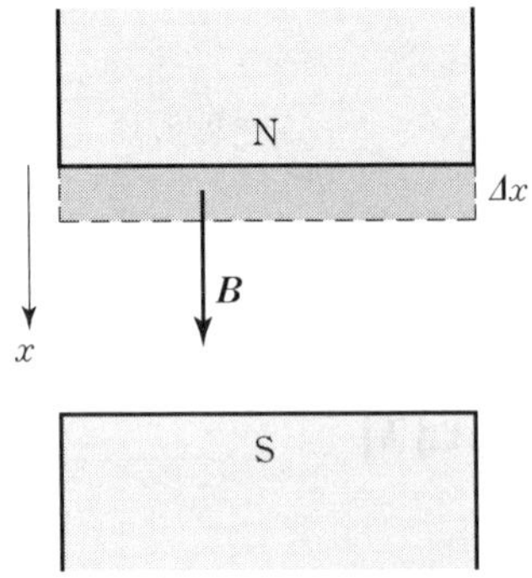


**풀이** 그림 9·16의 N극 강자성체를 $\Delta x$만큼 움직였을 때 에너지의 증가 $\Delta W$는 식 (9·40)을 사용하여

$$\Delta W = \frac{1}{2\mu} B^2 \Delta x S - \frac{1}{2\mu_0} B^2 \Delta x S \tag{9·44}$$

p.89의 식 (5·59)에 의해

$$F_x = -\frac{\Delta W}{\Delta x} = \left(\frac{B^2}{2\mu_0} - \frac{B^2}{2\mu}\right) S\,[N] \tag{9·45}$$ [9]

식 (9·45)의 우변은 정(+)이고 $F_x$도 정(+)으로 그림 9·16의 $x$방향과 힘 $F$의 방향은 일치하고 흡인력이다.

그림 9·16의 S극 강자성체에도 같은 크기의 흡인력이 작용한다.

---

9) 식 (9·45)에 있는 우변 괄호 내의 2항을 비교하면 $\frac{B^2}{2\mu_0} \gg \frac{B^2}{2\mu}$ 이다($\because$ 강자성체에서는 $\mu_0 \ll \mu$). 그래서, 식 (9·45)에서

$$F = \frac{B^2}{2\mu_0} S\,[\mathrm{N}] \tag{9·46}$$

# 9·10 히스테리시스 루프

## 9·10·1 *BH* 곡선

그림 9·17과 같이 강자성체에 자계를 가하고 그 내부의 $H$와 $B$를 측정한다. $H$의 값이 작은 곳에서 점차로 크게 하고, $H$, $B$의 측정 결과를 그림 9·18에 실선으로 나타낸다. 이 곡선을 ***BH* 곡선**( $B-H$ curve) 또는 **자화 곡선**(magnetization curve)이라 한다.

**그림 9·17**

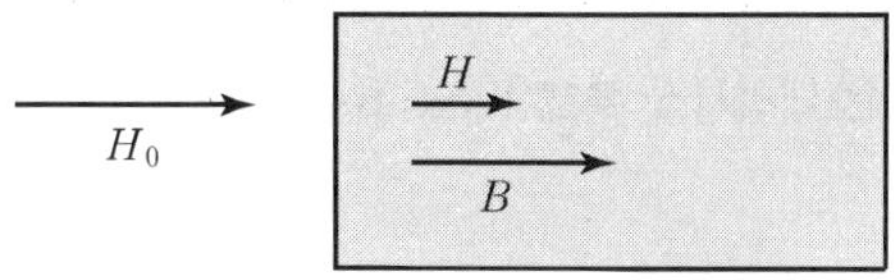


**그림 9·18**

실선은 $BH$ 곡선, 파선은 $JH$ 곡선, 점선은 $\mu H$ 곡선을 나타낸다.

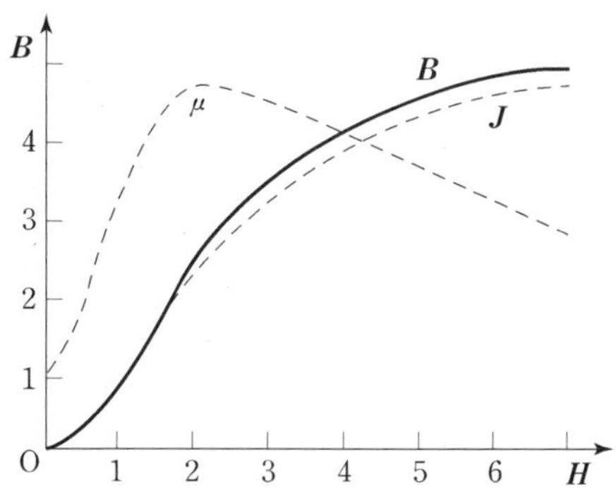


이 곡선에서 강자성체의 투자율 $\mu$는 일정한 값이 아니고 $H$의 함수인 것을 알 수 있다.

### 9·10·2 히스테리시스 루프

앞항 **9·10·1**의 측정을 그림 9·19에 Oabc로 나타낸다. 다음에 점 c에서 $H$를 작게 하여 측정을 계속하면 곡선 Oabc와 일치되지 않고 cde와 같이 된다. 점 e에서는 $H$가 0이 되지만 $B$는 0이 안된다. 이 $B$의 값 $B_r$을 **잔류 자기**(residual magnetism)라 한다. 다음에 자계 $H$를 역방향으로 점차로 크게 하면 점 f에 도달한다. 점 f에서는 $B=0$이며 $H$의 값 $H_c$를 **보자력**(coercive force)이라 한다. 다시 자계의 크기를 크게 하면 점 h에 도달한다. 점 h는 점 c의 대칭점으로 된다. 여기서 자계의 절대값을 작게 하면 hij와 같이 되고, 다시 $H$를 크게 하면 jkc와 같이 되어 점 c에 도달한다. 계속해서 측정을 행하면 cdefghijkc의 곡선을 반복하고 2회째 이후는 정확히 일치한다. 이 곡선은 루프(loop)로 되어 있으므로 **히스테리시스 루프**(hysteresis loop)라 한다.

**그림 9·19**

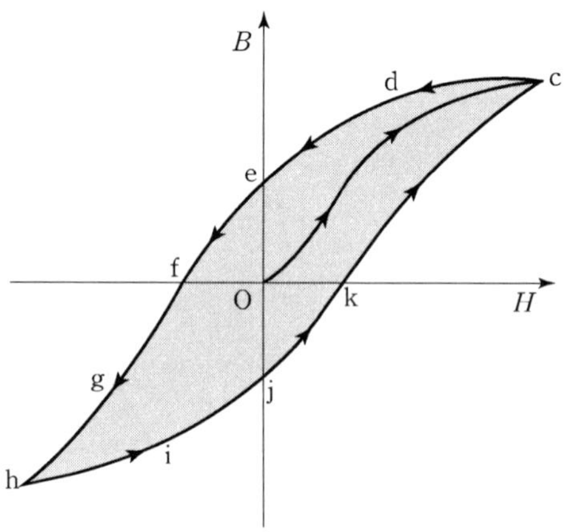


### 9·10·3 바크하우젠 효과

1922년에 독일의 바크하우젠(G. H. Barkhausen)이 발견한 현상으로 $BH$ 곡선의 측정을 매우 정밀하게 행하면 계단 모양으로 변화한다. 즉, $BH$ 곡선의 일부를 확대하면 그림 9·20과 같이 변화한다. 따라서, $BH$ 곡선은 연속한 곡선은 아니지만 이 계단은 대단히 작으므로 연속한 곡선으로서 취급할 경우가 많다.

**그림 9·20**

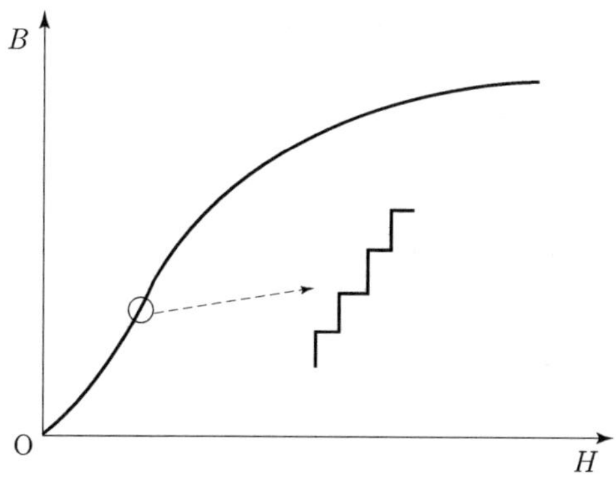


## 9·10·4 히스테리시스손

강자성체를 자화하는 경우에 자속 밀도가 $\Delta B$만큼 증가하면 에너지의 증가 $\Delta w$는 식 (9·43)에 의해

$$\Delta w = H\Delta B\,[\mathrm{J/m^3}] \tag{9·47}$$

따라서, 히스테리시스 루프를 일주할 때에 공급해야 할 에너지 $w_h$는

$$w_h = \oint H dB\,[\mathrm{J/m^3}] \tag{9·48}$$

이 식의 우변은 히스테리시스 루프의 면적이다.

강자성체가 1초 동안에 $f$회 히스테리시스 루프를 그리면

$$P = f w_h\,[\mathrm{W/m^3}] \tag{9·49}$$

이 일률로 열이 발생한다. 전기 기계에서는 강자성체를 사용하는 일이 많으며 식 (9·49)로 주어지는 전력이 단위 체적당 소비되어 손실이 되는 것이다. 이것을 **히스테리시스손**(hysteresis loss)이라 한다. 히스테리시스손을 작게 하기 위해서는 히스테리시스 루프의 면적이 작은 재료를 사용하면 좋다. 철에 1~4[%]의 실리콘을 함유한 **규소 강판**(silicon steel sheet)은 히스테리시스손이 적은 재료이며 전기 기계에 널리 사용된다.

각종의 재료에 대해서 스테인메츠(Steinmetz)는 실험적으로 다음의 식을 만들었다.

$$w_h = \eta B_m^{\ 1.6} [\mathrm{J/m^3}] \tag{9·50}$$

단, $\eta$는 히스테리시스 상수, $B_m$은 최대 자속 밀도이다.

체적 $V[\mathrm{m^3}]$인 강자성체에 매초 $f$회, $B_m$의 교번 자계가 가해질 때의 히스테리시스손 $W_h$는 식 (9·49)와 식 (9·50)에서

$$P = \eta f B_m^{\ 1.6} V [\mathrm{W}] \tag{9·51}$$

$\eta$가 클수록 또한 주파수 $f$가 클수록 히스테리시스손은 크다.

## 9·11 투자율

### 9·11·1 각종의 투자율

강자성체는 $BH$ 곡선이 직선이 아니므로 $\mu$는 일정하지 않고 자계의 함수이다. 그리고 여러 가지의 투자율이 정의되어 있다.

#### 1 정규 투자율

강자성체를 소자하고[10] 최대 자계를 차례로 변화시켜 히스테리시스 루프를 구하면 그림 9·21에 점선으로 나타내는 곡선이 얻어진다. 이 곡선의 꼭지점을 연결한 선(그림 9·21의 실선)을 **정규 자화 곡선**(normal magnetization curve)이라 한다. 정규 자화 곡선의 $B$와 $H$의 비, $\mu = B/H$를 **정규 투자율**(normal permeability)이라 한다. 투자율(permeability)이라 할 때에는 이 정규 투자율을 말하는 경우가 많다.

10) 강자성체의 자화를 제거하는 것을 **소자한다**(demagnetize)고 한다. 그 방법은 큰 교번 자계를 가하고 교번 자계의 크기를 점차로 작게 하여 0으로 하면 된다. 또한, 임계 온도 이상으로 온도를 높인 후 온도를 내리면 소자된다.

**그림 9·21**

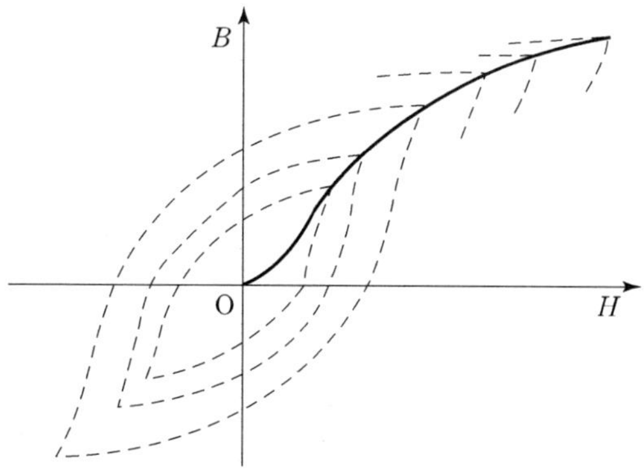


## ❷ 초투자율(initial permeability)

$H=0$일 때에 추자율의 값을 초투자율이라 한다. 그림 9·22에 나타내는 바와 같이 자계 $H$가 매우 작을 때, 투자율의 변화는 가로축에 거의 평행이다. 규소 강판의 초투자율은 $\mu_s$가 약 500 정도이다(성분, 열처리에 따라 다르지만 $\mu_s=$ 300~700 사이이다).

**그림 9·22**

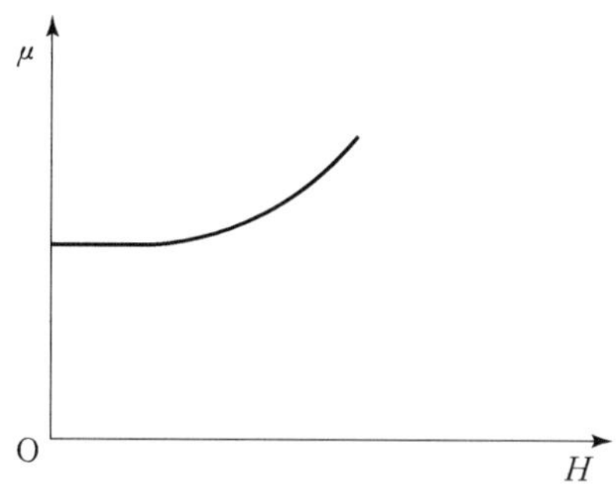


## ❸ 증분 투자율(incremental permeability)

어떤 크기의 자계 $H_1$이 가해져 있는 위에 작은 교류 자계가 겹친 경우에는 그림 9·23과 같은 $BH$ 곡선으로 된다. 이 때,

$$\mu_i=\frac{\Delta B}{\Delta H} \tag{9·52}$$

를 증분 투자율이라 한다.

그림 9·23

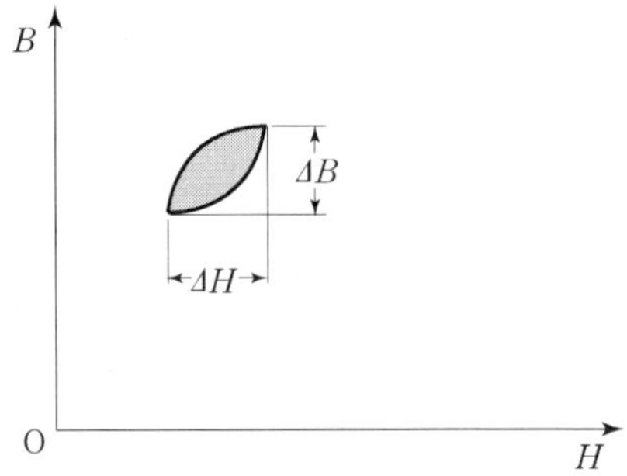


### ④ 미분 투자율(differential permeability)

$BH$ 곡선상에 있는 임의점의 기울기, 즉

$$\mu_d = \frac{dB}{dH} \tag{9·53}$$

을 미분 투자율이라 한다.

## 9·11·2 자화 곡선의 근사식

자화 곡선을 표시하는 데에는 다음의 식이 사용된다.

$$H = a_1 B + a_3 B^3 + a_5 B^5 + \cdots \tag{9·54}$$

또한, Fröhlich의 식

$$B = \frac{H}{a+bH} \tag{9·55}$$

## 9·11·3 전기 기기와 투자율

전기 기기에는 각종의 자성체가 사용된다. 변압기, 발전기, 전동기에는 규소 강판이 널리 사용되고 있지만 특별한 용도에는 특수한 재료가 사용된다. 예를 들면 Ni, Fe, Cr(또는 Mo) 합금의 **퍼멀로이**(permalloy, Ni 77~85 [%], Fe 10~20 [%], Cr 2~4 [%] 또는 Mo 4 [%])는 투자율이 대단히 큰 재료로 초비투자율 =10,000~20,000, 최대 비투자율=3만~10만의 것이 이용되고 있다.

이 재료는 기계 가공을 한 후에 열처리를 하여 사용한다. 열처리의 방법은 수소로에 넣어 온도를 약 1,200 [°C]까지 상승하고 수분간 유지하여 가열 냉각한다. 퍼멀로이는 소형 변압기, 녹음기, 기타 통신 기기 등에 사용된다. 규소 강판, 퍼멀로이 이외에 각종의 재료가 전기 기기에 사용되고 있다.

## 9·12 강자성체의 자기 회로

자기 회로에 있어서 코일의 권수 $n$과 전류 $I$가 주어지고 자속 $\Phi$를 구하려면 투자율 $\mu$가 주어진 경우에는 식 (9·31)에 의해 쉽게 $\Phi$를 계산할 수 있다. 그러나 강자성체의 $\mu$는 일정하지 않고 예상하는 것은 곤란하다.

그림 9·24

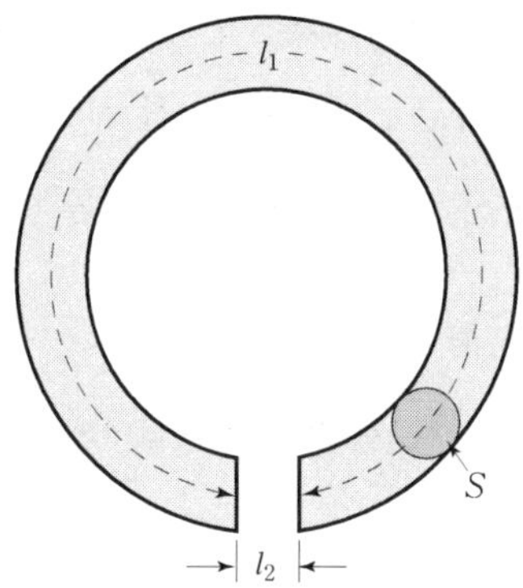


그림 9·25

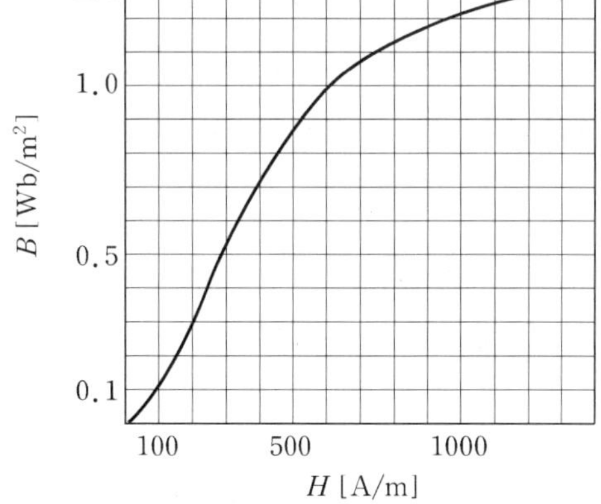

예를 들면 그림 9·24에 있는 철심의 $BH$ 곡선이 그림 9·25에 나타내고 이 철심에 $n$회 코일을 감어 전류 $I$[A]를 흘릴 때의 자속을 구한다. 갭의 자기 저항 $R_{m2}$는

$$R_{m2} = l_2 / \mu_0 S \tag{9·56}$$

이며, $R_{m2}$는 일정하지만 철심의 자기 저항은 일정하지 않고 자속의 함수이다. 즉,

$$R_{m1} = f(\Phi) \tag{9·57}$$

그러므로, 식 (9·31)에 의해

$$nI = \{ f(\Phi) + R_{m2} \} \Phi \tag{9·58}$$

이 식의 우변은 Φ의 고차식이기 때문에 $nI$를 주어서 Φ를 구하는 것은 쉽지 않다. 그래서 역으로 식 (9·58)의 Φ에 $\Phi_1$, $\Phi_2$, $\Phi_3$, …의 값을 대입하여 그 때의 기자력 $nI_1$, $nI_2$, $nI_3$, …를 구하고 $nI$와 Φ의 그래프를 그려서 이 그래프에 의해 주어진 $nI$일 때의 자속 Φ를 구한다.

**예제 9·7** 그림 9·24에 있어서 $l_1 = 20$ [cm], $S = 1$ [cm$^2$], $l_2 = 0.1$ [mm], $n = 500$회, $I = 0.28$ [A]일 때, 발생하는 자속을 구하여라. 단, 철심의 $BH$ 곡선은 그림 9·25에 나타낸다.

**풀이** 식 (9·27)에서

$$nI = H_1 l_1 + H_2 l_2 \tag{9·59}$$

발생하는 자속을 Φ라 하면

$$B = \Phi / S = \Phi / 10^{-4} = \Phi \times 10^{-4} \tag{9·60}$$

$H_2 = B/\mu_0$에 식 (9·60)을 대입하여

$$H_2 = \Phi / \mu_0 S \tag{9·61}$$

식 (9·61)을 식 (9·59)에 대입하면

$$nI = H_1 l_1 + \Phi l_2 / \mu_0 S \tag{9·62}$$

식 (9·62)에 $l_1 = 0.2$, $l_2 = 10^{-4}$, $\mu_0 = 4\pi \times 10^{-7}$, $S = 1 \times 10^{-4}$을 대입하면

$$nI = 0.2 H_1 + 0.796 \times 10^6 \Phi \tag{9·63}$$

그래서 $\Phi=1\times10^{-5}$일 때의 $nI$를 구한다. 식 (9·60)에서 $B=0.1$을 얻는다. 그림 9·25에 의해 $H_1=H=90$을 얻는다. 이 값을 식 (9·63)에 대입하면

$$nI=25.96$$

$\Phi=2\times10^{-5}$일 때, 마찬가지로 하여 $nI=45.92$를 얻는다. 이하, 동일하게 차례로 계산하면 다음의 표와 같이 된다.

| $\Phi$ | $1\times10^{-5}$ | $2\times10^{-5}$ | $4\times10^{-5}$ | $6\times10^{-5}$ | $8\times10^{-5}$ | $10\times10^{-5}$ | $11\times10^{-5}$ | $12\times10^{-5}$ |
|---|---|---|---|---|---|---|---|---|
| $nI$ | 25.96 | 45.92 | 79.84 | 113.8 | 151.7 | 203.6 | 237.6 | 285.5 |

이 표를 그림 9·26에 나타낸다. 그래서 주어진 $nI=500\times0.28=140$의 $\Phi$를 그림 9·26에서 읽어 $\Phi=7.4\times10^{-5}$ [Wb]를 얻는다.

**그림 9·26**

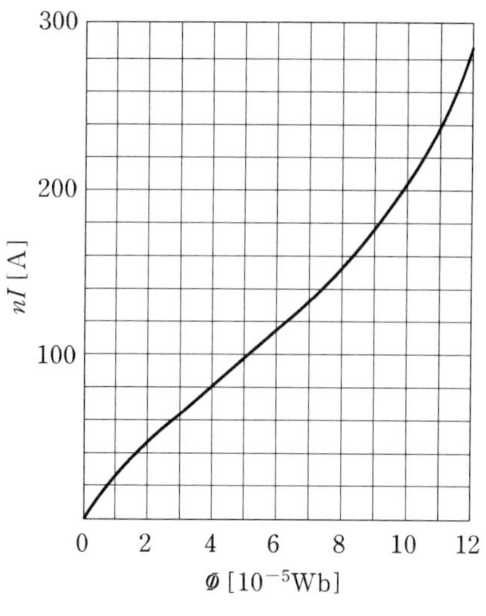


## 9·13 영구 자석

영구 자석(permanent magnet)의 재료로서는 히스테리시스 루프의 면적이 큰 재료, 즉 잔류 자기 $B_r$과 보자력 $H_c$가 큰 재료가 사용된다. 영구 자석의 자속을 계산하려면 히스테리시스 루프의 제2상한 곡선이 주어지면 되고 다음의 예제에서 자속을 구하는 방법을 나타낸다.

**예제 9·8** 예제 9·7에 나타내는 모양의 철심에 전류를 한번 흘린 후, 전류를 0으로 했을 때의 자속을 구하여라. 단, 철심의 히스테리시스 루프 제2상한을 그림 9·27에 나타낸다. 단, $l_1 = 20$ [cm], $l_2 = 1$ [mm]라 한다.

**그림 9·27**

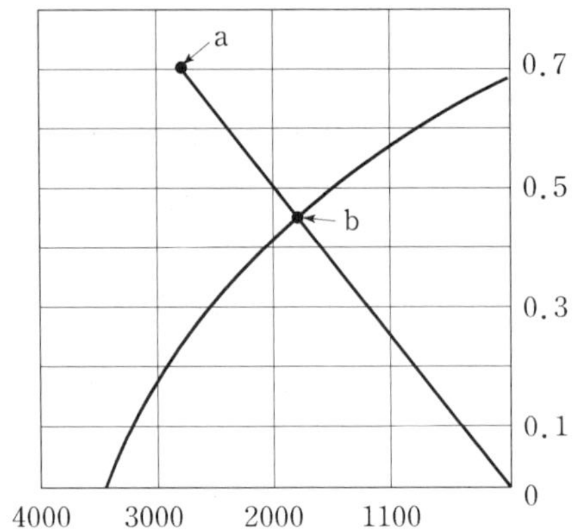


**풀이** 식 (9·59)에 $H_2 = B/\mu_0$를 대입하면

$$nI = H_1 l_1 + B l_2 / \mu_0 \tag{9·64}$$

이 식의 $nI$를 0으로 하면 다음의 식이 얻어지다.

$$\frac{H}{B} = -\frac{l_2}{\mu_0 l_1} \tag{9·65}$$

식 (9·65)에 $l_1 = 0.2$, $l_2 = 10^{-3}$, $\mu_0 = 4\pi \times 10^{-7}$을 대입하여

$$H/B = -3.98 \times 10^3 \tag{9·66}$$

$B = 0.7$을 식 (9·66)에 대입하면 $H = -2{,}786$을 얻는다. 이 점을 그림 9·27에 점 a로 나타낸다. 직선 0a와 $BH$ 곡선의 교점 b에 대한 자속 밀도 $B$는 0.455이다. 따라서,

$$\Phi = B \cdot S = 0.455 \times 10^{-4} = 4.55 \times 10^{-5} \text{ [Wb]}$$

## 9·14 누설 자속

예를 들면 그림 9·28과 같이 환상 솔레노이드의 철심 일부분에 코일을 감으면 자속은 전부 철심의 속을 통과하지 않고 철심의 밖으로 나오는 자속이 있으며 이

**그림 9·28**

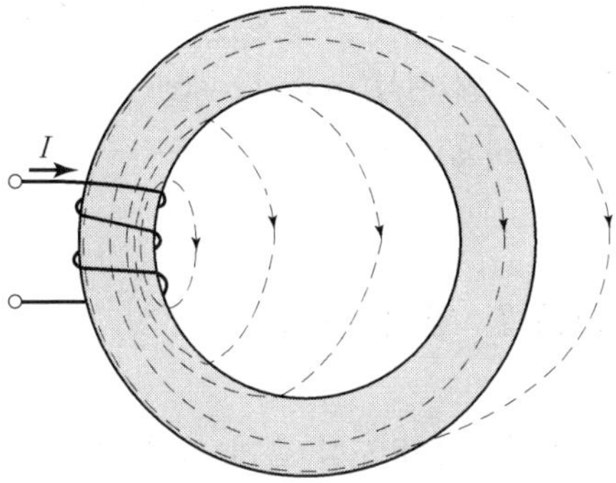


대부분의 자속은 철심 속을 통과하지만 일부분은 철심의 밖으로 누설되는 자속이 있다.

것을 **누설 자속**(leakage magnetic flux)이라 한다. 그림 9·28에 점선으로 그 모양을 나타낸다.

누설 자속을 계산으로 구하는 것은 일반적으로 곤란하다. 그래서 실제의 자기 회로 또는 닮은꼴의 모형에 대해서 실험에 의해 구하는 경우가 많다.[11)]

## 9·15 자성과 주위 상태

### 9·15·1 자기 변형

강자성체에 자계를 가하면 길이가 변화한다. 또한, 자화되어 있는 강자성체에 힘을 가하면 자화의 세기가 변화한다. 이러한 현상을 **자기 변형**(magnetostriction)이라 한다. 이 현상이 현저하게 나타나는 재료로서는 알페르 합금(Al 13[%], Fe 87[%]), MM 합금(Ni 96[%], Cr 4 [%]), 순니켈 등이 있다. 자계를

11) **9·8**절에 있어서 자속과 전류의 대응을 생각했지만 전류의 경우에는 동선과 공기의 도전율비에 대한 값은 무한대에 가깝기 때문에 누설 전류는 없다. 자기 회로의 경우에는 강자성체와 공기의 투자율비에 대한 값은 수백~수만이라는 유한의 값이기 때문에 누설 자속을 발생한다.

가했을 때 알페르 합금은 길이가 늘어나고 MM 합금 Ni은 축소된다. 자기 변형 현상은 **자왜 현상**(magnetostriction phenomenon)이라고도 하며 초음파의 송수신에 이용되고 있다.

### 9·15·2 임계 온도

강자성체의 온도를 올려 가면 어떤 온도 이상에서는 강자성을 상실한다. 예를 들면 Fe은 770 [°C], Ni은 35 [°C] 이상에서는 강자성체가 아니다. 이 온도를 강자성체의 **임계 온도**(critical temperature) 또는 **큐리점**(Curie point)이라 한다.

### 9·15·3 강자성체의 열처리

퍼멀로이는 기계 가공한 후에 열처리를 하는 것에 의해 투자율이 크게 되는 것을 앞에서 설명했지만(p.206의 **9·11·3**) 퍼멀로이 이외의 재료에서도 이 현상이 나타난다. 예를 들면 규소강을 수소로 또는 밀폐 상자에 넣어서 온도를 1,200 [°C] 정도에 올려 서서히 냉각하면 투자율이 수십 [%] 증가한다. 강자성체의 투자율은 열처리에 따라서 달라진다.

## 9·16 벡터 퍼텐셜

### 9·16·1 정 의

자속 밀도 $\boldsymbol{B}$와 다음의 관계에 있는 벡터 $\boldsymbol{A}$를 자계의 벡터 퍼텐셜(vector potential)이라 한다.

$$\boldsymbol{B} = \mathrm{rot}\ \boldsymbol{A} \tag{9·67}$$

정전계에 있어서 전위(electric potential)가 구해지면 그것을 미분하는 것에 의해 전계가 구해지는 것을 설명했지만(p.45 참조) 벡터 퍼텐셜 $\boldsymbol{A}$가 구해지면 그 성분을 미분하는 것에 의해 자속 밀도 $\boldsymbol{B}$가 구해지며, 따라서 자계를 구할 수가 있다(전위를 스칼라 퍼텐셜(scalar potential)이라는 경우도 있다).

전위는 기준점을 취하는 방법에 따라 일의적으로는 정해지지 않는 바와 같이 벡터 퍼텐셜 $\boldsymbol{A}$도 일의적으로 정해지지 않는다. $\boldsymbol{A}$를 임의적으로 정하기 위해서 $\boldsymbol{A}$의 발산이 0, 즉

$$\mathrm{div}\,\boldsymbol{A}=0 \tag{9·68}$$

이라는 조건을 부가하여 취급하고 있다.

**예제 9·18** 벡터 퍼텐셜 $\boldsymbol{A}$의 성분이

$$A_x=0,\quad A_y=0,\quad A_z=2yC \tag{9·69}$$

일 때, 자속 밀도를 구하여라. 단, $C$는 상수라 한다.

**풀이** 식 (9·67)과 식 (2·61)에 의해

$$B_x=\frac{\partial A_z}{\partial y}-\frac{\partial A_y}{\partial z}=2C-C=C[\mathrm{Wb/m^2}]$$

$$B_y=\frac{\partial A_x}{\partial z}-\frac{\partial A_z}{\partial x}=0-0=0$$

$$B_z=\frac{\partial A_y}{\partial x}-\frac{\partial A_x}{\partial y}=0-0=0$$

**예제 9·19** 하나의 곡선 $C$와 쇄교하는 자속수는 다음의 식으로 표시되는 것을 나타내어라.

$$\Phi=\oint_C \boldsymbol{A}\cdot d\boldsymbol{s} \tag{9·70}$$

단, $d\boldsymbol{s}$는 미소 길이.

**풀이** $C$를 주변으로 하는 면을 $S$라 하면

$$\Phi=\int_S B_n dS=\int_S(\mathrm{rot}\,\boldsymbol{A})_n dS=\oint_C \boldsymbol{A}\cdot d\boldsymbol{s} \tag{9·71}$$

(스토크스의 정리에 의한)

### 9·16·2 전류에 의한 자계의 벡터 퍼텐셜

식 (8·47)을 사용하여

$$\boldsymbol{i} = \text{rot}\ \boldsymbol{H} = \text{rot}\left(\frac{\boldsymbol{B}}{\mu}\right) = \frac{1}{\mu}\ \text{rot}\,\text{rot}\ \boldsymbol{A} \tag{9·72}$$

식 (2·80)과 식 (9·68)에 의해

$$\text{rot rot}\ \boldsymbol{A} = \text{grad div}\ \boldsymbol{A} - \nabla^2 \boldsymbol{A} = \nabla^2 \boldsymbol{A} \tag{9·73}$$

따라서,

$$\nabla^2 \boldsymbol{A} = -\mu \boldsymbol{i} \tag{9·74}$$

이 식을 각 성분으로 구분하여

$$\nabla^2 \boldsymbol{A_x} = -\mu i_x, \quad \nabla^2 \boldsymbol{A_y} = -\mu i_y, \quad \nabla^2 \boldsymbol{A_z} = -\mu i_z \tag{9·75}$$

이러한 식은 푸아송의 방정식으로 식 (9·49)와 대응시켜서 3장의 각주 4)의 식을 사용하여 다음의 식이 얻어진다.

$$\boldsymbol{A_x} = \frac{\mu}{4\pi}\int \frac{i_x}{r}\,dv, \quad \boldsymbol{A_y} = \frac{\mu}{4\pi}\int \frac{i_y}{r}\,dv, \quad \boldsymbol{A_z} = \frac{\mu}{4\pi}\int \frac{i_z}{r}\,dv \tag{9·76}$$

또는

$$\boldsymbol{A} = \frac{\mu}{4\pi}\int \frac{\boldsymbol{i}}{r}\,dv \tag{9·77}$$

### 9·16·3 선 모양 전류에 의한 벡터 퍼텐셜

그림 9·29와 같이 가는 도체에 전류 $\boldsymbol{I}$가 흐르고 있는 경우의 벡터 퍼텐셜을 구한다. 도체의 단면적을 $\Delta S$로 하고 미소 길이를 $d\boldsymbol{s}$라 하면 식 (9·77)의 적분은

**그림 9·29**

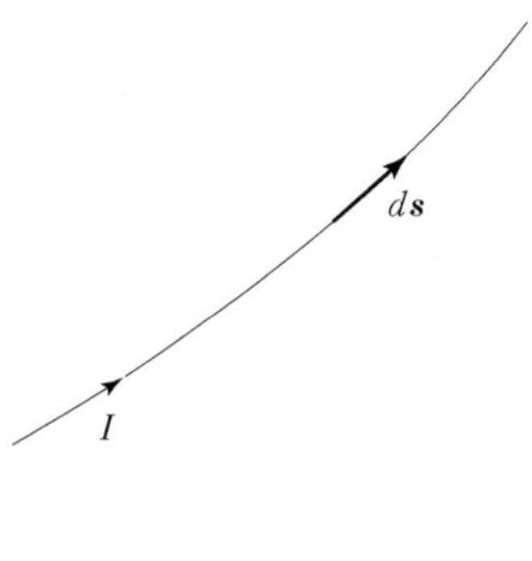

$$\int \frac{\boldsymbol{i}}{r} dv = \int \frac{\boldsymbol{i}}{r} \Delta S ds = \int \frac{i}{r} \Delta S d\boldsymbol{s} = \int \frac{I}{r} d\boldsymbol{s} \tag{9·78}$$

$$\therefore \boldsymbol{A} = \frac{\mu}{4\pi} \int \frac{I}{r} d\boldsymbol{s} \tag{9·79}$$

### 9·16·4 벡터 퍼텐셜의 단위

[Wb/m]를 사용한다. 이것은 식 (9·67)에서 구해진다.

## 연습문제

**9·1** 단면적 $S$[m$^2$]의 철심에 $\phi$[Wb]의 자속을 통하게 하려면 $\boldsymbol{H}$[AT/m]의 자계가 필요하다. 이 철심의 비투자율은 얼마인가?

㉮ $\dfrac{\phi}{\mu_0 S\boldsymbol{H}^2}$　㉯ $\dfrac{\phi}{S\boldsymbol{H}}$　㉰ $\dfrac{\phi}{S\boldsymbol{H}^2}$　㉱ $\dfrac{\phi}{\mu_0 S\boldsymbol{H}}$

**9·2** 자계의 세기 $\boldsymbol{H}=1,000$ [AT/m]일 때, 자속 밀도 $\boldsymbol{B}=0.1$ [Wb/m$^2$]인 재질의 투자율은 몇 [H/m]인가?

㉮ $10^{-3}$　㉯ $10^{-4}$　㉰ $10^3$　㉱ $10^4$

**9·3** 단면적 4 [cm$^2$]의 철심에 $6\times10^{-4}$ [Wb]의 자속을 통하게 하려면 2,800 [AT/m]의 자계가 필요하다. 이 철심의 비투자율은?

㉮ 43　㉯ 75　㉰ 12　㉱ 426

**9·4** 그림 9·30과 같이 균일한 자계의 세기 $\boldsymbol{H}$ [AT/m] 내에 자극의 세기가 $\pm m$[Wb], 길이 $l$[m]인 막대 자석을 그 중심 주위의 회전할 수 있도록 놓는다. 이때, 자석과 자계의 방향이 이룬 각을 $\theta$라 하면 자석이 받는 회전력 [N·m]은?

㉮ $mHl\cos\theta$　㉯ $mHl\sin\theta$　㉰ $2mHl\sin\theta$　㉱ $2mHl\tan\theta$

그림 9·30

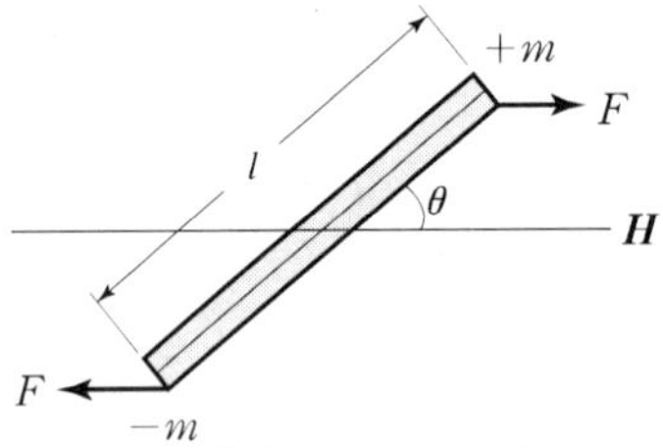


**9·5** 자극의 세기가 $4\times10^{-6}$ [Wb], 길이 10 [cm]인 막대 자석을 150 [AT/m]의 평등 자계 내에 자계와 60°의 각도로 놓았을 때, 자석이 받는 회전력[N·m]은?

㉮ $\sqrt{3}\times10^{-4}$ ㉯ $3\sqrt{3}\times10^{-5}$ ㉰ $3\times10^{-4}$ ㉱ $3\times10$

**9·6** 그림 9·31에서 직선 도체 바로 아래 10 [cm] 위치에 자침이 나란히 놓여 있다고 하면 이 때의 자침에 작용하는 회전력[N·m/rad]은? (단, 도체의 전류는 10 [A], 자침의 자극의 세기는 $10^{-6}$ [Wb]이고, 자침의 길이는 10 [cm]이다.)

㉮ $15.9\times10^{-3}$ ㉯ $1.59\times10^{-3}$ ㉰ $1.59\times10^{-6}$ ㉱ $15.9\times10^{-6}$

그림 9·31

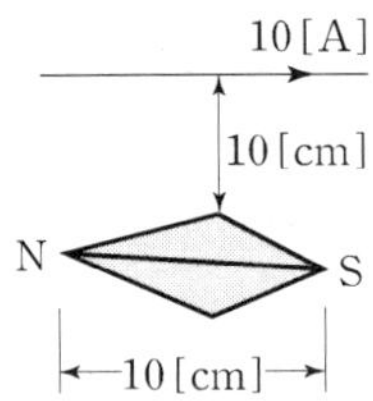


**9·7** 그림 9·32와 같이 자기 모멘트 $M=10^{-6}$ [Wb·m]의 자침을 연직 축의 주위로 회전할 수도 있도록 수평으로 놓고 이것을 지자기(地磁氣)의 수평 분력 $H_\Theta$의 방향에서 $\Theta=60°$의 위치로 회전시키는 데 필요한 일[J]은? (단, $H_0=24$ [A/m]이다.)

㉮ $2.4\times10^{-5}$ ㉯ $1.2\times10^{-5}$ ㉰ $6\times10^{-5}$ ㉱ $4\times10^{-5}$

그림 9·32

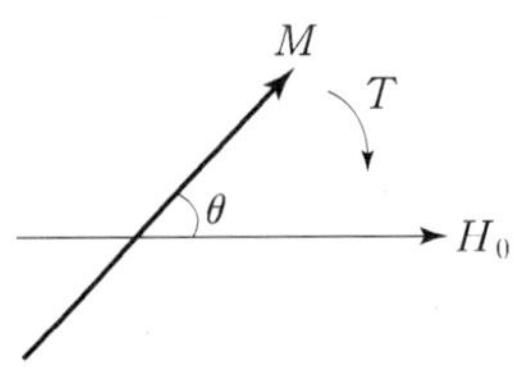

**9·8** $1\times10^{-6}$ [Wb·m]의 자기 모멘트를 가진 막대 자석을 자계의 수평 성분이 10 [AT/m]인 곳에 자기 자오면으로부터 90° 회전시키는 데 필요한 일[J]은?

㉮ $3\times10^{-5}$ ㉯ $2.5\times10^{-6}$ ㉰ $10^{-5}$ ㉱ $10^{-8}$

**9·9** 각각 반지름이 $a$[m]인 두 개의 원형 코일이 그림 9·33과 같이 서로 $2a$[m] 떨어져 있고 전류 $I$ [A]가 표시된 방향으로 흐를 때, 중심선상에 있는 P점의 자계 세기는 몇 [A/m]인가?

㉮ $\dfrac{I}{2a}(\sin^3\phi_1+\sin^3\phi_2)$ ㉯ $\dfrac{I}{2a}(\sin^2\phi_1+\sin^2\phi_2)$

㉰ $\dfrac{I}{2a}(\cos^3\phi_1+\cos^3\phi_2)$ ㉱ $\dfrac{I}{2a}(\cos^2\phi_1+\cos^2\phi_2)$

그림 9·33

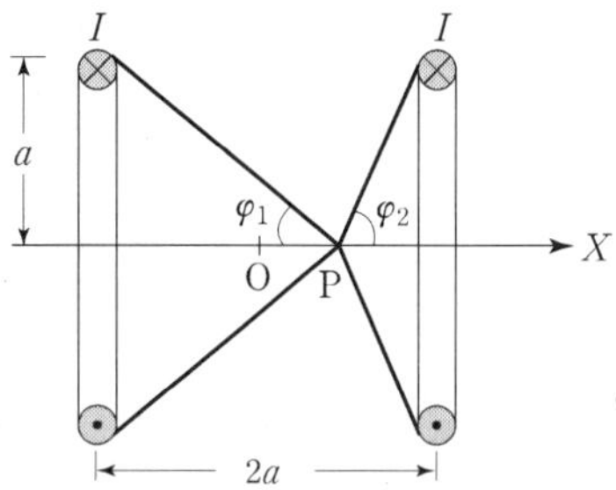


**9·10** 평등 자계 $H_0$ 중에 매우 얇은 철판(비투자율 $\mu_s$)을 자계와 직각으로 그림 9·34(a)와 같이 놓았을 때에 철판 내 중앙부의 자계 $H_1$과 그림 9·34(b)와 같이 평행으로 놓았을 때에 철판 내 중앙부 자계 $H_2$와의 비를 구하면?

㉮ $\dfrac{1}{\mu_s}$ ㉯ 1 ㉰ $\mu_s$ ㉱ $\mu_s{}^2$

그림 9·34

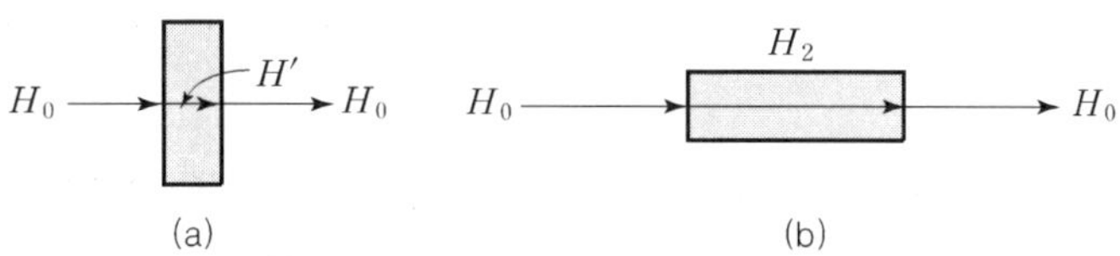


**9·11** 균등 자계 $H$ 중에 놓여진 투자율 μ인 자성체의 자화 세기 [Wb/m²]는? (단, 자성체의 감자율은 $N$이다.)

㉮ $J=\dfrac{\mu_0(\mu-\mu_0)}{\mu_0+N(\mu-\mu_0)}H_0$ ㉯ $J=\dfrac{\mu(\mu_0-\mu)}{\mu+N(\mu_0-\mu)}H_0$

㉰ $J=\dfrac{\mu_0(\mu-\mu_0)}{\mu+N(\mu-\mu_0)}H_0$　　㉱ $J=\dfrac{\mu(\mu-\mu_0)}{\mu_0+N(\mu_0-\mu)}H_0$

**9·12** 그림 9·35와 같이 평등 자계 $H_0$ 중에 구자성체(반지름 $a$, 투자율 $\mu$)를 놓을 경우, 구가 균일하게 자화되었을 때 구 내부에서의 자화 세기는 몇 [Wb/m²]인가?

㉮ $\dfrac{3\mu_0(\mu_s-1)}{2+\mu_s}H_0$　　㉯ $\dfrac{\mu_0(\mu_s-1)}{2+\mu_s}H_0$

㉰ $\dfrac{3\mu_0}{2\mu_0+\mu}H_0$　　㉱ $\dfrac{\mu_0(\mu-\mu_0)}{2\mu_0+\mu}H_0$

**그림 9·35**

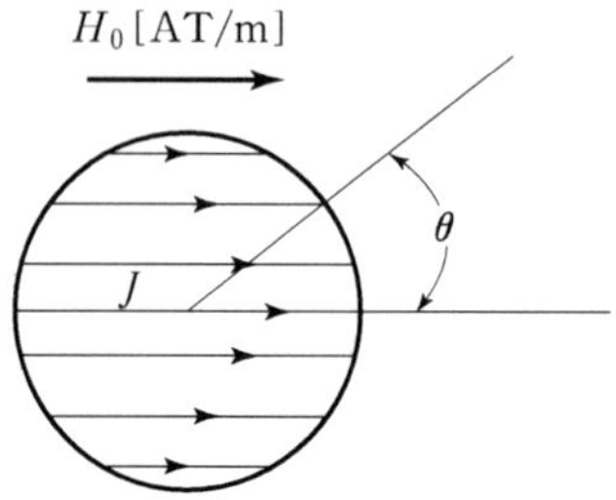


**9·13** 그림 9·36과 같은 자기 회로에서 $R_1=0.1$ [AT/Wb], $R_2=0.2$ [AT/Wb], $R_3=0.3$ [AT/ Wb]이고 코일은 10 [T] 감았다. 이때, 코일에 10 [A]의 전류를 흘리면 $\overline{\mathrm{ACB}}$ 간에 투과하는 자속 $\phi$ [Wb]는?

㉮ $2.25\times10^2$　㉯ $4.45\times10^2$　㉰ $6.50\times10^2$　㉱ $8.45\times10^2$

**그림 9·36**

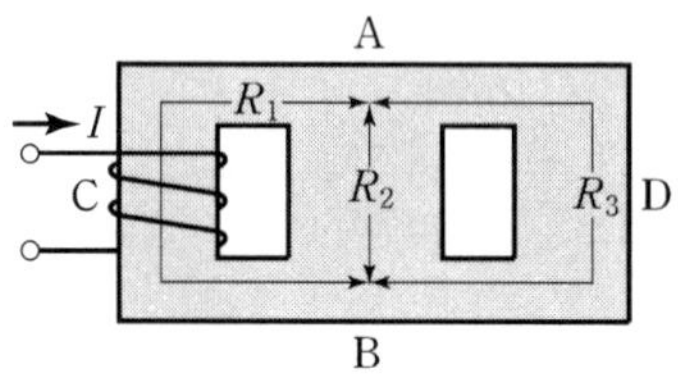


**9·14** 공극(air gap)을 가진 환상 솔레노이드에서 총권수 $N$[회], 철심의 투자율 $\mu$[H/m], 단면적 $S$[m²], 길이 $l$[m]이고 공극의 길이 $\delta$일 때 공극부에 자속 밀도 $B$[Wb/m²]를 얻기 위해서는 몇 [A]의 전류를 흘려야 하는가?

㉮ $\dfrac{N}{B}\left(\dfrac{l}{\mu}+\dfrac{\delta}{\mu_0}\right)$　㉯ $\dfrac{N}{B}\left(\dfrac{l}{\mu_0}+\dfrac{\delta}{\mu}\right)$　㉰ $\dfrac{B}{N}\left(\dfrac{l}{\mu}+\dfrac{\delta}{\mu_0}\right)$　㉱ $\dfrac{B}{N}\left(\dfrac{l}{\mu_0}+\dfrac{\delta}{\mu}\right)$

**9·15** 단면적 $S=100\times10^{-4}$ [m²]인 전자석에 자속 밀도 $B=2$ [Wb/m²]인 자속이 발생할 때, 철편을 흡인하는 힘[N]은?

㉮ $\frac{\pi}{2} \times 10^5$ ㉯ $\frac{1}{2\pi} \times 10^5$ ㉰ $\frac{1}{\pi} \times 10^5$ ㉱ $\frac{2}{\pi} \times 10^5$

**그림 9·37**

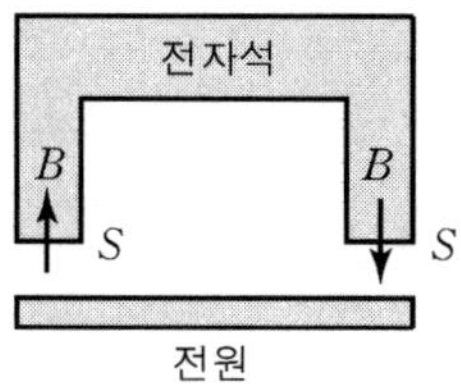

CHAPTER 10

# 전자 유도

## 10·1 전자 유도 현상의 발견

전류에 의해서 자계가 발생한다는 것은 1820년에 발견되었지만 자석에 의해서 전류가 흐르는 현상은 그리 간단히는 발견되지 않았었다. 영국의 패러데이도 자석에 의해 전류를 발생한다는 것은 불가능하다고 생각하여 수년 간에 걸쳐서 실험을 반복한 후에 1831년에 마침내 이 현상을 발견했다. 패러데이는 코일을 전류계에 연결하고 막대 자석을 코일에 넣으면 그 순간 전류계가 흔들리는 것을 발견했다. 패러데이는 이 실험을 성공 후에 계속해서 실험을 행하여 막대 자석의 대신에 전지와 코일을 사용해서 두 개의 코일을 가깝게 하거나 멀리 할 때에 전류가 흐르는 것을 확인했다. 그 위에 두 개의 코일을 고정해 두고 한 개의 코일에 전류를 단속하면 다른 코일에 순간적으로 전류가 흐르는 것을 확인했다. 즉, 그림 10·1에 있어서 스위치 S를 넣을 때에는 그림 10·1(a)의 회로에는 $i_1$과 반대 방향의 전류 $i_2$가 흐른다. 스위치 S가 넣어진 상태일 때에는 $i_2$는 0이다. 스위치 S를 끊을 때에는 $i_2$와 반대 방향의 전류가 흐른다. 패러데이의 각종 실험에 의하면

그림 10·1

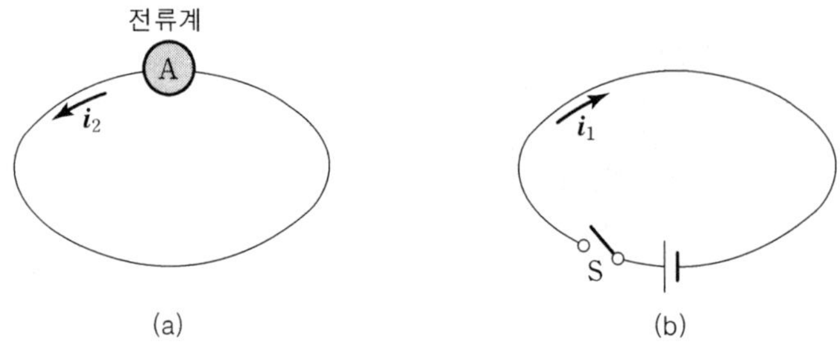


하나의 회로에 쇄교하는 자속이 변화할 때에 기전력이 발생한다.

그리고, 이 현상을 **전자 유도**(electromagnetic induction)라 한다.

전자 유도 현상은 발전기의 원리이며 발전기는 1840년에 영국의 암스트롱(W. G. Armstrong)에 의해 제작되어 이것은 전기 공학의 큰 발전에 기초가 되었다(발전기의 발명 전에는 오로지 전지가 사용되고 전지에서는 다량의 전기 에너지를 공급하는 데에 곤란했었다). 전자 유도 현상의 발견은 전기 공학과 전자(electromagnetic) 공학에 있어 매우 중요한 사항이다.

패러데이와는 별도로 미국의 헨리(J. Henry)도 거의 같은 무렵에 전자 유도 현상을 발견했다.

## 10·2 전자 유도의 법칙

1845년에 독일의 노이만(F. E. Neumann)은 각종의 실험에 의해 하나의 회로에 전자 유도에 의해서 발생하는 기전력 $e$는 다음의 식으로 나타낸다고 설명했다.

$$e = -N\frac{d\Phi}{dt}\,[\mathrm{V}] \tag{10·1}$$

단, $\Phi$는 쇄교하는 자속, $N$은 권수이다.

식 (10·1)의 우변에 (−)의 부호를 가진 것은 암페어의 오른나사 법칙에 의한 전류와 자속의 방향을 (+)로 하고 있기 때문이며 전자 유도에 의해 생기는 전류의 방향은 이 결정 방법과 반대 방향이다. 이 방향에 대해서는 패러데이도 설명한 바와 같이 그림 10·1을 보면 스위치 S를 넣었을 때에 자속이 증가하는 방향과 반대의 전류 $i_2$가 흐르는 것을 알 수 있다. 이 사실은 또한 1834년에 독일의 렌츠(H.F.E. Lenz)가 **렌츠의 법칙**(Lenz's law)에서 설명하고 있다. 즉,

> 전자 유도에 의해 생기는 전류의 방향은 자속 변화를 방해하는 방향이다.

## 10·3 자기 유도

그림 10·2의 회로에서 스위치 S를 넣으면 그림의 전류 $I$가 흘러서 자속 $\Phi$는 화살표의 방향으로 증가한다. 자속이 변화하기 때문에 전자 유도에 의해 기전력이 발생하여 그림 10·2에 있는 $i'$ 방향의 전류를 흘리려고 한다. 따라서, 전류 $I$의 증가를 방해한다. 이 현상을 **자기 유도 현상**(self-induction phenomenon)이라 한다.

그림 10·2

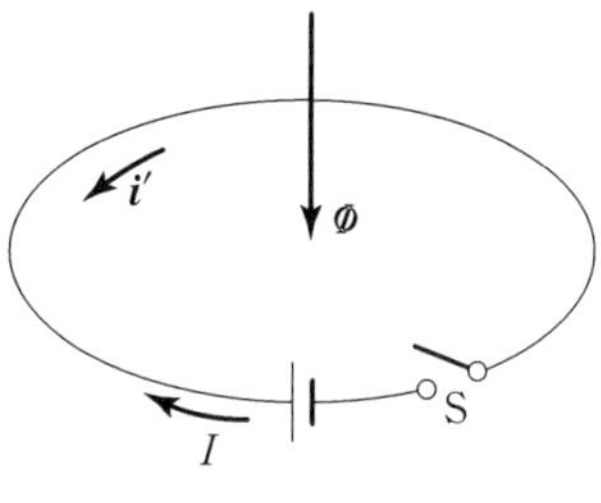


그림 10·3

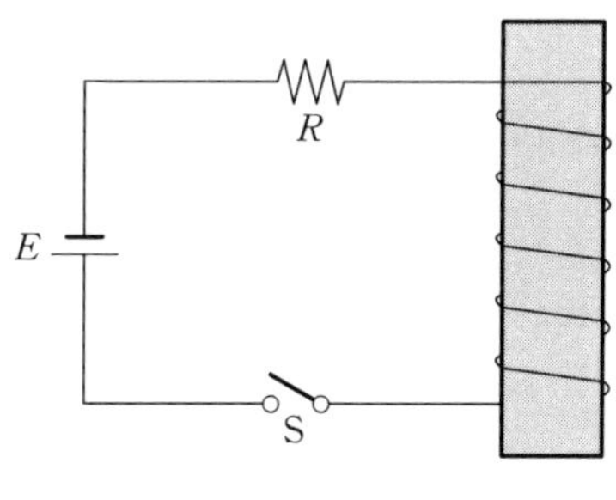

**그림 10·4**

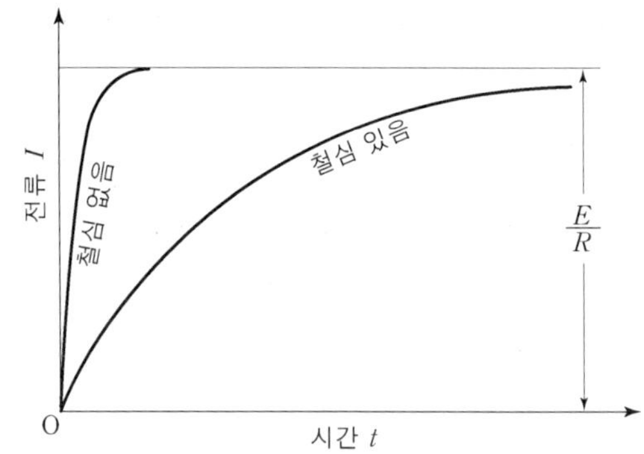


그림 10·3과 같이 철로 된 막대에 코일을 감고 저항 $R$을 직렬로 하여 스위치 S를 넣을 때에 흐르는 전류를 측정하면 그림 10·4의 실선과 같은 곡선이 얻어진다. 시간이 경과하면 전류 변화는 없고 $E/R$의 값으로 되지만 스위치 S를 넣는 후 이 전류에 도달하는 데에 시간이 걸린다. 이것은 자기 유도 현상 때문이다. 다음에 그림 10·3의 철막대를 뽑아내어 같은 실험을 행하면 그림 10·4의 파선과 같은 결과가 얻어진다. 양쪽을 비교하면 철심이 있는 쪽이 자기 유도 현상이 나타나는 것이 현저하다.

권수 $N$인 코일이 있고 이것에 전류 $I$를 흘릴 때에 생기는 자속을 $\Phi$라 하면 전류와 쇄교하는 자속 $N\Phi$는 전류 $I$에 비례한다.

$$N\Phi = LI \tag{10·2}$$

식 (10·2)의 양변을 $t$로 미분하고 식 (10·1)에 대입하면

$$e = -L\frac{dI}{dt}\,[\mathrm{V}] \tag{10·3}$$

즉, 자기 유도에 의해서 발생하는 기전력 $e$는 전류 변화에 비례한다. $L$은 코일의 형상과 투자율에 따라서 정해지는 상수로 **자기 유도 계수**(coefficient of self-induction) 또는 **자기 인덕턴스**(self-inductance)라 한다.

그림 10·4를 보면 스위치 S를 넣었을 때가 전류 변화 $dI/dt$가 최대이다. 그림 10·3의 실험으로 $LdI/dt$ 크기의 변화를 그리면 그림 10·5의 곡선이 얻

**그림 10·5**

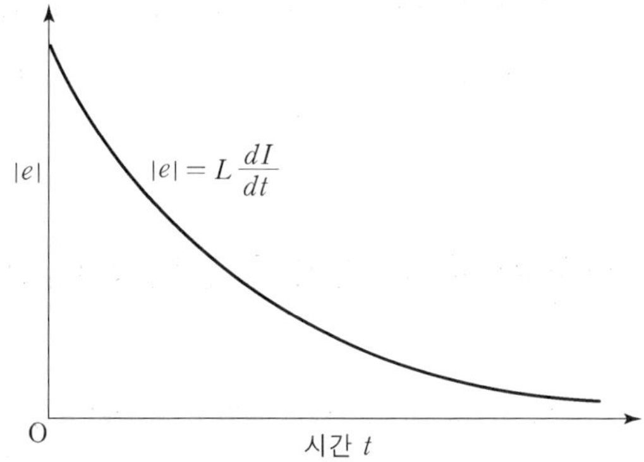


어진다.[1)]

자기 유도 현상은 1830년에 미국의 헨리에 의해 발견되고 또한 1834년에 영국의 패러데이에 의해 별도로 발견되었지만 자기 인덕턴스 $L$의 단위는 헨리(H)가 사용된다.

## 10·4 상호 유도

권수 $N_1$과 $N_2$인 두 개의 코일이 있을 때에 $N_1$ 코일에 전류 $I_1$을 흘려서 발생하는 자속 중에서 $N_2$ 코일과 쇄교하는 자속 $N_2\Phi_{21}$은 전류 $I_1$에 비례한다.

$$N_2\Phi_{21} = M_{21}I_1 \tag{10·4}$$

식 (10·4)를 $t$로 미분하여 식 (10·1)을 사용하면 $N_2$ 코일의 전자 유도에 의한 기전력 $e_2$는

$$e_2 = -M_{21}\frac{dI_1}{dt}\ [\mathrm{V}] \tag{10·5}$$

여기서, $M_{21}$은 두 개 코일의 형상과 상호 위치 및 투자율에 의해 정해지는 상

---

1) $L\frac{dI}{dt} + RI = E$의 미분 방정식을 풀으면 $I = \frac{E}{R}(1 - e^{-\frac{R}{L}t})$의 해가 얻어지고 그림 10·4에 있는 전류 $I$의 곡선이 구해진다. 이 해를 $t$로 미분하여 $L\frac{dI}{dt} = Ee^{-\frac{R}{L}t}$가 얻어지고 그림 10·5에 나타내는 곡선이 얻어진다.

수이며 **상호 유도 계수**(coefficient of mutual induction) 또는 **상호 인덕턴스**(mutual induction)라 한다. $M_{21}$의 단위도 [H]가 사용된다.

## 10·5 도체가 자계 속에서 움직일 때의 전자 유도

길이 $l$[m]인 도체가 자속 밀도 $\boldsymbol{B}$[Wb/m$^2$]의 자계 속에서 속도 $v$[m/s]로 운동할 때에 발생하는 기전력 $e$를 구한다. 한 개의 도선을 그림 10·6의 ABCD와 같이 구부리고 AB∥DC라 한다. 이 위에 다른 도선을 싣고 그 접점을 a, b라 하고 ab⊥AB라 한다. ab의 길이를 $l$이라 하고 ab간에 유기하는 기전력 $e$를 구한다.

ab는 그림 10·6의 방향으로 속도 $v$로 운동하여 $\Delta t$[초] 후의 위치를 a′b′라 하면

$$aa' = v\Delta t \qquad (10\cdot6)$$

aa′b′b의 면적 $S$는

$$S = lv\Delta t \qquad (10\cdot7)$$

폐회로 aBCba에 쇄교하는 자속의 증가 $\Delta\Phi$는 $\boldsymbol{B}$와 면 aa′b′b가 직교할 때,

$$\Delta\Phi = -BS = -Blv\Delta t \qquad (10\cdot8)$$

식 (10·8)과 식 (10·1)을 사용하여 다음의 식이 얻어진다.

$$e = vBl\,[\mathrm{V}] \qquad (10\cdot9)$$

**그림 10·6**

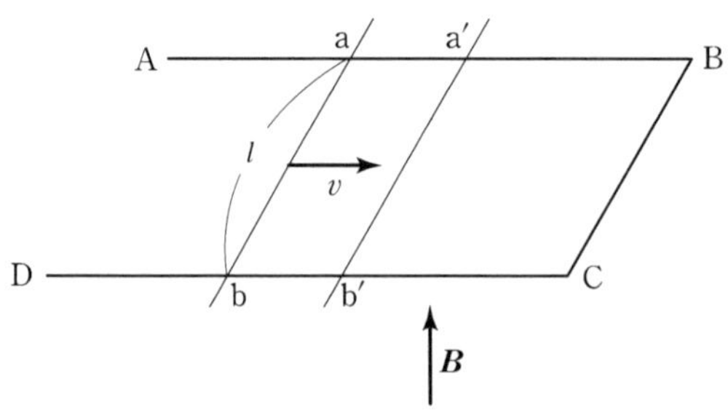

그림 10·7

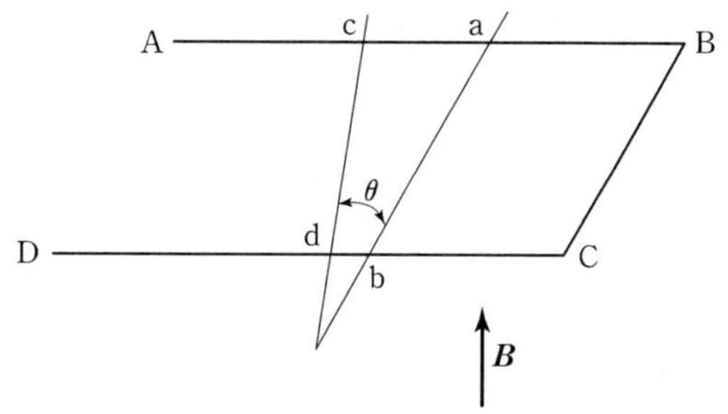


기전력의 방향은 a에서 b로 향하는 방향이며 a에서 b로 향하는 전류가 흐른다.

식 (10·9)는 $\boldsymbol{v}$와 $\boldsymbol{B}$가 직각이고 도체 $l$도 양쪽에 직각인 경우이다. 만일 도체 $l$이 직각이 아니고 그림 10·7과 같이 변 cd가 변 ab와 이루는 각을 $\theta$라 하고 $\overline{\mathrm{cd}}=l$이라 하면 식 (10·9)의 $l$에 $l\cos\theta$를 대입하면

$$e = vBl\cos\theta\,[\mathrm{V}] \tag{10·10}$$

다음에 $\boldsymbol{v}$와 $\boldsymbol{B}$가 직각이 아닐 때에는 $\boldsymbol{v}$와 $\boldsymbol{B}$가 이루는 각을 $\alpha$라 하면 식 (10·9)와 식 (10·10)에 $\sin\alpha$를 곱하는 것이 필요하다. $l=1$이라 하면 식 (10·9)를 사용하여

$$e = vB\sin\alpha\,[\mathrm{V/m}] \tag{10·11}$$

벡터곱으로 표시하면

$$\boldsymbol{E} = \boldsymbol{v}\times\boldsymbol{B}\,[\mathrm{V/m}] \tag{10·12}$$

식 (10·12)는 단위 길이당의 기전력을 표시하고 $\boldsymbol{E}$의 방향은 그림 10·8에 나타내는 방향이다.

그림 10·8

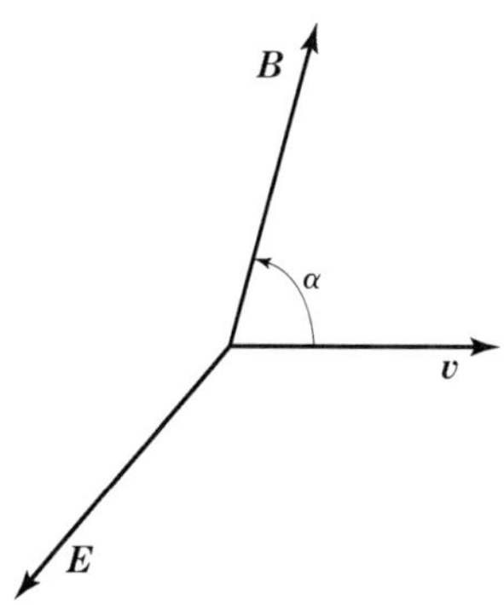

▶ **플레밍의 오른손 법칙**(Fleming's right-hand rule)

오른손의 엄지손가락을 운동의 방향, 집게손가락을 자속의 방향으로 하면 가운데손가락 방향의 전류를 발생한다.

**예제 10·1** 지자기의 수직 분력이 27.9[A/m]인 지점에서 5[m]의 금속 막대를 수평으로 놓고 이것을 180[km/h]의 속도로 움직일 때에 기전력을 구하여라.

**풀이** 식 (10·6)을 사용하여

$$v = 180 \times 10^3 \div 3,600 = 50\ [\mathrm{m/s}]$$

를 대입하면

$$e = Blv = \mu_0 Hlv = 4\pi \times 10^{-7} \times 27.9 \times 5 \times 50 = 8.77 \times 10^{-3}\ [\mathrm{V}]$$

## 10·6 전자 유도의 일반식

도체가 변화하는 자속의 속을 운동하는 경우에 기전력 $e$는 식 (10·1)과 식 (10·12)를 사용하여

$$\boldsymbol{e} = -\frac{d\Phi}{dt} = \oint_C (\boldsymbol{v} \times \boldsymbol{B}) \cdot d\boldsymbol{s} - \int_S \frac{\partial B_n}{\partial t} dS \qquad (10 \cdot 13)$$[2]

단, $C$는 폐회로, $S$는 $C$를 주변으로 하는 면, $B_n$은 자속 밀도의 면에 수직인 성분이다.

**예제 10·2** 그림 10·9와 같이 ㄷ자의 도체 위를 도체 막대 A가 미끄러져 움직일 때의 기전력을 구하여라. (단, 자속은 수직이며 $B = B_0 \sin \omega t$로 표시되고 A는 $x = a + b\sin(\omega t + \theta)$의 운동을 하고 있다.)

---

2) $e = -\frac{d\Phi}{dt} = -\frac{d}{dt}\int B_n dS$는 일반적으로 성립한다. 도체가 정지한 경우에는 $e = -\frac{d}{dt}\int B_n dS = -\int B_n \frac{\partial B_n}{\partial t} dS$가 성립한다. 식 (10·13)의 우변 제1항은 운동에 의한 기전력, 제2항은 자속 밀도의 변화에 의한 기전력이다.

그림 10·9

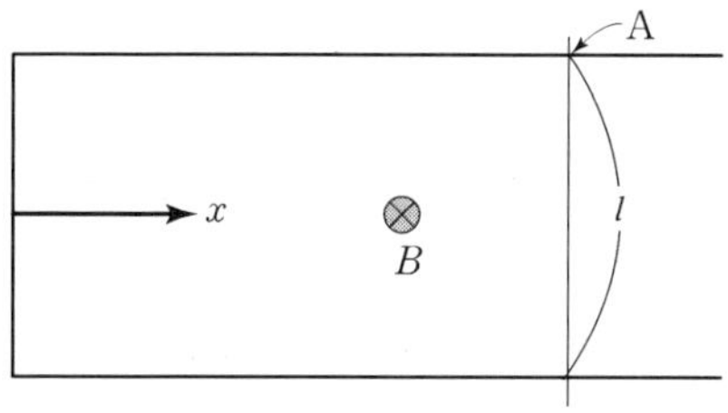


**풀이** 폐회로의 면적 $S$는 $S=xl$이기 때문에 폐회로와 쇄교하는 자속 $\Phi$는

$$\Phi = B \cdot S = Bxl = B_0 \sin \omega t \{a + b\sin(\omega t + \theta)\} l$$
$$= B_0 l \left[ a\sin \omega t + \frac{b}{2} \{\cos\theta - \cos(2\omega t + \theta)\}\right]$$

식 (10·13)에 의해

$$U = -\frac{d\Phi}{dt} = -\omega B_0 l \{a\cos \omega t + b\sin(2\omega t + \theta)\} [\mathrm{V}]$$

**예제 10·3** 그림 10·9에서 자속이 면에 수직이 아닐 경우, 도체 $l$이 $x$ 방향으로 속도 $v$로 운동할 때의 기전력을 구하여라. 단,

$$\boldsymbol{B} = B\cos \omega t (\sin\theta \boldsymbol{i} + 0\boldsymbol{j} + \cos\theta \boldsymbol{k}) \quad (그림\ 10·10\ 참조)$$

그림 10·10

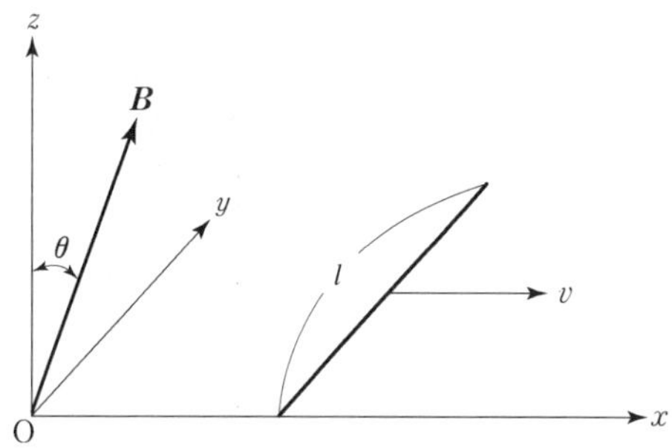


**풀이** 식 (10·13)의 제1항에서 구하면

$$\boldsymbol{v} \times \boldsymbol{B} = -vB\cos \omega t \cos\theta \boldsymbol{j}$$
$$\therefore \int_0^1 -vB\cos \omega t \cos\theta dy = -vBl\cos \omega t \cos\theta [\mathrm{V}]$$

**별해** 식 (10·13)의 제2항에서 구하면

$$\frac{\partial B_n}{\partial t} dS = \frac{\partial}{\partial t} B\cos \omega t \cos\theta dxdy = -\omega B \sin \omega t \cos\theta dxdy$$

$$\therefore -\int_0^t \int_0^l -\omega B \sin \omega t \cos \theta v dt dy = -vBl \cos \omega t \cos \theta [\text{V}]$$

**주** 이 예제에서는 식 (10·13)의 어느 항에서 구해도 같은 결과로 된다.

### ▶ 단극 유도(unipolar induction)

그림 10·11과 같이 원기둥형 막대 자석을 각속도 $\omega$로 회전시킬 때, 회로 C에 기전력을 발생한다. 이것은 패러데이가 발견한 현상이며 단극 유도라 한다. 이 기전력을 구해 보자. 접점 A에서 축에 수선 AO를 긋는다. 점 O에서 거리 $r$인 점 P에 있어서 속도 $v = \omega r$이고 방향은 지면의 아랫 방향이다. $\boldsymbol{B}$는 도시한 방향이다. 따라서, $\boldsymbol{v} \times \boldsymbol{B}$는 $\overrightarrow{\text{OA}}$의 방향이다. 식 (10·13)의 제1항만 생각하여[3)]

$$e = \int (\boldsymbol{v} \times \boldsymbol{B}) \cdot d\boldsymbol{s} = \int vBdr = \int_0^a \omega rBdr$$

$$= \frac{1}{2} \omega a^2 B [\text{V}] \qquad (10\cdot14)$$

단, $a$는 원기둥의 반지름이다.

**그림 10·11**

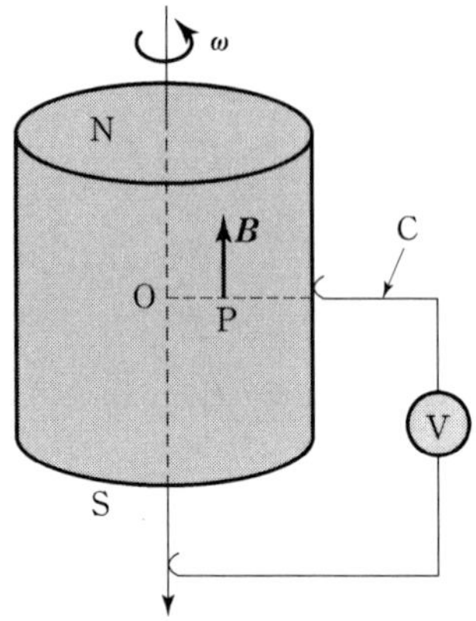


3) 식 (10·1)을 사용하면 0이 되어 버리는 것에 주의. 또한 $v$로서의 사고 방식은 (a) $B$가 정지하여 회로가 움직이는, (b) 회로가 일정하고 $B$가 움직이는 등의 양쪽이 있으나 어느 것도 같은 결과가 된다.

# 10·7 전류의 자기 에너지

전류가 흐르면 자계가 발생하고 자계는 에너지를 갖는다. 그 에너지를 $W$[J], 에너지 밀도를 $w[\mathrm{J/m^3}]$라 하면 식 (9·39)에 의해

$$W = \int w dv = \frac{1}{2}\int \boldsymbol{H}\cdot\boldsymbol{B} dv \tag{10·15}$$

그림 10·12와 같은 미소한 자속 $\Delta\Phi$를 생각하여 미소 길이 $\boldsymbol{ds}$ 부분의 단면적을 $\Delta S$, 체적을 $dv$라 하면

$$dv = \Delta S ds \tag{10·16}$$

$$B\Delta S = \Delta\Phi \tag{10·17}$$

따라서,

$$\boldsymbol{H}\cdot\boldsymbol{B}dv = \boldsymbol{H}\cdot B\Delta S\boldsymbol{ds} = \boldsymbol{H}\cdot\Delta\Phi\boldsymbol{ds} = \Delta\Phi\boldsymbol{H}\cdot\boldsymbol{ds} \tag{10·18}$$

그림 10·12의 $\Delta\Phi$에 축적되는 에너지 $\Delta W$는 식 (10·15)와 식 (10·18)에 의해

$$\Delta W = \frac{1}{2}\Delta\Phi\int \boldsymbol{H}\cdot\boldsymbol{ds} = \frac{1}{2}\Delta\Phi\times(\Sigma nI) \tag{10·19}$$

즉,

$$\Delta W = \frac{1}{2}\{(\text{자속})\times(\text{자속과 쇄교하는 전류})\} \tag{10·20}$$

그러므로,

$$W = \frac{1}{2}\Sigma\{(\text{전류})\times\text{전류와 쇄교하는 전류}\} \tag{10·21}$$

식 (10·21)은 자속에 대해서 생각한 것이지만 전류에 주목하면

**그림 10·12**

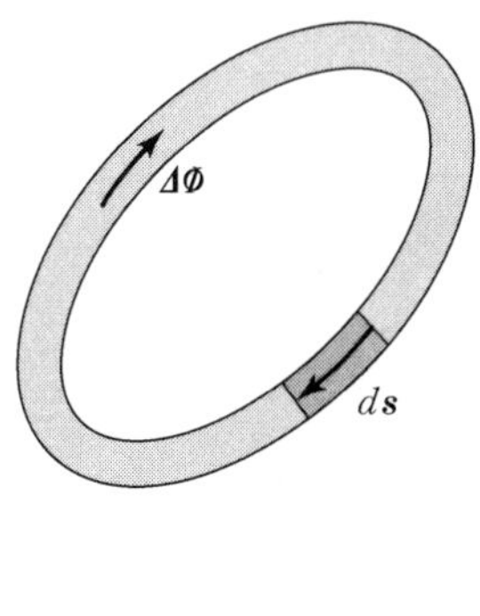

$$W = \frac{1}{2}\Sigma\{(\text{전류}) \times \text{전류와 쇄교하는 자속}\} \qquad (10\cdot22)$$

지금, 자계의 벡터 퍼텐셜을 $\boldsymbol{A}$라 하면 식 (10·22)와 식 (9·70)에 의해

$$W = \frac{1}{2}\Sigma\int_{C_1} I_1(\boldsymbol{A}\cdot d\boldsymbol{s}) \qquad (10\cdot23)$$

단, $C_1$은 $I_1$의 통로이다. 만일, 전류가 분포하여 흐르고 있을 때에는

$$\Delta i(\boldsymbol{A}\cdot d\boldsymbol{s}) = \boldsymbol{A}\cdot\Delta i d\boldsymbol{s} = \boldsymbol{A}\cdot i\Delta S d\boldsymbol{s} = \boldsymbol{A}\cdot \boldsymbol{i}\Delta S ds = \boldsymbol{A}\cdot \boldsymbol{i} d\boldsymbol{v} \qquad (10\cdot24)$$

식 (10·23)과 식 (10·24)에서

$$W = \frac{1}{2}\int \boldsymbol{A}\cdot\boldsymbol{i} d\boldsymbol{v} \qquad (10\cdot25)$$

단, 적분은 전공간에 대해서 행한다.

## 10·8 인덕턴스가 갖는 에너지

### ① 1개의 코일

식 (10·2)에 의해 전류와 쇄교하는 자속은 $N\Phi$, 즉 $LI$이므로 식 (10·22)에 의해 $W = \frac{1}{2}ILI$이므로

$$\therefore W = \frac{1}{2}LI^2\,[\mathrm{J}] \qquad \mathbf{(10\cdot26)}$$

### ② 2개의 코일

자기 인덕턴스를 $L_1$, $L_2$라 하고 상호 인덕턴스를 $M(=M_{12}=M_{21})$이라 한다. 각각의 코일에 전류 $I_1$과 $I_2$가 흐를 때의 에너지 $W$를 계산한다. 식 (10·2)와 식 (10·4)에서

제1의 코일과 쇄교하는 자속은

$$L_1 I_1 + MI_2 \qquad (10\cdot27)$$

제2의 코일과 쇄교하는 자속은

$$L_2 I_2 + MI_2 \qquad (10\cdot28)$$

따라서, 식 (10·22)에 의해

$$W=\frac{1}{2}\{I_1(L_1 I_1 + MI_2) + I_2(L_2 I_2 + MI_1)\}[\mathrm{J}] \tag{10·29}$$

$$\therefore W=\frac{1}{2}(L_1 I_1{}^2 + L_2 I_2{}^2 + 2MI_1 I_2)[\mathrm{J}] \tag{10·30}$$

### ③ 3개의 코일

자기 인덕턴스를 $L_1$, $L_2$, $L_3$, 상호 인덕턴스를 $M_{12}$, $M_{13}$, $M_{23}$라 하고 전류를 $I_1$, $I_2$, $I_3$라 한다.

전류 $I_1$과 쇄교하는 자속은

$$L_1 I_1 + M_{12} I_2 + M_{13} I_3 \tag{10·31}$$

전류 $I_2$와 쇄교하는 자속은

$$L_2 I_2 + M_{12} I_1 + M_{23} I_3 \tag{10·32}$$

전류 $I_3$와 쇄교하는 자속은

$$L_3 I_3 + M_{13} I_1 + M_{23} I_2 \tag{10·33}$$

식 (10·22)에 의해

$$W=\frac{1}{2}\{I_1(L_1 I_1 + M_{12} I_2 + M_{13} I_3) + I_2(L_2 I_2 + M_{12} I_1 + M_{23} I_3) + I_3(L_3 I_3 + M_{13} I_1 + M_{23} I_2)\}[\mathrm{J}] \tag{10·34}$$

$$\therefore W=\frac{1}{2}(L_1 I_1{}^2 + L_2 I_2{}^2 + L_3 I_3{}^2 + 2M_{12} I_1 I_2 + 2M_{13} I_1 I_3 + 2M_{23} I_2 I_3)[\mathrm{J}] \tag{10·35}$$

코일이 4개 이상일 때도 동일하게 하여 구해진다.

## 10·9 자계 에너지와 전자 유도

그림 10·13의 회로에서 스위치 S를 닫을 때에 흐르는 전류를 $i$라 하고 $L$에 유도되는 기전력을 $e$라 하면

$$U + e = Ri \tag{10·36}$$

식 (10·3)을 식 (10·36)에 대입하면

$$U = Ri + L\frac{di}{dt} \tag{10·37}$$

식 (10·37)에 $idt$를 곱하여 적분하면

**그림 10·13**

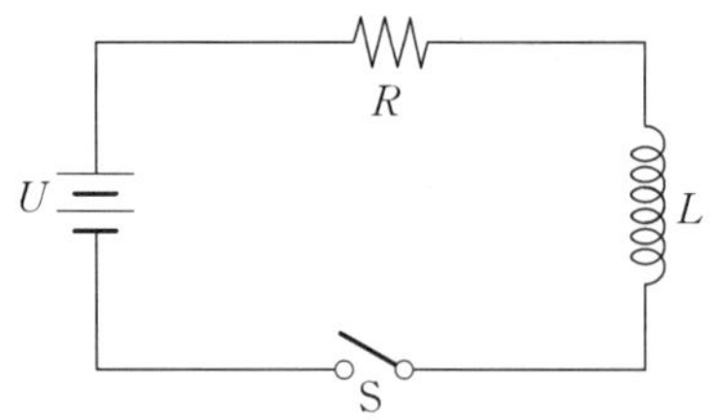


$$\int_0^{\infty} Uidt = \int_0^{\infty} Ri^2 dt + \int_0^{I} Lidt \tag{10·38}$$

여기서, $t = \infty$일 때의 전류를 $I$라 한다. 식 (10·38)의 좌변은 전지에서 공급되는 에너지이며 우변의 제1항은 저항에서 소비되는 에너지, 제2항은 자기 인덕턴스 $L$에 축적되는 에너지( $W_m$ )이다. 그러므로,

$$W_m = \frac{1}{2} LI^2 \,[\mathrm{J}] \tag{10·39}$$

식 (10·39)는 식 (10·26)과 일치한다. 두 식을 유도한 기준의 식을 생각하면

식 (10·26) → 식 (10·22) → 식 (10·15) → 식 (9·39) $w = \frac{1}{2} \boldsymbol{H} \cdot \boldsymbol{B}$ (10·40)

식 (10·39) → 식 (10·3) → 식 (10·1) $e = -N\frac{d\Phi}{dt}$ (10·41)

여기서, 식 (10·41)은 실험에 의해 구해진 식이고 식 (10·40)은 가정한 식이었지만 두 식에서 유도된 식이 일치하므로 기준식 (10·40)이 성립하는 것이 증명되었다.

식 (10·39)의 $W_m$은 $L$에 축적되는 에너지로서 구해졌지만 이 $W_m$은 코일의 내측 및 외부의 매질에 발생하는 자계에 축적된다.

# 10·10 전기 에너지와 기계 에너지의 변환

## 1 전기 에너지를 기계 에너지로의 변환

그림 10·14에 나타내는 바와 같이 두 개 평행선의 끝에 저항 $R$과 전지 $U$를 접속하고 자속을 수직으로 가한다. 두 개의 평행선 위에 도체 막대를 놓으면 $i = U/R$의 전류가 흐르기 때문에(단, 평행선과 도체 막대의 저항은 $R$에 비해서 작으므로 생략한다) 도체 막대에는

$$f = Bli \tag{10·42}$$

의 힘이 작용하여 오른쪽으로 $v$인 속도로 운동한다. 도체 막대가 $v$인 속도로 운동하면 $vBl$의 기전력을 발생한다. 그러므로,

$$U = Ri + vBl \tag{10·43}$$

양변에 $i$를 곱하면 우변의 제2항 $vBli$는 식 (10·42)에 의해 $fv$이므로

$$\therefore Ui = Ri^2 + fv\,[\mathrm{J/s}] \tag{10·44}$$

이 식의 좌변 $Ui$는 매초 전지에서 공급되는 전기 에너지이다. 우변의 제1항 $Ri^2$은 매초 저항 $R$에서 발생하는 열에너지이다. 제2항 $fv$는 도체 막대가 일을 하는 매초의 기계 에너지이다. 즉, 다음과 같이 변환된다.

electrical energy → thermal energy + mechanical energy

**그림 10·14**

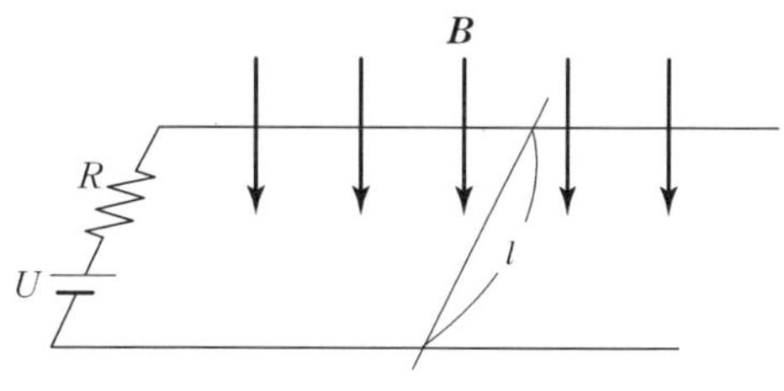


## 2 기계 에너지를 전기 에너지로의 변환

그림 10·14에서 전지 $U$를 제거하고 평행선의 끝을 $R$로 연결한다. 지금, 도체 막대에 힘 $f$를 가하고 속도 $v$로 움직이면 매초 $fv$의 기계 에너지가 필요하다.

그 때, $e=vBl$인 기전력이 발생하여 전류 $i=vBl/R$이 흐른다. 전류 $i$가 도체 막대에 흐르므로 힘 $f=vBl$이다.

그러므로,

$$fv=iBlv=ei=Ri^2 \tag{10·45}$$

이 식의 $fv$는 매초의 기계 에너지, $ei$는 매초 발생하는 에너지, $Ri^2$은 매초 발생하는 줄열이다. 즉,

mechanical energy → electrical energy → thermal energy

와 같이 변환되며, 각각의 양은 같다.

## ③ 자기 에너지에 의한 힘

그림 10·15와 같이 두 개의 코일이 있고 상호 인덕턴스를 $M$이라 한다. 이때, 자기 에너지는 식 (10·30)에 의해

$$W_1=(L_1I_1{}^2+L_2I_2{}^2+2MI_1I_2)/2 \tag{10·46}$$

지금, $L_1$을 $\Delta t$초간에 $\Delta x$만큼 변위시켰을 때, 상호 인덕턴스가 $M+\Delta M$으로 변화하고 전류 $I_1$, $I_2$를 불변이라고 하면 자기 에너지 $W_2$는

$$W_2=\{L_1I_1{}^2+L_2I_2{}^2+2(M+\Delta M)I_1I_2\}/2 \tag{10·47}$$

따라서, 자기 에너지의 증가 $\Delta W$는

$$\Delta W=W_2-W_1=\Delta MI_1I_2 \tag{10·48}$$

이때, 코일 $L_1$에 발생하는 기전력 $e_1$은 쇄교 자속의 변화는 식 (10·4)에 의해 $\Delta MI_2$이기 때문에 식 (10·1)에 의해

$$e_1=-\Delta MI_2/\Delta t \tag{10·49}$$

전류 $I_1$을 일정하게 하기 위해서는 이 $e_1$과 역방향인 전압 $e_1'$를 가하는 것이 필요하며, $L_1$에 주는 전기 에너지 $\Delta W_{E1}$은

$$\Delta W_{E1}=e_1'I_1\Delta t=\Delta MI_1I_2 \tag{10·50}$$

$L_1$이 $\Delta x$만큼 변위할 때, $L_2$에 전원에서 주는 전기 에너지 $\Delta W_{E2}$는 동일하게 하여

**그림 10·15**

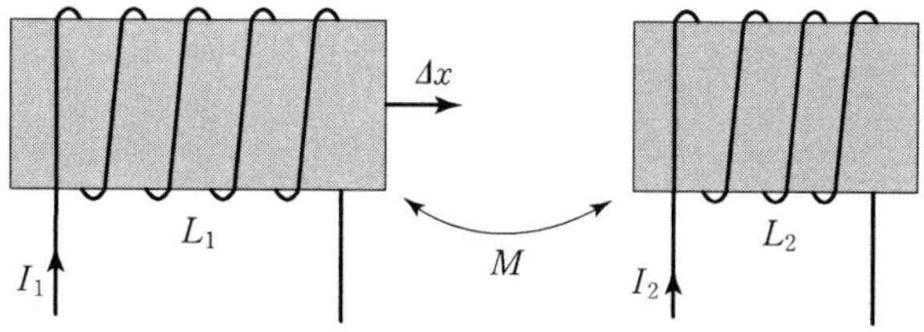


$$\Delta W_{E2} = \Delta M I_1 I_2 \tag{10·51}$$

따라서, 가하는 전기 에너지 $\Delta W_E$는

$$\Delta W_E = \Delta W_{E1} + \Delta W_{E2} = 2\Delta M I_1 I_2 \tag{10·52}$$

$L_1$에 가하는 힘을 $F_x$라 하면 $\Delta x$만큼 변위할 때의 기계적 일 $\Delta W_M$은

$$\Delta W_M = F_x \Delta x \tag{10·53}$$

그런데

$$\Delta W_E = \Delta W_M + \Delta W \tag{10·54}$$

이 식에 앞에 설명한 식을 대입하면

$$2\Delta M I_1 I_2 = F_x \Delta x + \Delta M I_1 I_2 \tag{10·55}$$

즉,

$$F_x = \frac{\Delta M}{\Delta x} I_1 I_2 \qquad \therefore F_x = \frac{\partial M}{\partial x} I_1 I_2 \tag{10·56}$$

이 경우에 식 (10·48)과 식 (10·56)에서

$$F_x = \frac{\partial W}{\partial x} \tag{10·57}$$

다음에 두 개 코일의 한쪽이 점 O를 축으로 하여 자유롭게 회전된다고 한다. 그림 10·16의 점 A에서 점 B까지 $\Delta x$만큼 변위할 때 $M$의 증가를 $\Delta M$이라 한다. $\overline{\mathrm{OA}} = r$, $\angle \mathrm{BOA} = \Delta\theta$라 하면

$$\Delta x = r\Delta\theta \tag{10·58}$$

그러므로, 토크 $T$를 식 (10·56)과 식 (10·58)에서 구하면

$$T = F_x r = \frac{\Delta M}{r\Delta\theta} I_1 I_2 r = \frac{\Delta M}{\Delta\theta} I_1 I_2$$

$$\therefore T = \frac{\Delta M}{\Delta\theta} I_1 I_2 \tag{10·59}$$

그림 10·16

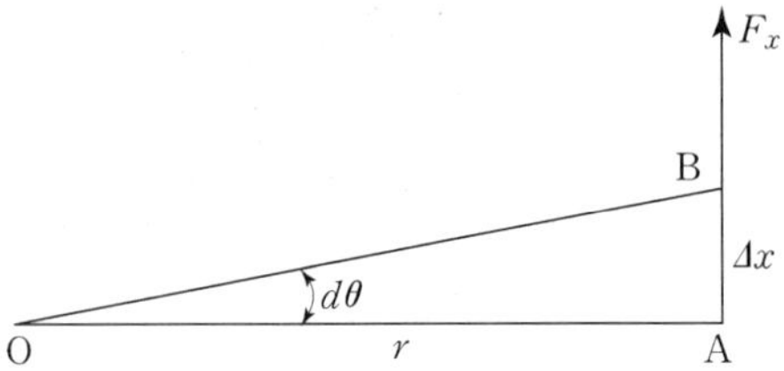


그림 10·17

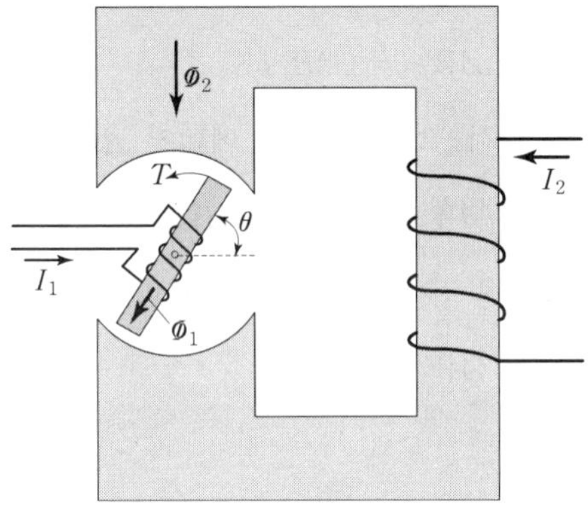


회전할 수 있는 코일이 그림 10·17의 위치에 있을 때, $\theta \rightarrow$ 증가일 때 $M \rightarrow$ 증가이고 $\partial M/\partial\theta > 0$ 이기 때문에 그림 10·17에 나타내는 화살표 방향의 토크가 작용한다. $\theta$가 90°보다 커지면 $\partial M/\partial\theta$은 (−)가 되어 토크는 역방향으로 된다. 직류 전동기에는 정류자가 있어서 $\theta = 90°$의 위치에서 전류를 역전하고, 또한 $\theta = 270°$에서 전류를 역전하고 있다.[4)]

## 10·11 전자 유도에 의한 전계

자속 밀도 $\boldsymbol{B}$가 시간적으로 변화할 때에 기전력을 발생시킨다. 즉, 전계 $\boldsymbol{E}$를 발생한다. 이 전계 $\boldsymbol{E}$와 $\boldsymbol{B}$의 관계식을 구한다.

---

4) 토크 $T$는 식 (10·57)의 $x$를 $\theta$로 치환하여 $T = \partial W/\partial\theta$에 의해서도 구해진다. 전동기의 출력 $P$는

$$P = \frac{\partial W}{\partial t} = \frac{\partial W}{\Delta\theta}\frac{d\theta}{dt} = T \cdot \omega \text{ (단, } \frac{d\theta}{dt} = \omega\text{(각속도)이다.)} \qquad (10\cdot59\text{a})$$

**그림 10·18**

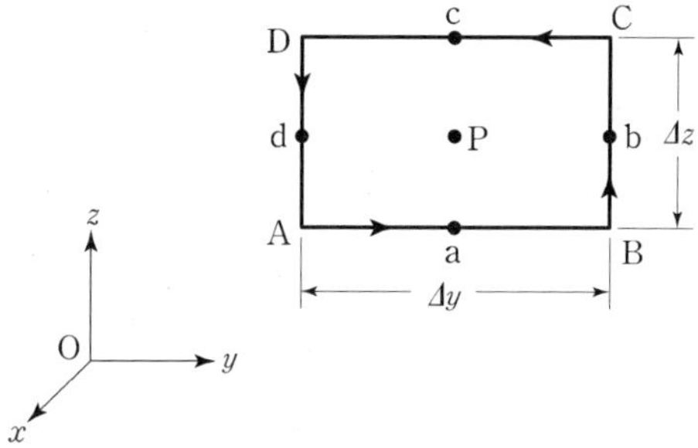


임의의 점 P에 대한 자속 밀도를 $\boldsymbol{B}$(각 성분을 $B_x$, $B_y$, $B_z$)라 하고 발생하는 전계를 $\boldsymbol{E}(E_x, E_y, E_z)$라 한다. 그림 10·18과 같이 점 P를 포함하고 $x$축과 직교하는 면 위에서 미소한 폐회로 ABCDA를 취하여 $\overline{AB}=\Delta y$, $\overline{BC}=\Delta z$라 한다. 각 변의 중점을 그림 10·18과 같이 a, b, c, d라 한다.

점 P에 대한 전계의 $y$성분을 $E_y$라 하면 점 a에 대한 전계의 $y$성분은 $E_y-\frac{\Delta z}{2}\frac{\partial E_y}{\partial z}$이며, 점 c에 있어서는 $E_y+\frac{\Delta z}{2}\frac{\partial E_y}{\partial z}$이다. 또한, 전계의 $z$성분은 점 b에 있어서는 $E_y+\frac{\Delta z}{2}\frac{\partial E_y}{\partial z}$이며, 점 d에 있어서는 $E_y-\frac{\Delta z}{2}\frac{\partial E_y}{\partial z}$ 이다.

폐회로 ABCDA와 쇄교하는 자속 $\Phi$는

$$\Phi=B_x\Delta y\Delta z \tag{10·60}$$

그래서 폐회로에 유기되는 기전력을 $e$라 하면 식 (10·1)과 식 (10·60)에 의해

$$e=-\frac{\partial B_x}{\partial t}\Delta y\Delta z \tag{10·61}$$ [5]

기전력 $e$는 또한 다음의 식으로 표시된다.[6]

---

5) 권수 $N$은 1로 한다. 또한 $B_x$는 $x, y, z, t$의 함수이며 시간 $t$에 대해서 미분하므로 편미분의 기호로 했다.

6) 정전계에서서는 항상 식 (3·26)의 성립하지만 전자 유도에 의한 기전력 $e$가 있는 경우는 다음의 식으로 된다.

$$\oint \boldsymbol{E}\cdot d\boldsymbol{s}=e, \quad 즉 \quad \int \boldsymbol{E}\cdot d\boldsymbol{s}=-N\frac{d\Phi}{dt}$$

이 식은 맥스웰이 구한 식이지만 이것을 패러데이의 전자 유도 법칙을 표시하는 일반식으로 하는 경우가 있다.

$$e = \oint_{\mathrm{ABCDA}} \boldsymbol{E} \cdot d\boldsymbol{s} = \int_A^B \boldsymbol{E} \cdot d\boldsymbol{s} + \int_B^C \boldsymbol{E} \cdot d\boldsymbol{s} + \int_C^D \boldsymbol{E} \cdot d\boldsymbol{s} + \int_A^D \boldsymbol{E} \cdot d\boldsymbol{s}$$

$$= \left(E_y - \frac{\Delta z}{2}\frac{\partial E_y}{\partial z}\right)\Delta y + \left(E_z - \frac{\Delta y}{2}\frac{\partial E_z}{\partial y}\right)\Delta z$$

$$-\left(E_y + \frac{\Delta z}{2}\frac{\partial E_y}{\partial z}\right)\Delta y - \left(E_z - \frac{\Delta z}{2}\frac{\partial E_z}{\partial y}\right)\Delta_z$$

$$= \left(\frac{\partial E_z}{\partial y} - \frac{\partial E_y}{\partial z}\right)\Delta y \Delta z \tag{10·62}$$

식 (10·61)과 식 (10·62)에서

$$\frac{\partial E_z}{\partial y} - \frac{\partial E_y}{\partial z} = -\frac{\partial B_x}{\partial t} \tag{10·63}$$

다음에 $y$축과 직교하는 미소한 폐회로에 대해서 동일하게 하여

$$\frac{\partial E_x}{\partial z} - \frac{\partial E_z}{\partial x} = -\frac{\partial B_y}{\partial t} \tag{10·64}$$

또한, $z$축에 직교하는 폐회로에서

$$\frac{\partial E_y}{\partial x} - \frac{\partial E_x}{\partial y} = -\frac{\partial B_z}{\partial t} \tag{10·65}$$

이상의 세 식에서 벡터 해석을 사용하여 다음의 식을 얻는다.

$$\mathrm{rot}\ \boldsymbol{E} = -\frac{\partial \boldsymbol{B}}{\partial t} \tag{10·66}$$

## 10·12 도체 내의 자속 분포와 전류 분포

### 10·12·1 일반식

8장에서 설명한 식 (8·47)의 rot $\boldsymbol{H} = \boldsymbol{i}$, 9장에 있는 식 (9·2)의 $\boldsymbol{B} = \mu \boldsymbol{H}$, 7장에 있는 식 (7·40)의 $\boldsymbol{i} = \chi \boldsymbol{E}$의 세 식과 식 (10·66)을 사용해서 $\boldsymbol{B}$에 대한 미분 방정식을 구한다.

위의 식 (9·2)와 식 (7·40)을 식 (8·47)에 대입하면

$$\text{rot}\frac{1}{\mu}\boldsymbol{E} = \varkappa \boldsymbol{E} \qquad \therefore \boldsymbol{E} = \frac{1}{\varkappa\mu}\text{rot}\,\boldsymbol{B} \tag{10·67}$$

식 (10·67)을 식 (10·66)에 대입하여

$$\text{rot}\,\frac{1}{\varkappa\mu}\,\text{rot}\;\boldsymbol{B} = -\frac{\partial \boldsymbol{B}}{\partial t} \qquad \therefore \text{rot rot}\;\boldsymbol{B} = -\varkappa\mu\frac{\partial \boldsymbol{B}}{\partial t} \tag{10·68}$$

div $\boldsymbol{B} = 0$이므로 2장의 식 (2·80)에 의해

$$\nabla^2 \boldsymbol{B} = \varkappa\mu\,\frac{\partial \boldsymbol{B}}{\partial t} \tag{10·69}$$

$\boldsymbol{i}$에 대한 미분 방정식은 동일하게 하여 구해진다.

$$\nabla^2 \boldsymbol{i} = \varkappa\mu\,\frac{\partial \boldsymbol{i}}{\partial t} \tag{10·70}$$

### 10·12·2 사인파 교류인 경우

자속 밀도 $\boldsymbol{B}$는 다음의 식으로 표시된다.

$$\boldsymbol{B} = \boldsymbol{B}_p e^{j\omega t} \tag{10·71}$$

단, $\boldsymbol{B}_p$는 $x, y, z$의 함수, $\omega = 2\pi f$, $j = \sqrt{-1}$이다.

식 (10·71)을 식 (10·69)에 대입하면

$$\begin{aligned}\nabla^2 \boldsymbol{B} &= \frac{\partial^2 \boldsymbol{B}}{\partial x^2} + \frac{\partial^2 \boldsymbol{B}}{\partial y^2} + \frac{\partial^2 \boldsymbol{B}}{\partial z^2} \\ &= \frac{\partial^2 \boldsymbol{B}_p}{\partial x^2}\,e^{j\omega t} + \frac{\partial^2 \boldsymbol{B}_p}{\partial y^2}\,e^{j\omega t} + \frac{\partial^2 \boldsymbol{B}}{\partial z^2}\,e^{j\omega t} \\ &= \nabla^2 \boldsymbol{B}_p e^{j\omega t}\end{aligned} \tag{10·72}$$

$$\varkappa\mu\,\frac{\partial \boldsymbol{B}}{\partial t} = \varkappa\mu j\omega \boldsymbol{B}_p e^{j\omega t} = j\omega\varkappa\mu \boldsymbol{B}_p e^{j\omega t} \tag{10·73}$$

$$\therefore\ \nabla^2 \boldsymbol{B}_p = j\omega\varkappa\mu \boldsymbol{B}_p \tag{10·74}$$

동일하게 하여

$$\nabla^2 \boldsymbol{i}_p = j\omega\varkappa\mu \boldsymbol{i}_p \tag{10·75}$$

## 10·13 표피 효과

### 10·13·1 도체 표면에 평행한 자계

그림 10·19와 같이 도체에 평행한 교류 자계 $He^{j\omega t}$가 있을 때, 도체 내의 자속 분포를 구한다. 그림 10·19와 같이 자계의 방향으로 $z$축을 취하고 도체 내에 직각으로 $x$축을 취하면

$$H_z = He^{j\omega t}, \quad H_x = 0, \quad H_y = 0 \tag{10·76}$$

도체 내에서 $x=0$ 에 대한 자계도 식 (10·76)과 같기 때문에 자속 밀도도 $z$성분만으로 $\mu He^{j\omega t}$의 크기이다. 따라서, 식 (10·74)의 $z$성분에 대해서

$$\nabla^2 B_{pz} = j\omega\varkappa\mu B_{pz}$$

즉,

$$\frac{\partial^2 B_{pz}}{\partial x^2} + \frac{\partial^2 B_{pz}}{\partial y^2} + \frac{\partial^2 B_{pz}}{\partial z^2} = j\omega\varkappa\mu B_{pz} \tag{10·77}$$

자계는 평등 자계로 하고 $y$와 $z$에 대한 편미분은 0인 경우에는 식 (10·77)은

$$\frac{\partial^2 B_{pz}}{\partial x^2} = j\omega\varkappa\mu B_{pz} \tag{10·78}$$

그림 10·19

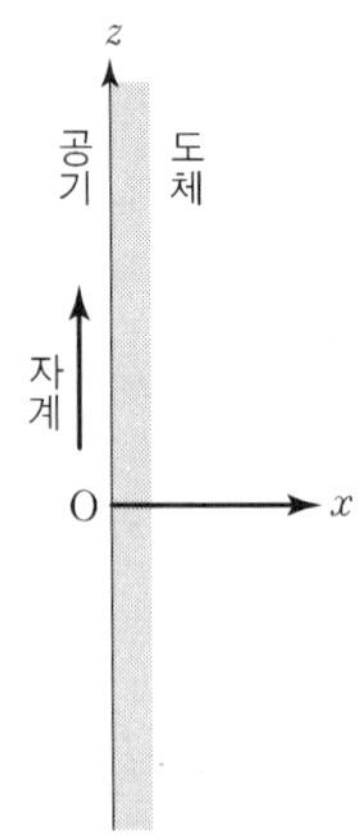

**그림 10·20**

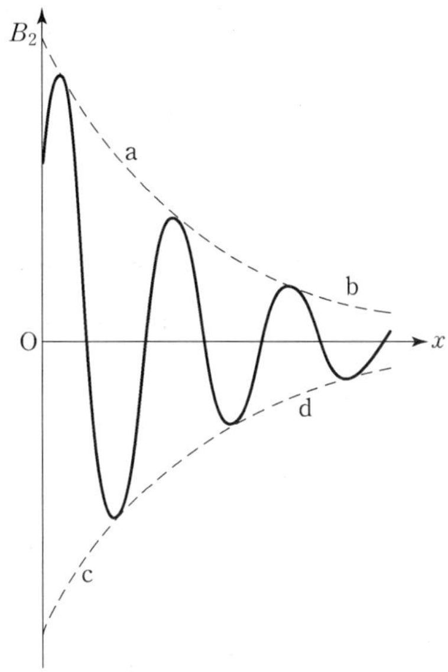


이 식의 일반해는

$$B_{pz} = K_1 e^{\sqrt{j\omega\chi\mu}x} + K_2 e^{-\sqrt{j\omega\chi\mu}x} \tag{10·79}$$

이 식에 $\sqrt{j} = \frac{1}{\sqrt{2}} + j\frac{1}{\sqrt{2}}$ 을 대입하면

$$B_{pz} = K_1 e^{\sqrt{\frac{\omega\chi\mu}{2}}x + j\sqrt{\frac{\omega\chi\mu}{2}}} + K_2 e^{-\sqrt{\frac{\omega\chi\mu}{2}}x - j\sqrt{\frac{\omega\chi\mu}{2}}} \tag{10·80}$$

$x \to \infty$ 의 점에서 $B_{pz}$ 는 무한대가 되는 것은 아니므로

$$K_1 = 0 \tag{10·81}$$

$x = 0$ 일 때, 자속 밀도는 $\mu He^{j\omega t}$이므로( $= B_{pz}e^{j\omega t}$)

$$B_{pz} = \mu H = K_2 \quad \therefore K_2 = \mu H \tag{10·83}$$

식 (10·81)과 식 (10·82)를 식 (10·80)에 대입하고 $B_z = B_{pz}e^{j\omega t}$를 사용하여

$$B_z = \mu He^{-\sqrt{\frac{\omega\chi\mu}{2}}x - j\sqrt{\frac{\omega\chi\mu}{2}}x + j\omega t} \tag{10·83}$$

즉,

$$B_z = \mu He^{-\sqrt{\frac{\omega\chi\mu}{2}}x} \cos\left(\omega t - \sqrt{\frac{\omega\chi\mu}{2}}x\right) \tag{10·84}$$

식 (10·84)의 $B_z$를 그림 10·20에 실선으로 나타낸다. 이 그림의 파선은 $\mu He^{-\sqrt{\frac{\omega\chi\mu}{2}}x}$의 곡선이고 점선은 그것을 구부린 곡선이다.

**예제 10·4** 동판의 면에 평행한 교류 자계가 존재할 때, 자계의 세기가 1/100이 되는 두께를 구하여라. 단, $f=50$ [Hz], 10 [Hz], 590 [kHz]인 경우에 대해서 계산하여라.

**풀이** 식 (10·84)를 사용하여

$$e^{-\sqrt{\frac{\omega\chi\mu}{2}}x}=10^{-2} \tag{10·85}$$

$$\sqrt{\frac{\omega\chi\mu}{2}}x=2\times\log 10=2\times 2.3026=4.6052 \tag{10·86}$$

이 식에 $\omega=2\pi f,\ \chi=\dfrac{1}{1.69\times 10^{-8}}$, $\mu_s=1$을 대입하면

$$x=0.3013\sqrt{\frac{1}{f}} \tag{10·87}$$

식 (10·87)에 $f=50$ [Hz]를 대입하면

$$x=0.0426\,[\mathrm{m}]$$

$f=10^4$ [Hz]일 때, $x=3.013\times 10^{-3}$ [m], $f=590\times 10^3$ [Hz]일 때, $x=0.392\times 10^{-3}$ [m]이다.

| $f$[Hz] | 50 | 10,000 | $590\times 10^3$ |
|---|---|---|---|
| $x$[mm] | 42.6 | 3.01 | 0.392 |

### 10·13·2 자속의 표피 효과

예제 10·4의 계산 결과를 보면 주파수 $f$가 커지면 자계의 감쇠하는 거리가 짧게 된다. 즉, 내부에 도달하기 어렵게 되어 자속은 표면 부근에 집중한다. 이 현상을 **표피 효과**(skin effect)라 한다. 예제 10·4에서는 동에 대해서 계산했지만 철의 경우에는 표피 효과가 더욱 현저하다. 예를 들면 철의 $\mu_s$가 1,000이라 하면 예제 10·4의 계산 결과를 $\sqrt{\mu_s}=31.62$로 나누게 된다. 그러므로, 자속은 표면에 집중하기 때문에 자기 회로의 단면적이 작게 되어 자기 저항이 증가한다.

### 10·13·3 전류의 표피 효과

식 (10·84)와 $H_x=0$, $H_y=0$을 식 (8·47)에 나타낸 $\boldsymbol{i}=\mathrm{rot}\,\boldsymbol{H}$에 대입하면

$$i_x=\frac{\partial H_x}{\partial y}-\frac{\partial H_z}{\partial z}=0-0=0 \tag{10·88}$$

$$i_y=\frac{\partial H_x}{\partial z}-\frac{\partial H_z}{\partial x}=\sqrt{\frac{\omega\chi\mu}{2}}He^{-\frac{\sqrt{\omega\chi\mu}}{2}x}\cos\left(\omega t-\sqrt{\frac{\omega\chi\mu}{2}}x\right)$$
$$-\sqrt{\frac{\omega\chi\mu}{2}}He^{-\frac{\sqrt{\omega\chi\mu}}{2}x}\sin\left(\omega t-\sqrt{\frac{\omega\chi\mu}{2}}x\right) \tag{10·89}$$

$$i_x=\frac{\partial H_y}{\partial x}-\frac{\partial H_x}{\partial y}=0-0=0 \tag{10·90}$$

전류는 $i_x=0$, $i_z=0$으로 $y$성분만이다. 즉, 그림 10·19에서 지면에 수직한 방향의 전류로 전류의 방향도 도체 표면과 평행하다. 식 (10·89)를 변형하여

$$i_y=\sqrt{\omega\chi\mu}\,He^{-\sqrt{\frac{\omega\chi\mu}{2}}x}\cos\left(\omega t-\sqrt{\frac{\omega\chi\mu}{2}}x+\frac{\pi}{4}\right) \tag{10·91}$$

이 $i_y$를 도시하면 그림 10·20과 같은 모양의 곡선이 된다. 감쇠하는 항은 $e^{-\sqrt{\frac{\omega\chi\mu}{2}}x}$이고 식 (10·84)와 동일하다. 따라서, $\omega$가 커지면 전류에 표피 효과가 발생하여 전류는 표면 부근에 집중해서 흐른다. 그 결과, 외관상 단면적이 작게 되어 전기 저항이 증가한다. 전기 저항의 증가를 방지하기 위해서는 동선의 지름이 가는 것을 많이 사용한다. 지름이 큰 동선을 사용할 경우에는 내부를 공동(cavity)으로 한 것, 즉 파이프를 사용한다.

## 10·14 와전류

도체를 통하는 자속이 변화할 경우, 도체의 단면에 소용돌이 모양의 전류가 흐른다. 이 전류를 **와전류**(eddy current)라 한다. 전기 기기에서는 철심이 있는 코일을 사용하는 경우가 많지만, 예를 들면 변압기의 1차 코일에 교류를 가하면 철심에 와전류가 흘러서 열이 발생하여 전력의 손실이 있다. 이 손실을 **와전류손**

(eddy current loss)이라 한다. 히스테리시스손과 와전류손의 합을 **철손**(iron loss)이라 한다. 와전류손을 작게 하기 위해 철심을 판으로 해서 겹쳐 쌓은 성층 철심(laminated core)을 사용한다.

### ▶ 이용 예

아라고의 원판(Arago's disk)은 와전류의 이용 예이고 유도 전동기의 원리이다.

## 연습 문제

**10·1** 권수 1회인 코일에 5[Wb]의 자속이 쇄교하고 있을 때 $10^{-1}$[s] 사이에 이 자속이 0으로 변하였다면, 이 때 코일에 유도되는 기전력[V]은?

㉮ 500 ㉯ 100 ㉰ 50 ㉱ 10

**10·2** 100회 감은 코일과 쇄교하는 자속이 $\frac{1}{10}$초 동안에 0.5[Wb]에서 0.3[Wb]로 감소했다. 이 때, 유기되는 기전력은 몇 [V]인가?

㉮ 20 ㉯ 200 ㉰ 80 ㉱ 800

**10·3** 10[V]의 기전력을 유기시키려면 5[sec]간에 몇 [Wb]의 자속을 끊어야 하는가?

㉮ 2 ㉯ $\frac{1}{2}$ ㉰ 10 ㉱ 50

**10·4** 기전력이 6[V], 내부 저항이 1[Ω]인 전지를 권수 1,000회, 저항 2[Ω]인 코일에 연결하였더니 코일의 철심 안의 자속이 매초 $3\times10^{-3}$[Wb]의 비율로 증가하였다. 전지에 흐르는 전류[A]는?

㉮ 1 ㉯ 2 ㉰ 3 ㉱ 4

**10·5** 단면적이 0.5[$m^2$]이고 권수가 3회인 코일에 쇄교되는 자속 밀도의 변화가 $5\times10^{-3}$[Wb/ s·$m^2$]일 때, 코일 양단의 기전력은 몇 [mV]인가? (단, 코일 내의 자석은 평등 자계이다.)

㉮ 0.5 ㉯ 2.5 ㉰ 5.5 ㉱ 7.5

**10·6** 300번 감긴 작은 코일의 면적 $S$를 $5[\mathrm{cm}^2]$라 한다. 이것을 어느 평등 자계 내에 수직으로 삽입한 다음 0.1초마다 자계 밖으로 꺼낼 때 0.15[V]의 기전력이 발생했다. 자속 밀도 $B[\mathrm{Wb/m^2}]$는 얼마인가?

㉮ $B=0.05$ ㉯ $B=0.10$ ㉰ $B=0.20$ ㉱ $B=0.30$

**10·7** $\phi=\phi_m \sin \omega t$[Wb]인 정현파로 변화하는 자속이 권수 $N$인 코일과 쇄교할 때, 유기 기전력의 위상은 자속에 비해 어떠한가?

㉮ $\frac{\pi}{2}$만큼 빠르다 ㉯ $\frac{\pi}{2}$만큼 늦다 ㉰ $\pi$만큼 빠르다 ㉱ 동위상이다

**10·8** 자극의 세기 $m$[Wb]의 점자극이 반지름 $a$[m]인 원형 코일축상에 그림 10·21과 같이 놓여 있을 때, 이 점자극을 $d_1$[m] 되는 점에서 $d_2$[m] 되는 점까지 $t$[s] 동안에 이동시켰다면 코일 내에 유기되는 기전력[V]은 어떻게 표시되는가?

㉮ $\frac{m}{2\pi t}(\sin\theta_1-\sin\theta_2)$ ㉯ $\frac{m}{2\pi t}(\cos\theta_1-\cos\theta_2)$

㉰ $\frac{m}{2t}(\sin\theta_1-\sin\theta_2)$ ㉱ $\frac{m}{2t}(\cos\theta_1-\cos\theta_2)$

**그림 10·21**

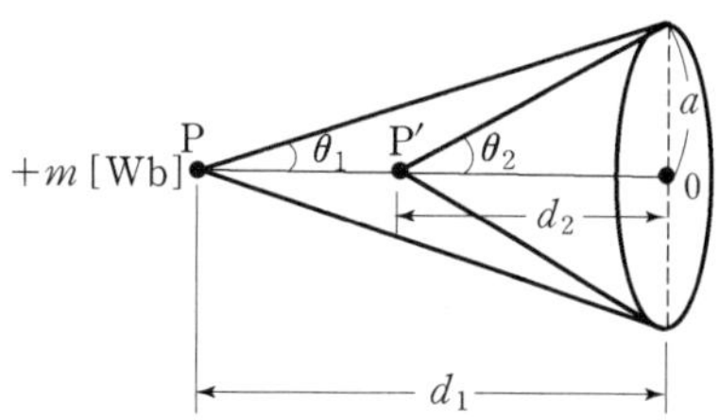


**10·9** 저항 24[Ω]의 코일을 지나는 자속이 $0.3\cos 800t$[Wb]일 때, 코일에 흐르는 전류의 최대값[A]은?

㉮ 10 ㉯ 20 ㉰ 30 ㉱ 40

**10·10** 그림 10·22와 같은 자속 밀도 $B$의 평등 자계 내에 한 변이 $a$인 정방향 회로가 자계와 직각인 중심 둘레를 매분 $N$회 회전하고 있을 때, 이 회로의 유기 기전력은 몇 [V]인가?

㉮ $\frac{2\pi N}{60}a^2 B\cos\frac{2\pi N}{60}t$ ㉯ $\frac{2\pi N}{60}a^2 B\sin\frac{2\pi N}{60}t$

㉰ $\frac{2\pi N}{60}aB\cos\frac{2\pi N}{60}t$ ㉱ $\frac{2\pi N}{60}\omega aB\sin\frac{2\pi N}{60}t$

**그림 10·22**

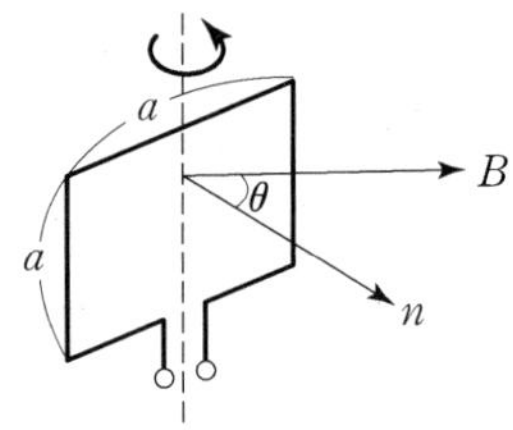

CHAPTER 11

# 인덕턴스

## 11·1 인덕턴스의 계산법

자기 인덕턴스 $L$와 상호 인덕턴스 $M$의 계산법에 대해서 설명한다.

### 11·1·1 자속 쇄교수에 의해 구하는 방법

식 (10·2)를 사용하여

$$L = \frac{N\Phi}{I} \text{ [H]} \tag{11·1}$$

단, $L$은 권수 $N$인 코일의 자기 인덕턴스, $\Phi$는 전류 $I$를 흘릴 때에 발생하는 자속이다.

상호 인덕턴스 $M$은 p.225의 식 (10·4)에 의해

$$M_{21} = \frac{N_2\Phi_{21}}{I_1} \text{ [H]} \tag{11·2}$$

단, 제1회로에 전류 $I_1$에 흘릴 때에 발생하는 자속 중에서 제2회로와 쇄교하는 자속을 $N_2\Phi_{21}$이라 한다.

**예제 11·1** 그림 11·1과 같은 투자율 $\mu$인 철심에 $N_1$회 코일을 감았을 때의 자기 인덕턴스를 구하여라.

**그림 11·1**

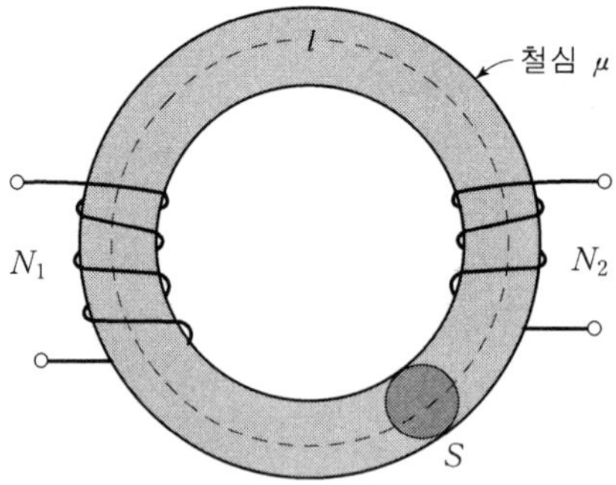


**풀이** 코일에 전류 $I$를 흘릴 때, 발생하는 자속 $\Phi$는 식 (9·31)에서

$$\Phi = N_1 I \div \frac{l}{\mu S} = \frac{\mu S N_1 I}{l} \text{ [Wb]} \tag{11·3}$$

식 (11·1)에서

$$L = \frac{N_1 \Phi}{I} = \frac{\mu S {N_1}^2}{l} \text{ [H]} \tag{11·4}$$

**예제 11·2** 그림 11·1에 철심에 재차 $N_2$회의 코일을 감은 경우에 상호 인덕턴스를 구하여라. 단, 누설 자속은 없는 것으로 한다.

**풀이** $N_1$의 코일에 전류 $I_1$을 흘릴 때, 발생하는 자속은 전부 $N_2$의 코일을 쇄교하기 때문에 동일하게 하여

$$\Phi_{21} = \Phi_1 = \mu S N_1 I_1 / l \text{[Wb]}$$

식 (11·2)에 의해

$$M_{21} = \frac{N_2 \Phi_{21}}{I_1} = \frac{\mu S N_1 N_2}{l} \text{ [H]} \tag{11·5}$$

### 11·1·2 노이만의 공식

그림 11·2와 같이 두 개 전기 회로 $C_1$과 $C_2$의 상호 인덕턴스 $M_{21}$을 구하는 방법에 노이만의 공식이 있다.

그림 11·2

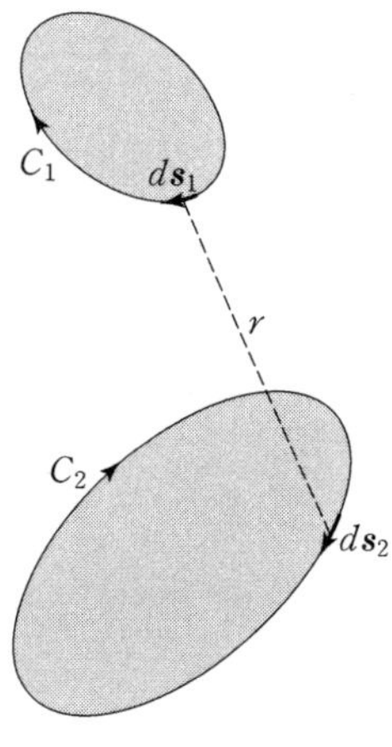


지금, $C_1$에 전류 $I_1$이 흐를 때에 발생하는 자계의 벡터 퍼텐셜 $\boldsymbol{A}_1$은 식 (9·79)에 의해

$$\boldsymbol{A}_1 = \frac{\mu}{4\pi}\int_{C_1}\frac{I_1}{r}\,d\boldsymbol{s}_1 \tag{11·6}$$

$C_2$와 쇄교하는 자속 $\Phi_{21}$은 식 (9·70)에 의해

$$\Phi_{21} = \int_{C_2}\boldsymbol{A}_1\cdot d\boldsymbol{s}_2 = \frac{\mu I_1}{4\pi}\int_{C_2}\int_{C_1}\frac{1}{r}\,d\boldsymbol{s}_1\cdot d\boldsymbol{s}_2 \tag{11·7}$$

식 (11·2)에 의해

$$M_{21} = \frac{\mu}{4\pi}\int_{C_2}\int_{C_1}\frac{d\boldsymbol{s}_1 d\boldsymbol{s}_2}{r} \tag{11·8}$$

$d\boldsymbol{s}_1$과 $d\boldsymbol{s}_2$의 각을 $\theta$라 하면

$$M_{21} = \frac{\mu}{4\pi}\int_{C_2}\int_{C_1}\frac{\cos\theta d\boldsymbol{s}_1 d\boldsymbol{s}_2}{r} \tag{11·9}$$

식 (11·8) 또는 식 (11·9)를 **노이만의 공식**(Neumann's formula)이라 한다.

### ▶ 상호 인덕턴스의 상반성

그림 11·2의 상호 인덕턴스를 구하는 데에 $C_2$에 $I_2$가 흐른다고 하고 동일하게 하여 다음의 식이 얻어진다.

$$M_{12} = \frac{\mu}{4\pi} \int_{C_2} \int_{C_1} \frac{\cos\theta d\boldsymbol{s}_2 d\boldsymbol{s}_1}{r} \qquad (11 \cdot 10)$$

이 식은 식 (11·9)와 서로 같다. 따라서,

$$M_{12} = M_{21} \qquad (11 \cdot 11)$$

일반적으로

$$M_{rs} = M_{sr} \qquad (11 \cdot 12)$$

**보충** 예제 11·2의 풀이에서 $N_2$의 코일에 전류 $I_2$가 흐른다고 하여 상호 인덕턴스 $M_{12}$를 구하면

$$M_{12} = \frac{\mu S N_1 N_2}{l} \text{ [H]} \qquad (11 \cdot 13)$$

이 얻어지고 이것은 식 (11·5)와 같고 식 (11·11)이 성립하고 있다.

**예제 11·3** 그림 11·3과 같은 길이 $l$[m]인 2개 평행 도선간의 상호 인덕턴스를 구하여라.[1]

그림 11·3

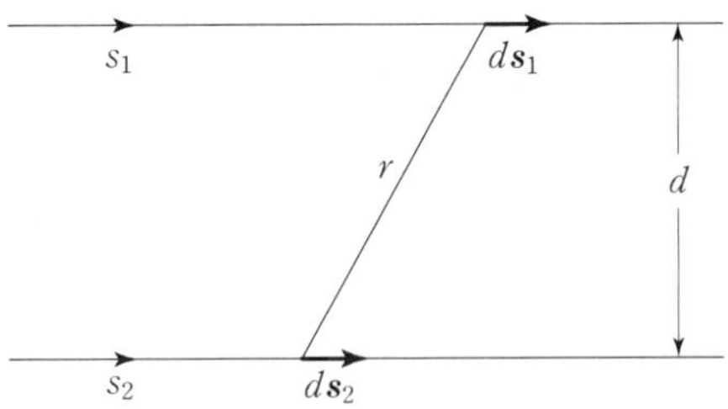


**풀이** 간격 $d$[m], 길이 $l$[m]로 하고 그림 11·3과 같이 $\boldsymbol{s}_1$, $\boldsymbol{s}_2$의 좌표축을 취한다. 임의 미소 부분 $d\boldsymbol{s}_1$과 $d\boldsymbol{s}_2$의 거리 $r$은

$$r = \sqrt{(s_1 - s_2)^2 + d^2}$$

$d\boldsymbol{s}_1$과 $d\boldsymbol{s}_2$가 이루는 각 $\theta$는 0이므로 $\cos\theta = 1$이다.

식 (11·9)에 의해

$$M = \frac{\mu}{4\pi} \int_{s_1=0}^{l} \int_{s_2=0}^{l} \frac{d\boldsymbol{s}_2 d\boldsymbol{s}_1}{\sqrt{(s_1 - s_2)^2 + d^2}}$$

---

1) 식 (11·8)을 유도하는 과정에서는 $C_1$, $C_2$는 폐회로를 형성하고 있었지만 유도된 식은 회로의 임의 길이에 대해서 성립한다. 여기서, 평행 도선은 대단히 가는 것으로 한다.

이 계산을 행하면 다음의 식이 얻어진다.

$$M = \frac{\mu l}{4\pi}\left\{\log\frac{l+\sqrt{l^2+d^2}}{2} - \sqrt{1+\left(\frac{d}{l}\right)^2}+\frac{d}{l}\right\}[\mathrm{H}] \quad (11\cdot 14)$$

$l \gg d$일 때에는 식 (11·14)에서

$$M \simeq \frac{\mu l}{2\pi}\left(\log\frac{2l}{d}-1\right)[\mathrm{H}] \quad (11\cdot 15)$$

### 11·1·3 에너지에서 구하는 방법

인덕턴스가 갖는 에너지는 식 (10·26), 식 (10·30) 및 식 (10·35)에 나타내지만 이들의 식을 사용하여 인덕턴스를 구한다.

**예제 11·4** 그림 11·4에 나타내는 반지름 $a$[m]인 원기둥형 도체 길이 1[m]당의 내부 자기 인덕턴스 $L_i$를 구하여라.

그림 11·4

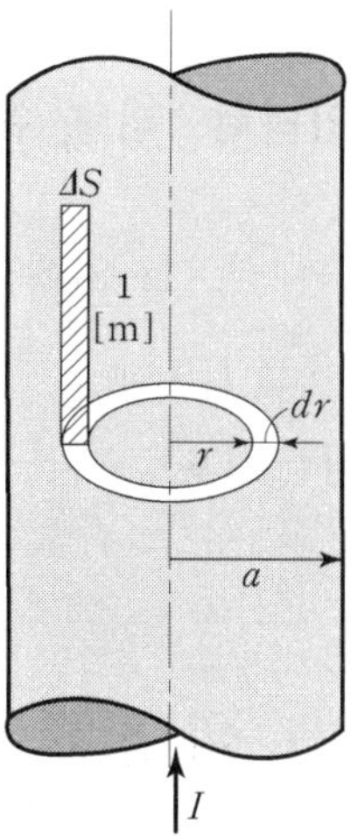


**풀이** 도체에 흐르는 전류를 $I$라 하고 균일한 밀도로 흐르고 있다고 한다. 반지름 $r$의 원내에 흐르는 전류 $I'$는 $I' = r^2 I / a^2$이다. 폭 $dr$, 길이 1[m]의 빗금 면적 $\varDelta S$와 쇄교하는 자속 $d\Phi$는 $H = I'/2\pi r$에 의해

$$d\Phi = B\varDelta S = B\times(dr\times 1) = \mu H dr = \mu I' dr/2\pi r$$

1[m]당의 에너지 $W$는 식 (10·20)에 의해

$$W = \frac{1}{2}\int_0^{\Phi} I' \, d\Phi = \frac{1}{2}\int_0^{a} \frac{\mu I'^2}{2\pi r} \, dr \, [\mathrm{J}]$$

$I'$를 대입하여

$$W = \frac{\mu I^2}{4\pi a^4}\int_0^{a} r^3 dr = \frac{\mu I^2}{4\pi a^4}\left[\frac{r^4}{4}\right]_9^a = \frac{\mu}{16\pi} I^2 \, [\mathrm{J}]$$

식 (10·26)에 의해 $W = \frac{1}{2} L_i I^2$ 이기 때문에

$$L_i = \frac{\mu}{8\pi} \, [\mathrm{H/m}] \tag{11·16}$$

㈜ 예를 들면 동선과 같은 $\mu \fallingdotseq \mu_0$인 도체 1 [km]당의 내부 인덕턴스는

$$L_i = \frac{\mu_0}{8\pi} \times 10^3 = \frac{4\pi \times 10^{-7}}{8\pi} \times 10^3 = 0.05 \, [\mathrm{mH/km}] \tag{11·17}$$

그리고 고조파 교류인 경우에서 표피 효과에 의해서 전류의 대부분이 도체 표면을 흐르는 경우는 내부에 쇄교하는 자속은 없으므로

$$L_i = 0 \tag{11·18}$$

### 11·1·4 인덕턴스의 단위

식 (11·1)과 식 (11·2)에서 $L$과 $M_{21}$의 단위는 [Wb/A]이지만 인덕턴스는 널리 실용되므로 H(henry)가 사용된다. 즉,

$$1 \, [\mathrm{H}] = 1 \, [\mathrm{Wb/A}] \tag{11·19}$$

## 11·2 $M$과 $L_1$, $L_2$의 관계

두 개 코일의 상호 인덕턴스 $M$과 $L_1, L_2$의 관계를 구한다. 식 (10·30)에서

$$W = \frac{1}{2}\left\{L_1\left(I_1 + \frac{M}{L_1} I_2\right)^2 + \left(L - 2 - \frac{M^2}{L_1}\right) I_2{}^2\right\} \tag{11·20}$$

$W$는 부(−)로 되는 것이 아니므로

$$L_1 > 0, \quad L_2 - \frac{M^2}{L_1} \geqq 0 \tag{11·21}$$

그림 11·5

동일하게 하여 $L_2 > 0$ 이 유도되어 자기 인덕턴스는 항상 정(+)이다.

또한 식 (11·21)에서

$$M^2 \leqq L_1 L_2 \tag{11·22}$$

다음에 $M$의 정부(+, −)를 생각한다. 그림 11·5와 같이 두 개의 코일이 동일 방향으로 감겨져 있을 때, 그림 11·5와 같이 전류 $I_1$과 $I_2$를 흐르는 경우에는 $M$은 정(+)이다. 즉, $I_1$이 만드는 자속이 전류 $I_2$와 (+)로 쇄교하는 경우에는 $M$은 정(+)이다. 어느 쪽인가 한쪽의 전류가 그림 11·5와 반대의 방향으로 흐르는 경우에는 $M$은 부(−)가 된다.

> 상호 인덕턴스 $M$은 (+)의 경우와 (−)의 경우가 있고 그 크기는 식 (11·22)의 관계를 갖는다.

식 (11·22)에서 등호가 성립하는 것은 누설 자속이 없을 때이다. 누설 자속이 있을 때에는 $|M| < \sqrt{L_1 L_2}$ 이다. 그래서 두 개 코일의 결합을 표시하는 데에

$$k = \frac{M}{\sqrt{L_1 L_2}} \tag{11·23}$$

이 $k$를 두 개 회로의 **결합 계수**(coupling coefficient)라 한다. 그리고

$$-1 \leqq k \leqq 1 \tag{11·24}$$

## 11·3 인덕턴스의 직렬 접속

그림 11·5와 같은 코일 $L_1$, $L_2$가 있고 상호 인덕턴스를 $M$이라 한다. 단자 b와 c를 접속하고 단자 a에서 전류 $I$가 유입할 때의 에너지 $W$는 식 (10·26)에서

$$W = \frac{1}{2} L I^2 \,[\mathrm{J}] \tag{11·25}$$

또한 식 (10·30)에 $I_1 = I$, $I_2 = I$를 대입하면

$$W = \frac{1}{2}(L_1 + L_2 + 2M) I^2 \,[\mathrm{J}] \tag{11·26}$$

식 (11·25)와 식 (11·26)은 같으므로 다음의 식이 얻어진다.

$$L = L_1 + L_2 + 2M \,[\mathrm{H}] \tag{11·27}$$

**예제 11·5** (a) 그림 11·5와 같이 $L_1 = 2\,[\mathrm{H}]$, $L_2 = 4\,[\mathrm{H}]$인 2개의 코일이 있고 $M = 2.3\,[\mathrm{H}]$이다. 단자 bc를 연결할 때의 자기 인덕턴스 $L_{ad}$를 구하여라.

(b) 단자 b와 d를 연결할 때의 자기 인덕턴스 $L_{ac}$를 구하여라.

**풀이** (a) 식 (11·27)에 의해

$$L_{ad} = 2 + 4 + 2 \times 2.3 = 10.6\,[\mathrm{H}]$$

(b) 식 (11·27)에 $M = -2.3$을 대입하면

$$L_{ad} = 2 + 4 - 2 \times 2.3 = 1.4\,[\mathrm{H}]$$

## 11·4 코일의 인덕턴스

### 11·4·1 환상 솔레노이드

환상 솔레노이드의 자기 인덕턴스에 대해서는 식 (11·4) 및 식 (11·5)를 참조하기 바란다.

### 11·4·2 무한장 솔레노이드

그림 11·6과 같은 1 [m]당의 권수 $n$[회], 반지름 $a$[m]인 무한장 솔레노이드의 자기 인덕턴스를 구한다. 전류 $I$를 흘릴 때에 발생하는 자계 $H$는 식 (8·21)에 의해 $H = nI$이므로 자속 $\Phi$는

그림 11·6

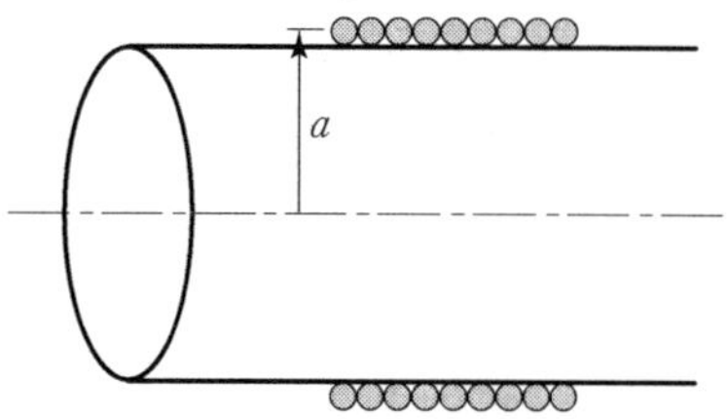


$$\Phi = BS = \mu H\pi a^2 = \mu nI\pi a^2 \,[\text{Wb}] \tag{11·28}$$

따라서, 1[m]당의 인덕턴스 $L_U$는 식 (11·1)에 의해

$$L_U = n\Phi / I = \mu \pi a^2 n^2 \,[\text{H/m}] \tag{11·29}$$

$\mu = 4\pi\mu_s \times 10^{-7}$을 대입하면

$$L_U = 4\pi^2\mu_s a^2 n^2 \times 10^{-7} \,[\text{H/m}] \tag{11·30}$$

### 11·4·3 유한장 솔레노이드

그림 11·7과 같은 길이 $l$[m], 반지름 $a$[m], 권수 $N$[회]인 유한장 솔레노이드의 자기 인덕턴스 $L$을 구한다.

무한장 솔레노이드의 길이 $l$[m]를 생각하여 이 부분의 권수를 $N$, 자기 인덕턴스를 $L'$라 하면 $n = N/l$이므로 식 (11·30)에 의해

$$L' = L_U l = 4\pi^2\mu_s a^2 n^2 l \times 10^{-7} = 4\pi^2\mu_s a^2 N^2 \times 10^{-7}/l \tag{11·31}$$

유한장 솔레노이드의 $L$은 이 $L'$보다 작고 다음의 식으로 표시된다.

그림 11·7

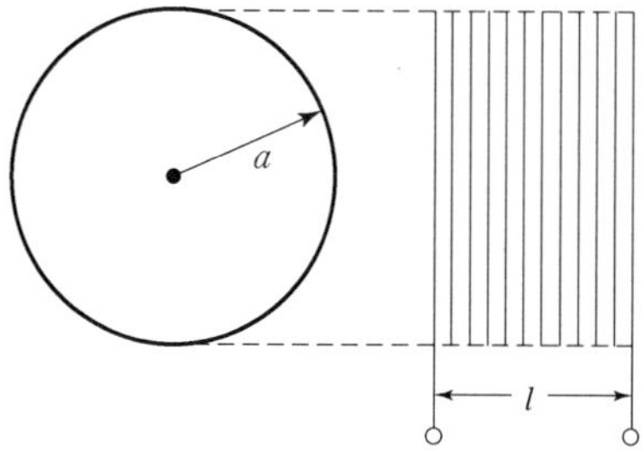

$$L = k\frac{4\pi^2\mu_s a^2 N^2}{l}\times 10^{-7}\,[\mathrm{H}] \tag{11·32}$$

단, $k$는 **나가오카 계수**(Nagaoka's coefficient)라 불리우며 1보다 작은 값으로 지름 $2a$와 같이 $l$의 비에 의해 정해진다. $k$값의 일부를 표 11·1에 나타낸다.

**표 11·1** 나가오카 계수( $k$ )의 값, $a$는 코일 반지름, $l$은 코일 길이

| $\frac{2a}{l}$ | $k$ | $\frac{2a}{l}$ | $k$ | $\frac{2a}{l}$ | $k$ | $\frac{2a}{l}$ | $k$ |
|---|---|---|---|---|---|---|---|
| 0 | 1.000 | 0.55 | 0.803 | 1.10 | 0.667 | 2.50 | 0.472 |
| 0.05 | 0.979 | 0.60 | 0.789 | 1.20 | 0.648 | 3.00 | 0.429 |
| 0.10 | 0.959 | 0.65 | 0.775 | 1.30 | 0.629 | 3.50 | 0.394 |
| 0.15 | 0.939 | 0.70 | 0.761 | 1.40 | 0.611 | 4.00 | 0.365 |
| 0.20 | 0.920 | 0.75 | 0.748 | 1.50 | 0.595 | 4.50 | 0.341 |
| 0.25 | 0.902 | 0.80 | 0.735 | 1.60 | 0.580 | 5.00 | 0.319 |
| 0.30 | 0.884 | 0.85 | 0.723 | 1.70 | 0.565 | 6.00 | 0.320 |
| 0.35 | 0.867 | 0.90 | 0.711 | 1.80 | 0.551 | 7.00 | 0.258 |
| 0.40 | 0.850 | 0.95 | 0.700 | 1.90 | 0.538 | 8.00 | 0.237 |
| 0.45 | 0.834 | 1.00 | 0.688 | 2.00 | 0.526 | 9.00 | 0.219 |
| 0.50 | 0.818 | | | | | 10.00 | 0.203 |

### 11·4·4 무한장 솔레노이드 속에 있는 원형 코일

그림 11·8에 나타내는 코일 1과 코일 2의 상호 인덕턴스 $M$을 구한다.

**그림 11·8**

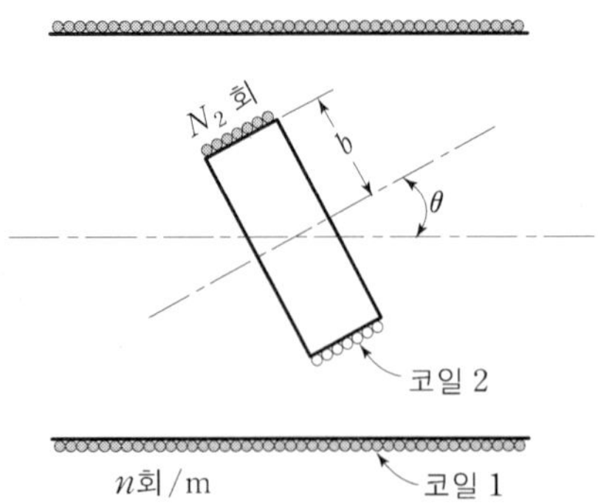

코일 1에 전류 $I$를 흘릴 때에 발생하는 자계 $H$는 $H=nI$이므로 코일 2와 쇄교하는 자속 $N_2\Phi$는

$$N_2\Phi = N_2BS = N_2\mu nI\pi b^2\cos\theta \tag{11·33}$$

따라서, $M$은 식 (11·2)에 의해

$$M = \mu\pi b^2 nN_2\cos\theta\,[\mathrm{H}] \tag{11·34}$$

식 (11·34)에 $\mu = 4\pi\mu s\times 10^{-7}$을 대입하면

$$M = 4\pi^2\mu s b^2 nN_2\cos\theta\times 10^{-7}\,[\mathrm{H}] \tag{11·35}$$

### 11·4·5 직사각형 코일간의 상호 인덕턴스

그림 11·9와 같이 두 변을 $a, b$로 하는 두 개의 코일이 평행하게 놓여지고 그 간격을 $c$라 할 때, 상호 인덕턴스 $M$을 구한다.

변 AB에서 그림 11·9와 같이 1, 2, 3, …으로 변에 번호를 붙인다. 전류 $I_1$과 $I_2$는 그림과 같이 같은 방향으로 흐르고 있다고 한다. 변 1과 변 5의 상호 인덕턴스 $M_{15}$는 식 (11·14)에 $d=c$, $l=a$를 대입하면

$$M_{15} = \frac{\mu a}{2\pi}\left\{\log\frac{a+\sqrt{a^2+b^2}}{c} - \sqrt{1+\left(\frac{c}{a}\right)^2}+\frac{c}{a}\right\} \tag{11·36}$$

**그림 11·9**

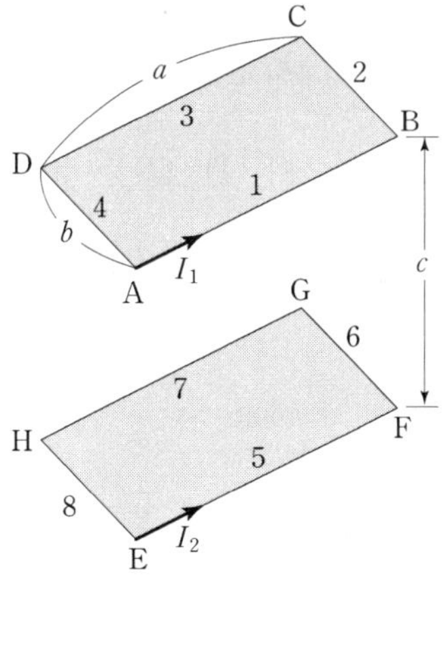

다음에 변 1과 변 8은 직각이므로

$$\cos\theta = 0 \qquad \therefore M_{16} = 0 \tag{11·37}$$

$M_{17}$은 식 (11·14)에 $d=\sqrt{b^2+c^2}$, $l=a$를 대입하여 얻어진다. 전류는 반대 방향이므로

$$M_{17} = -\frac{\mu a}{2\pi}\left\{\log\frac{a+\sqrt{a^2+b^2+c^2}}{\sqrt{b^2+c^2}} - \sqrt{1+\frac{b^2+c^2}{a^2}} + \frac{\sqrt{b^2+c^2}}{a}\right\} \tag{11·38}$$

다음에 변 1과 변 8은 직각이므로

$$M_{18} = 0 \tag{11·39}$$

이상에서 변 1과 변 5, 6, 7, 8의 $M$을 구했지만 변 2과 변 5, 6, 7, 8의 $M$은 동일하게 하여

$$M_{25} = 0, \qquad M_{27} = 0 \tag{11·40}$$

$$M_{26} = \frac{\mu b}{2\pi}\left\{\log\frac{b+\sqrt{b^2+c^2}}{c} - \sqrt{1+\left(\frac{c}{b}\right)^2} + \frac{c}{b}\right\} \tag{11·41}$$

$$M_{28} = -\frac{\mu b}{2\pi}\left\{\log\frac{b+\sqrt{a^2+b^2+c^2}}{\sqrt{a^2+c^2}} - \sqrt{1+\frac{a^2+c^2}{b^2}} + \frac{\sqrt{a^2+c^2}}{b}\right\} \tag{11·42}$$

다음에 변 3과 변 4에 대해서 생각하면 대칭성으로부터 이상 구한 것과 같은 결과가 얻어진다. 그래서 구하는 $M$은

$$M = 2(M_{15} + M_{17} + M_{26} + M_{28}) \tag{11·43}$$

식 (11·36)~식 (11·42)를 식 (11·43)에 대입하면

$$\begin{aligned} M = \frac{\mu}{\pi}\Bigg\{ & a\log\frac{(a+\sqrt{a^2+c^2})\sqrt{b^2+c^2}}{c(a+\sqrt{a^2+b^2+c^2})} \\ & + b\log\frac{(b+\sqrt{b^2+c^2})\sqrt{a^2+c^2}}{c(b+\sqrt{a^2+b^2+c^2})} \\ & + 2(\sqrt{a^2+b^2+c^2} + c - \sqrt{a^2+c^2} - \sqrt{b^2+c^2})\Bigg\} \end{aligned} \tag{11·44}$$

# 11·5 평행선의 인덕턴스

## 11·5·1 평행 왕복선의 자기 인덕턴스

반지름 $a$[m]인 두 개의 동선이 공기 속에서 $d$[m]의 간격으로 평행하게 놓여져 있을 때, 1[m]당의 자기 인덕턴스를 구한다. 단, $a \ll d$라 한다.

그림 11·10과 같이 $x$좌표축을 취하면 점 P에 대한 자계 $H$는 식 (8·10)에 의해

$$H = \frac{I}{2\pi x} + \frac{I}{2\pi(d-x)} \text{ [A/m]} \tag{11·45}$$

점 P에 있어서 폭 $dx$, 길이 $l$[m]의 면적을 통하는 자속 $d\Phi$는

$$d\Phi = B(dx \times 1) = \mu_0 H dx \tag{11·46}$$

그리고 길이 1[m]당의 자속을 $\Phi$라 하고 전선간의 인덕턴스를 $L'$라 하면 식 (11·1)에 의해

$$L = \frac{\Phi}{I} = \frac{1}{I}\int d\Phi = \frac{1}{I}\int \mu_0 H dx \text{ [H/m]} \tag{11·47}$$

식 (11·45)를 식 (11·47)에 대입하면

$$L = \frac{\mu_0}{2\pi}\int_a^{d-a}\left(\frac{1}{x} + \frac{1}{d-x}\right)dx = \frac{\mu_0}{\pi}\log\frac{d-a}{a} \fallingdotseq \frac{\mu_0}{\pi}\log\frac{d}{a} \text{ [H/m]} \tag{11·48}$$

식 (11·16)을 두 개의 선에 적용하여 식 (11·48)에 더하면

$$L = \frac{\mu_0}{\pi}\left(\log\frac{d}{a} + \frac{\mu_s}{4}\right)\text{[H/m]} \tag{11·49}$$

그림 11·10

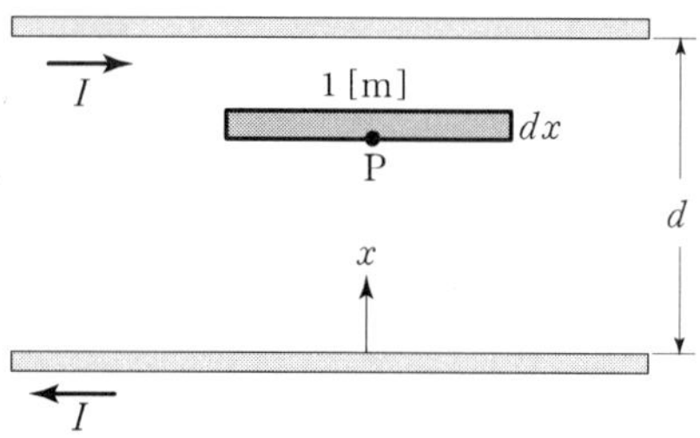

**보충** 여기서 구한 외부 인덕턴스 식 (11·48)과 정전 용량 $C=\pi\varepsilon_0 \Big/ \log\dfrac{d}{a}$ 사이에는 다음의 관계가 있다.

$$LC=\mu_0\varepsilon_0 \tag{11·50}$$

## 11·5·2 반지름 $a$[m]인 한 개의 가공선

그림 11·11에 나타내는 바와 같이 지상 $h$[m]에 있는 반지름 $a$[m]인 한 개의 가공선을 왕로로 하고 대지를 복로로 할 경우의 인덕턴스는 가공선의 영상 도선을 생각하면 된다. 따라서, 두 개 도선의 자기 인덕턴스는 식 (11·49)에 있어서 $d=2h$로 하여

$$L'=\frac{\mu_0}{\pi}\left(\log\frac{2h}{a}+\frac{\mu_s}{4}\right)[\mathrm{H/m}] \tag{11·51}$$

자속은 대지 속에는 존재하지 않으므로 자속 쇄교수는 $\dfrac{1}{2}$이 되어 한 개 가공선의 자기 인덕턴스는

$$L=\frac{\mu_0}{2\pi}\left(\frac{2h}{a}+\frac{\mu_s}{4}\right)[\mathrm{H/m}] \tag{11·52}$$

그런데 대지는 완전 도체는 아니기 때문에 대지 속에도 약간의 자속이 존재하고, 따라서 실제의 자기 인덕턴스는 식 (11·52)의 값보다 약간 커진다.

**그림 11·11**

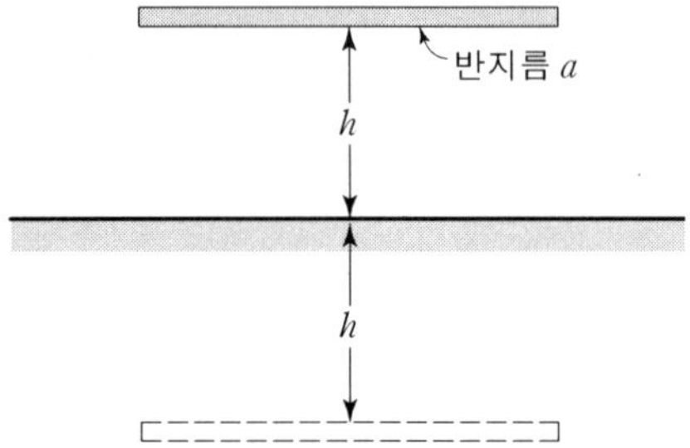

### 11·5·3 2조로 된 평행 왕복 회로간의 상호 인덕턴스

그림 11·12와 같이 2조의 평행 도선 1, 2와 3, 4로 구성되는 회로에 있어서 각각의 조는 왕복 회로를 형성하고 있다. 1, 2와 3, 4간의 상호 인덕턴스를 구해 보자. 도체 1에 의한 자속 중에서 3, 4에 쇄교하는 자속은

$$\Phi_{ab}' = \int_{r_{13}}^{r_{14}} \mu_0 H dr = \frac{\mu_0 I_a}{2\pi} \int_{r_{14}}^{r_{13}} \frac{dr}{r} = \frac{\mu_0 I_a}{2\pi} \log \frac{r_{14}}{r_{13}} \tag{11·53}$$

도체 2에 의한 자속 중에서 3, 4에 쇄교하는 자속은 동일하게 하면

$$\Phi_{ab}'' = -\frac{\mu_0 I_a}{2\pi} \log \frac{r_{24}}{r_{23}} \tag{11·54}$$

전자속 쇄교수는

$$\Phi_{ab} = \Phi_{ab} + \Phi_{ab}' = MI_a \tag{11·55}$$

그러므로, 상호 인덕턴스는

$$M = \frac{\mu_0}{2\pi} \log \frac{r_{14} \cdot r_{23}}{r_{13} \cdot r_{24}} \ [\mathrm{H/m}] \tag{11·56}$$

$r_{13} = r_{24}$, $r_{23} = r_{14}$ 일 때에는

$$M = \frac{\mu_0}{\pi} \log \frac{r_{14}}{r_{13}} \ [\mathrm{H/m}] \tag{11·57}$$

**그림 11·12**

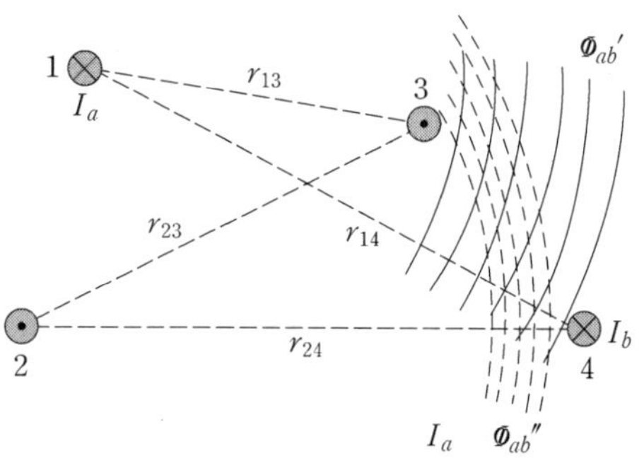

### 11·5·4 두 개 가공선간의 상호 인덕턴스

그림 11·13과 같이 대지를 복로로 하는 두 개의 도선 $P_1$, $P_2$가 거리 $d$[m]만큼 이격하여 $h_1, h_2$의 높이에 평행하게 뻗어 있다. $P_1$, $P_2$간의 상호 인덕턴스는 영상법을 사용하여 구할 수가 있다. 식 (11·57)에 의해

$$M' = \frac{\mu_0}{\pi} \log \frac{r_2}{r_1} \tag{11·58}$$

단, $r_1 = \overline{P_1P_2}$, $r_2 = \overline{P_1P_2'} = \overline{P_1'P_2}$ 라 한다.

대지에 자속은 존재하지 않으므로 자속 쇄교수는 1/2이 되어 구하는 상호 인덕턴스는 식 (11·58)을 2로 나누고

$$r_2 = \sqrt{d^2 + (h_1 + h_2)^2}, \qquad r_1 = \sqrt{d^2 + (h_1 - h_2)^2}$$

를 대입하면

$$\therefore M = \frac{\mu_0}{2\pi} \log \frac{\sqrt{d^2 + (h_1 + h_2)^2}}{\sqrt{d^2 + (h_1 - h_2)^2}} \text{ [H/m]} \tag{11·59}$$

**그림 11·13**

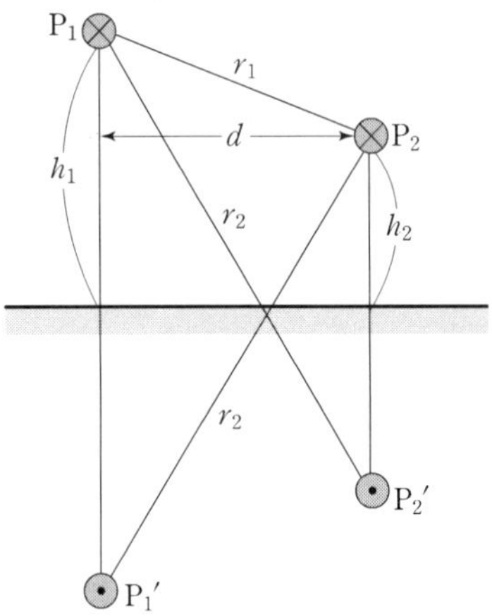

## 11·6 기하학적 평균 거리

앞절까지는 전선은 매우 가늘다고 해서 인덕턴스를 구했지만 단면적이 있는 도체의 인덕턴스를 구하려면 기하학적 평균 거리를 사용한다.

그림 11·14에 나타내는 바와 같이 단면적이 $S_1$과 $S_2$일 도체가 평행하게 놓여져 있다. 각각을 미소한 면으로 나누고 미소 단면적 $dS_1$인 가는 선과, $dS_2$를 단면적으로 하는 선의 상호 인덕턴스 $dM$은 식 (11·15)에 의해

$$dM = \frac{\mu l}{2\pi}\left(\log\frac{2l}{r} - 1\right) \tag{11·60}$$

$S_1$과 $S_2$의 상호 인덕턴스 $M_{12}$는 식 (11·60)을 전부 더하면 된다. 즉, $S_1$과 $S_2$의 전면적으로 적분하면 구해진다.

$$M_{12} = \frac{1}{S_1 S_2}\iint dM dS_1 dS_2 \tag{11·61}$$

식 (11·60)을 식 (11·61)에 대입하면

$$M_{12} = \frac{\mu l}{2\pi}\frac{1}{S_1}S_2\iint(\log 2l - \log r - 1)dS_1 dS_2$$

$$= \frac{\mu l}{2\pi}\left(\log 2l - 1 - \frac{1}{S_1 S_2}\iint \log r dS_1 dS_2\right) \tag{11·62}$$

여기서,

$$\log R = \frac{1}{S_1 S_2}\iint \log r dS_1 dS_2 \tag{11·63}$$

그림 11·14

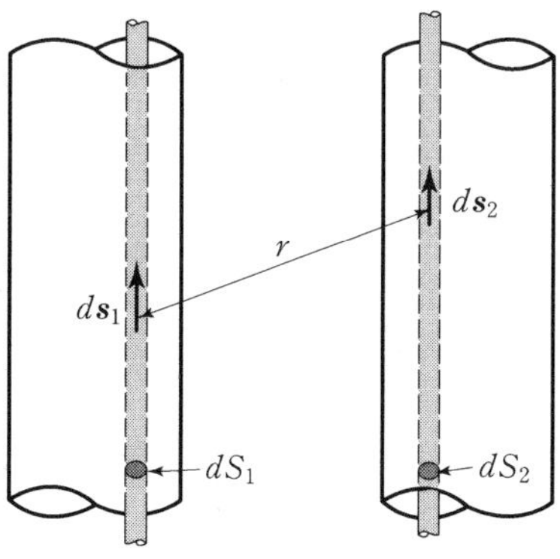

이라 놓으면 식 (11·62)에서

$$M_{12} = \frac{\mu l}{2\pi}\left(\log\frac{2l}{R} - 1\right) \tag{11·64}$$

가 얻어진다.

자기 인덕턴스에 대해서도 동일하게

$$\log R = \frac{1}{S^2}\iint \log r\,dS\,dS \tag{11·65}$$

라 놓으면

$$L = \frac{\mu l}{2\pi}\left(\log\frac{2l}{R} - 1\right) \tag{11·66}$$

에 이해 구할 수가 있다.

식 (11·63)의 $R$을 $S_1$과 $S_2$간의 **기하학적 평균 거리**(Geometrical Mean Distance, G.M.D.)라 한다. 식 (11·65)의 $R$을 $S$ 자신의 G.M.D.라 한다.

### ▶ 정 리

한 평면상에 있는 면적 $S_1, S_2, S_3, \cdots$와, 동일 평면상의 면적 $S_0$의 G.M.D.를 $R_1, R_2, R_3, \cdots$라 하면 면적 $S_1+S_2+S_3+\cdots$와 $S_0$의 G.M.D.는 다음의 식으로 주어진다.

$$\log R = \frac{S_1\log R_1 + S_2\log R_2 + S_3\log R_3 + \cdots}{S_1+S_2+S_3+\cdots} \tag{11·67}$$

이 식의 증명은 식 (11·63)을 사용하여 행할 수가 있다.

### ▶ 간단한 형의 G.M.D.

#### (1) 원주와 한 점 사이의 G.M.D.

그림 11·15와 같이 반지름 $a$인 원주와 점 P의 G.M.D.는 $\overline{\mathrm{OP}} = d$라 하면

$$R = d \text{ (점 P가 원외일 때)} \tag{11·68}$$

$$R = a \text{ (점 P가 원내일 때)} \tag{11·69}$$

그림 11·15

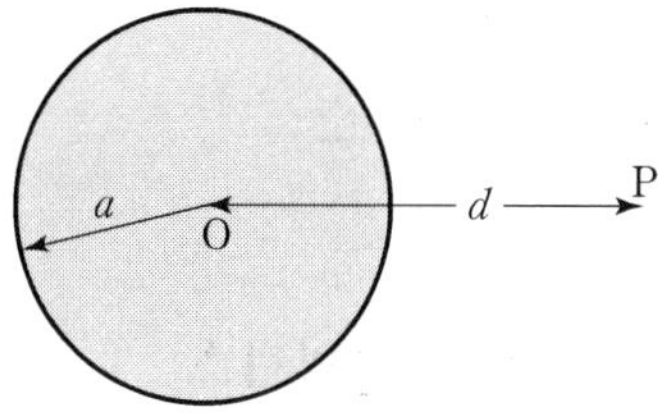


### (2) 원주 자신의 G.M.D.

$$R = a \text{ (반지름)} \tag{11·70}$$

### (3) 원형 면적과 1점의 G.M.D.

$$R = d \text{ (점 P가 원외일 때)} \tag{11·71}$$

$$R = \log a + \frac{1}{2}\left(\frac{d}{a}\right)^2 - \frac{1}{2} \text{ (점 P가 원내일 때)} \tag{11·72}$$

### (4) 원형 면적 자신의 G.M.D.

$$R = ae^{-\frac{1}{4}} = 0.7788a \tag{11·73}$$

또는

$$\log R = \log a - \frac{1}{4} \tag{11·74}$$

### (5) 두 개의 원형 면적

그림 11·16에 나타내는 바와 같이 중심 O와 O′ 의 거리를 $d$라 하면

$$R = d \tag{11·75}$$

그림 11·16

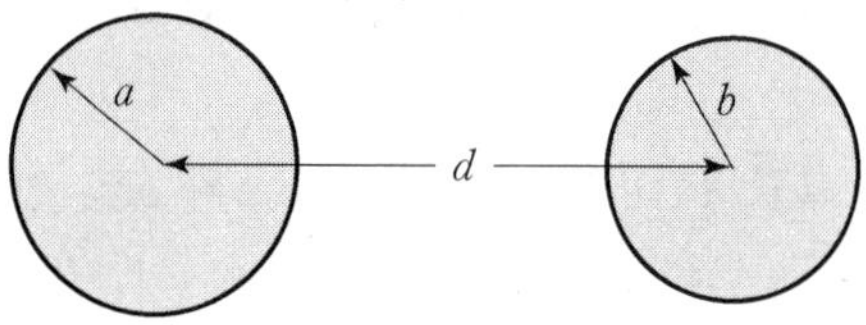

# 11·7 전선의 인덕턴스

## 11·7·1 자기 인덕턴스

반지름 $r$, 길이 $l$인 전선의 $L$을 구한다.

**(1) 전선이 비자성체이고 전류가 표면에만 흐르는 경우**

식 (11·66)과 식 (11·70)에서

$$L = \frac{\mu_0 l}{2\pi}\left(\log\frac{2l}{a} - 1\right) = 2l\left(\log\frac{2l}{a} - 1\right)\times 10^{-7} \qquad (11\cdot76)$$

**(2) 전선이 비자성체이고 전류 밀도가 균일한 경우**

식 (11·66)과 식 (11·74)에서

$$L = \frac{\mu_0 l}{2\pi}\left(\log 2l - \log a - \frac{3}{4}\right) = \frac{\mu_0 l}{2\pi}\left(\log\frac{2l}{a} - \frac{3}{4}\right)$$

$$= 2l\left(\log\frac{2l}{a} - \frac{3}{4}\right)\times 10^{-7}\,[\mathrm{H}] \qquad (11\cdot77)$$

**(3) 전선이 자성체이고 전류 밀도가 균일한 경우**

식 (11·16)에 $l$을 곱해서 식 (11·76)을 더하면

$$L = \frac{\mu_0 l}{2\pi}\left(\log\frac{2l}{a} - 1 + \frac{\mu_s}{4}\right) = 2l\left(\log\frac{2l}{a} - 1 + \frac{\mu_s}{4}\right)\times 10^{-7} \qquad (11\cdot78)$$

## 11·7·2 두 개의 평행한 전선

그림 11·6과 같은 반지름 $a$와 $b$인 전선 사이의 상호 인덕턴스 $M$은 식 (11·75)를 식 (11·64)에 대입하면

$$M = \frac{\mu_0 l}{2\pi}\left(\log\frac{2l}{d} - 1\right) = 2l\left(\log\frac{2l}{d} - 1\right)\times 10^{-7}\,[\mathrm{H}] \qquad (11\cdot79)$$

### 11·7·3 전전류가 0인 경우의 인덕턴스

그림 11·17과 같이 각 전선의 반지름을 $a, b, c$, 전선간의 거리를 $d, e, f$, 전류를 $I_1, I_2, I_3$라 하고

$$I_1 + I_2 + I_3 = 0 \tag{11·80}$$

인 경우에 대해서 인덕턴스를 구한다.

**그림 11·17**

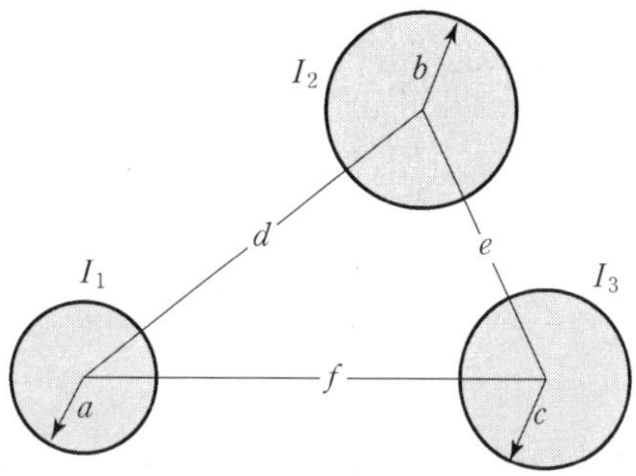


#### (1) 전류가 전선의 표면을 흐르는 경우

식 (11·76)에 의해 자기 인덕턴스를 구하고, 식 (11·79)에 의해 상호 인덕턴스를 구해서 식 (10·35)에 대입하면

$$W = \frac{1}{2}\frac{\mu_0 l}{2\pi}\left\{\left(\log\frac{2l}{a}-1\right)I_1{}^2 + \left(\log\frac{2l}{b}-1\right)I_1{}^2 + \left(\log\frac{2l}{c}-1\right)I_3{}^2 \right.$$
$$\left. + 2\left(\log\frac{2l}{d}-1\right)I_1 I_2 + 2\left(\log\frac{2l}{e}-1\right)I_2 I_3 + 2\left(\log\frac{2l}{f}-1\right)I_3 I_1\right\}$$

$$W = \frac{1}{2}\frac{\mu_0 l}{2\pi}(\log 2l - 1)(I_1{}^2 + I_2{}^2 + I_3{}^2 + 2I_1I_2 + 2I_2I_3 + 2I_3I_1)$$
$$+ \frac{1}{2}\frac{\mu_0 l}{2\pi}\left(\log\frac{1}{a}I_1{}^2 + \log\frac{1}{b}I_2{}^2 + \log\frac{1}{c}I_3{}^2\right.$$
$$\left. + 2\log\frac{1}{d}I_1I_2 + 2\log\frac{1}{2}I_2I_3 + 2\log\frac{1}{f}I_3I_1\right) \tag{11·81}$$

식 (11·81)의 제1항은 식 (11·80)에 의해 0이므로 식 (10·35)와 대조하여

$$L_1 = \frac{\mu_0 l}{2\pi}\log\frac{1}{a}, \quad L_2 = \frac{\mu_0 l}{2\pi}\log\frac{1}{b}, \quad L_3 = \frac{\mu_0 l}{2\pi}\log\frac{1}{c} \tag{11·82}$$

$$M_{12} = \frac{\mu_0 l}{2\pi}\log\frac{1}{d}, \quad M_{23} = \frac{\mu_0 l}{2\pi}\log\frac{1}{e}, \quad L_{31} = \frac{\mu_0 l}{2\pi}\log\frac{1}{f} \tag{11·83}$$

의 인덕턴스인 것으로 하여 취급해도 좋다.

### (2) 전류 밀도가 균일한 경우

식 (11·82)가 다음과 같이 된다. 식 (11·83)은 같다.

$$\left.\begin{aligned} L_1 &= \frac{\mu_0 l}{2\pi}\left(\log\frac{1}{a} + \frac{\mu_s}{4}\right) \\ L_2 &= \frac{\mu_0 l}{2\pi}\left(\log\frac{1}{b} + \frac{\mu_s}{4}\right) \\ L_3 &= \frac{\mu_0 l}{2\pi}\left(\log\frac{1}{c} + \frac{\mu_s}{4}\right) \end{aligned}\right\} \tag{11·84}$$

**예제 11·6** 그림 11·10에 나타내는 평행 왕복선의 자기 인덕턴스를 구하여라.

**풀이** 식 (11·81)에 $I_1 = I,\ I_2 = -I,\ I_3 = 0,\ b = a$ 를 대입하면

$$W = \frac{1}{2}\frac{\mu_0 l}{2\pi}\left(2\log\frac{1}{a} - 2\log\frac{1}{a}\right)I^2 = \frac{1}{2}\frac{\mu_0 l}{\pi}\log\frac{d}{a}I^2 \tag{11·85}$$

식 (10·26)을 사용하여

$$L = \frac{\mu_0 l}{\pi}\log\frac{d}{a}\ [\mathrm{H}]\ \text{(전류가 표면에만 흐를 때)} \tag{11·86}$$

또한,

$$L = \frac{\mu_0 l}{\pi}\left(\log\frac{d}{a} + \frac{\mu_s}{4}\right)[\mathrm{H}]\ \text{(전류 밀도가 균일할 때)} \tag{11·87}$$

## 연습문제

**11·1** 그림 11·18(a)의 인덕턴스에 전류가 그림 11·18(b)와 같이 흐를 때, 2초에서 6초 사이의 인덕턴스 전압 $V_L$은 몇 [V]인가? (단, $L=1$ [H]이다.)

㉮ 0 ㉯ 5 ㉰ 10 ㉱ -5

**그림 11·18**

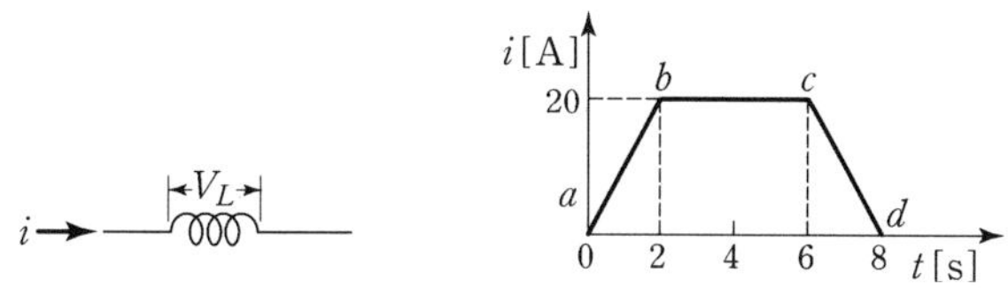

(a) (b)

**11·2** 어느 코일에 흐르는 전류가 0.01[s]간에 1[A] 변화하여 60[V]의 기전력이 유기되었다. 이 코일의 자기 인덕턴스[H]는?

㉮ 0.4 ㉯ 0.6 ㉰ 1.0 ㉱ 1.2

**11·3** 권수 500, 단면적 100[$cm^2$]의 공심 코일 내 전류 1[A]를 흘릴 때, 자계가 1.28[AT/m](극당)이었다. 자기 인덕턴스[H]는 얼마인가?

㉮ $8.04\times10^{-6}$ ㉯ $1.60\times10^{-8}$ ㉰ $6.28\times10^{-8}$ ㉱ $0.64\times10^{-8}$

**11·4** 두 개의 코일이 있다. 각각의 자기 인덕턴스가 $L_1=0.25$[H], $L_2=0.4$[H]일 때, 상호 인덕턴스는 몇 [H]인가? (단, 결합 계수는 1이라 한다.)

㉮ 0.125 ㉯ 0.197 ㉰ 0.258 ㉱ 0.316

**11·5** 두 코일이 있다. 각 코일의 자기 인덕턴스가 $L_1=0.15$[H], $L_2=0.2$[H], 상호 인덕턴스가 $M=0.1$[H]라고 하면, 두 코일의 결합 계수 $k$는?

㉮ 0.456 ㉯ 0.578 ㉰ 0.628 ㉱ 0.725

**11·6** 그림 11·19와 같이 환상의 철심에 일정한 권선이 감겨진 권수 $N$회, 단면적 $S$[$m^2$], 평균 자로의 길이 $l$[m]인 환상 솔레이드에 전류 $i$[A]를 흘렸을 때, 이 환상 솔레노이드의 자기 인덕턴스를 옳게 표현한 식은?

㉮ $\dfrac{\mu^2 SN}{l}$ ㉯ $\dfrac{\mu S^2 N}{l}$ ㉰ $\dfrac{\mu SN}{l}$ ㉱ $\dfrac{\mu SN^2}{l}$

그림 11·19

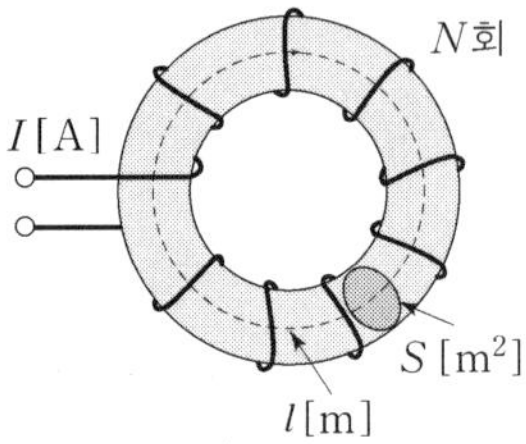


**11·7** 1,000회의 코일을 감은 환상 철심 솔레노이드의 단면적이 3[cm²], 평균 길이 $4\pi$[cm]이고, 철심의 비투자율이 500일 때, 자기 인덕턴스[H]는?

㉮ 1.5　　㉯ 15　　㉰ $\frac{15}{4\pi}\times 10^6$　　㉱ $\frac{15}{4\pi}\times 10^{-5}$

**11·8** 그림 11·20과 같이 단면적 $S$[m²], 평균 자로 길이 $l$[m], 투자율 $\mu$[H/m]인 철심에 $N_1$, $N_2$ 권선을 감은 무단(無端) 솔레노이드가 있다. 누설 자속을 무시할 때, 권선의 상호 인덕턴스[H]는?

㉮ $\frac{\mu N_1 N_2 S}{l^2}$　　㉯ $\frac{\mu N_1 N_2 S}{l}$　　㉰ $\frac{\mu N_1 N_2{}^2 S}{l}$　　㉱ $\frac{\mu N_1 N_2 S^2}{l}$

그림 11·20

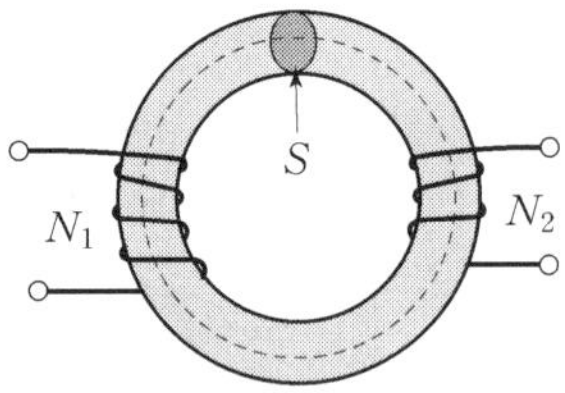


**11·9** 그림 11·21과 같이 단면적이 균일한 환상 철심에 권수 $N_1$인 A 코일과 권수 $N_2$인 B 코일이 있을 때, A 코일의 자기 인덕턴스 $L_1$[H]라면 두 코일의 상호 인덕턴스 $M$[H]는? (단, 누설 자속은 0이다.)

㉮ $\frac{L_1 N_1}{N_2}$　　㉯ $\frac{N_2}{L_1 N_1}$　　㉰ $\frac{N_1}{L_1 N_2}$　　㉱ $\frac{L_1 N_2}{N_1}$

그림 11·21

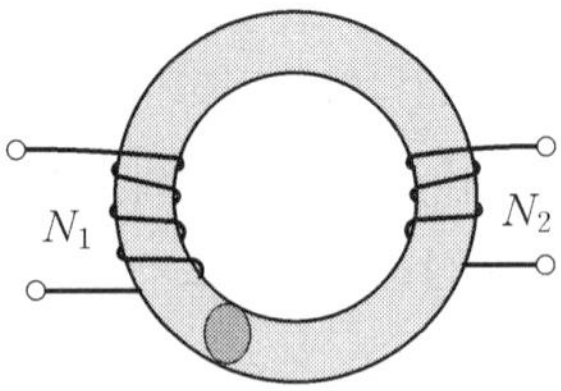

**11·10** 지름 4[cm]인 공심 솔레노이드의 길이가 50[cm]이고, 권수가 2,000회이다. 이 코일의 인덕턴스[mH]는?

㉮ 8 ㉯ 12.6 ㉰ 18.4 ㉱ 39.56

**11·11** 길이 10[cm], 반지름 1[cm]인 원형 단면을 갖는 공심 솔레노이드의 자기 인덕턴스를 1[mH]로 하기 위한 솔레노이드의 권선수는 약 얼마인가? (단, $\mu_s \fallingdotseq 1$이다.)

㉮ 250회 ㉯ 500회 ㉰ 750회 ㉱ 900회

**11·12** 길이 $l$, 단면 반경 $a(l \gg a)$, 권수 $N_1$인 단층 원통형 1차 솔레노이드의 중앙 부근에 권수 $N_2$인 2차 코일을 밀착되게 감았을 경우, 상호 인덕턴스[H]는?

㉮ $\dfrac{\mu\pi a^2}{l}N_1N_2$ ㉯ $\dfrac{\mu\pi a^2}{l}N_1{}^2N_2{}^2$ ㉰ $\dfrac{\mu l}{\pi a^2}N_1N_2$ ㉱ $\dfrac{\mu l}{\pi a^2}N_1{}^2N_2{}^2$

**11·13** 반지름 $a$[m]인 원통 도체가 있다. 이 원통 도체의 길이가 $l$[m]일 때 내부 인덕턴스[H]는 얼마인가? (단, 원통 도체의 투자율은 $\mu$[H/m]이다.)

㉮ $\dfrac{\mu}{4\pi}$ ㉯ $\dfrac{\mu}{4\pi}l$ ㉰ $\dfrac{\mu}{8\pi}$ ㉱ $\dfrac{\mu}{8\pi}l$

**11·14** 반지름 $a$[m], 선간 거리 $d$[m]인 평행 왕복 도선간의 자기 인덕턴스[H/m]는 다음 중 어떤 값에 비례하는가?

㉮ $\dfrac{\pi\mu_0}{\ln\dfrac{d}{a}}$ ㉯ $\dfrac{\pi\mu_0}{\ln\dfrac{a}{d}}$ ㉰ $\dfrac{\mu_0}{2\pi}\ln\dfrac{a}{d}$ ㉱ $\dfrac{\mu_0}{\pi}\ln\dfrac{d}{a}$

**11·15** 그림 11·22에서 $l=100$[cm], $S=10$[cm$^2$], $\mu_s=100$, $N=1,000$회인 회로에 전류 $I=10$[A]를 흘렸을 때, 축적되는 에너지[J]는?

㉮ $2\pi\times10^{-1}$ ㉯ $2\pi\times10^{-2}$ ㉰ $2\pi\times10^{-3}$ ㉱ $2\pi$

**그림 11·22**

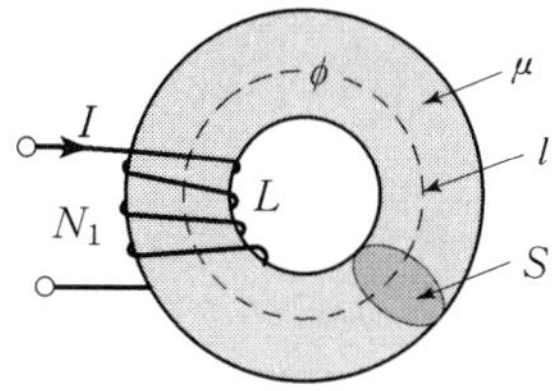

CHAPTER 12

# 전자계

## 12·1 맥스웰의 전자계 기본 방정식

그림 12·1과 같이 콘덴서를 전지에 접속하면 스위치 S를 넣은 직후에 흐르는 전류 $I$는

$$I = \frac{dQ}{dt} \tag{12·1}$$

$Q$는 전극에 축적되는 전하이다. 이 경우, 전극 A, B간에는 $Q$개의 전속이 발생한다. 전속 밀도 $D$는

$$D = Q/S \tag{12·2}$$

단, $S$는 전극의 면적이다.

그런데 전류 $I$의 부근에는 전계를 발생하지만 전극 A, B간에도 자계가 발생

그림 12·1

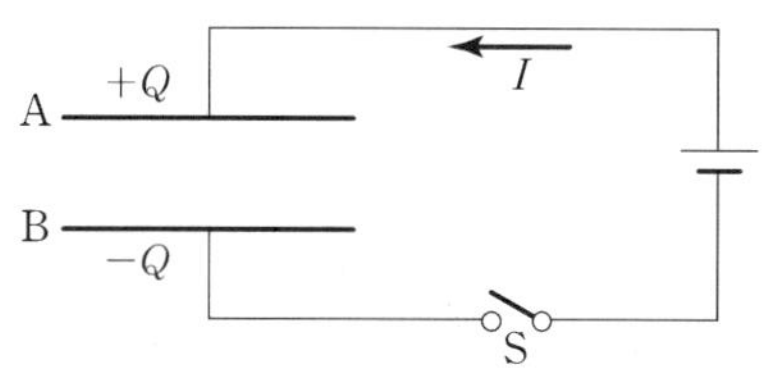

하는 것을 실험적으로 알 수 있으므로 맥스웰(James Clerk Maxwell)은 전극간에도 어느 종류의 전류가 존재한다고 생각하여 $\dfrac{\partial \boldsymbol{D}}{\partial t}$ 를 **변위 전류**(displacement current)라 정의했다.

식 (12·2)를 사용하면

$$\frac{\partial D}{\partial t} = \frac{1}{S}\frac{\partial Q}{\partial t}\ [\mathrm{A/m^2}] \tag{12·3}$$

변위 전류의 단위는 $[\mathrm{A/m^2}]$이며 전류 밀도와 같은 단위이다.[1)]

이제까지 취급해 온 전류를 변위 전류와 구별하여 **전도 전류**(conduction current)라 한다.

그런데, 맥스웰은 변위 전류도 전도 전류와 동일한 자계를 만든다고 가정하여 다음의 방정식을 세웠다(식 (8·47) 및 식 (10·68)에서).

$$\begin{cases} \mathrm{rot}\ \boldsymbol{H} = \boldsymbol{i} + \dfrac{\partial \boldsymbol{D}}{\partial t} & (12·4) \\[2ex] \mathrm{rot}\ \boldsymbol{E} = -\dfrac{\partial \boldsymbol{B}}{\partial t} & (12·5) \end{cases}$$

이 방정식을 **맥스웰의 전자계 기본 방정식**(Maxwell's fundamental equations of electromagnetic field)이라 한다. 이 식으로부터 전자기학의 많은 식을 유도할 수가 있다.

## 12·2 전자파

맥스웰은 전자계 기본 방정식을 풀어 전계와 자계가 파동으로써 전반하는 것, 즉 전자파의 존재를 수학적으로 유도했다(1864년).

도체의 외부에 대하여 방정식을 취급한다. 식 (12·4)와 식 (12·5)에 $\boldsymbol{i}=0$,

---

1) 식 (6·8)에서 $\mathrm{div}\dfrac{\partial \boldsymbol{D}}{\partial t} = \dfrac{\partial \rho}{\partial t}$, 이 식을 식 (7·35)에 대입하면 $\mathrm{div}\left(\boldsymbol{i}+\dfrac{\partial \boldsymbol{D}}{\partial t}\right)=0$ 이 얻어지고 $\dfrac{\partial \boldsymbol{D}}{\partial t}$ 와 $\boldsymbol{i}$는 같은 단위이다.

$\boldsymbol{D}=\varepsilon\boldsymbol{E},\ \boldsymbol{B}=\mu\boldsymbol{H}$를 대입하면

$$\text{rot}\ \boldsymbol{H}=\varepsilon\frac{\partial\boldsymbol{E}}{\partial t} \tag{12·6}$$

$$\text{rot}\ \boldsymbol{E}=-\mu\frac{\partial\boldsymbol{H}}{\partial t} \tag{12·7}$$

### 12·2·1 평면파

가장 간단한 경우를 생각해서 전계와 자계가 $x$방향과 $y$방향에 대하여 일정하다고 한다. 즉 $x, y$에 대한 미분은 0이라 하면

식 (12·6)에서

$$-\frac{\partial H_y}{\partial z}=\varepsilon\frac{\partial E_x}{\partial t},\quad \frac{\partial H_x}{\partial z}=\varepsilon\frac{\partial E_y}{\partial t},\quad 0=\varepsilon\frac{\partial E_z}{\partial t} \tag{12·8}$$

식 (12·7)에서

$$\frac{\partial H_y}{\partial z}=\mu\frac{\partial H_x}{\partial t},\quad \frac{\partial H_x}{\partial z}=-\mu\frac{\partial H_y}{\partial t},\quad 0=-\mu\frac{\partial H_z}{\partial t} \tag{12·9}$$

이 두 식의 최후 식에서

$$E_z=0,\quad H_z=0 \tag{12·10}$$

식 (12·8)의 제1식을 $t$로 미분하고 식 (12·9)의 제2식을 $z$로 미분하면

$$\frac{\partial^2 E_x}{\partial z^2}=\varepsilon\mu\frac{\partial^2 E_x}{\partial t^2} \tag{12·11}$$

또한, 식 (12·8)의 제2식과 식 (12·9)의 제1식에서

$$\frac{\partial^2 E_y}{\partial z^2}=\varepsilon\mu\frac{\partial^2 E_y}{\partial t^2} \tag{12·12}$$

식 (12·11)과 식 (12·12)는 파동 방정식[2)]이며, 그 해는

---

2) $\frac{\partial^2\varphi}{\partial x^2}=\frac{1}{c^2}\frac{\partial^2\varphi}{\partial t^2}$는 **파동 방정식**(wave equation)이라 불리우고 $\varphi$의 해는 $(x-ct)$ 함수와 $(x+ct)$ 함수의 합으로 표시되며 $x$방향으로 전반하고 전반 속도는 $c$이다. 일반적인 파동 방정식은 다음의 식이다.

$$\frac{\partial^2\varphi}{\partial x^2}+\frac{\partial^2\varphi}{\partial y^2}+\frac{\partial^2\varphi}{\partial z^2}=\frac{1}{c^2}\frac{\partial^2\varphi}{\partial t^2}$$

$$E_x = f_1(z - ct) + f_2(z + ct) \tag{12·13}$$

$$E_y = f_3(z - ct) + f_4(z + ct) \tag{12·14}$$

$$c = \frac{1}{\sqrt{\varepsilon\mu}} \tag{12·15}$$

식 (12·13)과 식 (12·14)를 식 (12·9)의 제1식, 제2식에 대입하면 다음의 식이 얻어진다.

$$H_x = -\sqrt{\frac{\varepsilon}{\mu}} f_3(z - ct) + \sqrt{\frac{\varepsilon}{\mu}} f_4(z + ct) \tag{12·16}$$

$$H_y = \sqrt{\frac{\varepsilon}{\mu}} f_1(z - ct) - \sqrt{\frac{\varepsilon}{\mu}} f_2(z + ct) \tag{12·17}$$

이상의 $E_x$, $E_y$, $H_x$, $H_y$는 어느 것도 $(z - ct)$ 함수와 $(z + ct)$ 함수의 합이지만 $(z - ct)$의 함수 $f_1$, $f_3$는 $z$의 정(+)방향으로 진행하는 **진행파**(travelling wave)이다. $(z + ct)$의 함수 $f_2$, $f_4$는 $z$의 부(−)방향으로 진행하는 파, 즉 **후퇴파**(back wave)이다.

$z$의 정(+)방향으로 진행하는 진행파만을 문제로 할 때에는 앞에 설명한 식의 제1항만을 취급한다. 즉, $E_x$, $E_y$, $H_x$, $H_y$는 다음의 식으로 표시된다.

$$E_x = f_1(z - ct), \qquad E_y = f_3(z - ct) \tag{12·18}$$

$$H_x = -\sqrt{\frac{\varepsilon}{\mu}} f_3(z - ct), \qquad H_y = -\sqrt{\frac{\varepsilon}{\mu}} f_1(z - ct) \tag{12·19}$$

$xy$평면에서 전계 $\boldsymbol{E}$와 자계 $\boldsymbol{H}$가 이루는 각을 식 (12·8)과 식 (12·19)에서 구하면 그림 12·2와 같이 직각이다. 좌표축을 회전하면 $\boldsymbol{E}$는 $x$축에, $\boldsymbol{H}$는 $y$축에 일치하고 진행 방향은 $z$방향, 즉 그림 12·2의 지면에 직각으로 위를 향하는 방향이다.

**그림 12·2**

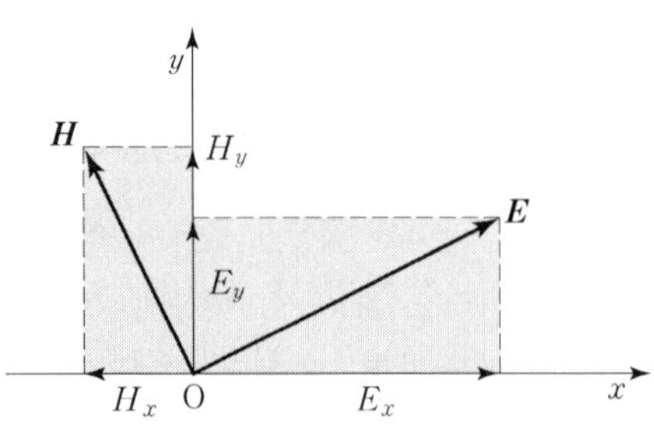

**그림 12·3**

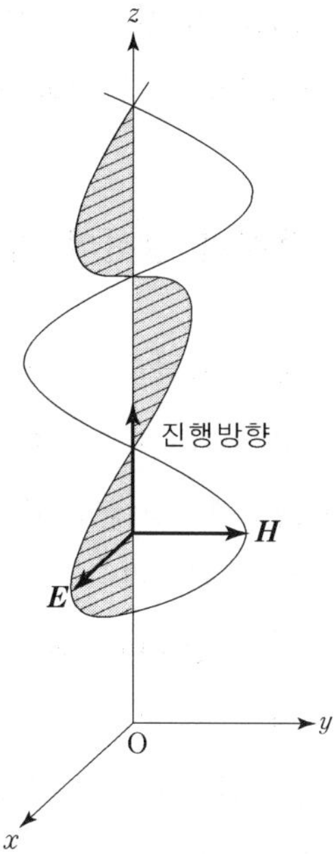


이 관계를 그림 12·3에 나타낸다. 다음에 $E$와 $H$의 크기를 식 (12·18)과 식 (12·19)에서 구하면

$$\frac{E}{H}=\frac{\sqrt{E_x{}^2+E_y{}^2}}{\sqrt{H_x{}^2+H_y{}^2}}=\sqrt{\frac{\mu}{\varepsilon}}$$

$$\therefore \frac{E}{H}=\sqrt{\frac{\mu}{\varepsilon}} \quad \text{또는} \quad \sqrt{\mu}\,H=\sqrt{\varepsilon}\,E \tag{12·20}$$[3]

전계, 자계가 $x, y$ 방향으로 일정인 경우, 동일한 전계와 자계를 합친면은 $z$축에 수직한 평면이며 **평면파**(plane wave)라 한다.

전계와 자계가 상반되어 진행하므로 여기에 얻어진 파동을 **전자파**(electro-

---

3) 식 (12·20)에 $\varepsilon_0$, $\mu_0$의 값을 대입하면

$$\frac{E}{H}=\sqrt{\frac{\mu_s}{\varepsilon_s}}\times 367.7\,[\Omega] \tag{12·20a}$$

가 얻어진다. $\frac{E}{H}$를 **고유 임피던스**(intrinsic impedance)라 한다. 공기의 고유 임피던스는 376.7 [Ω]이다.

magnetic wave)라 한다. 흔히 약칭에서 **전파**(electric wave)라고도 불리운다. 전자파는 전계와 자계가 전반 방향에 직각이며 **횡파**(transversal wave)이다.

### 12·2·2 전자파 발견의 의의

현재 우리들은 라디오, 텔레비전, 기타 각종의 통신 기기에 실제로 많은 전자파를 이용하고 있다. 지구는 다종 다양한 전자파의 망으로 포위되어 있다. 그 전자파는 1864년 맥스웰에 의해 이론적으로 구했다. 한편, 실험적으로는 1853년 영국의 켈빈이 라이덴병이나 축전지에 축적된 전하를 방전시킬 때, 진동 전류가 생기는 것을 실험했지만 1883년 영국에 피츠 제럴드(C. F. Fitz Gerald)는 이 실험을 행하여 이 장치가 전자파의 발생원이라고 설명했다. 또한 전자파의 검출기는 1886년 독일의 헤르츠(Heinrich Rudalf Hertz)에 의해 제작되었다. 그 검출기라는 것은 코일의 전선 사이에 매우 작은 간격을 만든 간단한 장치이었지만 헤르츠는 이 검출기를 사용해서 전자파의 반사, 굴절 등과 같은 각종의 실험을 하여 전자파가 빛과 같은 성질을 갖는다는 것과 맥스웰이 설명한 전자파인 것을 실험적으로 증명하여 1888년에 발표했다. 전자파의 발견은 실제로 중요한 사항이며 발견자로서는 맥스웰과 헤르츠의 두 사람 이름이 유명하다.

그 후, 1890년에 프랑스의 브랜리(Branly)에 의해 코히러(coherer)라고 하는 검파기가 만들어지고 1895년에 이탈리아의 마르코니(Marconi)는 전자파를 사용하여 무선 통신에 성공했다.

20세기에 들어와 진공관의 발명에 의해 전자파의 이용은 급속히 발전했다. 현재 우리들이 사용하고 있는 전자파의 종류를 p.296에 나타낸다. 빛도 전자파이며 자외선은 기체 속의 방전으로 전자가 분자에 충돌하여 얻어지고 그 이용의 대표 예가 형광등이다. 또한 파장[4]이 짧은 전자파는 진공 방전에서 얻어지고 X선으로서 널리 알려져 있으며 베타트론(betatron) 등의 전자 가속기에 이해 대단히 짧은 파장의 전자파가 발생한다. 전자파의 이용은 점점 발전할 것이다.

---

4) 파장 $\lambda = c/f$[m]. 단, $c$는 전자파의 속도[m/s], $f$는 주파수[Hz]이다.

### ▶ 근접 작용

패러데이 이전에는 전하와 전하 사이에 힘이 작용하는 것은 **원격 작용**(action at a distance)이라고 생각되고 있었다. 패러데이는 대전체의 주위는 전기적인 장, 즉 전계이며 이 전계가 차례로 전반되어 간다고 생각했다. 이 사고 방식을 **근접 작용**(proximity action)이라 한다. 맥스웰이 전계와 자계가 파동으로서 유한의 속도로 전반하는 것을 명확히 하고 패러데이가 생각한 근접 작용이 올바르다는 것을 증명했다. 전기 자기의 여러 현상은 모두 근접 작용이다.

## 12·2·3 전자파의 속도

식 (12·15)로 주어지고 $1/\sqrt{\varepsilon\mu}$[m/s]이다.

진공 속에서

$$c_0 = \frac{1}{\sqrt{\varepsilon_0 \mu_0}} \text{ [m/s]} \tag{12·21}$$

이 $c_0$의 값은

$$c_0 = 2.99792458 \times 10^8 \text{ [m/s]} \tag{12·22}$$

식 (12·21)에 이 값과 $\mu_0 = 4\pi \times 10^{-7}$(9·15)를 대입하면 $\varepsilon_0$가 구해진다.

$$\varepsilon_0 = 8.8541878 \times 10^{-12} \tag{12·23}$$

**보충** 공기 속에서는 식 (12·15)에 $\varepsilon_s = 1.00059$, $\mu_s = 1.00003$과 식 (12·22)를 대입하면 얻어지며, 그 값은

$$c = 2.99700 \times 10^8 \text{ [m/s]} \fallingdotseq 3 \times 10^8 \text{ [m/s]} \tag{12·24}$$

## 12·2·4 일반의 파동 방정식

평면파라는 가정을 두지 않을 경우는 식 (12·6)을 $t$에 대해서 미분하고 식 (12·7)을 사용하면

$$\varepsilon \frac{\partial^2 \boldsymbol{E}}{\partial t^2} = \text{rot } \frac{\partial \boldsymbol{H}}{\partial t} = -\frac{1}{\mu} \text{ rot rot } \boldsymbol{E} \tag{12·25}$$

즉, 식 (2·80)에 의해

$$\text{rot rot } \boldsymbol{E} = -\nabla^2 \boldsymbol{E} + \text{grad div } \boldsymbol{E} \tag{12·26}$$

진전하가 없는 경우에는 div $\boldsymbol{D}=0$, 따라서 div $\boldsymbol{E}=0$ 이므로

$$\therefore \nabla^2 \boldsymbol{E} = \varepsilon\mu \frac{\partial^2 \boldsymbol{E}}{\partial t^2} \tag{12·27}$$

동일하게 하여

$$\nabla^2 \boldsymbol{H} = \varepsilon\mu \frac{\partial^2 \boldsymbol{H}}{\partial t^2} \tag{12·28}$$

이 식을 풀면 일반적인 경우의 전자파가 구해진다.

## 12·3 도체 내의 전자파

### 12·3·1 일반식

식 (12·4)와 식 (12·5)에 $\boldsymbol{D}=\varepsilon\boldsymbol{E}$, $\boldsymbol{B}=\mu\boldsymbol{H}$, $\boldsymbol{i}=\chi\boldsymbol{E}$를 대입하여

$$\text{rot } \boldsymbol{H} = \chi\boldsymbol{E} + \varepsilon\frac{\partial \boldsymbol{E}}{\partial t}, \quad \text{rot } \boldsymbol{E} = -\mu\frac{\partial \boldsymbol{H}}{\partial t} \tag{12·29}$$

식 (12·27)을 유도한 방법과 완전히 동일하게

$$\nabla^2 \boldsymbol{E} = \chi\mu\frac{\partial \boldsymbol{E}}{\partial t} + \varepsilon\mu\frac{\partial^2 \boldsymbol{E}}{\partial t^2}, \quad \nabla^2 \boldsymbol{H} = \chi\mu\frac{\partial \boldsymbol{H}}{\partial t} + \varepsilon\mu\frac{\partial^2 \boldsymbol{H}}{\partial t^2} \tag{12·30}$$

### 12·3·2 평면파

진행 방향을 $z$방향, 전계의 방향을 $x$방향으로 취하면 자계는 $y$방향 성분만이 되기 때문에 식 (12·30)에서

$$\frac{\partial^2 E_x}{\partial z^2} = \chi\mu\frac{\partial E_x}{\partial t} + \varepsilon\mu\frac{\partial^2 E_x}{\partial t^2}, \quad \frac{\partial^2 H_y}{\partial z^2} = \chi\mu\frac{\partial H_y}{\partial t} + \varepsilon\mu\frac{\partial^2 H_y}{\partial t^2} \tag{12·31}$$

이 식을 일반적으로 취급하는 것은 곤란하므로 주파수 $f$인 사인파 교번 전자계

의 경우에 대하여 행한다.

$$E_x = E_0 e^{j\omega t} \tag{12·32}$$

단, $\omega = 2\pi f$이다. 이 식을 식 (12·31)의 제1식에 대입하면

$$\frac{\partial^2 E_0}{\partial z^2} = j\omega\varkappa\mu E_0 - \omega^2 \varepsilon\mu E_0 = -\omega^2 \varepsilon\mu\left(\frac{\varkappa}{j\omega\varepsilon} + 1\right)E_0 \tag{12·33}$$

식 (12·33)의 해는

$$E_0 = K_1 e^{-(\alpha + j\beta)z} + K_2 e^{(\alpha + j\beta)z} \tag{12·34}$$

단,

$$\alpha = \varepsilon\left\{\frac{\varepsilon\mu}{2}\left(\sqrt{1 + \frac{\varkappa^2}{\omega^2\varepsilon^2}} - 1\right)\right\}^{\frac{1}{2}}, \quad \beta = \omega\left\{\frac{\varepsilon\mu}{2}\left(\sqrt{1 + \frac{\varkappa^2}{\omega^2\varepsilon^2}} + 1\right)\right\}^{\frac{1}{2}} \tag{12·35}$$

식 (12·34)를 식 (12·32)에 대입하면

$$E_x = K_1 e^{-\alpha z} e^{-j(\beta z - \omega t)} + K_2 e^{\alpha z} e^{j(\beta z + \omega t)} \tag{12·36}$$

우변의 제1항은 $z$의 정(+)방향으로 진행하는 진행파, 제2항은 후퇴파이다. 그 속도 $v$는

$$v = \frac{\omega}{\beta} = \frac{1}{\varepsilon\mu}\left\{\frac{1}{2}\left(\sqrt{1 + \frac{\varkappa^2}{\omega^2\varepsilon^2}} + 1\right)\right\}^{-\frac{1}{2}} \tag{12·37}$$

그리고 $\alpha$를 **감쇠 상수**(attenuation constant), $\beta$를 **위상 상수**(phase constant)라 한다.

## 12·4 전자파의 반사와 굴절

두 종류의 유전체 경계면 또는 유전체와 도체의 경계면에 전자파가 온 경우의 반사와 굴절에 대해서 고찰한다. 경계면에 있어서 만족해야 할 조건으로서

> ***E***, ***H***의 절선 성분이 경계면의 양쪽에 있어서 같다.

의 조건을 사용한다.

### 12·4·1 전자파가 경계면에 수직으로 입사하는 경우

그림 12·4와 같이 입사파를 $E_1$, $H_1$이라 하고 투과파를 $E_2$, $H_2$, 반사파를 $E_3$, $H_3$라 하면

$$E_1 + E_3 = E_2, \quad H_1 - H_3 = H_2 \tag{12·38}$$

식 (12·20)에서

$$\sqrt{\varepsilon_1}E_1 = \sqrt{\mu_1}H_1, \quad \sqrt{\varepsilon_2}E_2 = \sqrt{\mu_2}H_2, \quad \sqrt{\varepsilon_3}E_3 = \sqrt{\mu_3}H_3 \tag{12·39}$$

식 (12·38)과 식 (12·39)를 풀면

$$(\text{투과파}) \quad E_2 = \frac{2\sqrt{\frac{\mu_2}{\varepsilon_2}}}{\sqrt{\frac{\mu_1}{\varepsilon_1}}+\sqrt{\frac{\mu_2}{\varepsilon_2}}}E_1, \quad H_2 = \frac{2\sqrt{\frac{\mu_1}{\varepsilon_1}}}{\sqrt{\frac{\mu_1}{\varepsilon_1}}+\sqrt{\frac{\mu_2}{\varepsilon_2}}}H_1 \tag{12·40}$$

$$(\text{반사파}) \quad E_{23} = \frac{\sqrt{\frac{\mu_2}{\varepsilon_2}}-\sqrt{\frac{\mu_1}{\varepsilon_1}}}{\sqrt{\frac{\mu_1}{\varepsilon_1}}+\sqrt{\frac{\mu_2}{\varepsilon_2}}}E_1, \quad H_3 = \frac{\sqrt{\frac{\mu_2}{\varepsilon_2}}-\sqrt{\frac{\mu_1}{\varepsilon_1}}}{\sqrt{\frac{\mu_1}{\varepsilon_1}}+\sqrt{\frac{\mu_2}{\varepsilon_2}}}H_1 \tag{12·41}$$

**그림 12·4**

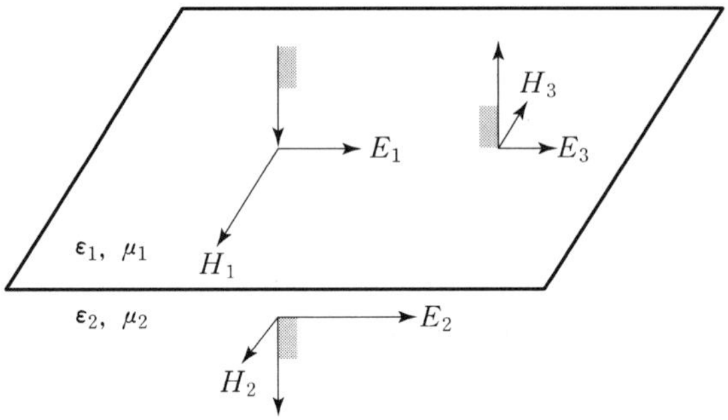


### 12·4·2 입사각 $\theta_1$인 경우

두 종류의 유전체를 A, B라 하고 입사파의 전계 방향으로 $y$축을 취하고 그것과 직각으로 $x$축, $z$축을 그림 12·5와 같이 취한다( $y$축은 지면에 수직이고 방

**그림 12·5**

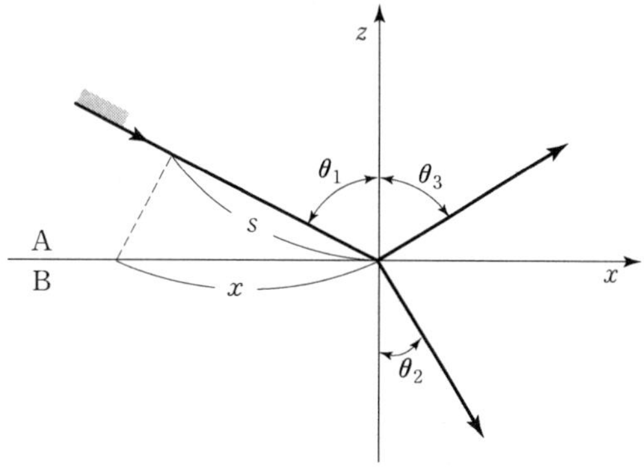


향은 하향이다). 입사각의 전계 $E_{1y}$를 다음의 식과 같이 놓는다.

$$E_{1y} = E_1 \cos\left\{\frac{\omega}{c_1}(s - c_1 t)\right\} \tag{12·42}$$

단, $c_1$은 유전체 A 속에서의 전자파 속도이고 $s$는 진행 방향의 거리이다.

즉,

$$s = x \sin \theta_1 \tag{12·43}$$

식 (12·43)을 식 (12·42)에 대입하면

$$E_{1y} = E_1 \cos\left\{\omega\left(\frac{x \sin \theta_1}{c_1} - t\right)\right\} \tag{12·44}$$

다음에 투과파의 전계를 $E_{2y}$, 반사파의 전계를 $E_{3y}$라 하면 식 (12·44)를 유도한 방법과 동일하게 하여

$$E_{2y} = E_2 \cos\left\{\omega\left(\frac{x \sin \theta_2}{c_2} - t\right)\right\} \tag{12·45}$$

$$E_{3y} = E_3 \cos\left\{\omega\left(\frac{x \sin \theta_3}{c_1} - t\right)\right\} \tag{12·46}$$

단, $c_2$는 유전체 B 속의 속도, $\theta_2$는 굴절각, $\theta_3$는 반사각이다.

그래서

$$E_{1y} + E_{3y} = E_{2y} \tag{12·47}$$

식 (12·47)이 성립하기 위해서는 다음의 관계가 필요하다.

$$\frac{\sin\theta_1}{c_1}=\frac{\sin\theta_2}{c_2}=\frac{\sin\theta_3}{c_1} \tag{12·48}$$

$$\therefore \theta_3=\theta_1 \tag{12·49}$$

또한,

$$\frac{\sin\theta_1}{\sin\theta_2}=\frac{c_1}{c_2} \tag{12·50}$$

또는

$$\frac{\sin\theta_1}{\sin\theta_2}=\frac{\sqrt{\varepsilon_2\mu_2}}{\sqrt{\varepsilon_1\mu_1}} \tag{12·51}$$

### 12·4·3 완전 도체면에 수직으로 입사하는 경우

평면파가 유전체에서 도체에 수직으로 입사하는 경우에 그림 12·6과 같이 전계의 방향을 $x$축, 진행 방향을 $z$축으로 한다. 입사각의 전계를 다음의 식으로 표시한다.

$$E_x=E\cos\left\{\frac{\omega}{c}(z-ct)\right\} \tag{12·52}$$

반사파의 전계를 $E_x'$라 하면 $E_x'$는 다음의 식으로 표시된다.

$$E_x'=E'\cos\left\{\frac{\omega}{c}(z+ct)\right\} \tag{12·53}$$

완전 도체 속에서는 전계는 0이므로 경계면의 조건에 의해

$$(E_x)_{z=0}+(E_x')_{z=0}=0 \tag{12·54}$$

$$\therefore E'=-E \tag{12·55}$$

반사파의 전계는 입사파의 전계와 진폭은 같지만 방향이 반대이다. 유전체 속의 전계는 입사파와 반사파의 합이므로

$$\begin{aligned}E_x+E_x'&=E\cos\left\{\frac{\omega}{c}(z-ct)\right\}-E\cos\left\{\frac{\omega}{c}(z+ct)\right\}\\&=2E\sin\frac{\omega}{c}z\sin\omega t\end{aligned} \tag{12·56}$$

그림 12·6

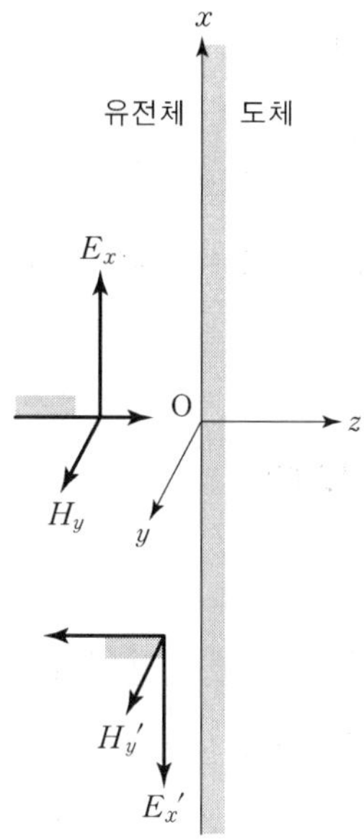


그림 12·7

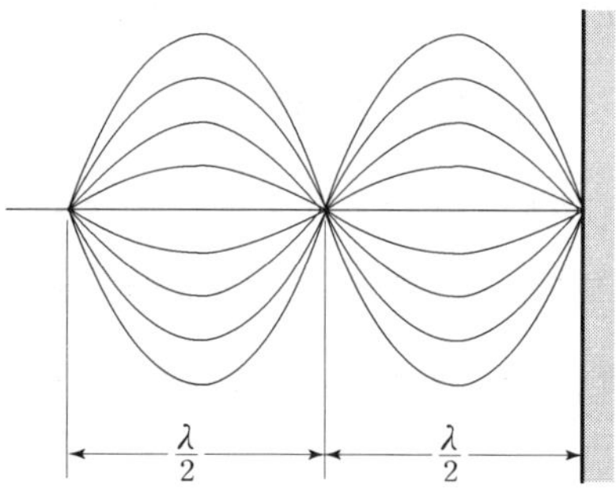


$\frac{\omega}{c}z = m\pi$(단, $m$은 정수)일 때, 즉 $z = \frac{m\pi c}{\omega} = \frac{m\pi c}{2\pi f} = \frac{m}{2}\lambda$일 때, 전계는 항상 0이다. 시간적으로는 변화하기 때문에 그림 12·7과 같은 파형이 된다. 이 파형은 진행하지 않는 것처럼 보이므로 **정재파**(standing wave)[5]라 한다. 진폭 0인 점을 **마디**(node), 최대 진폭인 점을 **루프**(loop)라 한다.

자계에 대해서도 마찬가지로

5) 물리학에서는 정상파라 부르는 경우가 있다.

$$H_y + H_y' = \sqrt{\frac{\varepsilon}{\mu}} E\cos\left\{\frac{\omega}{c}(z-ct)\right\} + \sqrt{\frac{\varepsilon}{\mu}} E\cos\left\{\frac{\omega}{c}(z+ct)\right\}$$

$$= 2\sqrt{\frac{\varepsilon}{\mu}} E\cos\frac{\omega}{c} z\cos\omega t \qquad (12\cdot57)$$

이 되어 정재파가 발생한다. 루프와 마디의 위치는 전계와 반대 위치이다.

## 12·5 포인팅 벡터

단위 체적당의 전계 에너지는 $w_E = \frac{1}{2}\varepsilon E^2\,[\mathrm{J/m^3}]$, 자계 에너지는 $w_H = \frac{1}{2}\mu H^2$이므로 매초 $1\,[\mathrm{m^2}]$의 면적을 통과하는 에너지 $S$는

$$S = (w_E + w_H)c = \left(\frac{1}{2}\varepsilon E^2 + \frac{1}{2}\mu H^2\right)c = EH\,[\mathrm{W/m^2}] \qquad (12\cdot58)^{6)}$$

$\boldsymbol{E}$와 $\boldsymbol{H}$는 직각이므로 벡터곱으로 표시하면

$$\boldsymbol{S} = \boldsymbol{E}\times\boldsymbol{H}\,[\mathrm{W/m^2}] \qquad \mathbf{(12\cdot59)}$$

벡터 $\boldsymbol{S}$와 방향은 전자파의 진행 방향과 일치한다. 이 벡터는 1884년에 영국의 포인팅이 설명한 것이므로 **포인팅 벡터**(Poynting vector)라 한다.

매초 임의의 면 $\boldsymbol{S}$를 통과하는 전자 에너지 $P$는

$$P = \int_S S_n dS\,[\mathrm{W}] \qquad (12\cdot60)$$

## 12·6 전선에 유입하는 에너지

전선 $1\,[\mathrm{m}]$당의 저항을 $R\,[\Omega]$이라 한다. 전류 $I\,[\mathrm{A}]$가 흐르고 있는 경우에 그림 12·8과 같이 전선에 접근시켜 반지름 $r$, 길이 $1\,[\mathrm{m}]$인 원기둥의 폐곡면을

6) 식 (12·15)와 식 (12·20)을 사용해서 변형한다.

생각한다. 전계 $E$는 전선에 평행, 자계 $H$는 원주의 절선 방향이기 때문에 포인팅 벡터는 중심을 향하고 축에 직각 방향이다. 그러므로 원기둥의 윗면과 밑면을 통과하는 에너지는 0이다. 측면의 면적은 $2\pi r \times 1\,[\mathrm{m}^2]$이므로 유입하는 에너지 $P_0$는 식 (12·60)에 의해

$$P_0 = EH \times 2\pi r\,[\mathrm{W}] \tag{12·61}$$

이 식에 $E = V/1 = RI$, $H = I/(2\pi r)$를 대입하면

$$P_0 = RI^2\,[\mathrm{W}] \tag{12·62}$$

이 $RI^2$은 전선 1 [m]당에 소비하는 전력이다. 이 계산을 보면 에너지를 수송하는 것은 전선에서는 없고 전선 주위의 전계와 자계이며 전선은 에너지 흐름의 가이드에 불과하다.

**그림 12·8**

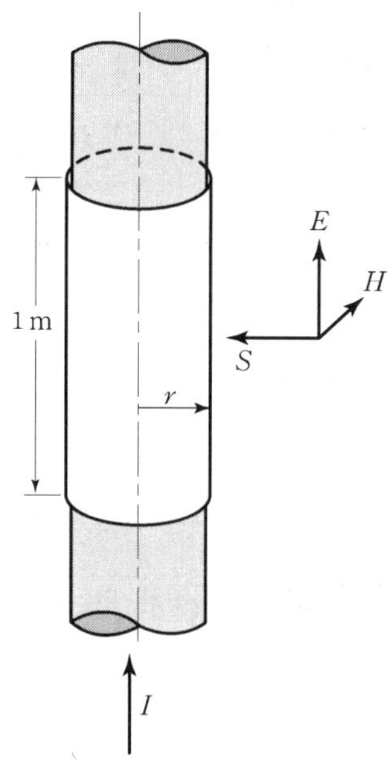

## 연습 문제

**12·1** 전극 간격 $d$[m], 면적 $S$[m$^2$], 유전율 $\varepsilon$[F/m]이고 정전 용량이 $C$[F]인 평행판 콘덴서에 $e=E_m \sin \omega t$[V]인 전압을 가할 때의 변위 전류는?

㉮ $\omega CE_m \cos \omega t$ ㉯ $\dfrac{1}{\omega C}E_m \cos \omega t$

㉰ $\omega CE_m \sin \omega t$ ㉱ $\dfrac{1}{\omega C}E_m \sin \omega t$

**12·2** 정전 용량이 4 [$\mu$F]이고, 극판간 거리가 2 [cm]이며, 평판의 면적이 40 [cm$^2$] 되는 평행판 공기 콘덴서 양단에 $v=50 \sin 600\pi t$의 교류 전압이 가해질 때, 변위 전류의 최대값은 몇 [mA]인가?

㉮ 80 ㉯ 167 ㉰ 285 ㉱ 377

**12·3** 원통 좌표계에서 전류 밀도 $\boldsymbol{J}=kr^2\boldsymbol{a}_z$[A/m$^2$]일 때, 이 때 암페어 법칙을 사용하여 자계 세기 $\boldsymbol{H}$를 구하면? (단, $k$는 상수이다.)

㉮ $\boldsymbol{H}=\dfrac{k}{4}r^4\boldsymbol{a}_\phi$ ㉯ $\boldsymbol{H}=\dfrac{k}{4}r^3\boldsymbol{a}_\phi$ ㉰ $\boldsymbol{H}=\dfrac{k}{4}r^4\boldsymbol{a}_z$ ㉱ $\boldsymbol{H}=\dfrac{k}{4}r^3\boldsymbol{a}_z$

**12·4** 벡터 퍼텐셜 $\boldsymbol{A}$의 각 성분이 다음과 같이 주어졌을 때, 그 자속 밀도 $\boldsymbol{B}$는?

$$\boldsymbol{A}=-\boldsymbol{i}3xyz+\boldsymbol{j}2x^2$$

㉮ $\boldsymbol{B}=\boldsymbol{i}(4x+3xz)=\boldsymbol{j}3xy$ ㉯ $\boldsymbol{B}=-\boldsymbol{i}3xy+\boldsymbol{j}(4x+3xz)$

㉰ $\boldsymbol{B}=-\boldsymbol{j}3xy+\boldsymbol{k}(4x+3xz)$ ㉱ $\boldsymbol{B}=-\boldsymbol{j}3yx+3yz+\boldsymbol{k}(4x+3xz)$

**12·5** 벡터 퍼텐셜의 각 성분이 $\boldsymbol{A}_x=-2xyz$, $\boldsymbol{A}_y=4x^2$, $\boldsymbol{A}_z=0$로 주어졌을 때, 그 자속 분포는 어떻게 되는가? (단, $x$, $y$, $z$방향의 기본 벡터는 $\boldsymbol{i}$, $\boldsymbol{j}$, $\boldsymbol{k}$이다.)

㉮ $-\boldsymbol{i}2y+\boldsymbol{j}(8xz+z)$ ㉯ $\boldsymbol{i}2z+\boldsymbol{k}2xz$

㉰ $-\boldsymbol{i}2xy+\boldsymbol{k}(8x+2xz)$ ㉱ $\boldsymbol{i}xyz-\boldsymbol{k}(3xz)$

**12·6** 합성 수지 ($\varepsilon_s=4$) 중에서의 전자파 속도[m/s]는? (단, $\mu_s=1$이다.)

㉮ $3\times10^6$ ㉯ $1.5\times10^8$ ㉰ $7.5\times10^7$ ㉱ $1.5\times10^7$

**12·7** 진공 중에서 전자파의 진행 속도[m/s]는?

㉮ $3\times10^7$ ㉯ $3\times10^8$ ㉰ $3\times10^9$ ㉱ $3\times10^{10}$

**12·8** 유전율 $\varepsilon=8.855\times10^{-12}$[F/m]인 진공 중을 전자파가 전파할 때, 진공 중의 투자율은?

㉮ $12.5\times10^{-7}$[H/m] ㉯ $15.2\times10^{-9}$[H/emu]

㉰ $9.5\times10^{-7}$[$Wb^2$/N] ㉱ $10.5\times10^{-7}$[$Wb^2$/N·m]

**12·9** 비유전율 $\varepsilon_s=80$, 비투자율 $\mu_s=1$ 인 전자파의 고유 임피던스(intrinsic impedance)는?

㉮ 0.1 ㉯ 80 ㉰ 8.9 ㉱ 42

**12·10** 진공 중에서 실효값이 $E_e$인 평면 전자파가 있다. 자계의 실효값 $H_e$[A/m]는 약 얼마인가?

㉮ $0.13\times10^{-2}E_e$ ㉯ $0.27\times10^{-2}E_e$

㉰ $0.4\times10^{-2}E_e$ ㉱ $0.54\times10^{-2}E_e$

APPENDIX

# 부록

## 부록 1 전기 단위계

현재 전기 공학에서는 국제 단위계(SI)가 채용되고 있기 때문에 다른 단위계에 대해서 학습할 필요는 없으나 오래된 서적이나 연구 논문을 읽을 경우에는 도움이 되므로 다른 단위계에 대해서 간단한 설명을 부기한다.

### 1 CGS 정전 단위계(CGS system of electrostatic units)

전하에 대한 쿨롱의 법칙을 기초로 한다. 즉

$$F = \frac{Q_1 Q_2}{r^2} \qquad (1 \cdot 1)$$

1 [cm] 떨어져서 1 [dyne]의 힘이 작용하는 등량의 전하를 1 [CGSe.s.u]의 전하라고 정한다. 본서의 비유전율 $\varepsilon_s$를 유전율 $\varepsilon$이라 부르고 있다. 맥스웰의 방정식은 다음의 형태이다.

$$\text{rot } \boldsymbol{H} = 4\pi \boldsymbol{i} + \frac{\partial \boldsymbol{D}}{\partial t}$$

$$\text{rot } \boldsymbol{E} = -\frac{\partial \boldsymbol{B}}{\partial t} \qquad (1 \cdot 2)$$

### ❷ CGS 전자 단위계(CGS system of electromagnetic units)

자극에 대한 쿨롱의 법칙을 기초로 한다. 즉,

$$F = \frac{m_1 m_2}{r^2} \tag{1·3}$$

$r = 1$ [cm], $F = 1$ [dyne] 일 때, $m_1 = m_2 = 1$ [CGSe.m.u]의 자극이라 정한다.

본서의 비투자율 $\varepsilon_s$를 투자율(또는 도자율)이라 부른다. 맥스웰의 방정식은 식 (1·2)와 동일하다.

### ❸ 가우스 단위계(Gauss' system of units)

전하에 대해서는 CGS 정전 단위와 동일하고 자극에 대해서는 CGS 전자 단위와 동일하다. 맥스웰의 방정식은 다음의 식으로 표시된다.

$$\mathrm{rot}\ \boldsymbol{H} = \frac{1}{c_0}\left(4\pi \boldsymbol{i} \frac{\partial \boldsymbol{D}}{\partial t}\right)$$

$$\mathrm{rot}\ \boldsymbol{E} = -\frac{1}{c_0}\frac{\partial \boldsymbol{B}}{\partial t} \tag{1·4}$$

단, $c_0$는 진공 속의 전자파 속도이다. $c_0 \fallingdotseq 3 \times 10^{10}$ [cm/s]

### ❹ MKS 유리 단위계(rational MKS system of units)

이것은 본서에서 설명한 단위계이며 가장 널리 사용되고 있다. 제1장에서 설명한 바와 같이 전류의 단위[A]를 기본 단위에 추가하고 있으므로 MKSA 단위계라고 불리운다. 또한 절대 단위계, 실용 단위계라고도 한다.

### ❺ MKS 비유리 단위계(irration MKS system of units)

전류, 전하, 전압 등의 단위는 ❹의 단위계와 동일하지만 맥스웰의 방정식은 식 (1·2)와 동일형이다.

## 6 국제 단위계

이것은 MKSA 단위계를 발전시킨 단위계이다.

# 부록 2 국제 단위와 CGS 단위의 환산표

| 양 | 국제 단위 | CGS 전자 단위 | CGS 정전 단위 |
|---|---|---|---|
| 길이 | 1[m](미터) | $=10^2$[cm] | |
| 질량 | 1[kg](킬로그램) | $=10^3$[g] | |
| 시간 | 1[s](초) | =1[s] | |
| 힘 | 1[N](뉴턴) | $=10^5$[dyne] | |
| 일, 에너지 | 1[J](줄) | $=10^7$[erg] | |
| 전력, 일률 | 1[W](와트) | $=10^7$[erg/sec] | |
| 기전력, 전위 | 1[V](볼트) | $=10^8$ [emu] | =1/300 |
| 전계의 세기 | 1[V/m] | $=10^8$ [emu] | $=1/(3\times10^4)$ [esu] |
| 전류 | 1[A](암페어) | $=10^{-1}$ [emu] | $=3\times10^9$ [esu] |
| 기자력 | 1[A](암페어) | $=4\pi/10$ 길버트 | $=12\pi\times10^9$ [esu] |
| 자계의 세기 | 1[A/m] | $=4\pi\times10^{-3}$ 에르스텟 | $=12\pi\times10^7$ [esu] |
| 자속 | 1[Wb](웨버) | $=10^8$ [맥스웰] | =1/300 [esu] |
| 자속 밀도 | 1[T](테슬라) | $=10^8$ [가우스] | $=1/(3\times10^6)$ [esu] |
| 자극의 세기 | 1[Wb] | $=10^8/4\pi$ [eum] | $=1/(12\pi\times10^2)$ [esu] |
| 자화의 세기 | 1[T](테슬라) | $=10^4/4\pi$ [eum] | $=1/(12\pi\times10^6)$ [esu] |
| 전속 | 1[C](쿨롬) | $=4\pi/10$ [eum] | $=12\pi\times10^9$ [esu] |
| 전속 밀도 | 1[C/m²] | $=4\pi\times10^{-5}$ [eum] | $=12\pi\times10^5$ [esu] |
| 전하, 전기량 | 1[C] | $=10^{-1}$ [emu] | $=3\times10^9$ [esu] |
| 분극의 세기 | 1[C/m²] | $=10^{-5}$ [emu] | $=3\times10^5$ [esu] |
| 전기 저항 | 1[Ω](옴) | $=10^9$ [emu] | $=1/(9\times10^{11})$ [esu] |
| 자기 저항 | 1[A/Wb] | $=4\pi\times10^{-9}$ [eum] | $=36\pi\times10^{11}$ [esu] |
| 인덕턴스 | 1[H](헨리) | $=10^9$ [emu] | $=1/(9\times10^{11})$ [esu] |
| 정전 용량 | 1[F](패럿) | $=10^{-9}$ [eum] | $=9\times10^{11}$ [esu] |
| 진공 투자율 | $4\pi\times10^{-7}$[H/m] | =1[eum] | $=1/(9\times10^{20})$[esu] |
| 진공 유전율 | $8.854\times10^{-12}$[F/m] | $=1/(9\times10^{20})(s/cm)^2$ | =1[esu] |

# 부록 3 전자파의 종류

㈜ 전자파의 일종인 레이저(laser)는 1959년에 처음 발견되었으나 그 후 많은 연구가 행해져서 마이크로파로부터 자외선의 넓은 주파수 범위에 걸쳐서 3,000종 이상의 레이저가 발견되었다. 주파수 약 $4 \times 10^{11}$ [Hz]~ $1.3 \times 10^{15}$ [Hz](파장은 0.2358~774 [$\mu$m])의 범위에 있어서 고체 레이저, 기체 레이저, 액체 레이저, 반도체 레이저 등 여러 가지의 레이저가 만들어져 있다. laser는 light amplification by stimulated emission of radiation의 약어이다.

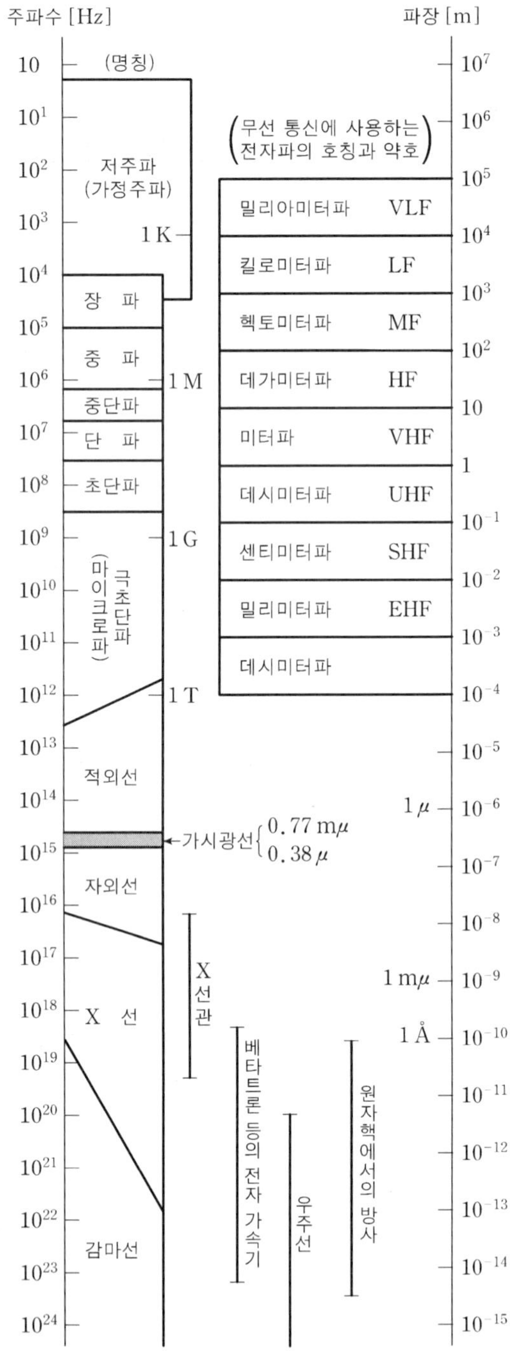

# 부록 4 그리스 문자

| 문자 | | 호칭 | 문자 | | 호칭 |
|---|---|---|---|---|---|
| $A$ | $\alpha$ | alpha | $N$ | $\nu$ | nu |
| $B$ | $\beta$ | beta | $\Xi$ | $\xi$ | xi |
| $\Gamma$ | $\gamma$ | gamma | $O$ | $o$ | omicron |
| $\Delta$ | $\delta$ | delta | $\Pi$ | $\pi$ | pi |
| $E$ | $\varepsilon$ | epsilon | $P$ | $\rho$ | rho |
| $Z$ | $\zeta$ | zeta | $\Sigma$ | $\sigma$ | sigma |
| $H$ | $\eta$ | eta | $T$ | $\tau$ | tau |
| $\Theta$ | $\theta$ | theta | $\Upsilon$ | $\upsilon$ | upsilon |
| $I$ | $\iota$ | iota | $\Phi$ | $\varphi$ | phi |
| $K$ | $\kappa$ | kappa | $X$ | $\chi$ | chi |
| $\Lambda$ | $\lambda$ | lambda | $\Psi$ | $\psi$ | psi |
| $M$ | $\mu$ | mu | $\Omega$ | $\omega$ | omega |

# 부록 5 상수표

$\pi$를 포함하는 상수

$$\begin{cases} \pi = 3.1415927, & \pi^2 = 9.8696044 \\ 2\pi = 6.2831853, & 4\pi^2 = 39.4784176 \\ 4\pi = 12.5663706, & \pi^3 = 31.0062767 \\ 1/\pi = 0.13183099, & \sqrt{\pi} = 1.7724539 \end{cases}$$

로그 상수

$$\begin{cases} e = 2.7182818285 \\ \log_e x = 2.3025850930 \log_{10} x \\ \log_{10} x = 0.4342944819 \log_e x \end{cases}$$

진공 속의 전자파 속도 $c_0 = 2.99792458 \times 10^8\,[\mathrm{m/s}]$

진공의 유전율 $\varepsilon_0 = 10^7/(4\pi c^2)\,[\mathrm{F/m}] = 8.8541878 \times 10^{-12}\,[\mathrm{F/m}]$

| | |
|---|---|
| 진공의 투자율 | $\mu_0 = 4\pi \times 10^{-7}$ [H/m] $= 1.25663706 \times 10^{-6}$ [H/m] |
| 전자의 전하 | $e = 1.60210 \times 10^{-19}$ [C] |
| 전자의 질량 | $m_e = 9.1091 \times 10^{-31}$ [kg] |
| 양자의 질량 | $m_p = 1.67252 \times 10^{-27}$ [kg] |
| 중성자의 질량 | $m_n = 1.67482 \times 10^{-27}$ [kg] |
| 중력의 가속도[1] | $g = 9.80$ [m/s$^2$] |

## 부록 6 수학 공식

### (1) 코사인 정리

부록 그림의 삼각형에 대해서 성립하는 관계식

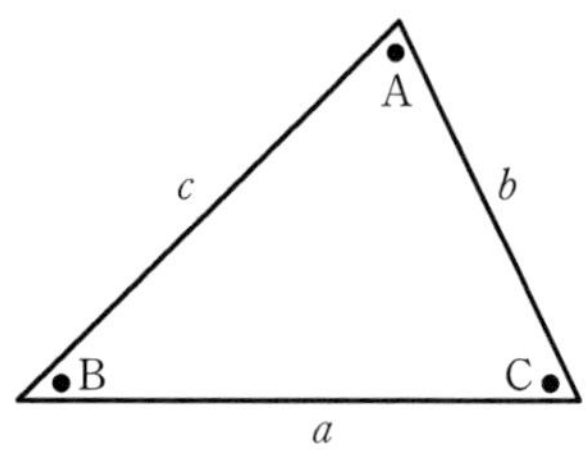


$$\begin{cases} a = b\cos C + c\cos B \\ b = c\cos A + a\cos C \\ c = a\cos B + b\cos A \end{cases}$$

를 제1코사인 정리라 한다. 또한 다음의 관계식

$$\begin{cases} a^2 = b^2 + c^2 - 2\,bc\cos A \\ b^2 = c^2 + a^2 - 2\,ca\cos B \\ c^2 = a^2 + b^2 - 2\,ab\cos C \end{cases}$$

를 제2코사인 정리라 한다.

### (2) 3각 함수의 상호 관계

$$\begin{cases} \sin\theta = \dfrac{1}{\operatorname{cosec}\theta}, \quad \cos\theta = \dfrac{1}{\sec\theta}, \quad \tan\theta = \dfrac{1}{\cot\theta} \\ \tan\theta = \dfrac{\sin\theta}{\cos\theta}, \quad \cot\theta = \dfrac{\cos\theta}{\sin\theta} \end{cases}$$

$$\sin^2\theta + \cos^2\theta = 1, \quad 1 + \tan^2\theta = \sec^2\theta, \quad 1 + \cot^2\theta = \operatorname{cosec}^2\theta$$

1) 중력의 가속도(실측값) 단위는 [m/s$^2$]이다.

### (3) 두 각의 합과 차

$$\begin{cases} \sin(A \pm B) = \sin A \cos B \pm \cos A \sin B \\ \cos(A \pm B) = \cos A \cos B \mp \sin A \sin B \\ \tan(A \pm B) = \dfrac{\tan A \pm \tan B}{1 \mp \tan A \cdot \tan B} \end{cases}$$

### (4) 사인 · 코사인의 곱

$$\begin{cases} \sin A \cos B = \dfrac{1}{2}\{\sin(A+B) + \sin(A-B)\} \\ \cos A \sin B = \dfrac{1}{2}\{\sin(A+B) - \sin(A-B)\} \\ \cos A \cos B = \dfrac{1}{2}\{\cos(A+B) + \cos(A-B)\} \\ \sin A \sin B = \dfrac{1}{2}\{\cos(A-B) - \cos(A+B)\} \end{cases}$$

### (5) 미분 공식

| | | | |
|---|---|---|---|
| $y = c$ (상수) | $\dfrac{dy}{dx} = 0$ | $y = \sin x$ | $\dfrac{dy}{dx} = \cos x$ |
| $y = x^n$ | $\dfrac{dy}{dx} = nx^{n-1}$ | $y = \sin mx$ | $\dfrac{dy}{dx} = m\cos mx$ |
| $y = \dfrac{1}{x}$ | $\dfrac{dy}{dx} = -\dfrac{1}{x^2}$ | $y = \cos x$ | $\dfrac{dy}{dx} = -\sin x$ |
| $y = \log x$ | $\dfrac{dy}{dx} = \dfrac{1}{x}$ | $y = \cos mx$ | $\dfrac{dy}{dx} = -m\sin mx$ |
| $y = \varepsilon^x$ | $\dfrac{dy}{dx} = \varepsilon^x$ | $y = \tan x$ | $\dfrac{dy}{dx} = \sec^2 x$ |
| $y = \varepsilon^{mx}$ | $\dfrac{dy}{dx} = m\varepsilon^{mx}$ | $y = \cot x$ | $\dfrac{dy}{dx} = -\mathrm{cosec}^2 x$ |

### (6) 부정 적분 공식

$$\frac{d}{dx}\left(\frac{x^{n+1}}{n+1}\right) = x^n \quad (n \neq 1) \qquad \int x^n dx = \frac{1}{n+1} x^{n+1} + C$$

$$\frac{d}{dx} x = 1 \quad (n = 0) \qquad \int 1 \cdot dx = \int dx = x + C$$

$$\frac{d}{dx}\left(-\frac{1}{x}\right)=\frac{1}{x^2} \qquad \int\frac{1}{x^2}\,dx=-\frac{1}{x}+C$$

$$\frac{d}{dx}(\sqrt{x^2+a^2})=\frac{x}{\sqrt{x^2+a^2}} \qquad \int\frac{x}{\sqrt{x^2+a^2}}\,dx=\sqrt{x^2+a^2}+C$$

$$\frac{d}{dx}\log x=\frac{1}{x} \qquad \int\frac{1}{x}\,dx=\log x+C$$

$$\frac{d}{dx}\varepsilon^x=\varepsilon^x \qquad \int\varepsilon^x dx=\varepsilon^x+C$$

$$\frac{d}{dx}\left(\frac{1}{m}\varepsilon^{mx}\right)=\varepsilon^{mx} \qquad \int\varepsilon^{mx}dx=\frac{1}{m}\varepsilon^{mx}+C$$

$$\frac{d}{dx}(-\cos x)=\sin x \qquad \int\sin x\,dx=-\cos x+C$$

$$\frac{d}{dx}\left(-\frac{1}{m}\cos mx\right)=\sin mx \qquad \int\sin mx\,dx=-\frac{1}{m}\cos mx+C$$

$$\frac{d}{dx}(\sin x)=\cos x \qquad \int\cos x\,dx=\sin x+C$$

$$\frac{d}{dx}\left(\frac{1}{m}\sin mx\right)=\cos mx \qquad \int\cos mx\,dx=\frac{1}{m}\sin x+C$$

### (7) 벡터 해석의 기본 연산

미분 연산자

$$\nabla\equiv\boldsymbol{i}\frac{\partial}{\partial x}+\boldsymbol{j}\frac{\partial}{\partial y}+\boldsymbol{k}\frac{\partial}{\partial z}$$

스칼라 경도(gradient)

$$\mathrm{grad}\,\varphi\equiv\nabla\varphi=\boldsymbol{i}\frac{\partial\varphi}{\partial x}+\boldsymbol{j}\frac{\partial\varphi}{\partial y}+\boldsymbol{k}\frac{\partial\varphi}{\partial z}$$

벡터의 발산(divergence)

$$\mathrm{div}\,\boldsymbol{A}\equiv\nabla\cdot\boldsymbol{A}=\frac{\partial A_x}{\partial x}+\frac{\partial A_y}{\partial y}+\frac{\partial A_z}{\partial z}$$

벡터의 회전(rotation 또는 curl)

$$\mathrm{rot}\,\boldsymbol{A}\equiv\nabla\times\boldsymbol{A}$$

$$=\boldsymbol{i}\left(\frac{\partial A_z}{\partial y}-\frac{\partial A_y}{\partial z}\right)+\boldsymbol{j}\left(\frac{\partial A_x}{\partial z}-\frac{\partial A_z}{\partial x}\right)+\boldsymbol{k}\left(\frac{\partial A_y}{\partial x}-\frac{\partial A_x}{\partial y}\right)$$

## 1장 과년도 문제 및 해설

**1·1** 식염의 전기 분해 반응은

$$NaCl + H_2O = NaOH + HCI$$

100 [Ah]의 전기량으로 생성되는 NaOH의 양은

$$23(Na) + 16(O) + 1(H) = 40$$

100 [Ah]로 생기는 Na의 양은

$$0.858 \times 100 = 85.8\,[g]$$

여기에 상당하는 NaOH의 양은

$$85.8 \times \left(\frac{40}{23}\right) = 149\,[g]$$

$$\therefore 149 \times 0.95 \fallingdotseq 142\,[g]$$

답 ㉯

**1·2**

$$\text{화학 당량} = \frac{\text{원자량}}{\text{원자가}} = \frac{63.54}{2} = 31.77$$

$$\therefore \text{ 전기 화학 당량} = \frac{31.77}{96,500} = 0.0003292\,[g/C] = 0.3292\,[mg/C]$$

답 ㉯

**1·3** 9 [g]의 아연을 석출하기 위하여 이론 소요 전기량 $Q_1$은

$$Q_1 = 96.500 \times 9/(65.4/2) = 26,500\,[°C]$$

또한 실제로 필요한 전기량을 $Q_2$라 하면

$$Q_2 = 15 \times 33 \times 60 = 29,700\,[°C]$$

이므로 전류 효율 $\eta$는

$$\therefore \eta = \frac{Q_1}{Q_2} \times 100 = \frac{26,500}{29,700} \times 100 = 89.2\,[\%]$$

답 ㉰

**1·4** 저항 $R$에 흐르는 전류 $I$는

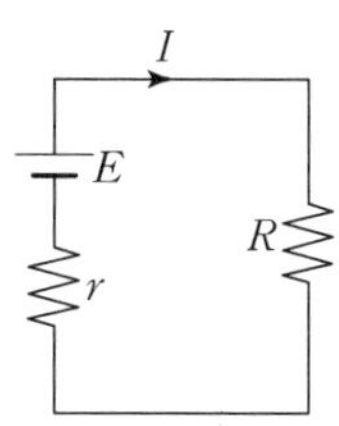


$$I = \frac{E}{r+R} = \frac{1.5}{0.02+2} = 0.742\,[A]$$

소모 전력 $P$는

$$\therefore P = I^2 R = (0.742)^2 \times 2 = 1.1\,[W]$$

답 ㉮

**1·5** $$R_T = \frac{10R}{R+10}\,[\Omega]$$

이므로

$$P = \frac{V^2}{R_T} = \frac{60^2}{\left(\frac{10R}{R+10}\right)} = 960\,[\mathrm{W}]$$

$$\frac{10R}{R+10} = \frac{60^2}{960}$$

$$\therefore R = 6\,[\Omega]$$

답 ㉮

**1·6** $$1\,[\mathrm{kWh}] = 10^3\,[\mathrm{W}]\cdot 3600\,[\mathrm{s}] = 3.6\times10^6\,[\mathrm{W\cdot s}] = 3.6\times10^6\,[\mathrm{J}] = 0.24\times3.6\times10^6\,[\mathrm{cal}]$$

$$\fallingdotseq 860\,[\mathrm{kcal}]$$

$(\because 1\,[\mathrm{J}] = 0.24\,[\mathrm{cal}],\ 1\,[\mathrm{cal}] = 4.184\,[\mathrm{J}])$

답 ㉯

**1·7** $1\,[\mathrm{cal}] = 4.184\,[\mathrm{J}]$이므로

$$10^6\,[\mathrm{cal}] = 4.184\times10^6\,[\mathrm{J}]$$

$$1\,[\mathrm{kWh}] = 3.6\times10^6\,[\mathrm{J}]$$

$$\therefore \text{전력량} = \frac{4.184\times10^6}{3.6\times10^6} = 1.16\,[\mathrm{kWh}]$$

답 ㉯

**1·8** 외부에서 가해진 열 에너지, 마찰 에너지 등에 의해서 물질간에 자유 전자의 이동이 생길 때 대전(帶電)된다. 자유 전자의 과잉시에는 (−)전하, 부족시에는 (+)전하를 띠게 된다.

답 ㉱

## 2장 과년도 문제 및 해설

**2·1** $\boldsymbol{F}_1 + \boldsymbol{F}_2 + \boldsymbol{F}_3 = 0$ 에서

$$\boldsymbol{F}_3 = -(\boldsymbol{F}_1 + \boldsymbol{F}_2) = -\{(-2\boldsymbol{i}+5\boldsymbol{j}-3\boldsymbol{k}) + (7\boldsymbol{i}+3\boldsymbol{j}-\boldsymbol{k})\}$$

$$= -(5\boldsymbol{i}+8\boldsymbol{j}-4\boldsymbol{k}) = -5\boldsymbol{i}-8\boldsymbol{j}+4\boldsymbol{k}$$

$$\therefore |\boldsymbol{F}_3| = \sqrt{(-5)^2+(-8)^{4^2}} = \sqrt{105} \fallingdotseq 10$$

답 ㉱

**2·2** $\boldsymbol{C}$, $\boldsymbol{D}$를 변으로 하는 평행사변형에서 긴 대각선은 $\boldsymbol{A}=\boldsymbol{C}+\boldsymbol{D}$이고 짧은 대각선은 $\boldsymbol{B}=\boldsymbol{C}-\boldsymbol{D}$이다.

$$\boldsymbol{A}=\boldsymbol{C}+\boldsymbol{D} \qquad \boldsymbol{B}=\boldsymbol{C}-\boldsymbol{D}$$

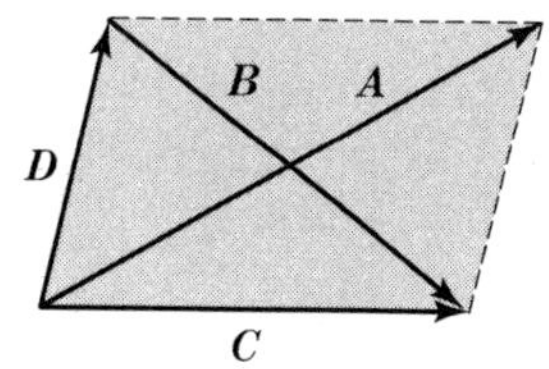


이므로 평행사변형의 두 변 벡터 $\boldsymbol{C}$, $\boldsymbol{D}$는 각각

$$\therefore \boldsymbol{C}=\frac{\boldsymbol{A}+\boldsymbol{B}}{2}=\frac{2\boldsymbol{a}_x+4\boldsymbol{a}_y}{2}=\boldsymbol{a}_x+2\boldsymbol{a}_y$$

$$\therefore \boldsymbol{D}=\frac{\boldsymbol{A}-\boldsymbol{B}}{2}=\frac{6\boldsymbol{a}_x-6\boldsymbol{a}_z}{2}=3\boldsymbol{a}_x-3\boldsymbol{a}_z$$

**답** ㉮

**2·3** $\boldsymbol{A}\cdot\boldsymbol{B}=(\boldsymbol{AB})=AB\cos\theta$이며 $\theta$는 $\boldsymbol{A}$ 벡터와 $\boldsymbol{B}$ 벡터가 이루는 각이다.

$$\boldsymbol{A}\cdot\boldsymbol{B}=(\boldsymbol{i}A_x+\boldsymbol{j}A_y+\boldsymbol{k}A_z)\cdot(\boldsymbol{i}B_x+\boldsymbol{j}B_y+\boldsymbol{k}B_z)=A_xB_x+A_yB_y+A_zB_z$$

$$=1\times(-1)+2\times2+3\times1=6$$

**답** ㉰

**2·4** $\boldsymbol{A}\cdot\boldsymbol{B}=AB\cos\theta$에서

$$\cos\theta=\frac{\boldsymbol{A}\cdot\boldsymbol{B}}{|A||B|}=\frac{A_xB_x+A_yB_y}{\sqrt{A^2}\sqrt{B^2}}$$

$$=\frac{(-7)\times(-3)+(-1)\times(-4)}{\sqrt{(-7)^2+(-1)^2}\sqrt{(-3)^2+(-4)^2}}=\frac{21+4}{\sqrt{50}\times5}=\frac{25}{25\sqrt{2}}=\frac{1}{\sqrt{2}}$$

$$\therefore \theta=\cos^{-1}\frac{1}{\sqrt{2}}=45°$$

**답** ㉯

**2·5**

$$\boldsymbol{A}\times\boldsymbol{B}=\begin{vmatrix}\boldsymbol{i} & \boldsymbol{j} & \boldsymbol{k}\\ 10 & -10 & 5\\ 4 & -2 & 5\end{vmatrix}=-40\boldsymbol{i}-30\boldsymbol{j}+20\boldsymbol{k}$$

$$\therefore|\boldsymbol{A}\times\boldsymbol{B}|=\sqrt{(-40)^2+(-30)^2(20)^2}=10\sqrt{29}=53.9$$

**답** ㉰

**2·6**

$$\text{grad } V=\nabla V=\left(\boldsymbol{i}\frac{\partial}{\partial x}+\boldsymbol{j}\frac{\partial}{\partial y}+\boldsymbol{k}\frac{\partial}{\partial z}+\right)V=\boldsymbol{i}\frac{\partial V}{\partial x}+\boldsymbol{j}\frac{\partial V}{\partial y}+\boldsymbol{k}\frac{\partial V}{\partial z}$$

$$\text{div } \boldsymbol{A}=\nabla\cdot\boldsymbol{A}=\left(\boldsymbol{i}\frac{\partial}{\partial x}+\boldsymbol{j}\frac{\partial}{\partial y}+\boldsymbol{k}\frac{\partial}{\partial z}+\right)\cdot(\boldsymbol{i}A_x+\boldsymbol{j}A_y+\boldsymbol{k}A_z)$$

$$=\frac{\partial A_z}{\partial x}+\frac{\partial A_y}{\partial y}+\frac{\partial A_z}{\partial z}$$

$$\text{rot}\,\boldsymbol{A}=\nabla\times\boldsymbol{A}=\begin{vmatrix}\boldsymbol{i} & \boldsymbol{j} & \boldsymbol{k}\\ \frac{\partial}{\partial x} & \frac{\partial}{\partial y} & \frac{\partial}{\partial z}\\ A_x & A_y & A_z\end{vmatrix}=\boldsymbol{i}\left(\frac{\partial A_z}{\partial y}-\frac{\partial A_y}{\partial z}\right)+\boldsymbol{j}\left(\frac{\partial A_z}{\partial z}-\frac{\partial A_z}{\partial x}\right)+\boldsymbol{k}\left(\frac{\partial A_y}{\partial x}-\frac{\partial A_z}{\partial y}\right)$$

$$\nabla^2 V=\frac{\partial^2 V}{\partial x^2}+\frac{\partial^2 V}{\partial y^2}+\frac{\partial^2 V}{\partial z^2}=\text{div}(\text{grad}\ V)$$

답 ㉯

**2·7** $\text{div}\,(f\boldsymbol{A})=\nabla\cdot(f\boldsymbol{A})=\nabla\cdot(fA_z\boldsymbol{i}+fA_y\boldsymbol{j}+fA_z\boldsymbol{k})=\boldsymbol{A}\,\text{grad}\,f+f\,\text{div}\,\boldsymbol{A}$ 이므로

$$\boldsymbol{A}\cdot\text{grad}\,f=(x\boldsymbol{i}+y\boldsymbol{j}+z\boldsymbol{k})\cdot\left\{\boldsymbol{i}\frac{\partial(xyz)}{\partial x}+\boldsymbol{j}\frac{\partial(xyz)}{\partial y}+\boldsymbol{k}\frac{\partial(xyz)}{\partial z}\right\}$$

$$=xyz+xyz+xyz=3xyz$$

$$\therefore[\boldsymbol{A}\cdot\text{grad}\,f]_{x=1,y=1,z=1}=3$$

$$f\,\text{div}\,\boldsymbol{A}=xyz\cdot\nabla\cdot\boldsymbol{A}=xyz\left(\boldsymbol{i}\frac{\partial}{\partial x}+\boldsymbol{j}\frac{\partial}{\partial y}+\boldsymbol{k}\frac{\partial}{\partial z}\right)\cdot(x\boldsymbol{i}+y\boldsymbol{j}+z\boldsymbol{k})$$

$$=xyz\left(\frac{\partial x}{\partial x}+\frac{\partial y}{\partial y}+\frac{\partial z}{\partial z}\right)=3xyz$$

$$\therefore[f\,\text{div}\,f]_{x=1,y=1,z=1}=3$$

따라서

$$\therefore[\text{div}\,(f\boldsymbol{A})]_{x=1,y=1,z=1}=[\boldsymbol{A}\,\text{grad}\,f+f\,\text{div}\,\boldsymbol{A}]_{x=1,y=1,z=1}=3+3=6$$

답 ㉱

**2·8**

$$\text{div}\,\boldsymbol{E}=\nabla\cdot\boldsymbol{E}=\left(\boldsymbol{i}\frac{\partial}{\partial x}+\boldsymbol{j}\frac{\partial}{\partial y}+\boldsymbol{k}\frac{\partial}{\partial z}\right)\cdot(\boldsymbol{i}E_x+\boldsymbol{j}E_y+\boldsymbol{k}E_z)$$

$$=\frac{\partial E_x}{\partial x}+\frac{\partial E_y}{\partial y}+\frac{\partial E_z}{\partial z}=\frac{\partial}{\partial x}(3x^2)+\frac{\partial}{\partial y}(2xy^2)+\frac{\partial}{\partial z}(x^2yz)$$

$$=6x+4xy+x^2y$$

답 ㉱

**2·9**

$$\nabla\times\nabla f=\text{rot}(\text{grad}f)=\begin{vmatrix}\boldsymbol{i} & \boldsymbol{j} & \boldsymbol{k}\\ \frac{\partial}{\partial x} & \frac{\partial}{\partial y} & \frac{\partial}{\partial z}\\ \frac{\partial f}{\partial x} & \frac{\partial f}{\partial x} & \frac{\partial f}{\partial x}\end{vmatrix}=\begin{vmatrix}\boldsymbol{i} & \boldsymbol{j} & \boldsymbol{k}\\ \frac{\partial}{\partial x} & \frac{\partial}{\partial y} & \frac{\partial}{\partial z}\\ 2x & 2y & 2z\end{vmatrix}$$

$$=\boldsymbol{i}\left[\frac{\partial}{\partial y}(2z)-\frac{\partial}{\partial z}(2y)\right]-\boldsymbol{j}\left[\frac{\partial}{\partial y}(2z)-\frac{\partial}{\partial z}(2x)\right]+\boldsymbol{k}\left[\frac{\partial}{\partial y}(2y)-\frac{\partial}{\partial z}(2x)\right]$$

$$=0$$

답 ㉮

**2·10** 구좌표계에서 div $\boldsymbol{D}$는 다음과 같다.

$$\text{div}\,\boldsymbol{D} = \frac{1}{r^2}\frac{\partial}{\partial r}(r^2 D_r) + \frac{1}{r\sin\theta}\frac{\partial}{\partial\theta}(\sin\theta D_e) + \frac{1}{r\sin\theta}\frac{\partial D_\phi}{\partial\phi}$$

(전속 밀도가 $\boldsymbol{D} = \boldsymbol{a}_r D_r + \boldsymbol{a}_\phi D_\theta + \boldsymbol{a}_\phi D_\phi$ 일 때)

그런데 $\boldsymbol{D} = \frac{1}{r}\boldsymbol{a}_r$, 즉 $D_r = \frac{1}{r}$ 로

$$\text{div}\,\boldsymbol{D} = \frac{1}{r^2}\frac{\partial}{\partial r}\left(r^2\frac{1}{r}\right) = \frac{1}{r^2}\frac{\partial}{\partial r}(r) = \frac{1}{r^2}$$

$r = \sqrt{x^2+y^2+z^2}$ 인데 문제의 좌표점은 $\left(x=0, y=\frac{1}{5}, z=0\right)$이므로 $r = \frac{1}{5}$ 이다.

$$\therefore \text{div}\,\boldsymbol{D} = \frac{1}{r^2} = \frac{1}{\left(\frac{1}{5}\right)^2} = 25$$

**답** ㉮

## 3장 과년도 문제 및 해설

**3·1** $Q_1 = 1\,[\text{C}]$, $Q_2 = 1\,[\text{C}]$, $r = 1\,[\text{m}]$이므로

$$F = \frac{Q_1 Q_2}{4\pi\varepsilon_0^{r^2}} = 9\times10^9\times\frac{Q_1 Q_2}{r^2} = 9\times10^9\times\frac{1\times(-1)}{1^2} = -9\times10^9\,[\text{N}]$$

$$= -9\times10^5\,[\text{t}]\ \text{(흡인력)}$$

**답** ㉰

**3·2** $\frac{1}{4\pi\varepsilon_0} = 9\times10^9$에서

$$\varepsilon_0 = \frac{1}{4\pi\times9\times10^9} = \frac{1}{36\pi}\times10^{-9} = \frac{1}{120\pi C} = \frac{10^7}{4\pi C^2} = \frac{1}{\mu_0 C^2}$$

$$= 8.855\times10^{-12}\,[\text{F/m}]$$

(단, $C$: 진공 중의 빛의 속도 $3\times10^8\,[\text{m/s}]$, $\mu_0$ : 진공 중의 투자율 $4\pi\times10^{-7}\,[\text{H/m}]$)

**답** ㉮

**3·3** $Q_1 = 2\times10^{-5}\,[\text{C}]$, $Q_2 = 1\times10^{-6}\,[\text{C}]$, $r = 0.5\,[\text{m}]$이므로

$$\boldsymbol{F} = \frac{Q_1 Q_2}{4\pi\varepsilon_0 r^2} = 9\times10^9\times\frac{Q_1 Q_2}{r^2} = 9\times10^9\times\frac{2\times10^{-5}\times1\times10^{-6}}{0.5^2} = 72\times10^{-2}\,[\text{N}]$$

**답** ㉮

**3·4** C.G.S 정전 단위계에서는 진공 중에 서로 같은 두 점전하를 1 [cm] 거리에 놓았을 때 작용하는 힘이 1 [dyne] = $10^{-5}$ [N]일 때의 전하를 1 [esu]로 정하므로 C.G.S 정전 단위계에 있어서 쿨롱의 법칙은 $Q_1 = 1$ [esu], $Q_2 = -2$ [esu], $r = 10$ [cm]이므로

$$\boldsymbol{F} = \frac{Q_1 Q_2}{r^2} = \frac{1 \times (-2)}{10^2} = -2 \times 10^{-2}\,[\text{dyne}] = -2 \times 10^{-7}\,[\text{N}] \text{ (흡인력)}$$

$(\because 1\,[\text{N}] = 10^5\,[\text{dyne}])$

**답** ㉯

**3·5** 1 [dyne] = $10^{-5}$ [N]이므로

$$\boldsymbol{F} = \frac{Q_1 Q_2}{4\pi\varepsilon_0 r^2} = 9 \times 10^9 \times \frac{Q_1 Q_2}{r^2}\,[\text{N}]$$

위식에 $\boldsymbol{F} = 1\,[\text{dyne}] = 10^{-5}\,[\text{N}]$, $r = 1\,[\text{m}]$, $Q_1 = Q_2 = Q\,[\text{C}]$을 대입하면

$$10^{-5} = 9 \times 10^9 \times \frac{Q_2}{1^2}, \quad Q^2 = \frac{10^{-5}}{9 \times 10^9}$$

$$\therefore Q = 3.33 \times 10^{-8}\,[\text{C}]$$

**답** ㉰

**3·6**

$$\boldsymbol{F} = \frac{1}{4\pi\varepsilon_0} \cdot \frac{Q_1 Q_2}{r^2} = 9 \times 10^9 \frac{Q_1 Q_2}{r^2} r_0$$

$$= 9 \times 10^9 \times \frac{4 \times 10^{-4} \times (-2 \times 10^{-5})}{(1-2)^2 + (2-0)^2 + (3-5)^2} \times \frac{(1-2)\,\boldsymbol{i} + (2-0)\,\boldsymbol{j} + (3-5)\,\boldsymbol{k}}{\sqrt{(1-2)^2 + (2-0)^2 + (3-5)^2}}$$

$$= 9 \times 10^9 \times \frac{-8 \times 10^{-9}}{9} \times \frac{1}{3} \times (-\boldsymbol{i} + 2\boldsymbol{j} - 2\boldsymbol{k}) = \frac{8}{3}(\boldsymbol{i} - 2\boldsymbol{j} + 2\boldsymbol{k})\,[\text{N}]$$

**답** ㉮

**3·7** B구가 A구에 의해서 받는 힘을 $\boldsymbol{F}_{BA}$, B구가 C구에 의해서 받는 힘을 $\boldsymbol{F}_{BC}$라 하면 B구에 작용하는 힘 $\boldsymbol{F}_B$는

$$\boldsymbol{F}_B = \boldsymbol{F}_{BA} - \boldsymbol{F}_{BC} = \frac{Q_B Q_A}{4\pi\varepsilon r_A{}^2} - \frac{Q_B Q_C}{4\pi\varepsilon r_B{}^2} = \frac{Q_B}{r_A{}^2} - \frac{Q_C}{r_B{}^2}$$

$$= 9 \times 10^9 \times 2 \times 10^{-6} \left( \frac{4 \times 10^{-6}}{2^2} - \frac{5 \times 10^{-6}}{3^2} \right)$$

$$= 0.8 \times 10^{-2}\,[\text{N}] \text{ (C측으로 향하는 힘)}$$

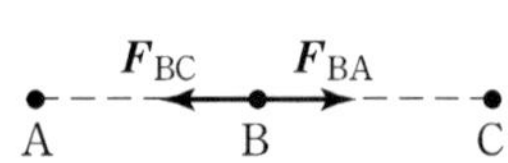


**답** ㉰

**3·8** $|\boldsymbol{F}_{CB}|=|\boldsymbol{F}_{CA}|$이므로

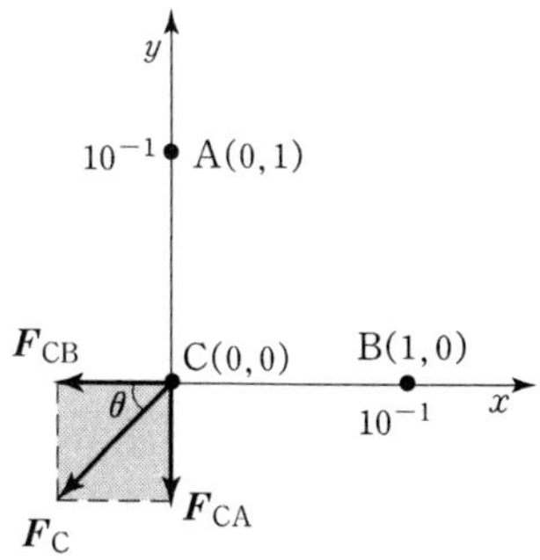


$$\boldsymbol{F}_{CB}=\frac{Q_BQ_C}{4\pi\varepsilon_0 r^2}=9\times10^9\times\frac{Q_BQ_C}{r^2}\,[\text{N}]$$

에 $Q_B=10^{-8}$[N], $Q_C=10^{-9}$[C], $r=1$[m]를 대입하면

$$|\boldsymbol{F}_{CB}|=9\times10^9\times\frac{10^{-8}\times10^{-9}}{1^2}=9\times10^{-8}\,[\text{N}]$$

따라서, C점의 전하에 작용하는 힘 $\boldsymbol{F}_C$는

$$\therefore \boldsymbol{F}_C=2|\boldsymbol{F}_{CB}|\cos\theta=2\times9\times10^{-8}\times\cos45°=2\times9\times10^{-8}\times\frac{1}{\sqrt{2}}$$

$$=12.73\times10^{-8}\,[\text{N}]$$

**답** ㉯

**3·9** B점에서의 전계 세기 $\boldsymbol{E}$는

$$\boldsymbol{E}=\frac{Q}{4\pi\varepsilon_0 r^2}=9\times10^9\times\frac{Q}{r^2}=9\times10^9\times\frac{10^{-6}}{2^2}=\frac{9}{4}\times10^3\,[\text{N/C}]$$

**답** ㉱

**3·10** 중점 P에 작용하는 전계의 세기 $\boldsymbol{E}_P$는 $\boldsymbol{E}_{PA}$와 $\boldsymbol{E}_{PB}$가 서로 반대 방향이므로 그 차에 해당된다.

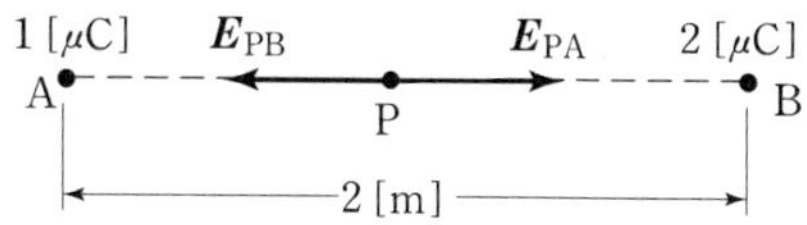


$$\boldsymbol{E}_P=\boldsymbol{E}_{PB}-\boldsymbol{E}_{PA}=\frac{1}{4\pi\varepsilon_0 r^2}(Q_B-Q_A)$$

$$=9\times10^9\times\frac{1}{1^2}(2\times10^{-6}-1\times10^{-6})$$

$$=9\times10^3\,[\text{V/m}]$$

**답** ㉮

**3·11** 두 전하의 부호가 같을 때에는 두 전하 사이에 전계의 세기가 0이 되는 점은 절대값이 작은 측의 외측에 존재한다. 그림과 같이 절대값이 작은 측의 외측에 $x$[m]인 점의 전계가 0이라 하면

$$\boldsymbol{E}_P=\boldsymbol{E}_{PA}-\boldsymbol{E}_{PB}=\frac{1}{4\pi\varepsilon_0}\left\{\frac{Q_A}{x^2}-\frac{Q_B}{(1-x)^2}\right\}=0$$

에서

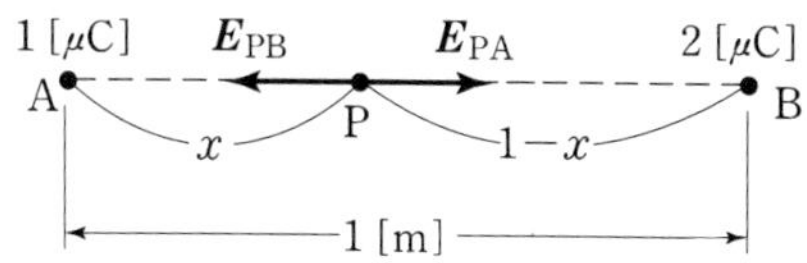


$$\boldsymbol{E}_P=\frac{1}{4\pi\varepsilon_0}\left\{\frac{1\times10^{-8}}{x^2}-\frac{2\times10^{-6}}{(1-x)^2}\right\}=0$$

$$\therefore \frac{1}{x^2}=\frac{2}{(1-x)^2}$$

$$(1-x)^2=2x^2$$

$$(1-x)=\sqrt{2}x$$

$$\therefore x=\frac{1}{\sqrt{2}+1}=\sqrt{2}-1\,[\mathrm{m}]$$

답 ㉮

**3·12** 두 전하의 부호가 다르므로 전계의 세기가 0이 되는 점은 전하의 절대값이 작은 측의 외측에 존재한다. 그림과 같이 절대값이 작은 측의 외측에 $x$[m]인 점이 전계의 세기가 0이라 하면

$$\boldsymbol{E}_P=\frac{1}{4\pi\varepsilon_0}\left\{\frac{-Q}{x^2}+\frac{2Q}{(2+x)^2}\right\}=0$$

$$\therefore \frac{1}{x^2}=\frac{2}{(2+x)^2}$$

$$2x^2=(2+x)^2$$

$$\sqrt{2}x=2+x$$

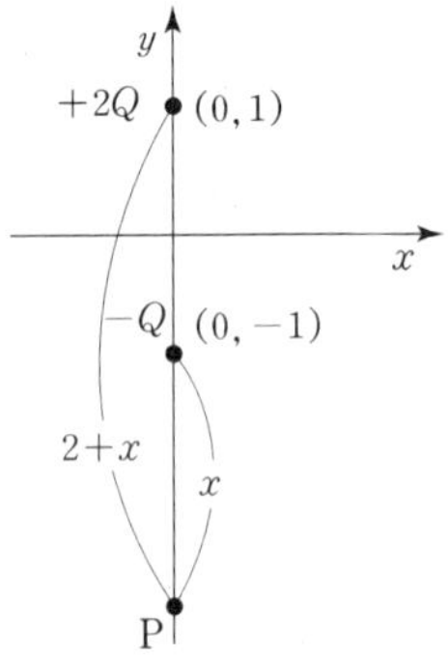


답 ㉮

**3·13**

$$V=V_A+V_B=\frac{1}{4\pi\varepsilon_0}\left(\frac{Q_A}{r_A}+\frac{Q_B}{r_B}\right)=9\times10^9\times\left(\frac{Q_A}{r_A}+\frac{Q_B}{r_B}\right)$$

$$=9\times10^9\times\left(\frac{1\times10^{-8}}{\sqrt{5}}+\frac{-3\times10^{-8}}{\sqrt{5}}\right)=-80.5\,[\mathrm{V}]$$

답 ㉰

**3·14** 문제 그림에서 점 P의 전계를 $\boldsymbol{E}_A$, $\boldsymbol{E}_B$라고 하면

$$\boldsymbol{E}_A=\frac{Q_A}{4\pi\varepsilon_0 {r_A}^2}=9\times10^9\times\frac{Q_A}{{r_A}^2}=9\times10^9\times\frac{4.8\times10^{-7}}{4^2}=270\,[\mathrm{V/m}]$$

$$\boldsymbol{E}_B=\frac{Q_B}{4\pi\varepsilon_0 {r_B}^2}=9\times10^9\times\frac{Q_B}{{r_B}^2}=9\times10^9\times\frac{1.8\times10^{-7}}{3^2}=180\,[\mathrm{V/m}]$$

점 P의 전계 $\boldsymbol{E}_P$를 구하려면 $\boldsymbol{E}_A$와 $\boldsymbol{E}_B$가 90°를 이루고 있으므로

$$\therefore E_P=\sqrt{{E_A}^2+{E_B}^2}=\sqrt{270^2+180^2}=324.5\,[\mathrm{V/m}]$$

또한, 전위 $V$는

$$V=\frac{Q}{4\pi\varepsilon_r}\,[\mathrm{V}]$$

에 의해서

$$\therefore V = V_A + V_B = \frac{1}{4\pi\varepsilon_0}\left(\frac{Q_A}{r_A} + \frac{Q_B}{r_B}\right) = 9\times10^9\times\left(\frac{Q_A}{r_A} + \frac{Q_B}{r_B}\right)$$

$$= 9\times10^9\times\left(\frac{4.8\times10^{-7}}{4} + \frac{1.8\times10^{-7}}{3}\right) = 1,080 + 540 = 1,620\,[\mathrm{V}]$$

**답** ㉰

**3·15** 점 P의 전위는 무한 원점으로부터 단위 정전하를 점 P까지 운반하는 데 요하는 일이므로

$$V_P = -\int_\infty^P \boldsymbol{E}\cdot d\boldsymbol{l} = \int_P^\infty \boldsymbol{E}\cdot d\boldsymbol{l}[\mathrm{V}]$$

따라서, 점 B에서 점 A까지 단위 정전하를 옮기는 데 요하는 일, 즉 점 A의 전위는

$$\therefore V_{AB} = -\int_B^A \boldsymbol{E}\cdot d\boldsymbol{l} = \int_A^B \boldsymbol{E}\cdot d\boldsymbol{l}[\mathrm{V}]$$

**답** ㉮

**3·16** 전기력선의 방정식 $\frac{dx}{E_x} = \frac{dy}{E_y}$ 에서 $E_x = \frac{2}{x}$, $E_y = \frac{2}{y}$ 이므로

$$\frac{dx}{\frac{2}{x}} = \frac{dy}{\frac{2}{y}}$$

$$\therefore x\,dx = y\,dy$$

양변을 적분하면

$$\frac{1}{2}x^2 = \frac{1}{2}y^2 + k$$

$x = 2$, $y = 4$ 이므로 $k = -6$ 이 된다.

$$\therefore y^2 - x^2 = 12$$

**답** ㉯

**3·17** 전기력선의 방정식 $\frac{dx}{E_x} = \frac{dy}{E_y}$ 에서

$$E_x = \frac{3x}{(x^2+y^{2)}},\quad E_y = \frac{3y}{(x^2+y^{2)}}$$

$$\frac{dx}{3x/(x^2+y^2)} = \frac{dy}{3y/(x^2+y^2)}$$

양변을 적분하면

$$\ln x = \ln y + k_1 = \ln k_2 y$$

$$\therefore x = k_2 y$$

$x=4$, $y=3$ 이므로 $k_2=\dfrac{4}{3}$ 가 된다.

$$\therefore x=\frac{4}{3}y$$

답 ㉰

**3·18** $\text{grad } V=\nabla V=\left(\partial\partial x\boldsymbol{i}+\dfrac{\partial}{\partial y}\boldsymbol{j}+\dfrac{\partial}{\partial z}\boldsymbol{k}\right)V=\dfrac{\partial V}{\partial x}\boldsymbol{i}+\dfrac{\partial V}{\partial y}\boldsymbol{j}+\dfrac{\partial V}{\partial z}\boldsymbol{k}$

$$\frac{\partial V}{\partial x}=\frac{\partial}{\partial x}\left(\frac{10}{x^2+y^2}\right)=\frac{-10\cdot 2x}{(x^2+y^2)^2}=\frac{-20x}{(x^2+y^2)^2}$$

$$\frac{\partial V}{\partial x}=\frac{\partial}{\partial x}\left(\frac{10}{x^2+y^2}\right)=\frac{-20y}{(x^2+y^2)^2}$$

$\dfrac{\partial V}{\partial x}=0$ (함수 $V$는 $z$의 함수가 아니므로)

$$\therefore \text{grad } V=-\frac{20}{(x^2+y^2)^2}(x\,\boldsymbol{i}+y\boldsymbol{j})$$

$x=2$, $y=1$에서의 전위 경도 $[\text{grad } V]_{x=2,\,y=1}$은

$$\therefore [\text{grad } V]_{x=2,\,y=1}=-\frac{20}{(2^2+1^2)^2}(2\,\boldsymbol{i}+\boldsymbol{j})=-\frac{20}{25}(2\,\boldsymbol{i}+\boldsymbol{j})$$

$$=-\frac{20}{25}\sqrt{2^2+1^2}\angle\tan^{-1}0.5$$

$$=\frac{20}{25}\sqrt{2^2+1^2}\angle\tan^{-1}0.5+180°=1.79\angle 206°\ [\text{V/m}]$$

또한, 점 (2, 1)에 대한 전계의 세기 $\boldsymbol{E}$는

$$\therefore \boldsymbol{E}=-\text{grad } V=-1.79\angle 206°=1.79\angle 206°\pm 180°=1.79\angle 26°\ [\text{V/m}]$$

답 ㉮

## 4장 과년도 문제 및 해설

**4·1** $Q$[C]의 전하로부터 발산되는 전기력선의 수는

$$N=\int_s \boldsymbol{E}\cdot d\boldsymbol{S}=\frac{Q}{\varepsilon_0}\ [\text{개}]$$

답 ㉯

**4·2** 전력선의 총수를 $N$이라 하면

$$N = \frac{1}{\varepsilon_0} \sum_{i=1}^{n} Q_i$$

**답** ㉣

**4·3** 구면을 통해서 나오는 전기력선의 수는

$$N = \frac{\sum_{i=1}^{n} Q_i}{\varepsilon_0} = \frac{(5+4-6)\times 10^{-8}}{\varepsilon_0} = 3\times 10^{-8}\times 4\pi\times 9\times 10^{9} = 1,080\,\pi\,[\text{개}]$$

**답** ㉯

**4·4** 전기력선의 총수를 $N$이라 하면

$$N = \frac{1}{\varepsilon_0} \sum_{i=1}^{n} Q_i = \frac{(8-3)\times 10^{-6}}{8.855\times 10^{-12}} = \frac{5\times 10^{6}}{8.855} = 5.65\times 10^{5}\,[\text{개}]$$

**답** ㉮

**4·5** 가우스의 법칙에 의해서

$$\int_s \boldsymbol{E}\cdot\boldsymbol{n}ds = \frac{\rho_L l}{\varepsilon_0}$$ (임의 거리를 $l$이라 한다)

$$\boldsymbol{E}\cdot 2\pi\cdot l = \frac{\rho_L l}{\varepsilon_0}$$

$$\therefore \boldsymbol{E} = \frac{\rho_L}{2\pi\varepsilon_0 r}\,[\text{V/m}]$$

**답** ㉮

**4·6** 구도체의 전하 또는 구대칭 전하는 구 밖에서 볼 때는 중심에 집중된 점전하를 볼 수 있으므로 전위 $V$는

$$V = \frac{Q}{4\pi\varepsilon_0 r} = \frac{Q}{4\pi\varepsilon_0 (5a)} = \frac{1}{20\pi\varepsilon_0}\cdot\frac{Q}{a}\,[\text{V}]$$

**답** ㉰

**4·7**

$$V_A = -\int_{\infty}^{c} \boldsymbol{E}\cdot d\boldsymbol{r} - \int_{b}^{a} \boldsymbol{E}\cdot d\boldsymbol{r} = \frac{Q}{4\pi\varepsilon_0}\left(\frac{1}{a} - \frac{1}{b} + \frac{1}{c}\right)[\text{V}]$$

**답** ㉣

**4·8**

$$V_{BA} = V_B - V_A = -\int_{A}^{B} \boldsymbol{E}\cdot d\boldsymbol{l} = -\int_{0}^{0.8} \boldsymbol{E}\cdot d\boldsymbol{l} = -[50\,l]_0^{0.8} = -40\,[\text{V}]$$

$\boldsymbol{E} = 50\,[\text{V/m}]$, $V_A = 80\,[\text{V}]$, $V_{BA} = -40\,[\text{V}]$이므로

$$\therefore V_B = V_A + V_{BA} = 80 - 40 = 40\,[\text{V}]$$

**답** ㉯

**4·9** $h$점의 전위 $dV$는

$$dV = \frac{\rho_L\, dl}{4\pi\varepsilon_0\sqrt{a^2+h^2}}$$

$$V = \int_0^{2\pi a}\frac{\rho_L dl}{4\pi\varepsilon a^2+h^2} = \frac{\rho_L}{4\pi\varepsilon_0\sqrt{a^2+h^2}}\int_0^{2\pi a} dl = \frac{\rho_L}{4\pi\varepsilon_0}\cdot\frac{2\pi a}{\sqrt{a^2+h^2}}$$

$$= \frac{\rho_L a}{2\varepsilon_0\sqrt{a^2+h^2}}\ [\mathrm{V}]$$

답 ㉣

**4·10**

$$d\boldsymbol{E} = \frac{dq}{4\pi\varepsilon_0 r^2} = \frac{\lambda dl}{4\pi\varepsilon_0 r^2}$$

$$d\boldsymbol{E}_x = d\boldsymbol{E}\cdot\cos\theta = d\boldsymbol{E}\cdot\frac{x}{r} = \frac{\lambda dl\cdot x}{4\pi\varepsilon_0 r^3}$$

$$\therefore \boldsymbol{E}_x = \int_c d\boldsymbol{E}_x = \int_0^{2\pi a}\frac{x\lambda dl}{4\pi\varepsilon_0 r^3} = \frac{x\lambda}{4\pi\varepsilon_0 r^3}\int_0^{2\pi a} dl = \frac{x\lambda}{4\pi\varepsilon_0 r^3}[\,l\,]_0^{2\pi a}$$

$$= \frac{2\pi a\cdot x\lambda}{4\pi\varepsilon_0 r^3} = \frac{Qx}{4\pi\varepsilon_0 r^3}$$

$$= \frac{Qx}{4\pi\varepsilon_0(a^2+x^2)^{3/2}}\ [\mathrm{V}]$$

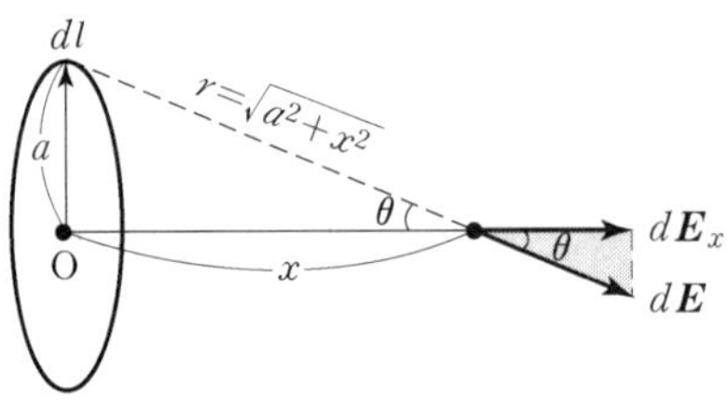


답 ㉯

**4·11** 그림과 같은 원형 선전하의 경우는 거리 $R$인 점전하 $Q$에 대한 전계 방향 능률 $\cos\theta$를 고려하여

$$\boldsymbol{E} = \int_0^{2\pi r} d\boldsymbol{E}' = \int_0^{2\pi r} d\boldsymbol{E}\cos\theta$$

$$= \frac{Q\cos\theta}{4\pi\varepsilon_0 R^2}$$

$$= \frac{2\pi r\rho_L}{4\pi\varepsilon_0(r^2+a^{2)}}\cdot\frac{a}{\sqrt{r^2+a^2}}$$

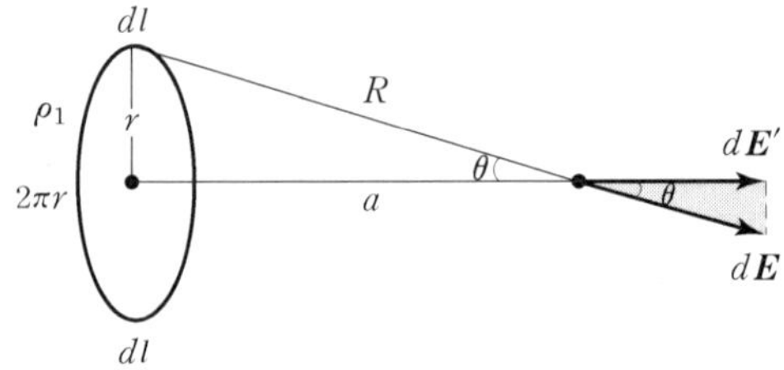

$$= \frac{r a \rho_L}{2\varepsilon_0 (r^2 + a^2)^{3/2}} \text{ [N/C]}$$

$$\therefore \boldsymbol{E}_a = E\boldsymbol{a}_z = \frac{r a \rho_L}{2\varepsilon_0 (r^2 + a^2)^{3/2}} \boldsymbol{a}_z \text{ [N/C]}$$

**답** ㉯

**4·12** 그림과 같이 무한히 넓은 평면에 면전하 밀도 $\delta$[C/m$^2$]인 전하가 균일하게 분포되어 있을 때는 전기력선은 수직으로 나온다. 원통면을 가우스 표면으로 취하면 전기력선은 원통의 상하면에만 통하므로

$$\oint_s \boldsymbol{E} \cdot d\boldsymbol{S} = \frac{Q}{\varepsilon_0}$$

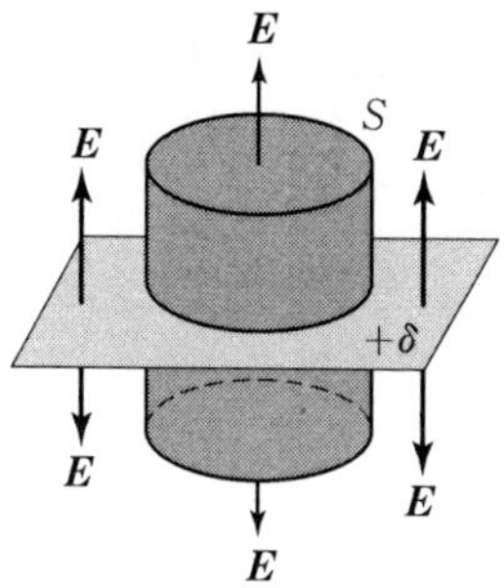


에서

$$\boldsymbol{E} \times 2S = \frac{\delta S}{\varepsilon_0}$$

$$\therefore \boldsymbol{E} = \frac{\delta}{2\varepsilon_0} \text{ [C/m}^2\text{]}$$

**답** ㉮

**4·13** 그림과 같이 $y$, $z$방향에 대해서는 전위의 변화가 없으므로 푸아송의 방정식은

$$\frac{d^2 V}{dx^2} = -\frac{\rho}{\varepsilon_0}$$

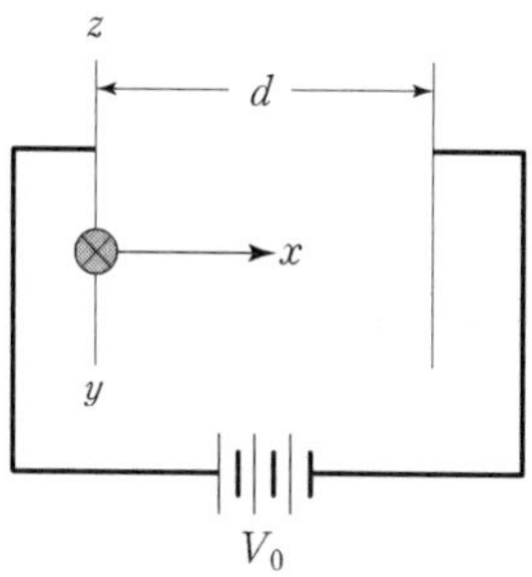


$$V = V_0 \left(\frac{x}{d}\right)^{4/3}$$

$$\frac{dV}{dx} = \frac{4}{3} V_0 \left(\frac{x}{d}\right)^{1/3} \frac{1}{d}$$

$$\frac{d^2 V}{dx^2} = \frac{4}{3} V_0 \left(\frac{x}{d}\right)^{2/3} = -\frac{\rho}{\varepsilon_0}$$

$$\therefore \rho = -\frac{4}{p} \frac{\varepsilon_0 V_0}{d^2} \left(\frac{x}{d}\right)^{-2/3} \text{ [C/m}^3\text{]}$$

**답** ㉯

**4·14**

$$\nabla^2 V = \frac{\partial^2 V}{\partial x^2} + \frac{\partial^2 V}{\partial y^2} + \frac{\partial^2 V}{\partial z^2} = -\frac{\rho}{\varepsilon_0} \quad \text{(푸아송 방정식)}$$

$$\nabla^2 V = \frac{\partial^2 V}{\partial x^2} + \frac{\partial^2 V}{\partial y^2} + \frac{\partial^2 V}{\partial z^2} = 2 + 2 + 0 = -\frac{\rho}{\varepsilon_0}$$

$$\therefore \rho = -4\varepsilon_0 \text{ [C/m}^3\text{]}$$

**답** ㉮

**4·15**

$$\nabla^2 V = \frac{\partial^2 V}{\partial x^2} + \frac{\partial^2 V}{\partial y^2} + \frac{\partial^2 V}{\partial z^2} = -\frac{\rho}{\varepsilon_0}$$

$$\nabla^2 V = \frac{\partial^2 V}{\partial x^2} + \frac{\partial^2 V}{\partial y^2} + \frac{\partial^2 V}{\partial z^2} = 4+6+2 = -\frac{\rho}{\varepsilon_0}$$

$$\therefore \rho = -12\varepsilon_0\,[\mathrm{C/m^3}]$$

**답** ㉱

**4·16** 점 P의 전위는

$$V_P = \frac{M}{4\pi\varepsilon_0}\omega\,[\mathrm{V}]$$

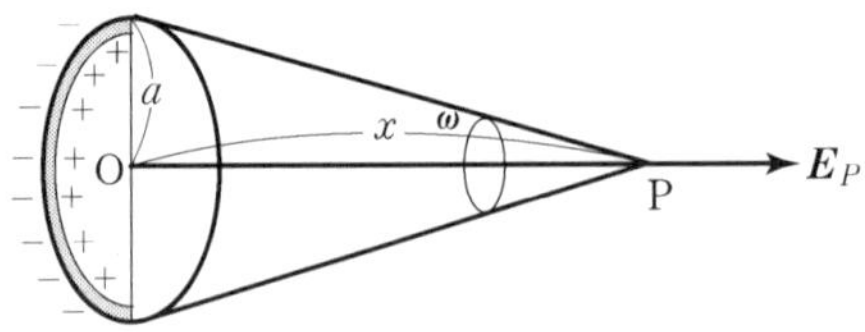


점 P에서 원판 도체를 본 입체각 $\omega$는

$$\omega = 2\pi(1-\cos\theta) = 2\pi\left(1-\frac{x}{\sqrt{a^2+x^2}}\right)$$

가 되므로

$$\therefore V_P = \frac{M}{4\pi\varepsilon_0}\cdot 2\pi\left(1-\frac{x}{\sqrt{a^2+x^2}}\right) = \frac{M}{2\varepsilon_0}\left(1-\frac{x}{\sqrt{a^2+x^2}}\right)[\mathrm{V}]$$

점 P의 축방향 전계 세기는

$$\therefore \boldsymbol{E}_P = \frac{\partial V_P}{\partial x} = \frac{M}{2\varepsilon_0}\cdot\frac{\boldsymbol{a}^2}{(a^2+x^2)^{3/2}}\,[\mathrm{V/m}]$$

**답** ㉰

## 5장 과년도 문제 및 해설

**5·1** $V_i = p_{i1}Q_1 + p_{i2}Q_2 + \cdots p_{in}Q_n$에서 각 전하가 $n$배 되면 $V_i$는 $n$배가 된다.

**답** ㉯

**5·2**

$$\left.\begin{aligned} V_r &= p_{rr}Q_r + p_{rs}Q_s \\ V_s &= p_{sr}Q_r + p_{ss}Q_s \end{aligned}\right\}$$ 에서 $Q_s = 0,\ Q_r = 1$일 때 $V_r = p_{rr},\ V_s = p_{rr}$

$s$ 도체가 $r$ 도체 내에 있으면 $Q_s = 0$이므로 $V_r = V_s$가 되며 $p_{rr} = p_{sr}$이다. 이것은 첨자가 같은 도체가 첨자가 다른 것을 포위하고 있음을 의미하며, 즉 $s$ 도체가 $r$ 도체 속에 있는 경우이다.

**답** ㉰

**5·3** 그림과 같이 도체 $c$를 도체 $a$로 정전 차폐하면 도체 $c$에서 나온 전기력선은 전부 도체 $a$에서 끝나므로 도체 $b$와는 무관하다.

$\therefore q_{bc} = q_{cb} = 0$

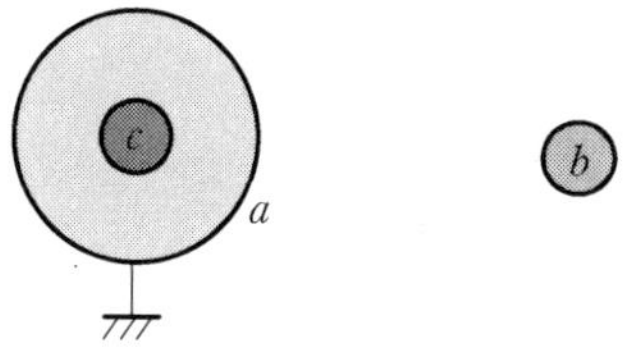


답 ㉰

**5·4** 도체구와 점전하를 각각 도체 1, 2로 보고 $Q_1 = 1, Q_2 = 0$일 때

$$V_1 = p_{11} \times 1 + p_{12} \times 0 = \frac{1}{4\pi\varepsilon_0 a} \text{ [V]}$$

$$V_2 = p_{21} \times 1 + p_{22} \times 0 = \frac{1}{4\pi\varepsilon_0 r} \text{ [V]}$$

이므로

$$p_{11} = \frac{1}{4\pi\varepsilon_0 a}, \quad p_{21} = \frac{1}{4\pi\varepsilon_0 r}$$

이 된다.

$p_{12} = p_{21}$이므로 $Q_1 = 0, Q_2 = 1$일 때는

$$V_1 = p_{12} \times 1 = p_{21} = \frac{1}{4\pi\varepsilon_0 r} \text{ [V]}$$

이 된다.

따라서, 점 P에 점전하 $Q$[C]의 전하를 주고 구를 접지하였을 때, 접지구에 유도되는 전하를 $Q'$라 하면

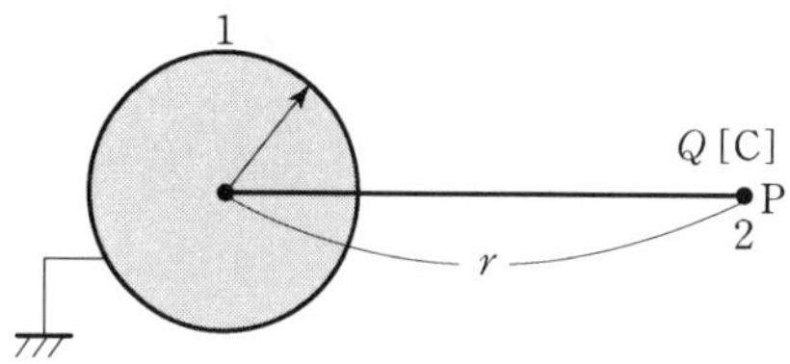


$$V_1 = 0 = p_{11} Q' + p_{12} Q$$

$$\therefore Q' = -p_{12} Q$$

$$\therefore Q' = -\frac{p_{12}}{p_{11}} Q = -\frac{\frac{1}{4\pi\varepsilon_0 r}}{\frac{1}{4\pi\varepsilon_0 a}} Q = -\frac{a}{r} Q \text{[C]}$$

답 ㉰

**5·5** $Q$[C]으로 대전된 도체의 전위를 $V_1$, $-Q$[C]으도 대전된 도체의 전위를 $V_2$라 하면 $Q_1 = Q$, $Q_2 = -Q$이므로

$$V_1 = p_{11} Q_1 + p_{12} Q_2 = p_{11} Q - p_{12} Q \text{[V]}$$

$$V_2 = p_{21} Q_1 + p_{22} Q_2 = p_{21} Q - p_{22} Q \text{[V]}$$

두 도체 간의 전위차 $V$는 $p_{12}=p_{21}$이므로

$$\therefore V=V_1-V_2$$
$$=(p_{11}Q-p_{12}Q)-(p_{21}Q-p_{22}Q)$$
$$=(p_{11}Q-p_{12}Q-p_{21}Q+p_{22}Q)$$
$$=(p_{11}-2p_{12}+p_{22})Q[\text{V}]$$

답 ㉣

**5·6** $Q_1=Q[\text{C}]$, $Q_2=-Q[\text{C}]$이므로

$$V_1=p_{11}Q_1+p_{12}Q_2=p_{11}Q-p_{12}Q[\text{V}]$$
$$V_2=p_{21}Q_1+p_{22}Q_2=p_{21}Q-p_{22}Q[\text{V}]$$
$$\therefore V=V_1-V_2=(p_{11}-2p_{12}+p_{22})Q[\text{V}]$$

전위 계수로 표시한 정전 용량 $C$는

$$\therefore C=\frac{Q}{V}=\frac{Q}{V_1-V_2}=\frac{1}{p_{11}-2p_{12}+p_{22}}[\text{F}]$$

답 ㉣

**5·7**

$$V_A=p_{AA}Q_A+p_{AB}Q_B$$
$$V_B=p_{BA}Q_A+p_{BB}Q_B$$

$Q_A=1[\text{C}]$, $Q_B=0$일 때, $p_{AA}=V_A=3[\text{V/C}]$, $p_{BA}=2[\text{V/C}]$이 된다.

$Q_A=2[\text{C}]$, $Q_B=1[\text{C}]$일 때

$$\therefore V_A=p_{AA}Q_A+p_{AB}Q_B=3Q_A+2Q_B=3\times2+2\times1=8[\text{V}]$$

답 ㉢

**5·8**

$$Q_1=q_{11}V_1+q_{12}V_2[\text{C}]$$
$$Q_2=q_{21}V_1+q_{22}V_2[\text{C}]$$

에서 $q_{11}=C_1$, $q_{22}=C_2$, $V_1=V$이므로

$$Q_1=(q_{11}+q_{12})V=(C_1+M)V[\text{C}]$$
$$Q_2=(q_{21}+q_{22})V=(M+C_2)V[\text{C}]$$

가 된다. 구하는 정전 용량은

$$\therefore C=\frac{Q_1+Q_2}{V}=C_1+C_2+2M[\text{F}]$$

답 ㉢

**5·9** 도체계 전에너지 $W$는

$$W = W_1 + W_2 = \frac{1}{2} p_{11} Q_1{}^2 + p_{21} Q_1 Q_2 + \frac{1}{2} p_{22} Q_2{}^2$$

여기서, $V_1 = p_{11} Q_1 + p_{12} Q_2$, $V_2 = p_{21} Q_2 + p_{22} Q_2$의 관계를 대입하면

$$W = \frac{1}{2}(Q_1 V_1 + Q_2 V_2)[\mathrm{J}]$$

가 된다.

즉, $W = \sum_{t=1}^{n} \frac{1}{2} Q_1 V_1 = \frac{1}{2} \sum_{s=1}^{n} \sum_{r=1}^{n} p_{rs} Q_r Q_s [\mathrm{J}]$이 성립한다.

**답** ㉮

**5·10**

$$V_1 = p_{11} Q_1 + p_{12} Q_2 [\mathrm{V}]$$
$$V_2 = p_{21} Q_1 + p_{22} Q_2 [\mathrm{V}]$$

에서 접속 후에는 전위가 같으므로 $V_1 = V_2$, 접속 후 도체 1에 남아 있는 전하 $Q_1$은 $Q_1 = Q - Q$로 감소하므로

$$V_1 = p_{11}(Q - Q_2) + p_{12} Q_2 = V_2 = p_{21}(Q - Q_2) + p_{22} Q_2$$
$$p_{11}Q - p_{11}Q_2 + p_{12}Q_2 = p_{21}Q - p_{21}Q_2 + p_{22}Q_2$$
$$(p_{11} - p_{12})Q = (p_{11} - p_{12} - p_{12} + p_{22})Q_2 \ (\because p_{12} = p_{21})$$
$$\therefore Q_2 = \frac{p_{11} - p_{12}}{p_{11} - 2p_{12} + p_{22}} Q[\mathrm{C}]$$

**답** ㉮

**5·11**

$$V_1 = p_{11} Q_1 + p_{12} Q_2 [\mathrm{V}]$$
$$V_2 = p_{21} Q_1 + p_{22} Q_2 [\mathrm{V}]$$

$Q_1 = Q_2 = 1[\mathrm{C}]$인 경우에는

$$\left.\begin{array}{l} V_1 = p_{11} + p_{12} = 5[\mathrm{V}] \\ V_2 = p_{21} + p_{22} = 12[\mathrm{V}] \end{array}\right\} \cdots\cdots ①$$

$Q_1 = 1[\mathrm{C}]$, $Q_2 = 0$인 경우에는

$$V_2 = p_{21} = 0.5[\mathrm{V}] \cdots\cdots ②$$

따라서

$$p_{11} = 5 - p_{12} = 5 - 0.5 = 4.5$$
$$p_{22} = 12 - p_{12} = 12 - 0.5 = 11.5$$

전위 계수로 표시한 정전 용량 $C$는

$$C=\frac{Q}{V_1-V_2}=\frac{1}{p_{11}-2p_{12}+p_{22}}\,[\mathrm{F}]$$

이므로

$$\therefore C=\frac{1}{4.5-2\times0.5+11.5}=0.07\,[\mathrm{F}]$$

**답** ㉰

**5·12** 내외 동심 도체구에 $\pm Q$[C]을 준 경우 내외구의 전위차 $V_{ab}$는

$$V_{ab}=-\int_a^b \boldsymbol{E}\cdot d\boldsymbol{r}=-\int_a^b\frac{Q}{4\pi\varepsilon r^2}\left[\frac{1}{r}\right]_a^b=\frac{Q}{4\pi\varepsilon_0}\left(\frac{1}{b}-\frac{1}{a}\right)[\mathrm{V}]$$

이므로

$$\therefore C=\frac{Q}{V}=\frac{Q}{\dfrac{Q}{4\pi\varepsilon_0}\left(\dfrac{1}{b}-\dfrac{1}{a}\right)}=\frac{4\pi\varepsilon_0}{\left(\dfrac{1}{b}-\dfrac{1}{a}\right)}=\frac{4\pi\varepsilon_0 ab}{a-b}\,[\mathrm{F}]$$

**답** ㉯

**5·13** 그림과 도체 A에 $+\lambda$[C/m], 도체 B에 $-\lambda$[C/m]의 전하를 주면 두 도체의 중심을 연결하는 선상의 점 P의 세기는 각각

$$\boldsymbol{E}_A=\frac{\lambda}{2\pi\varepsilon_0 x}\,[\mathrm{V/m}]$$

$$\boldsymbol{E}_B=\frac{-\lambda}{2\pi\varepsilon_0(d-x)}\,[\mathrm{V/m}]$$

전계 $\boldsymbol{E}_A$, $\boldsymbol{E}_B$는 언제나 A 도체에서 B 도체의 방향이 되므로 합성 전계 $\boldsymbol{E}$는

$$\boldsymbol{E}=\boldsymbol{E}_A+\boldsymbol{E}_B=\frac{\lambda}{2\pi\varepsilon_0 x}+\frac{\lambda}{2\pi\varepsilon_0(d-x)}=\frac{\lambda}{2\pi\varepsilon_0}\left(\frac{1}{x}+\frac{1}{d-x}\right)[\mathrm{V/m}]$$

도체 A, B간의 전위 $V_{AB}$는

$$V_{AB}=-\int_{d-a}^{a}\boldsymbol{E}dx=-\frac{\lambda}{2\pi\varepsilon_0}\int_{d-a}^{a}\left(\frac{1}{x}+\frac{1}{d-x}\right)dx$$

$$=\frac{\lambda}{2\pi\varepsilon_0}\{[\ln x]_a^{d-a}-[\ln(d-x)]_a^{d-a}\}$$

$$=\frac{\lambda}{2\pi\varepsilon_0}\left(\ln\frac{d-a}{a}-\ln\frac{a}{d-a}\right)=\frac{\lambda}{\pi\varepsilon_0}\ln\frac{d-a}{a}\,[\mathrm{V}]$$

따라서, 정전 용량 $C_{AB}$는

$$C_{AB}=\frac{\lambda}{V_{AB}}=\frac{\pi\varepsilon_0}{\ln\dfrac{d-a}{a}}\,[\mathrm{F/m}]$$

특히 $d \gg a$일 때는 $\ln\dfrac{d-a}{a} \fallingdotseq \ln\dfrac{d}{a}$ 라 하면

$$\therefore C_{AB} = \frac{\pi\varepsilon_0}{\ln\dfrac{d}{a}} = \frac{3.14\times 8.855\times 10^{-12}}{2.303\log_{10}\dfrac{d}{a}} = \frac{12.06}{\log_{10}\dfrac{d}{a}}\times 10^{-12}\,[\text{F/m}]$$

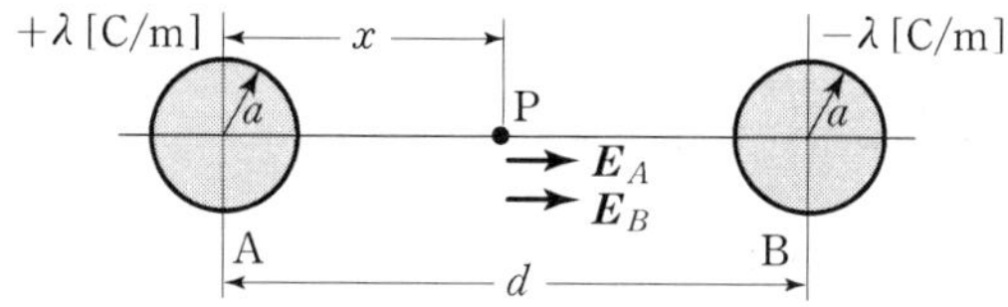


답 ㉣

**5·14** 내측 및 외측의 반지름이 $a$[m], $b$[m]인 동축 원통 도체의 단위 길이당 전하를 $\lambda$[C/m]라 하면 두 원통 도체 간의전위차 $V_{ab}$는

$$V_{ab} = -\int_b^a \boldsymbol{E}\cdot d\boldsymbol{r} = -\int_b^a \frac{\lambda}{2\pi\varepsilon_0 r}\,dr = \frac{\lambda}{2\pi\varepsilon_0}\int_a^b \frac{1}{r}\,dr = -\frac{\lambda}{2\pi\varepsilon_0}[\log r]_a^b$$

$$= \frac{\lambda}{2\pi\varepsilon_0}\log\frac{b}{a}\,[\text{V}]$$

단위 길이당의 정전 용량 $C$는

$$\therefore C = \frac{\lambda}{V_{ab}} = \frac{2\pi\varepsilon_0}{\log\dfrac{b}{a}} = \frac{24.16\times 10^{-12}}{\log\dfrac{b}{a}}\,[\text{F/m}] = \frac{24.16}{\log\dfrac{b}{a}}\,[\text{pF/m}]$$

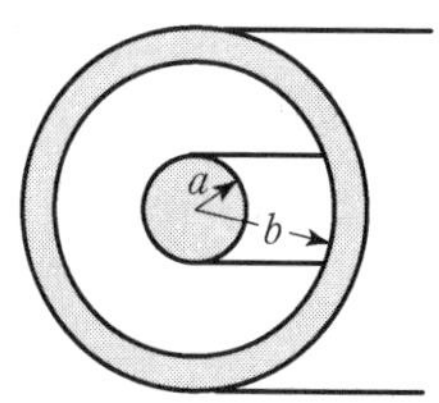


$a=0.1\,[\text{m}]$, $b=0.2\,[\text{m}]$이므로

$$\therefore C = \frac{24.16}{\log 2} = \frac{24.16}{0.301} \fallingdotseq 80\,[\text{pF/m}]$$

답 ㉢

**5·15** $$\boldsymbol{E} = \frac{V}{d} = \frac{500}{2\times 10^{-3}} = 2.5\times 10^5\,[\text{V/m}]$$

답 ㉮

**5·16** 등가 회로는 그림과 같이 평형이므로 2[$\mu$F]을 단락시키면 4[$\mu$F]과 4[$\mu$F]의 직렬 연결과 같다.

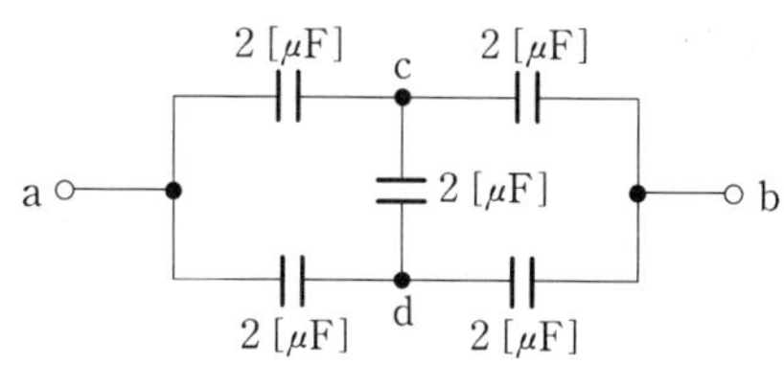


$$C_{ab} = \frac{4\times 4}{4+4} = 2\,[\mu\text{F}]$$

답 ㉮

**5·17** $\Delta-Y$ 변환 : $C_a=\dfrac{\Delta}{C_2}$, $C_b=\dfrac{\Delta}{C_3}$, $C_c=\dfrac{\Delta}{C_1}$

$Y-\Delta$ 변환 : $C_1=\dfrac{C_aC_b}{\nabla}$, $C_2=\dfrac{C_bC_c}{\nabla}$, $C_3=\dfrac{C_cC_a}{\nabla}$

(여기서, $\Delta=C_1C_2+C_2C_3+C_3C_1$, $\nabla=C_a+C_b+C_c$ 이다)

**답** ㉰

**5·18** $C_1$, $C_2$, $C_3$의 세 콘덴서에 걸리는 전압 $V_{ab}$는

$$V_{ab}=\frac{120\times10^{-6}}{5\times10^{-6}}=24\,[\mathrm{V}]$$

그러므로,

$$V_{ab}=\frac{C_0}{(3+4+5)}V_{ac}\quad\left(\because C_0=\frac{(3+4+5)\times4}{(3+4+5)+4}\,[\mathrm{F}]\right)$$

$$=\frac{4}{(3+4+5)+4}V_{ac}=\frac{1}{4}V_{ac}$$

$$\therefore V_{ac}=4V_{ab}=4\times24=96\,[\mathrm{V}]$$

**답** ㉯

**5·19** 2 [$\mu$F]에 걸리는 전압 $V_2$는(이 회로는 3 [$\mu$F]과 6 [$\mu$F]이 직렬 접속된 회로와 등가이고 6 [$\mu$F]에 걸리는 전압과 같다)

$$V_2=\frac{3}{3+6}\times180=60\,[\mathrm{V}]$$

이므로

$$\therefore W=\frac{1}{2}CV^2=\frac{1}{2}\times2\times10^{-6}\times60^2=3,600\times10^{-6}=3.6\times10^{-3}\,[\mathrm{J}]$$

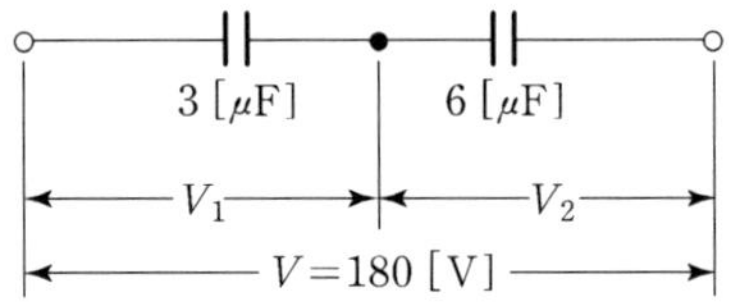


**답** ㉯

**5·20** $Q=Q_1+Q_2=5\times10^{-4}\,[\mathrm{C}]$

$C=C_1+C_2=(1+2)\times10^{-6}=3\times10^{-6}\,[\mathrm{F}]$

$$\therefore W=\frac{Q_2}{2C}=\frac{(5\times10^{-4})^2}{2\times3\times10^{-6}}=0.042\,[\mathrm{J}]$$

**답** ㉰

## 6장 과년도 문제 및 해설

**6·1** $$\frac{1}{4\pi\varepsilon_0}=9\times10^9 \quad \therefore \varepsilon_0=\frac{1}{4\pi\times9\times10^9}=\frac{10^{-9}}{36\pi}$$

$$\boldsymbol{P}=\boldsymbol{D}-\varepsilon_0\boldsymbol{E}=\varepsilon_0(\varepsilon_s-1)\boldsymbol{E}=\frac{10^{-9}}{36\pi}\times(3-1)\times3\times10^5=5.31\times10^{-6}\,[\mathrm{C/m^2}]$$

답 ㉯

**6·2** $$\boldsymbol{P}=\boldsymbol{D}-\varepsilon_0\boldsymbol{E}=\boldsymbol{D}\left(1-\frac{1}{\varepsilon_s}\right)=1\times\left(1-\frac{1}{5}\right)=0.8\,[\mathrm{C/m^2}]$$

답 ㉰

**6·3** 분극 전하 밀도 $\sigma=\boldsymbol{P}=10^{-10}\,[\mathrm{C/m^2}]$이므로

$$\boldsymbol{P}=\boldsymbol{D}-\varepsilon_0\boldsymbol{E}=\varepsilon_0(\varepsilon_s-1)\boldsymbol{E}\,[\mathrm{C/m^2}]$$

$$\therefore \boldsymbol{E}=\frac{\boldsymbol{P}}{\varepsilon_0(\varepsilon_s-1)}=\frac{10^{-10}}{8.855\times10^{-12}\times(10-1)}\fallingdotseq 1.25\,[\mathrm{V/m}]$$

답 ㉮

**6·4** $$\boldsymbol{P}=\varepsilon_0(\varepsilon_s-1)\boldsymbol{E}=\chi\boldsymbol{E}\,[\mathrm{C/m^2}]$$

$$\therefore \chi=\frac{\boldsymbol{P}}{\boldsymbol{E}}=\varepsilon_0(\varepsilon-s-1)=\frac{10^{-9}}{36\pi}\times(5-1)-\frac{10^{-9}}{9\pi}\,[\mathrm{F/m}]$$

답 ㉮

**6·5** $$\boldsymbol{D}=\varepsilon_0\boldsymbol{E}+\boldsymbol{P},\quad \boldsymbol{D}=\varepsilon_0\varepsilon_s\boldsymbol{E}=\varepsilon\boldsymbol{E}$$

에서

$$\boldsymbol{P}=\boldsymbol{D}\left(1-\frac{1}{\varepsilon_s}\right)=\varepsilon\boldsymbol{E}\left(1-\frac{1}{\varepsilon_s}\right)=\frac{Q}{4\pi a^2}\left(1-\frac{1}{\varepsilon_s}\right)[\mathrm{C/m^2}]$$

답 ㉰

**6·6** 분극의 세기 $\boldsymbol{P}$는 단위 체적당 발생되는 쌍극자 모멘트이므로

$$\boldsymbol{P}=2\times10^{20}\times2\times10^{-27}=4\times10^{-7}\,[\mathrm{C/m^2}]$$

$$\boldsymbol{P}=\boldsymbol{D}-\varepsilon_0\boldsymbol{E}=\varepsilon_0(\varepsilon_s-1)\boldsymbol{E}$$

$$\therefore \varepsilon_s=\frac{\boldsymbol{P}}{\varepsilon_0 E}+1=\frac{4\times10}{8.855\times10^{-12}\times10^5}+1=1.45$$

$$\therefore \frac{\chi_e}{\varepsilon_s}=\varepsilon_s-1=1.45-1=0.45$$

답 ㉮

**6·7** $\oint_s \boldsymbol{D}\cdot d\boldsymbol{S} = Q$ (유전 속에 관한 가우스 정리), $\boldsymbol{D}\times 4\pi r^2 = Q$

$$\therefore \boldsymbol{D} = \frac{Q}{4\pi r^2}\ [\mathrm{C/m^2}]$$

답 ㉯

**6·8** $$Q = \rho \Delta v = 3\times 10^{-6}\times 10 = 3\times 10^{-5}\,[\mathrm{C}]$$

답 ㉰

**6·9** 유전율이 $\varepsilon_1$, $\varepsilon_2$ 인 유전체의 정전 용량을 $C_1, C_2$ 라 하면

$$C_1 = \frac{\varepsilon_1 S}{d/2} = \frac{2\varepsilon_1 S}{d}\,[\mathrm{F}],\quad C_2 = \frac{\varepsilon_1 S}{d/2} = \frac{2\varepsilon_2 S}{d}\,[\mathrm{F}]$$

두 콘덴서의 직렬 연결과 같으므로 직렬 합성 정전 용량 $C$는

$$\therefore C = \frac{1}{\dfrac{1}{C_1}+\dfrac{1}{C_2}} = \frac{1}{\dfrac{d}{2\varepsilon_1 S}+\dfrac{d}{2\varepsilon_2 S}} = \frac{2S}{d\left(\dfrac{1}{\varepsilon_1}+\dfrac{1}{\varepsilon_2}\right)}\,[\mathrm{F}]$$

답 ㉰

**6·10** $$C = \frac{\varepsilon_0\varepsilon_s S}{d}\,[\mathrm{F}]$$

$$\therefore d = \frac{\varepsilon_0\varepsilon_s S}{C} = \frac{8.855\times 10^{-12}\times 2.5\times 4\times 10^{-4}}{10^{-12}} - 8,85\times 10^{-3}\,[\mathrm{m}] = 0.01\times 885\,[\mathrm{mm}]$$

이므로 0.01 [mm] 두께의 종이로 쌓으면

$$\therefore N = \frac{0.01\times 885}{0.01} = 885\,[\text{장}]$$

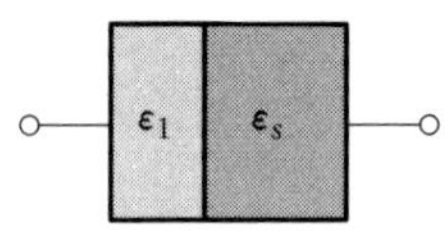


답 ㉱

**6·11** 유전율이 $\varepsilon_1, \varepsilon_2$ 인 유전체의 정전 용량을 $C_1$, $C_2$ 라 하면

$$C_1 = \frac{\varepsilon_1 S}{d_1}\,[\mathrm{F}],\quad C_2 = \frac{\varepsilon_2 S}{d_2}\,[\mathrm{F}]$$

두 콘덴서의 직렬 연결과 같으므로 직렬 합성 용량 $C$ 는

$$\therefore C = \frac{1}{\dfrac{1}{C_1}+\dfrac{1}{C_2}} = \frac{S}{\dfrac{d_1}{\varepsilon_1}+\dfrac{d_2}{\varepsilon_2}}\,[\mathrm{F}]$$

답 ㉮

**6·12** 유전율이 $\varepsilon_1, \varepsilon_2$ 인 두 유전체의 정전 용량을 $C_1$, $C_2$ 라 하면

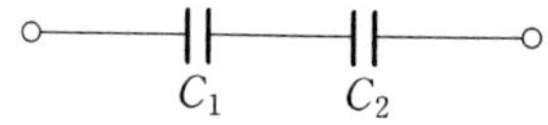


$$C_1=\frac{\varepsilon_1 S}{l_1}\ [\mathrm{F}],\quad C_2=\frac{\varepsilon_2 S}{l_2}\ [\mathrm{F}]$$

두 콘덴서의 직렬 연결과 같으므로 직렬 합성 용량 $C$는

$$\therefore C=\frac{1}{\dfrac{1}{C_1}+\dfrac{1}{C_2}}=\frac{C_1C_2}{C_1+C_2}=\frac{\dfrac{\varepsilon_1 S\varepsilon_2 S}{l_1 l_2}}{\dfrac{\varepsilon_1 S}{l_1}+\dfrac{\varepsilon_2 S}{l_2}}=\frac{\varepsilon_1\varepsilon_2 S}{\varepsilon_2 l_1+\varepsilon_1 l_2}\ [\mathrm{F}]$$

**답** ㉰

**6·13** 평행판 공기 콘덴서의 정전 용량 $C_0$는

$$C_0=\frac{\varepsilon_0 S}{d}\ [\mathrm{F}]$$

공기 부분의 정전 용량을 $C_1$이라 하면

$$C_1=\frac{\varepsilon_0 S}{\dfrac{d}{2}}=\frac{2\varepsilon_0 S}{d}\ [\mathrm{F}]$$

유리판 부분의 정전 용량을 $C_2$라 하면

$$C_2=\frac{\varepsilon S}{\dfrac{d}{2}}=\frac{2\varepsilon S}{d}\ [\mathrm{F}]$$

두 콘덴서 $C_1, C_2$의 직렬 연결과 같으므로 합성 정전 용량 $C$는

$$\therefore\ C=\frac{1}{\dfrac{1}{C_1}+\dfrac{1}{C_2}}=\frac{1}{\dfrac{d}{2S}\left(\dfrac{1}{\varepsilon_0}+\dfrac{1}{\varepsilon}\right)}$$

$$=\frac{1}{\dfrac{d}{2\varepsilon_0 S}\left(1+\dfrac{\varepsilon_0}{\varepsilon}\right)}=\frac{2C_0}{1+\dfrac{\varepsilon_0}{\varepsilon}}$$

$$=\frac{2C_0}{1+\dfrac{1}{\varepsilon_s}}\ [\mathrm{F}]$$

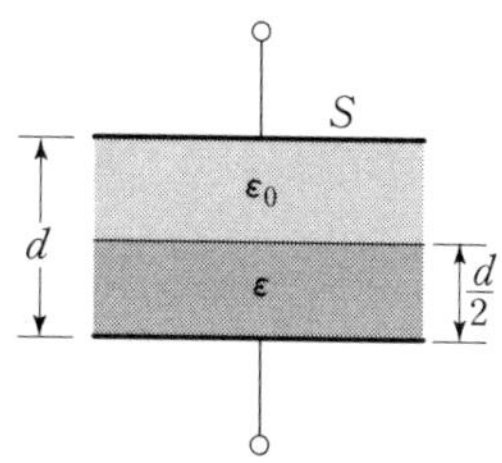


**답** ㉱

**6·14** 유전체를 채우기 전의 간격을 $d$, 정전 용량을 $C_0$, 유전체를 채운 후 공기 부분의 간격을 $d_2$, 유전체 부분의 간격을 $d_1$이라 하면

$$C_0=\frac{\varepsilon_0 S}{d}$$

$d_1 = 0.4d$

$d_2 = 0.8d$

이므로

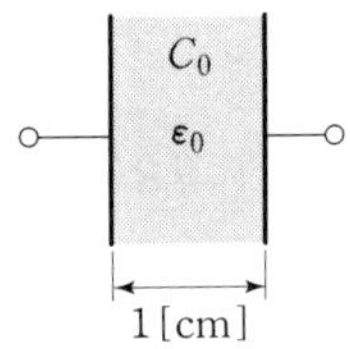

(a)

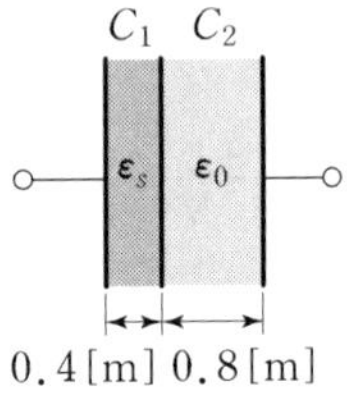

(b)

$$C_1 = \frac{\varepsilon_0 \varepsilon_s S}{0.4d} = \frac{\varepsilon_s}{0.4} \cdot \frac{\varepsilon_0 S}{d} = \frac{\varepsilon_s C_0}{0.4}$$

$$C_2 = \frac{\varepsilon_0 \varepsilon_s S}{0.8d} = \frac{1}{0.8} \cdot \frac{\varepsilon_0 S}{d} = \frac{C_0}{0.8}$$

$C_1 = \dfrac{\varepsilon_s C_0}{0.4}$, $C_2 = \dfrac{C_0}{0.8}$ 인 두 콘덴서의 직렬 연결과 같으므로

$$\therefore C = \frac{1}{\dfrac{1}{C_1} + \dfrac{1}{C_2}} = \frac{1}{\dfrac{0.4}{\varepsilon_s C_0} + \dfrac{0.8}{C_0}} = \frac{\varepsilon_s C_0}{0.8\varepsilon_s + 0.4}$$

$C = C_0$ 이므로

$$\frac{\varepsilon_s}{0.8d + 0.4} = 1$$

$$0.8\varepsilon_s = 0.4 = \varepsilon_s$$

$$\varepsilon_s(1 - 0.8) = 0.4$$

$$\therefore \varepsilon_s = 2$$

**답** ㉯

**6·15** 유전율 $\varepsilon_{s1}$인 콘덴서의 정전 용량을 $C_1$, 유전율인 콘덴서의 정전 용량을 $C_2$라 하면, 두 콘덴서 $C_1$, $C_2$의 직렬 연결과 같으므로 각 콘덴서에 걸리는 전압은 정전 용량에 반비례하고 정전 용량은 면적과 두께가 같은 경우, 유전율에 비례한다.

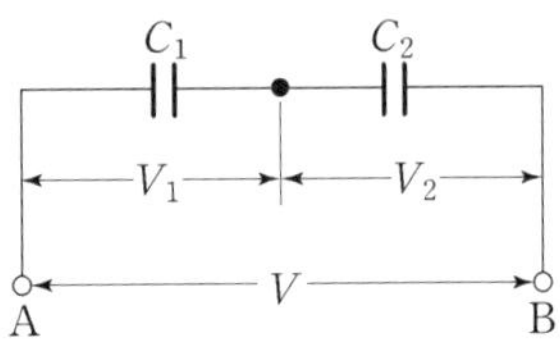


$$V_2 = \frac{C_1}{C_1 + C_2} V = \frac{\varepsilon_{s1}}{\varepsilon_{s1} + \varepsilon_{s2}} V = \frac{6}{6+9} \times 100 = 40\,[\mathrm{V}]$$

또한

$$V_1 = \frac{C_2}{C_1 + C_2} V = \frac{\varepsilon_{s2}}{\varepsilon_{s1} + \varepsilon_{s2}} V = \frac{9}{6+9} \times 100 = 60\,[\mathrm{V}]$$

**답** ㉯

**6·16** $S_1, S_2, S_3$ 부분의 정전 용량을 각각 $C_1, C_2, C_3$라 하면

$$C_1 = \varepsilon_0 \varepsilon_{s1} \frac{S_1}{d}\,[\mathrm{F}], \quad C_2 = \varepsilon_0 \varepsilon_{s2} \frac{S_2}{d}\,[\mathrm{F}], \quad C_3 = \varepsilon_0 \varepsilon_{s3} \frac{S_3}{d}\,[\mathrm{F}]$$

세 콘덴서의 병렬 연결과 같으므로 병렬 합성 정전 용량 $C$는

$$\therefore C = C_1 + C_2 + C_3 = \frac{\varepsilon_0}{d}(\varepsilon_{s1} S_1 + \varepsilon_{s2} S_2 + \varepsilon_{s3} S_3)\,[\mathrm{F}]$$

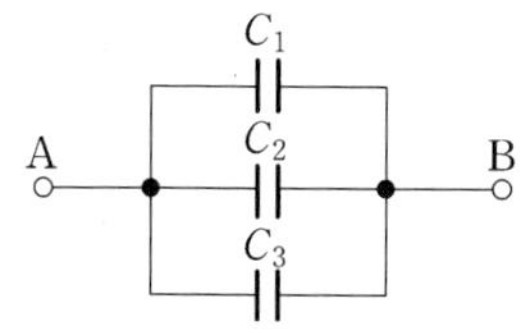


**답** ㉯

**6·17**

$$C = \frac{\varepsilon_0 \varepsilon_s}{d} S = \frac{8.855 \times 10^{-12} \times 4}{1 \times 10^{-3}} \times \pi \times (3 \times 10^{-2})^2 = 1,001 \times 10^{-13}\,[\mathrm{F}]$$

$$\therefore W = \frac{1}{2} C V^2 = \frac{1}{2} \times 1,001 \times 10^{-13} \times 100^2 = 5 \times 10^{-7}\,[\mathrm{J}]$$

**답** ㉯

**6·18** 고립 도체구의 정전 용량 $C = 4\pi\varepsilon a$[F], 전하 $Q$가 일정한 경우이므로 정전 에너지 $W = \frac{Q^2}{2C}$ [J]에서 기름 중의 에너지 및 정전 용량을 $W_1$, $C_1$이라 하고 공기 중의 에너지 및 정전 용량을 $W_2$, $C_2$라 하면

$$W_1 = \frac{Q^2}{2C_1} = \frac{Q^2}{2 \times 4\pi\varepsilon_0 a \varepsilon_s} = \frac{Q^2}{8\pi\varepsilon_0 \varepsilon_s a}\,[\mathrm{J}]$$

$$W_2 = \frac{Q^2}{2C_2} = \frac{Q^2}{2 \times 4\pi\varepsilon_0 a} = \frac{Q^2}{8\pi\varepsilon_0 a}\,[\mathrm{J}]$$

따라서, 필요한 에너지 $W$는

$$\therefore W = W_2 - W_1 = \frac{Q^2}{8\pi\varepsilon_0 a} - \frac{Q^2}{8\pi\varepsilon_0 \varepsilon_s a} = \frac{Q^2}{8\pi\varepsilon_0 a}\left(1 - \frac{1}{\varepsilon_s}\right)[\mathrm{J}]$$

이때, 계산 결과가 (+)가 되면 에너지가 필요한 것이고, 계산 결과가 (−)가 되면 전계 자체가 일을 한 것을 나타낸다.

**답** ㉱

**6·19** 도체 표면에 단위 면적당 작용하는 힘은 단위 체적당 저장되는 에너지와 그 크기가 같다.

$$f = \frac{1}{2}\boldsymbol{ED} = \frac{\boldsymbol{D}^2}{2\varepsilon} = \frac{1}{2}\varepsilon \boldsymbol{E}^2\,[\mathrm{N/m^2}]$$

따라서, 면적 $S$[m$^2$]에 작용하는 힘 $F$는

$$\therefore F = f \cdot s = \frac{1}{2}\varepsilon \boldsymbol{E}^2 \cdot S = \frac{1}{2}\varepsilon_0 \varepsilon_s \left(\frac{V}{d}\right)^2 S$$

$$= \frac{1}{2} \times 8.855 \times 10^{-12} \times 5 \times \left(\frac{20 \times 10^3}{2 \times 10^{-2}}\right) \times 300 \times 10^{-4} = 0.66\,[\mathrm{N}]$$

**답** ㉯

**별해** $V$가 일정한 경우 $F = \frac{\partial W}{\partial d}$로 표현된다.

$$C=\frac{\varepsilon_0\varepsilon_s S}{d}=\frac{8.855\times10^{-12}\times5\times300\times10^{-1}}{2\times10^{-2}}=6.641\times10^{-11}\,[\mathrm{F}]$$

$$W=\frac{1}{2}CV^2=\frac{1}{2}\times6.641\times10^{-11}\times(20\times10^3)^2=13.28\times10^{-3}\,[\mathrm{J}]$$

정전 흡인력 $F$는

$$\therefore F=\frac{\partial W}{\partial d}=\frac{13.28\times10^{-3}}{2\times10^{-2}}=0.66\,[\mathrm{N}]$$

답 ㉯

**6·20** 영상 전하 $-Q$[C]을 그림과 같이 생각하여 점 P의 전계를 구하면

$$\boldsymbol{E}_p=\frac{Q}{4\pi\varepsilon_0\left(\frac{a}{2}\right)^2}+\frac{Q}{4\pi\varepsilon_0\left(a+\frac{1}{2}a\right)^2}$$

$$=\frac{Q}{\pi\varepsilon_0 a^2}+\frac{Q}{9\pi\varepsilon_0 a^2}=\frac{10Q}{9\pi\varepsilon_0 a^2}\,[\mathrm{V/m}]$$

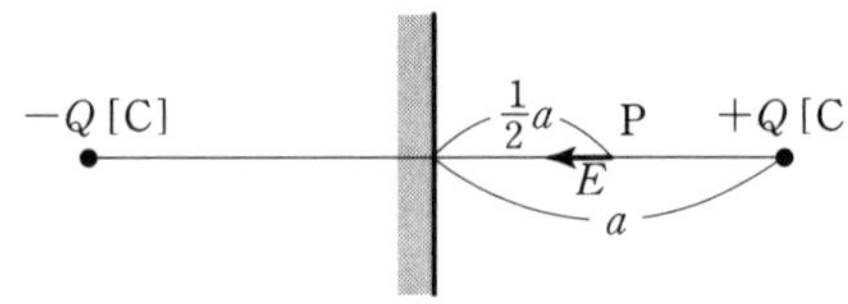


이때, 전위는

$$V_p=\frac{Q}{4\pi\varepsilon_0\left(\frac{a}{2}\right)}+\frac{-Q}{4\pi\varepsilon_0\left(a+\frac{1}{2}a\right)}=\frac{Q}{3\pi\varepsilon_0 a}\,[\mathrm{V}]$$

답 ㉯

## 7장 과년도 문제 및 해설

**7·1**

$$Q=ne=10^{10}\times1.602\times10^{-19}=1.602\times10^{-9}\,[\mathrm{C}]$$

$$\therefore I=\frac{Q}{t}=\frac{1.602\times10^{-9}}{1}=1.602\times10^{-9}\,[\mathrm{A}]$$

답 ㉮

**7·2**

$$I=\int_s \boldsymbol{i}\cdot d\boldsymbol{S}=\int_v \mathrm{div}\,\boldsymbol{i}dv=\int_v -\frac{\sigma\rho}{\partial t}\,dv$$

$$=-\left(-\frac{4}{3}\times\pi\times(10^{-5})^2\times2\times10^8\right)=0.837\times10^{-5}\,[\mathrm{A}]=0.837\,[\mu\mathrm{A}]$$

답 ㉰

**7·3** 동선 단면을 단위 시간에 통과하는 전하는 10 [C]이므로

$$n = \frac{Q}{e} = \frac{10}{1.602 \times 10^{-19}} = 6.24 \times 10^{19} \,[\text{개}]$$

답 ㉯

**7·4** $I = \dfrac{V}{R}$ 에서 저항을 10 [%] 감소시키면 전류 $I'$는

$$I' = \frac{V}{R'} = \frac{V}{0.9R} = 1.11\frac{V}{R} = 1.11I \,[\text{A}]$$

이므로 11 [%] 증가한다.

답 ㉱

**7·5** $\rho = \dfrac{1}{55} \,[\Omega \cdot \text{mm}^2/\text{m}] = \dfrac{1}{55} \times 10^{-6} \,[\Omega \cdot \text{m}]$이므로

$$R = \rho\frac{1}{S} = \rho\frac{1}{\pi\left(\frac{d}{2}\right)^2} = \frac{1}{55} \times 10^{-6} \times \frac{500}{\pi\left(\frac{3.2}{2} \times 10^{-3}\right)^2} = 1.13 \,[\Omega]$$

답 ㉮

**7·6** 전선의 체적은 불변이므로 길이를 3배로 늘이면 단면적은 1/3배가 되므로

$$R = \rho\frac{l}{S} \,[\Omega]$$

에서

$$\therefore R' = \rho\frac{3l}{\frac{S}{3}} = 9 \cdot \rho\frac{l}{S} = 9R \,[\Omega]$$

답 ㉰

**7·7** 0 [°C]일 때의 저항을 $R_0$, $t$[°C]일 때의 저항을 $R_t$라 하면 0 [°C]에 있어서 동선의 저항 온도 계수 $\alpha_0$는 $\alpha_0 = \dfrac{1}{234.5} \fallingdotseq 0.00427$ 이므로

$$R_t = R_0(1 + \alpha_0 t) \,[\Omega]$$

$$R_{30} = R_0(1 + \alpha_0 \times 30) \,[\Omega]$$

에서 $R_0$를 소거하면

$$\frac{R_{30}}{R_t} = \frac{R_0(1 + 30\alpha_0)}{R_0(1 + \alpha_0 t)} = \frac{1 + 30\alpha_0}{1 + \alpha_0 t}$$

$\alpha_0 = \dfrac{1}{234.5}$ 을 대입하면

$$\frac{R_{30}}{R_t}=\frac{1+30\times\frac{1}{234.5}}{1+\frac{1}{234.5}t}$$

$$\therefore R_{30}=\frac{264.5}{234.5+t}R_t\,[\Omega]$$

답 ㉱

**7·8** 20 [°C]일 때의 저항을 $R_{20}$, 온도를 $t$라 하고 80 [°C]일 때의 저항을 $R_{80}$, 온도를 $T$라 하면

$$R_{80}=R_{20}\{1+\alpha_{20}(T-t)\}=100\times\{1+0.004(80-20)\}=124\,[\Omega]$$

답 ㉱

**7·9** 합성 온도 계수 $\alpha_t$는 $\alpha_t=\dfrac{\alpha_1R_1+\alpha_2R_2}{R_1+R_2}$ 이므로

여기서, $\alpha_1$ : 동선의 저항 온도 계수, $\alpha_2$ : 망간선의 저항 온도 계수

망간선의 온도 계수는 $5\times10^{-5}$으로 거의 0에 가까우므로 $\alpha_2$ ≒ 0으로 보면

$$\therefore \alpha_t=\frac{\alpha_1R_1}{R_1+R_2}=\frac{100\alpha_1}{100+900}=0.1\alpha_1$$

답 ㉮

**7·10** 0 [°C]일 때의 고유 저항을 $R_0$, $t$[°C]일 때의 저항을 $R_t$라 하면 ( $R_t=2.03\,[\Omega]$, $\alpha_0=0.004$)

$$R_t=R_0(1+\alpha_0t)\,[\Omega]$$

$$\therefore R_0=\frac{R_t}{1+\alpha_0t}=\frac{2,03}{1+0.004\times20}=\frac{2.03}{1.08}=1.88\,[\Omega]$$

구하는 온도 $t'$는 ($R_0=1.88\,[\Omega]$)

$$R_t'=R_0(1+\alpha_0t')\,[\Omega]$$

$$\therefore t'=\frac{R_t-R_0}{R_0\alpha_0}=\frac{2.28-1.88}{1.88\times0.004}=53.2\,[°C]$$

그러므로 약 60 [°C]이다.

답 ㉮

**7·11** 합성 저항 $R_p$는

$$R_p=\frac{1}{\frac{1}{R_1}+\frac{1}{R_2}}=\frac{1}{\frac{1}{R_1}+G_2}=\frac{1}{\frac{1}{800}+8.75\times10^{-3}}=100\,[\Omega]$$

별해
$$R_2 = \frac{1}{G_2} = \frac{1}{8.75 \times 10^{-3}} = 114.2\,[\Omega]$$

이므로

$$R_p = \frac{R_1 R_2}{R_1 + R_2} = \frac{800 \times 114.2}{800 + 114.2} = 100\,[\Omega]$$

답 ㉮

**7·12** $R\,[\Omega]$인 저항 $n$개를 직렬로 연결하면 직렬 합성 저항 $R_s$은 $R_s = nR\,[\Omega]$이 되고 병렬로 연결하면 병렬 합성 저항 $R_p$는 $R_p = \frac{R}{n}\,[\Omega]$이 된다.

$$\frac{R_s}{R_p} = \frac{nR}{\frac{R}{n}} = n^2$$

$$\therefore R_s = n^2 R_p = 10^2 R_p = 100 R_p\,[\Omega]$$

답 ㉰

**7·13** 일반 금속 도체에 있어서 $t$[°C], 0[°C]의 저항 온도 계수를 $\alpha_t$, $\alpha_0$라 하면

$$\alpha_t = \frac{\alpha_0}{1 + \alpha_0 t} = \frac{1}{\frac{1}{\alpha_0} + t}$$

로 표현된다. $t_1$[°C], $t_2$[°C]일 때의 저항 온도 계수를 $\alpha_{t1}$, $\alpha_{t2}$라 하면

$$\alpha_{t1} = \frac{1}{\frac{1}{\alpha_0} + t_1} = \frac{1}{k} \quad \left(\because k = \frac{1}{\alpha_0} + t_1\right)$$

$$\alpha_{t2} = \frac{1}{\frac{1}{\alpha_0} + t_2} = \frac{1}{\frac{1}{\alpha_0} + t_2 + t_1 - t_1} = \frac{1}{\frac{1}{\alpha_0} + t_1 + (t_2 - t_1)} = \frac{1}{k + (t_2 - t_1)}$$

이 된다.

$t_1 = 20$[°C], $t_2 = 10$[°C]라 하면 문제에서 $\alpha_{t1} = \alpha_{20} = 0.0069$이므로

$$k = \frac{1}{\alpha_{t1}} = \frac{1}{0.0069} = 145$$

$$\therefore \alpha_{10} = \frac{1}{k + (t_2 - t_1)} = \frac{1}{145(10 - 20)} = 7.4 \times 10^{-3}$$

10[°C], 100[°C]일 때의 저항 및 온도를 $R_{10}$, $R_{100}$ 및 $t$, $T$라 하면

$$\therefore R_{100} = R_{10}\{1 + \alpha_{10}(T_t)\} = 100\{1 + 7.4 \times 10^{-3} \times (100 - 10)\} = 166.7\,[\Omega]$$

답 ㉰

**7·14**

$$R_s = R_1 + R_2 = 10\,[\Omega]$$

$$R_p = \frac{1}{\dfrac{1}{R_1} + \dfrac{1}{R_2}} = \frac{R_1 R_2}{R_1 + R_2} = 2.4\,[\Omega]$$

에서

$$R_1 R_2 = 2.4(R_1 + R_2) = 2.4 \times 10 = 24\,[\Omega]$$

$$\therefore R_2 = \frac{24}{R_1}\,[\Omega]$$

식 ③을 식 ①에 대입하면

$$R_1 + \frac{24}{R_1} = 10$$

$$R_1{}^2 - 10R_1 + 24 = 0$$

$$(R_1 - 4)(R_1 - 6) = 0$$

$$\therefore R_1 = 4\,[\Omega],\ 6\,[\Omega],\ R_2 = 6\,[\Omega],\ 4\,[\Omega]$$

**답** ㉰

**7·15** 평형 회로이므로 a, b간을 단락하면, a, b 사이의 합성 저항 $R_{ab}$는

$$\frac{1}{R_{ab}} = \frac{1}{40} + \frac{1}{120} + \frac{1}{120} = \frac{5}{120} \qquad \therefore R_{ab} = \frac{120}{5}24\,[\Omega]$$

**답** ㉯

**7·16** 1 [cal] = 4.184 [J]이므로

$$10^6\,[\text{cal}] = 4.184 \times 10^6\,[\text{J}]$$

$$1\,[\text{kWh}] = 3.6 \times 10^6\,[\text{J}]$$

$$\therefore \text{ 전력량} = \frac{4.184 \times 10^6}{3.6 \times 10^6} = 1.16\,[\text{kWh}]$$

**답** ㉯

**7·17**

$$P = I^2 R = VI = \frac{V^2}{R}\,[\text{W}]$$

$$R = \frac{V^2}{P} = \frac{100^2}{1 \times 10^3} = 10\,[\Omega]$$

저항 $R$이 일정한 경우, $P = \dfrac{V^2}{R} \propto V^2$이므로

$$\frac{P'}{P}=\left(\frac{V'}{V}\right)^2 \qquad \therefore P'=P\left(\frac{V'}{V}\right)^2=1\times10^3\times\left(\frac{70}{100}\right)^2=490\,[\mathrm{W}]$$

답 ㉮

**7·18** 3상 전력 측정을 위한 2전력계법의 경우에 두 전력계의 지시 $P_1$, $P_2$는

$$P_1=VI\cos(30°+\varphi),\qquad P_2=VI\cos(30°-\varphi)$$

$$P_1+P_2=\sqrt{3}\,VI\cos\varphi$$

이다. 저항 부하이므로 $\cos\varphi=1$, 즉 $\varphi=0$이기 때문에

$$P_1=P_2=\frac{\sqrt{3}}{2}\,VI=P$$

따라서, 3상 전력은

$$\therefore\ 3상\ 전력=P_1+P_2=2P$$

답 ㉰

**7·19** 회로의 합성 저항 $R_T$는

$$R_T=100+\frac{100\times\left(50+\dfrac{100}{2}\right)}{100+\left(50+\dfrac{100}{2}\right)}=100+\frac{100}{2}=150\,[\Omega]$$

이므로, 회로에서 소비되는 전력 $P$는

$$\therefore P=\frac{V^2}{R_T}=\frac{6^2}{150}=0.24\,[\mathrm{W}]$$

답 ㉯

**7·20** 그림 7·23과 같이 CD 사이의 저항을 $R_1$, PQ 사이의 저항을 $R_2$, CP 사이의 저항을 $x$, PD 사이의 저항을 $y$라 하고 CP에 흐르는 전류를 $I_0$, PD에 흐르는 전류를 $I$라 하면

$$I=\frac{R_2}{y+R_2}I_0$$

$$I_0=\frac{E}{x+\dfrac{yR_2}{y+R_2}}$$

이므로

$$I=\frac{E}{x+\dfrac{yR_2}{y+R_2}}\cdot\frac{R_2}{y+R_2}=\frac{ER_2}{x(y+R_2)+yR_2}$$

$x=R_1-y$를 대입하면

$$\therefore I = \frac{ER_2}{(R_1-y)(y+R_2)+yR_2} = \frac{ER_2}{-y^2+R_1y-R_2y+R_1yR_2}$$

$$= \frac{ER_2}{-y^2+R_1y+R+1R+2}$$

PD에 흐르는 전류 $I$를 최소로 하기 위한 조건은 $\frac{\partial I}{\partial y}=0$ 이므로

$$\frac{\partial I}{\partial} = \frac{\partial}{\partial y}\left(\frac{ER_2}{-y^2+R_1y+R_1r_2}\right) = \frac{\frac{-(-2y+R_1)}{ER_2}}{-y^2+R_1y+R_1R_1} \cdot ER_2 = 0$$

따라서,

$$-2y+R_1=0 \qquad \therefore y=\frac{R_1}{2}$$

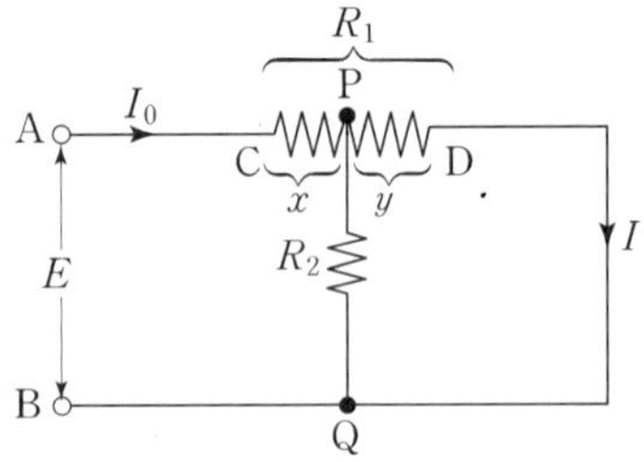


또한, $x=R_1-y$ 이므로

$$\therefore x=\frac{R_1}{2}=y$$

즉, CP와 PD의 저항비가 같을 때이다.

**답** ㉮

## 8장 과년도 문제 및 해설

**8·1** M.K.S 유리화 단위계에서 [Wb]는 자극 또는 자하(磁荷)의 단위이며, 진공 중에 두 개의 동일한 점자극이 1[m] 거리에서 서로 작용하는 힘이 $6.33\times10^4$[N]일 때의 자극 세기를 말한다.

$$1\,[\text{Volt}] = 1\left[\frac{\text{Wb}}{\text{s}}\right] = 10^8\left[\frac{\text{max well}}{\text{s}}\right]$$

$$1\,[\text{Wb}] = 10^8\,[\text{max well}]$$

M.K.S 유리화 단위를 C.G.S 전자 단위로 나타내면

기자력 $1\,[\text{AT}] = \frac{4\pi}{10}\,[\text{gilbert}]$

자계의 세기 $1\,[\text{AT/m}] = \frac{4\pi}{10^3}\,[\text{oersted}]$

자속 밀도 $1\,[\text{Wb/m}^2] = 1\,[\text{Tesla}] = 10^4\,[\text{gauss}]$

**답** ㉯

**8·2** $F = \dfrac{m_1 m_2}{4\pi\mu_0 r^2} = 6.33\times10^4 \times \dfrac{m_1 m_2}{r^2} = 6.33\times10^4 \times \dfrac{10^{-5}\times1.2\times10^{-5}}{(2\times10^{-2})^2}$

$= 1.9\times10^{-2}\,[\text{N}]$

**답** ㉮

**8·3** $F = \dfrac{m_1 m_2}{4\pi\mu_0 r^2} = 6.33\times10^4\times\dfrac{m_1 m_2}{r^2}\,[\text{N}]$

$\therefore r = \sqrt{\dfrac{6.33\times10^4\times m_1 m_2}{F}}\,[\text{m}]$

**답** ㉰

**8·4** $\overline{\text{AP}} = \overline{\text{BP}} = \dfrac{1}{\sqrt{2}}$, $\boldsymbol{F} = \dfrac{m_1 m_2}{4\pi\mu_0 r^2} = 6.33\times10^4\times\dfrac{m_1 m_2}{r^2}$ [N]이므로

$\boldsymbol{F}_1 = 6.33\times10^4\times\dfrac{1\times3\times10^{-4}}{\left(\dfrac{1}{\sqrt{2}}\right)^2} = 12.66\times3 = 37.98\,[\text{N}]$

$\boldsymbol{F}_2 = 6.33\times10^4\times\dfrac{1\times-3\times10^{-4}}{\left(\dfrac{1}{\sqrt{2}}\right)^2} = 12.66\times-3 = -37.98\,[\text{N}]$

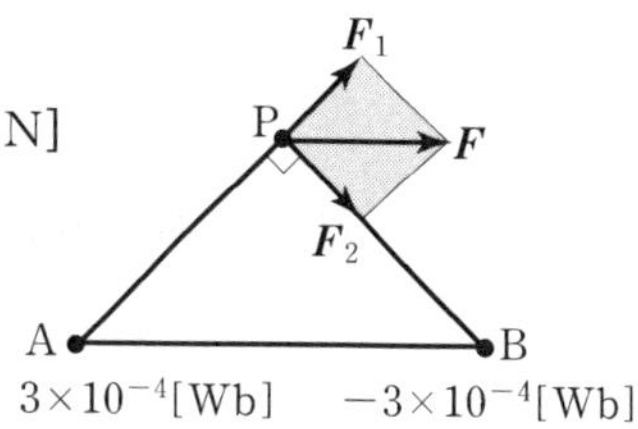


$\therefore \boldsymbol{F} = 2\boldsymbol{F}_1\cos45° = 2\times37.98\times\dfrac{1}{\sqrt{2}} \fallingdotseq 53.70\,[\text{N}]$

**답** ㉱

**8·5** 자계의 세기가 0인 점 P에서 $\boldsymbol{H}_1 = \boldsymbol{H}_2$이므로

$\boldsymbol{H}_1 = \dfrac{m_1}{4\pi\mu_0 x^2} = \boldsymbol{H}_2 = \dfrac{m_2}{4\pi\mu_0(r-x)}$

$\dfrac{m_1}{x^2} = \dfrac{m_2}{(r-x)^2}$

$m_2 x^2 = m_1(r-x)$

양변에 $\sqrt{\ }$를 취하면

$\sqrt{m_2}\,x = \sqrt{m_1}\,r - \sqrt{m_1}\,x$

$x(\sqrt{m_1}+\sqrt{m_2}) = \sqrt{m_1}\,r$

$\therefore x = \dfrac{\sqrt{m_1}\cdot r}{\sqrt{m_1}+\sqrt{m_2}}\,[\text{m}]$

**답** ㉰

**8·6** $$\boldsymbol{F}=m\boldsymbol{H}=5\times10^{-3}\times10=5\times10^{-2}\,[\mathrm{N}]$$

답 ㉮

**8·7** $$\boldsymbol{F}=m\boldsymbol{H}\,[\mathrm{N}]$$

$$\therefore m=\frac{\boldsymbol{F}}{\boldsymbol{H}}=\frac{3\times10^{2}}{1,000}=0.3\,[\mathrm{Wb}]$$

답 ㉰

**8·8** $\boldsymbol{F}=m\boldsymbol{H}[\mathrm{N}]$, $\boldsymbol{B}=\dfrac{\phi}{S}=\mu\boldsymbol{H}=\mu_0\mu_s\boldsymbol{H}\,[\mathrm{Wb/m^2}]$이므로

$$\boldsymbol{F}=m\boldsymbol{H}=m\cdot\frac{\boldsymbol{B}}{\mu_0\mu_s}=\frac{m\boldsymbol{B}}{\mu_0\mu_s}\,[\mathrm{N}]$$

답 ㉮

**8·9** 점 P의 자계 $\boldsymbol{H}_P$는 $+m$에 의한 것 $\boldsymbol{H}_1$과 $-m$에 의한 것 $\boldsymbol{H}_2$의 합이므로

$$\boldsymbol{H}_1=\boldsymbol{H}_2=\frac{m}{4\pi\mu_0 r^2}=\frac{m}{4\pi\mu_0\left({r_2}^2+\dfrac{l^2}{4}\right)}\,[\mathrm{AT/m}]$$

$$\boldsymbol{H}_P=2\,\boldsymbol{H}_2\cos\theta=2\,\boldsymbol{H}_1\cos\theta$$

$$=2\times\frac{m}{4\pi\mu_0 r^2}\times\frac{l/2}{r}$$

$$=\frac{ml}{4\pi\mu_0 r^3}=\frac{M}{4\pi\mu_0\left({r_2}^2+\dfrac{l^2}{4}\right)^{3/2}}\,[\mathrm{AT/m}]$$

그러나 문제에서 $r_2\gg\dfrac{l}{2}$ 이므로

$$\boldsymbol{H}_P\fallingdotseq\frac{M}{4\pi\mu_0 {r_2}^3}=\frac{ml}{4\pi\mu_0 r_2}\,[\mathrm{AT/m}]$$

가 된다.

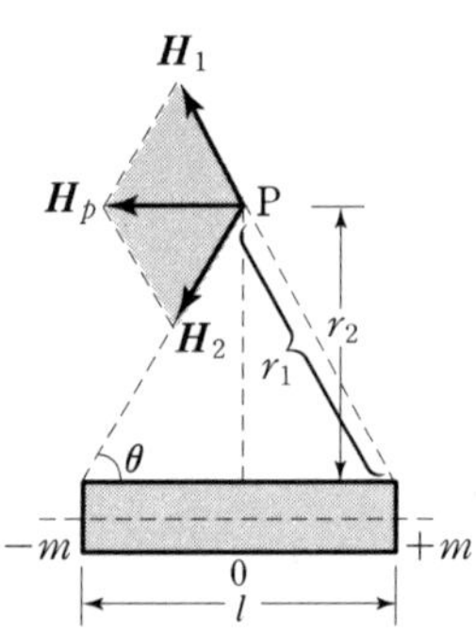


$$\boldsymbol{H}_P=\frac{ml}{4\pi\mu_0 {r_2}^3}=\frac{8\times10^{-6}\times10\times10^{-2}}{4\pi\times4\pi\times10^{-7}\times2^3}=\frac{1}{16\pi^2}$$

$$=6.33\times10^{-3}\,[\mathrm{AT/m}]\ \text{또는}\ [\mathrm{N/Wb}]$$

답 ㉮

**8·10** 그림과 같이 한쪽 자극 끝에서 5[cm] 되는 점 P의 자계는 $+m$에 의한 자계 $\boldsymbol{H}_1$과 $-m$에 의한 자계 $\boldsymbol{H}_2$의 벡터합이므로

$$H = H_1 - H_2 = \frac{m}{4\pi\mu_0}\left(\frac{1}{r_1^{\,2}} - \frac{1}{r_2^{\,2}}\right) = 6.33\times10^4\times6\times10^{-8}\left(\frac{1}{0.05^2} - \frac{1}{0.15^2}\right)$$

$$= 13.3\times10^4\,[\text{AT/m}]$$

**답** ㉮

**8·11** 그림과 같이 $+m$과 $-m$에서 P점까지의 거리는

$$\overline{\text{AP}} = \overline{\text{BP}} = \sqrt{0.1^2+0.1^2} = \sqrt{0.02}\,[\text{m}]$$

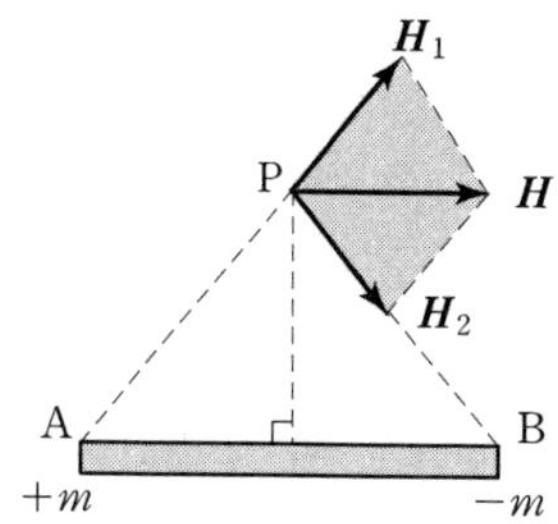


이므로 $H = \dfrac{m}{4\pi\mu_0 r^2} = 6.33\times10^4\cdot\dfrac{m}{r^2}$ [AT/m]에서

$$H_1 = 6.33\times10^4\times\frac{8\pi^2}{0.02} = 25\times10^7\,[\text{AT/m}]$$

$$H_2 = 6.33\times10^4\times\frac{-8\pi^2}{0.02} = -25\times10^7\,[\text{AT/m}]$$

$$\therefore H = 2H_1\cos45° = 2\times25\times10^7\times\frac{1}{\sqrt{2}} = 35.35\times10^7\,[\text{AT/m}]$$

**별해** $$H_P = \frac{ml}{4\pi\mu_0\left(r^2+\dfrac{l^2}{4}\right)^{3/2}} = \frac{8\pi^2\times0.2}{4\pi\times4\pi\times10^{-7}\left(0.1^2+\dfrac{0.2^2}{4}\right)^{3/2}} = \frac{0.1}{10^{-7}\times10^{-3}\times\sqrt{8}}$$

$$= 35.35\times10^7\,[\text{AT/m}]$$

**답** ㉱

**8·12** P점의 자위는

$$U = \frac{m}{4\pi\mu_0}\left(\frac{1}{r_1} - \frac{1}{r_2}\right) = \frac{m}{4\pi\mu_0}\left(\frac{r_2-r_1}{r_1r_2}\right)$$

$r \gg l$인 경우

$$r_1 = r - \frac{l}{2}\cos\theta,\quad r_2 = r + \frac{l}{2}\cos\theta,\quad r_1\cdot r_2 = r^2$$

이므로

$$U = \frac{ml\cos\theta}{4\pi\mu_0 r^2} = \frac{M\cos\theta}{4\pi\mu_0 r^2} = 6.33\times10^4\frac{M\cos\theta}{r^2}\,[\text{A}]$$

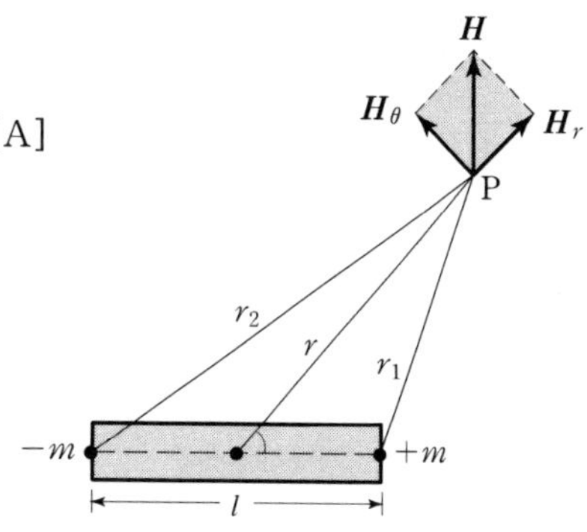


또한, 이 때에 P점의 자계 세기는

$$H_r = -\frac{\partial U}{\partial r} = \frac{2M\cos\theta}{4\pi\mu_0 r^3}$$

$$H_\theta = -\frac{\partial U}{r\partial\theta} = \frac{M\sin\theta}{4\pi\mu_0 r^3}$$

에서

$$H=\sqrt{H_r^{\,2}+H_\theta^{\,2}}=\frac{M}{4\pi\mu_0 r^3}\sqrt{1+3\cos^2\theta}\,[\mathrm{A/m}]$$

답 ㉣

**8·13** 그림에서 미소 면적 $dS$를 소자석으로 취급할 수 있으므로 $dS$ 부분에 의한 점 P의 자위는

$$dU=\frac{1}{4\pi\mu_0}\cdot\frac{M\cos\theta}{r^2}=\frac{1}{4\pi\mu_0}\cdot\frac{\sigma\delta dS\cos\theta}{r^2}$$

$$=\frac{m}{4\pi\mu_0}\cdot\frac{dS\cos\theta}{r^2}=\frac{m}{4\pi\mu_0}d\omega$$

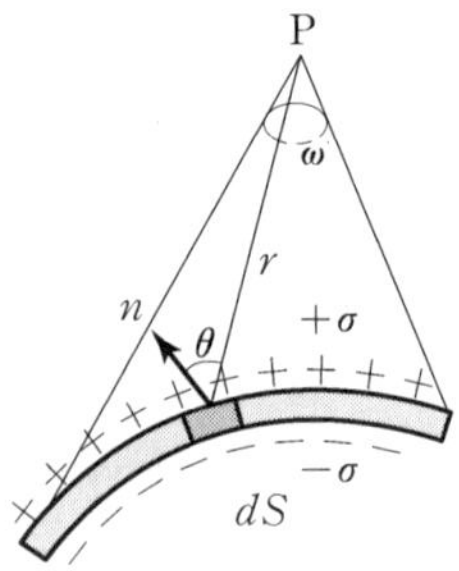


따라서, 판 전체에 대한 자위는

$$U=\int dU=\frac{m}{4\pi\mu_0}\int d\omega=\frac{m}{4\pi\mu_0}\omega\,[\mathrm{A}]$$

(단, $\omega=2\pi(1-\cos\theta)$)

답 ㉢

**8·14** $$U=\frac{m\omega}{4\pi\mu_0}=\frac{m\times2\pi(1-\cos\theta)}{4\pi\mu_0}=\frac{m(1-\cos\theta)}{2\mu_0}=\frac{m\left(\dfrac{d}{\sqrt{a^2+d^2}}\right)}{2\mu_0}$$

$$=\frac{0.01\left(1-\dfrac{10}{\sqrt{5^2+10^2}}\right)}{2\times4\pi\times10^{-7}}=420\,[\mathrm{AT}]$$

답 ㉣

**8·15** 점 P, Q의 자위 $U_P$, $U_Q$는

$U_P=\dfrac{M}{4\pi\mu_0}\omega_1$, $U_Q=\dfrac{M}{4\pi\mu_0}(-\omega_2)$ (점 P를 판자석의 N극측에 놓으면 $\omega_1$은 +로, 점 Q를 S극측에 놓으면 $\omega_2$는 −로 정한다)

따라서 두 점의 차위차는

$$U_{PQ}=U_P-U_Q=\frac{M}{4\pi\mu_0}(\omega_1+\omega_2)$$

이 문제에서는 점 P, Q가 판에 무한히 접근한 점이므로 $\omega_1+\omega_2=4\pi$를 대입하면

$$\therefore U_{PQ}=\frac{M}{\mu_0}\,[\mathrm{AT}]\ \text{또는}\ [\mathrm{J/Wb}]$$

답 ㉮

**8·16**
$$U=\frac{ml\cos\theta}{4\pi\mu_0 r^2}\ \frac{2\times10^{-1}\times10\times10^{-2}\times\cos60°}{4\pi\times4\pi10^{-7}\times(40\times10^{-2})^2}=\frac{10^7}{256\pi}=3.961\times10^3\,[\text{A}]$$

답 ㉯

**8·17**
$$H=\frac{NI}{2\pi r}=\frac{NI}{l}=n_0 I\,[\text{AT/m}]$$

답 ㉰

**8·18** 그림과 같이 선상의 미소 길이 $dl$에 의한 점 P의 자계 $dH$를 비오-사바르의 법칙에 의해 구하면

$$dH=\frac{I\,dl\sin\theta}{4\pi r^2}=\frac{I\,dl\cos\beta}{4\pi r^2}$$

그런데 $\sin\theta=\sin(180°-\gamma)=\sin\gamma=\cos\beta=\frac{a}{r}$

$$\sec\beta=\frac{r}{a},\quad r=a\sec\beta,\quad l=a\tan\beta,\quad dl=a\sec^2\beta\,d\beta$$

이므로

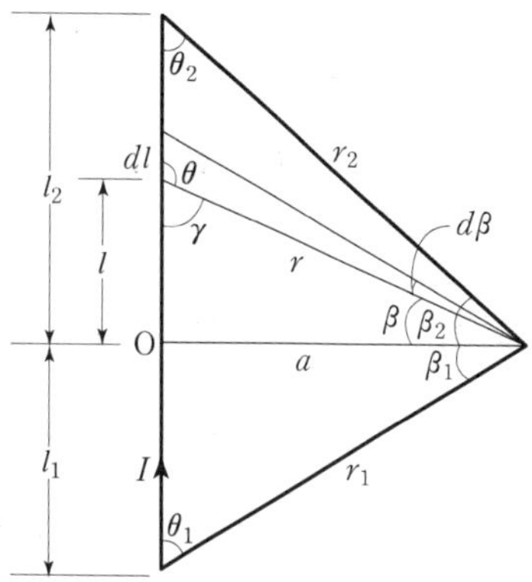


$$dH=\frac{I\,dl\cos\beta}{4\pi r^2}=\frac{I_a\sec^2\beta\,d\beta\cos\beta}{4\pi a^2\sec^2\beta}$$
$$=\frac{I}{4\pi a}\cos\beta\,d\beta$$

따라서, 선 전체 길이의 전류에 의한 자계는

$$\therefore H=\frac{I}{4\pi a}\int_{-\beta_1}^{\beta_2}\cos\beta\,d\beta=\frac{I}{4\pi a}(\sin\beta_2+\sin\beta_1)$$
$$=\frac{I}{4\pi a}(\cos\theta_1+\cos\theta_2)\,[\text{AT/m}]$$

답 ㉯

## 9장 과년도 문제 및 해설

**9·1**
$$\boldsymbol{B}=\mu\boldsymbol{H}=\mu_0\mu_s\boldsymbol{H}\,[\text{Wb/m}^2]$$
$$\therefore\mu_s=\frac{\boldsymbol{B}}{\mu_0\boldsymbol{H}}=\frac{\phi/S}{\mu_0\boldsymbol{H}}=\frac{\phi}{\mu_0 S\boldsymbol{H}}$$

답 ㉱

**9·2**
$$\boldsymbol{B}=\mu\boldsymbol{H}\,[\text{Wb/m}^2]$$

$$\therefore \mu = \frac{\boldsymbol{B}}{\boldsymbol{H}} = \frac{0.1}{1,000} = 10^{-4}\,[\mathrm{H/m}]$$

답 ㉯

**9·3** $\boldsymbol{B} = \mu_0 \mu_s \boldsymbol{H}\,[\mathrm{Wb/m^2}]$

$$\therefore \mu = \frac{\boldsymbol{B}}{\mu_0 \boldsymbol{H}} = \frac{\frac{\phi}{S}}{\mu_0 \boldsymbol{H}} = \frac{\phi}{\mu_0 \boldsymbol{HS}} = \frac{6\times10^{-4}}{4\pi\times10^{-7}\times2,800\times4\times10^{-4}} \fallingdotseq 426$$

답 ㉱

**9·4** 그림에서 자석의 축 방향에 직각인 수직 방향의 분력 $F'$는

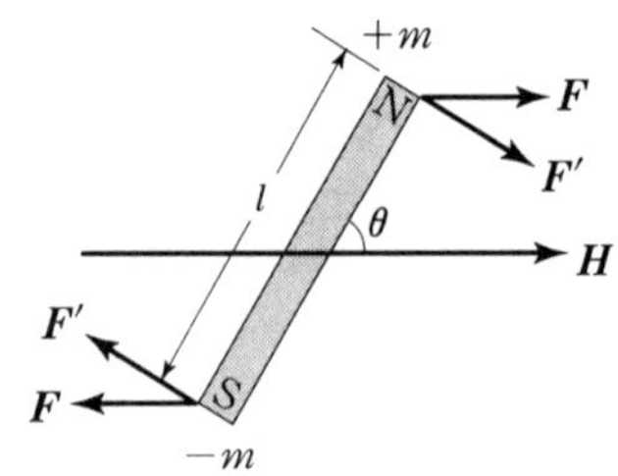


$$\boldsymbol{F}' = \boldsymbol{F}\sin\theta = mH\sin\theta$$

$$\therefore T = 2\boldsymbol{F}'\times\frac{l}{2} = mHl\sin\theta = MH\sin\theta\,[\mathrm{N\cdot m}]$$

$$ml = M\,[\mathrm{Wb\cdot m}]$$

벡터식으로 쓰면

$$\boldsymbol{T} = \boldsymbol{M}\times\boldsymbol{H}\,[\mathrm{N\cdot m}]$$

답 ㉯

**9·5** $T = MH\sin\theta = mlH\sin\theta$

$$= 4\times10^{-6}\times10\times10^{-2}\times150\times\sin60° = 4\times10^{-6}\times10\times10^{-2}\times150\times\frac{\sqrt{3}}{2}$$

$$= 3\sqrt{3}\times10^{-5}\,[\mathrm{N\cdot m}]$$

답 ㉯

**9·6** $I\,[\mathrm{A}]$의 무한장 직선 전류로부터 $r\,[\mathrm{m}]$ 떨어진 곳의 자계 세기 $H$는

$$H = \frac{I}{2\pi r} = \frac{10}{2\pi\times0.1} = 15.92\,[\mathrm{AT/m}]$$

따라서, 회전력 $T$는

$$T = MH\sin\theta = MH\sin90° = MH = mlH$$

$$= 10^{-6}\times0.1\times15.92 = 1.592\times10^{-6}\,[\mathrm{N\cdot m/rad}]$$

답 ㉰

**9·7** 자계가 자침에 작용시키는 회전력 $T\,[\mathrm{N\cdot m}]$은

$$T = MH_0\sin\theta\,[\mathrm{N\cdot m}]$$

이 회전력을 이기면서 $\theta=0$에서 $\theta$까지 회전시키는 데 필요한 일[J]은

$$W = -\int_{\theta}^{0} T\,d\theta = -\int_{\theta}^{0} MH_0 \sin\theta\,d\theta = -MH_0[-\cos\theta]_{\theta}^{0} = MH_0(1-\cos\theta)\,[\mathrm{J}]$$

이다. 따라서

$$\therefore W = MH_0(1-\cos\theta) = 10^{-6}\times 24\times(1-\cos 60°) = 1.2\times 10^{-5}\,[\mathrm{J}]$$

**답** ㉯

**9·8** 회전력 $T$는

$$T = MH_0 \sin\theta\,[\mathrm{N\cdot m}]$$

이 회전력 $T$를 이기면서 $\theta$까지 회전시키는데 필요한 일 $W$는

$$W = -\int_{\theta}^{0} T\,d\theta = MH_0(1-\cos\theta)\,[\mathrm{J}]$$

따라서,

$$\therefore W = 1\times 10^{-6}\times 10\times(1-\cos 90°) = 10^{-5}\,[\mathrm{J}]$$

**답** ㉰

**9·9** 중심 O를 원점으로 잡으면 중심선상의 자계는 일반적으로

$$H_x = -\frac{\partial U}{\partial x} = \frac{a^2}{2(a^2+x^2)^{3/2}}\,I\,[\mathrm{A/m}]$$

이므로 원점 O에서 거리 $x$인 자계는

$$H_x = \frac{a^2}{2[a^2+(a+x)^2]^{3/2}}\,I + \frac{a^2}{2[a^2+(a-x)^2]^{3/2}}\,I\,[\mathrm{A/m}]$$

$$\therefore H_x = \frac{I}{2a}(\sin^3\varphi - 1 + \sin^3\varphi_2)\,[\mathrm{A/m}]$$

**답** ㉮

**9·10** 철판을 $H_0$에 수직으로 그림 (a)와 같이 놓았을 때는 자화되어 감자력을 일으킨다.

$$H' = \frac{NJ}{\mu_0} = \frac{\chi H_1}{\mu_0}\ (N=1\text{ 일 때})$$

$$H_1 = H_0 - H' = H_0 - \frac{xH_1}{\mu_0}$$

$$\therefore H_1 = \frac{H_0}{1+\dfrac{x}{\mu_0}} = \frac{H_0}{\mu_s}$$

철판을 $H_0$에 평행하게 놓았을 때는 $N \fallingdotseq 0$이므로 철판 내의 자계는

$$H_2 \fallingdotseq H_0$$

따라서,

$$H_1 = \frac{H_2}{\mu_s}$$

$$\therefore \frac{H_1}{H_2} = \frac{1}{\mu_s}$$

답 ㉮

**9·11**

$$J = \frac{\chi_m}{1+\frac{\chi_m N}{\mu_0}} H_0 = \frac{\mu_0(\mu_s - 1)}{1+\frac{\mu_0(\mu_s-1)N}{\mu_0}} H_0 = \frac{{\mu_0}^2(\mu_s-1)}{\mu_0 + \mu_0(\mu_s-1)N} H_0$$

$$= \frac{\mu_0(\mu-\mu_0)}{\mu_0+(\mu-\mu_0)N} H_0\,[\text{Wb/m}^2]$$

답 ㉮

**9·12** 구 내부의 자계 세기는

$$-H_0 + \frac{m}{4\pi\mu_0 a^3} = -H$$

$$\mu_0 H_0 + \frac{2m}{4\pi a^3} = \mu H$$

가 성립하므로 구 내부의 자계 세기 $H$는

$$H = \frac{3\mu_0}{2\mu_0+\mu} H_0\,[\text{A/m}]$$

인 평등 자계이다.

자화의 세기 $J$는 구 내부에서 평등하고 구는 균일하게 자화되며, 그 값은

$$\therefore J = \chi_m H = \frac{3\mu_0 \chi_m}{2\mu_0+\mu} H_0 = \frac{3\mu_0(\mu-\mu_0)}{2\mu_0+\mu} H_0 = \frac{3\mu_0(\mu_s-1)}{2+\mu_s} H_0\,[\text{Wb/m}^2]$$

답 ㉮

**9·13** 문제 그림을 등가적인 전기 회로로 고치면 기자력은 $R_1$쪽에 존재하므로 합성 저항 $R$은

$$R = R_1 + \frac{R_2 R_1}{R_2+R_3} = 0.1 + \frac{0.2\times 0.3}{0.2+0.3}$$

$$= 0.22\,[\text{AT/Wb}]$$

문제에서 $N=10\,[\text{T}]$, $\text{I}=10\,[\text{A}]$이므로 $\overline{\text{ACB}}$를 투과하는 자속 $\phi$는

$$\therefore \phi = \frac{F}{R} = \frac{NI}{R} = \frac{10\times 10}{0.22} = 454.5 \fallingdotseq 4.54\times 10^2\,[\text{Wb}]$$

또한 $\overline{\text{AB}}$를 투과하는 자속 $\phi_1$은

$$\phi_1 = \phi \times \frac{R_3}{R_2 + R_3} = 454.5 \times \frac{0.3}{0.2 + 0.3}$$
$$= 272.7\,[\text{Wb}]$$

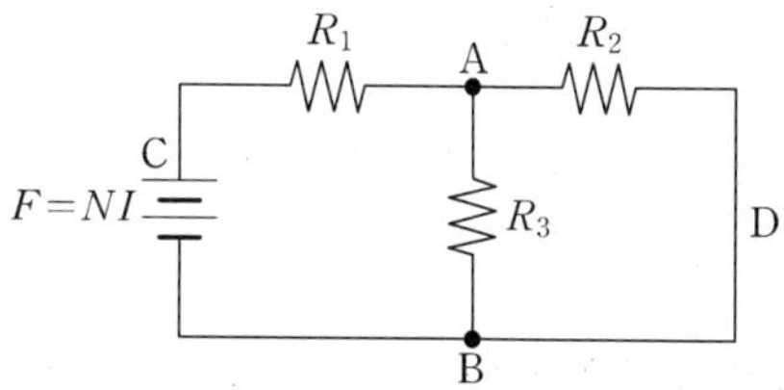


또한 $\overline{\text{ADB}}$를 투과하는 자속 $\phi_2$는

$$\phi_2 = \phi \times \frac{R_2}{R_2 + R_3} = \phi - \phi_1 = 454.5 - 272.7$$
$$= 181.8\,[\text{Wb}]$$

답 ㉯

**9·14** 공극의 자기 저항을 $R_g$, 철심부의 자기 저항을 $R_c$라 하면 합성 자기 저항 $R$은

$$R = R_g + R_c = \frac{\delta}{\mu_0 S} + \frac{l}{\mu S}\,[\text{AT/Wb}]$$

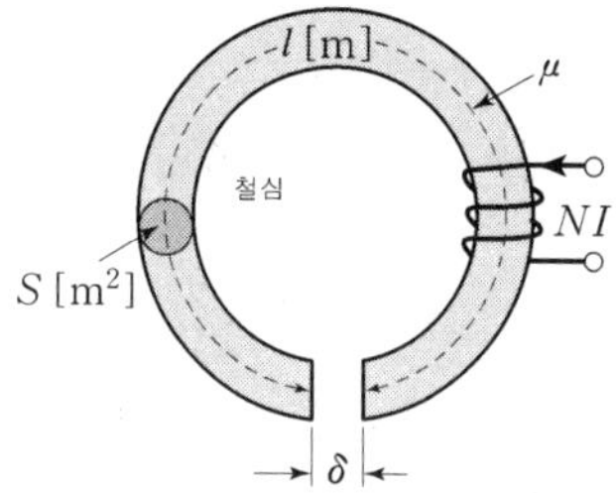


자속 $\phi = BS[\text{Wb}]$, 기자력 $F = NI[\text{AT}]$이므로

$$\phi = \frac{F}{R} = \frac{NI}{\dfrac{\delta}{\mu_0 S} + \dfrac{l}{\mu S}} = BS\,[\text{Wb}]$$

$$\therefore I = \frac{BS}{N}\left(\frac{\delta}{\mu_0 S} + \frac{l}{\mu S}\right) = \frac{B}{N}\left(\frac{l}{\mu} + \frac{\delta}{\mu_0}\right)[\text{A}]$$

답 ㉰

**9·15** 공극이 두 곳에 있으므로

$$\therefore F = \frac{B^2}{2\mu_0} S \times 2 = \frac{2^2 \times 100 \times 10^{-4}}{2 \times 4\pi \times 10^{-7}} \times 2 = \frac{1}{\pi} \times 10^5\,[\text{N}]$$

답 ㉰

## 10장 과년도 문제 및 해설

**10·1** $$e = -N\frac{d\phi}{dt} = -1 \times \frac{0-5}{10^{-1}} = 50\,[\text{V}]$$

답 ㉰

**10·2** $$e = -N\frac{d\phi}{dt} = -100 \times \frac{0.3 - 0.5}{0.1} = 200\,[\text{V}]$$

답 ㉯

**10·3** $E=\dfrac{\phi}{t}$ [V]

$\therefore \phi = Et = 10 \times 5 = 10$ [Wb]

답 ㉰

**10·4** 코일에 전지를 연결시 코일에서 발생되는 역기전력 $e$는

$$e=-N\frac{d\phi}{dt}=-100\times\frac{3\times10^{-3}}{1}=-3\,[\mathrm{V}]$$

렌츠의 법칙에 의하여 전지의 기전력과는 반대 방향이 되어, 이때 흐르는 전류 $I$는

$$\therefore I=\frac{E-e}{r+R}=\frac{6-3}{1+2}=1\,[\mathrm{A}]$$

답 ㉮

**10·5** $\dfrac{dB}{dt}=5\times10^{-3}$ [Wb/S·m], $S=0.5$ [m$^2$], $N=3$ 이므로

$$e=-N\frac{d\phi}{dt}=-N\cdot\frac{dB}{dt}\cdot S=-3\times5\times10^{-3}\times0.5=-7.5\times10^{-3}\,[\mathrm{V}]$$

$$=-7.5\,[\mathrm{mV}]$$

답 ㉱

**10·6** 지금 코일의 권수를 $N$회라 하면 끄집어 낼 때까지의 시간 $t$[S] 사이에 코일을 관통하는 자속의 변화량은 $NBS$[Wb·T]가 된다. 따라서, 유기 기전력 $e$는

$$e=\frac{NBS}{t}\,[\mathrm{V}]$$

$$\therefore B=\frac{et}{NS}=\frac{0.15\times0.1}{300\times5\times10^{-4}}=0.1\,[\mathrm{Wb/m^2}]$$

답 ㉯

**10·7**

$$e=-N\frac{d\phi}{dt}=-N\cdot\frac{d}{dt}(\phi_m\sin\omega t)=-N\omega\phi_m\cos\omega t$$

$$=E_m\sin\left(\omega t-\frac{\pi}{2}\right)[\mathrm{V}]\quad(\because E_m=N\omega\phi_m)$$

즉, $e$는 $\phi$보다 $\dfrac{\pi}{2}$만큼 늦다.

답 ㉯

**10·8** 원형 코일에 대한 자극 $m$[Wb]의 입체각을 $\omega$라 하면 자극 $m$[Wb]가 P점 및 P′점에 있을 때 원형 코일을 지나는 자속 $\phi_1$ 및 $\phi_2$는

$$\phi_1 = \frac{m\omega_1}{4\pi}, \quad \phi_2 = \frac{m\omega_2}{4\pi}$$

가 된다. 그림과 같이 평면각을 $\theta_1, \theta_2$라 하면

$$\omega_1 = 2\pi(1 - \cos\theta_1)$$

$$\omega_2 = 2\pi(1 - \cos\theta_2)$$

이므로

$$e = \frac{\phi_2 - \phi_1}{t} = \frac{\frac{m}{4\pi}\omega_2 - \frac{m}{4\pi}\omega_1}{t} = \frac{m}{4\pi} \cdot \frac{\omega_2 - \omega_1}{t}$$

$$= \frac{m}{4\pi} \cdot \frac{2\pi(1-\cos\theta_2) - 2\pi(1-\cos\theta_1)}{t} = \frac{m}{2t}(\cos\theta_1 - \cos\theta_2)\,[\mathrm{V}]$$

**답** ㉣

**10·9**

$$e = -\frac{d\phi}{dt} = -\frac{d}{dt}(\phi_m \cos\omega t) = \omega\phi_m \sin\omega t\,[\mathrm{V}]$$

회로의 저항이 $R \gg \omega L$인 경우, 전류는

$$i = \frac{e}{R} = \frac{\omega\phi_m}{R}\sin\omega t = I_m \sin\omega t\,[\mathrm{A}]$$

$$\therefore I_m = \frac{\omega\phi_m}{R}\,[\mathrm{A}]$$

$R = 24\,[\Omega]$, $\phi_m = 0.3\,[\mathrm{Wb}]$, $\omega = 800\,[\mathrm{rad/s}]$이므로

$$\therefore I_m = \frac{800 \times 0.3}{24} = 10\,[\mathrm{A}]$$

**답** ㉮

**10·10** 쇄교 자속은

$$\phi = \phi_m \cos\omega t = B \cdot S\cos\omega t = Ba^2\cos\omega t\,[\mathrm{Wb}]$$

이므로

$$\omega = \frac{d\theta}{dt} = \frac{2\pi N}{60}\,[\mathrm{rad/s}]$$

를 대입하면 유기 기전력은

$$\therefore e = -\frac{d\phi}{dt} = -\frac{d}{dt}(Ba^2\cos\omega t) = \omega Ba^2\sin\omega t$$

$$= \frac{2\pi N}{60}a^2 B\sin\frac{2\pi N}{60}t\,[\mathrm{N}]$$

**답** ㉯

## 11장 과년도 문제 및 해설

**11·1** $e=-L\dfrac{di}{dt}$ [V]에서 유기 기전력 $e$는 전류의 기울기 $\dfrac{di}{dt}$에 비례하므로 b, c간에는 전류의 변화가 없으므로 $di=0$, 즉 유기 기전력 $e_{bc}=0$ [V]이다.

$$e_{ab}=-L\frac{di}{dt}=-1\times\frac{20-0}{2-0}=-10\text{ [V]}$$

$$e_{cd}=-L\frac{di}{dt}=-1\times\frac{0-20}{8-6}=10\text{ [V]}$$

**답** ㉮

**11·2**

$$e=L\frac{di}{dt}\text{ [V]}$$

$$\therefore L=e\frac{dt}{di}=60\times\frac{0.01}{1}=0.6\text{ [H]}$$

**답** ㉯

**11·3**

$$\Phi=N\Phi=LI\text{ [Wb·T]}$$

$$\therefore L=\frac{N\phi}{I}=\frac{NBS}{I}=\frac{N\mu_0 HS}{I}=\frac{500\times4\pi\times10^{-7}\times1.28\times100\times10^{-4}}{1}$$

$$=8.04\times10^{-6}\text{ [H]}$$

**답** ㉮

**11·4** $k=1$, $L_1=0,25$ [H], $L_2=0.4$ [H]이므로

$$M=k\sqrt{L_1L_2}=1\times\sqrt{0.25\times0.4}=0.316$$

**답** ㉱

**11·5**

$$k=\frac{M}{\sqrt{L_1L_2}}=\frac{0.1}{\sqrt{0.15\times0.2}}=0.578$$

**답** ㉯

**11·6**

$$\Phi=N\phi=LI\text{ [Wb·T]}$$

$$\therefore L=\frac{N\phi}{I}=\frac{N\cdot\dfrac{F}{R_m}}{I}=\frac{N\cdot\dfrac{NI}{R_m}}{I}=\frac{N^2}{R_m}=\frac{N^2}{\dfrac{l}{\mu S}}=\frac{\mu SN^2}{l}\text{ [H]}$$

**답** ㉱

**11·7** $$L=\frac{\mu SN^2}{l}=\frac{\mu_0\mu_s SN^2}{l}=\frac{4\pi\times10^{-7}\times500\times3\times10^{-4}\times1,000^2}{4\pi\times10^{-2}}=1.5\,[\text{H}]$$

**답** ㉮

**11·8** 상호 인덕턴스 $M_{21}=M_{12}=M=\frac{N_2\phi_{21}}{I_1}=\frac{N_1\phi_{12}}{I_2}=\frac{n_1N_2}{R_m}=\frac{\mu SN_1N_2}{l}\,[\text{H}]$

$$L_1=\frac{N_1\phi_1}{I_1}=\frac{{N_1}^2}{R_m}=\frac{\mu S{N_1}^2}{l}\,[\text{H}]$$

$$L_2=\frac{N_2\phi_2}{I_1}=\frac{{N_2}^2}{R_m}=\frac{\mu S{N_2}^2}{l}\,[\text{H}]$$

**답** ㉯

**11·9** 자기 인덕턴스 $L_1=\frac{{N_1}^2}{R_m}\,[\text{H}]$

상호 인덕턴스 $M=\frac{N_1N_2}{R_m}\,[\text{H}]$

이므로 $R_m=\frac{{N_1}^2}{L_1}$을 $M$에 대입하면

$$\therefore M=\frac{N_1N_2}{R_m}=\frac{N_1N_2}{\frac{{N_1}^2}{L_1}}=\frac{L_1N_2}{N_1}\,[\text{H}]$$

**답** ㉱

**11·10** $l\gg a$이므로 공심 솔레노이드의 인덕턴스는 무한장 솔레노이드와 같다. 또한, 공심이므로 $\mu=\mu_0$이며 $n_0=\frac{N}{l}$을 대입하면

$$L=L_0l=\mu{n_0}^2S\cdot l=\mu_0\left(\frac{N}{l}\right)^2\cdot\pi a^2\cdot l=\mu_0\pi a^2\frac{N^2}{l}$$

$$=4\pi\times10^{-7}\times\pi\times(2\times10^{-2})^2\times\frac{2,000^2}{0.5}$$

$$=12.6\times10^{-3}\,[\text{H}]$$

$$=12.6\,[\text{mH}]$$

**답** ㉯

**11·11** $$L=L_0l=\mu{n_0}^2S\cdot l=\mu_0\left(\frac{N}{l}\right)^2\cdot\pi a^2\cdot l=\mu_0\pi a^2\frac{N^2}{l}$$

$$\therefore N=\sqrt{\frac{Li}{\mu_0 \pi a^2}}=\sqrt{\frac{1\times 10^{-3}\times 10\times 10^{-2}}{4\pi\times 10^{-7}\times\pi\times 1\times 10^{-2}}}=503.5 \fallingdotseq 500\,[\text{회}]$$

**답** ㈏

**11·12**

$$M=\frac{N_1 N_2}{R_m}=\frac{N_1 N_2}{\dfrac{l}{\mu S}}=\frac{\mu S N_1 N_2}{l}=\frac{\mu\pi a^2}{l}N_1 N_2\,[\text{H}]$$

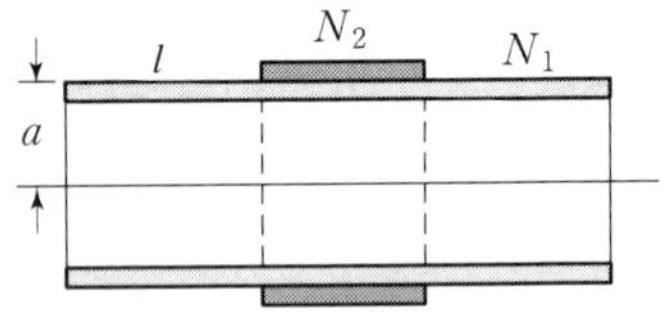


**답** ㈎

**11·13** 그림과 같이 원통 도체에는 균일한 밀도로 전류 $I$[A]가 흐른다면 도체의 중심에서 $r$이 $r+dr$ 간의 폭 $dr$, 길이 1[m] 부분의 에너지는

$$dW_m=\frac{1}{2}H_r B_r dv=\frac{1}{2}\mu H_r^{\,2}dv$$

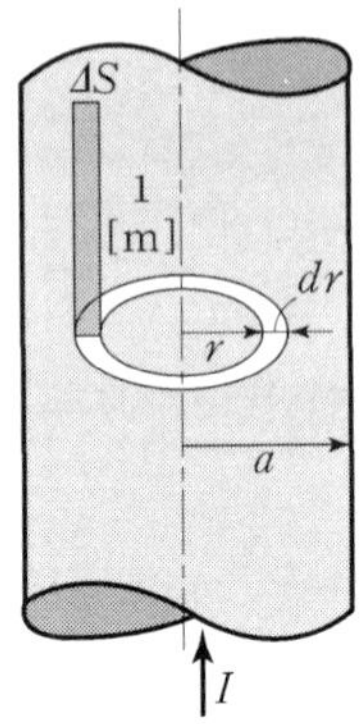


반지름 $r$의 원내를 흐르는 전류 $H_r$은

$$I_r=\frac{r^2}{a^2}I\,[\text{A}]$$

이므로 도체의 내부 자계 $H_r$은

$$H_r=\frac{I_r}{2\pi r}=\frac{rI}{2\pi a^2}\,[\text{AT/m}]$$

따라서, 길이 1[m]당의 에너지는

$$W=\frac{1}{2}\int_0^a \mu H_r^{\,2}dv=\frac{1}{2}\int_0^a \mu\left(\frac{rI}{2\pi a^2}\right)^2\cdot 2\pi r dr$$

$$=\frac{\mu I^2}{4\pi a^4}\int_0^a r^3 dr=\frac{\mu I^2}{4\pi a^4}\left[\frac{r^4}{4}\right]_0^a=\frac{\mu I^2}{16\pi}=\frac{1}{2}L_i I^2\,[\text{J}]$$

이므로

$$\therefore L_i=\frac{\mu}{8\pi}\,[\text{H/m}]$$

$$\therefore L=L_i l=\frac{\mu}{8\pi}l\,[\text{H}]$$

**답** ㈑

**11·14** 왕복 선로의 전류를 $I$[A]라 하면 $x$[m] 되는 임의의 점의 자계는

$$H=\frac{I}{2\pi x}+\frac{I}{2\pi(d-x)}\,[\text{AT/m}]$$

빗금친 부분( $x$와 $x+dx$ 간의 폭 $dx$, 길이 $l$의 면적)을 통하는 자속은

$$d\phi=B\cdot dS=\mu_0 H\cdot l dx$$

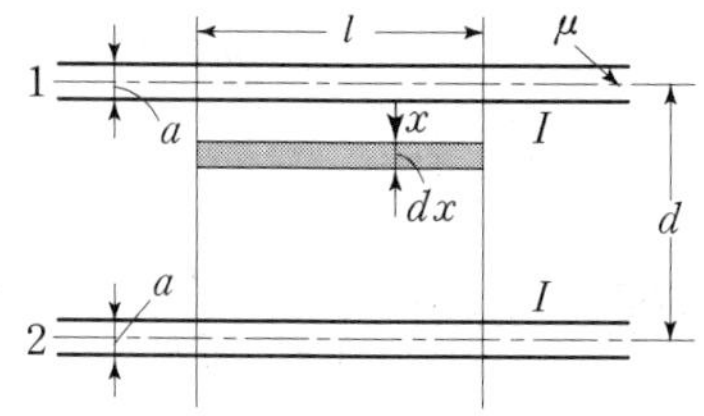


따라서, 왕복 선로 사이의 쇄교하는 총자속은

$$\phi = \frac{\mu_0 lI}{2\pi}\int_a^{d-a}\left(\frac{1}{x}+\frac{1}{d-x}\right)dx = \frac{\mu_0 lI}{\pi}\ln\frac{d-a}{a}$$

$$= \frac{\mu_0 lI}{\pi}\ln\frac{d}{a}\,[\text{Wb}]$$

외부 자기 인덕턴스 $L_e$는

$$L_e = \frac{\phi}{I} = \frac{\mu_0 l}{\pi}\ln\frac{d}{a}\,[\text{H}]$$

단위 길이당의 외부 자기 인덕턴스 $L_e'$는

$$\therefore L_e' = \frac{\mu_0}{\pi}\ln\frac{d}{a}\,[\text{H/m}]$$

답 ㉣

**11·15** 환상 솔레노이드의 자기 인덕턴스는 $L = \dfrac{\mu SN^2}{l}$ [H]이므로

$$L = \frac{N\phi}{I} = \frac{N^2}{R_m} = \frac{\mu SN^2}{l} = \frac{4\pi\times10^{-7}\times100\times10\times10^{-4}\times(1,000)^2}{100\times10^{-2}}$$

$$= 4\pi\times10^{-2}\,[\text{H}]$$

$$\therefore W = \frac{1}{2}LI^2 = \frac{1}{2}\times4\pi\times10^{-2}\times10^2 = 2\pi\,[\text{J}]$$

답 ㉣

## 12장 과년도 문제 및 해설

**12·1** 전극 간격을 $d$[m], 면적을 $S$[m$^2$], 유전율을 $\varepsilon$[F/m]이라고 하면

$$C = \frac{\varepsilon S}{d}, \quad \boldsymbol{E} = \frac{e}{d}, \quad \boldsymbol{D} = \varepsilon\boldsymbol{E}$$

이므로

$$\boldsymbol{i}_D = \frac{\partial\boldsymbol{D}}{\partial t} = \varepsilon\frac{\partial\boldsymbol{E}}{\partial t} = \varepsilon\frac{\partial}{\partial t}\left(\frac{e}{d}\right) = \frac{\varepsilon}{d}\frac{\partial}{\partial t}(\boldsymbol{E}_m\sin\omega t) = \frac{\varepsilon\omega\boldsymbol{E}_m\cos\omega t}{d}\,[\text{A/m}^2]$$

$$\therefore \boldsymbol{I}_D = \boldsymbol{i}_D\cdot S = \frac{\varepsilon\omega E_m\cos\omega t}{d}\cdot\frac{Cd}{\varepsilon} = \omega CE_m\cos\omega t\,[\text{A}]$$

답 ㉮

**12·2** $I_D = \boldsymbol{i}_D\cdot S = \omega CE_m\cos\omega t = I_m\cos\omega t\,[\text{A}]$

$$\therefore I_m = \omega C E_m = 600\pi \times 4 \times 10^{-6} \times 50 = 0.377\,[\mathrm{A}] = 377\,[\mathrm{mA}]$$

답 ㉣

**12·3** $$\mathrm{rot}\,\boldsymbol{H} = \left(\frac{1}{r}\frac{\partial H_z}{\partial \phi} - \frac{\partial H_\phi}{\partial z}\right)\boldsymbol{a}_r + \left(\frac{\partial H_r}{\partial z} - \frac{\partial H_z}{\partial r}\right)\boldsymbol{a}_\phi + \left[\frac{1}{r}\frac{\partial (rH_\phi)}{\partial r} - \frac{1}{r}\frac{\partial H_r}{\partial \phi}\right]\boldsymbol{a}_z$$

$$= kr^2\boldsymbol{a}_z, \quad \frac{1}{r}\frac{\partial (rH_\phi)}{\partial r} - \frac{1}{r}\frac{\partial H_r}{\partial \phi} = kr^2$$

$$\therefore \boldsymbol{H} = \frac{k}{4}r^3\boldsymbol{a}_\phi\,[\mathrm{A/m}]$$

답 ㉯

**12·4** $$\boldsymbol{B} = \mathrm{rot}\,\boldsymbol{A} = \boldsymbol{i}\left(\frac{\partial A_z}{\partial y} - \frac{\partial A_y}{\partial z}\right) + \boldsymbol{j}\left(\frac{\partial A_x}{\partial z} - \frac{\partial A_z}{\partial x}\right) + \boldsymbol{k}\left(\frac{\partial A_y}{\partial x} - \frac{\partial A_x}{\partial y}\right)$$

$$= \boldsymbol{i}\left\{\frac{\partial}{\partial y}(0) - \frac{\partial}{\partial z}(2x^3)\right\} + \boldsymbol{j}\left\{\frac{\partial}{\partial z}(-3xyz) - \frac{\partial}{\partial z}(0)\right\}$$

$$+ \boldsymbol{k}\left\{\frac{\partial}{\partial x}(2x^2) - \frac{\partial}{\partial y}(-3xyz)\right\}$$

$$= -\boldsymbol{j}3xy + \boldsymbol{k}(4x + 3xz)\,[\mathrm{Wb/m^2}]$$

답 ㉰

**12·5** $$\boldsymbol{B} = \mathrm{rot}\,\boldsymbol{A}$$

$$= \boldsymbol{i}\left\{\frac{\partial}{\partial y}(0) - \frac{\partial}{\partial z}(4x^2)\right\} + \boldsymbol{j}\left\{\frac{\partial}{\partial z}(-2xyz) - \frac{\partial}{\partial z}(0)\right\}$$

$$+ \boldsymbol{k}\left\{\frac{\partial}{\partial x}(4x^2) - \frac{\partial}{\partial y}(-2xyz)\right\}$$

$$= -\boldsymbol{j}2xy + \boldsymbol{k}(8x + 2xz)\,[\mathrm{Wb/m^2}]$$

답 ㉰

**12·6** $$v = \frac{1}{\sqrt{\varepsilon\mu}} = \frac{1}{\sqrt{\varepsilon_0\mu_0}} \cdot \frac{1}{\sqrt{\varepsilon_s\mu_s}} = \frac{C_0}{\sqrt{\varepsilon_s\mu_s}} = \frac{3\times 10^8}{\sqrt{4\times 1}} = 1.5\times 10^8\,[\mathrm{m/s}]$$

답 ㉯

**12·7** $\varepsilon_0 = \dfrac{1}{4\pi\times 9\times 10^9}$, $\mu_0 = 4\pi\times 10^{-7}$ 이므로

$$v = \frac{1}{\sqrt{\varepsilon_0\mu_0}} = \frac{1}{\sqrt{\dfrac{1}{4\pi\times 9\times 10^9}\times 4\pi\times 10^{-7}}} = 3\times 10^8\,[\mathrm{m/s}]$$

답 ㉰

**12·8** 진공 중은 $\varepsilon = \varepsilon_0$, $\mu = \mu_0$ 이며 전파 속도는 빛의 속도와 같으므로

$$C_0 = \frac{1}{\sqrt{\varepsilon_0 \mu_0}} = 3 \times 10^8 \,[\mathrm{m/s}]$$

$$\therefore \mu_0 = \frac{1}{\varepsilon_0 {C_0}^2} = \frac{1}{8.855 \times 10^{-12} \times (3 \times 10^8)^2} = 12.56 \times 10^{-7} \,[\mathrm{H/m}]$$

**답** ㉮

**12·9**

$$\eta = \frac{E}{H} = \sqrt{\frac{\mu}{\varepsilon}} = \sqrt{\frac{\mu_0}{\varepsilon_0}} \cdot \sqrt{\frac{\mu_s}{\varepsilon_s}} = 120\pi \sqrt{\frac{\mu_s}{\varepsilon_s}} = 377 \sqrt{\frac{\mu_s}{\varepsilon_s}} = 377 \times \sqrt{\frac{1}{80}}$$

$$= 42.2 \,[\Omega]$$

**답** ㉱

**12·10** 진공 중의 고유 임피던스는 $\eta_0 = \dfrac{E}{H} = \sqrt{\dfrac{\mu_0}{\varepsilon_0}}$ 이므로

$$H_e = \sqrt{\frac{\varepsilon_0}{\mu_0}} E_e = \frac{1}{120\pi} E_e = 0.27 \times 10^{-2} E_e \,[\mathrm{A/m}]$$

**답** ㉯

INDEX

# 찾아보기

## 라



## 마



## 바



## 사

# 최신 전기자기학

2014년 9월 5일 인쇄
2014년 9월 10일 발행

저 자 ◎ 김훈학 · 김원종 · 오재한 · 이행기

발행자 ◎ 조승식

발행처 ◎ (주) 도서출판 북스힐

서울시 강북구 한천로 153길 17

등 록 ◎ 제 22-457 호

(02) 994-0071

(02) 994-0073

bookswin@unitel.co.kr
www.bookshill.com

값 16,000원



ISBN 89-5526-051-2